气候序列均一化研究与应用

唐国利 主编

气象出版社
China Meteorological Press

内 容 简 介

本书介绍了国内外气候资料均一性研究技术及发展趋势、气候序列均一化方法及适用性研究技术、参考序列的构建技术、站址变动对观测资料的影响分析方法和定量分析评估方法、站址变动对气候序列区域一致性的影响等，为科学认识全球变化背景下我国的气候变化和极端事件变化趋势与规律以及气象站站址迁移的科学评估，为公共安全领域的灾害预警和防灾减灾等提供资料基础和科学依据。本书可作为气象业务部门气候资料处理、气候与气候变化等业务技术人员和管理人员的工作参考书。

图书在版编目(CIP)数据

气候序列均一化研究与应用 / 唐国利主编. — 北京：气象出版社，2020.12

ISBN 978-7-5029-7100-7

Ⅰ.①气… Ⅱ.①唐… Ⅲ.①气候资料-研究 Ⅳ.①P468

中国版本图书馆 CIP 数据核字(2020)第 268471 号

气候序列均一化研究与应用

Qihou Xulie Junyihua Yanjiu yu Yingyong

出版发行：气象出版社

地　　址：北京市海淀区中关村南大街 46 号　　**邮政编码**：100081

电　　话：010-68407112(总编室)　010-68408042(发行部)

网　　址：http://www.qxcbs.com　　**E-mail**：qxcbs@cma.gov.cn

责任编辑：张　斌　　**终　　审**：吴晓鹏

责任校对：张硕杰　　**责任技编**：赵相宁

封面设计：地大彩印设计中心

印　　刷：北京地大彩印有限公司

开　　本：787 mm×1092 mm　1/16　　**印　　张**：17.5

字　　数：448 千字

版　　次：2020 年 12 月第 1 版　　**印　　次**：2020 年 12 月第 1 次印刷

定　　价：140.00 元

编委会

主　编：唐国利

副主编：张　强　严中伟　赵煜飞　曹丽娟　陈鲜艳
鞠晓慧　朱亚妮

撰稿人（按姓氏笔画排列）：

王秋香　王艳娇　王　凯　安月改　朱亚妮
任玉玉　许　艳　刘　娜　严中伟　李　珍
张　强　张志富　张金龙　陈鲜艳　杨　溯
余　予　远　芳　陈　哲　陈学君　周月华
赵煜飞　胡义成　唐国利　高　媛　秦　莉
曹丽娟　谭婷婷　鞠晓慧

前　言

全球气候变化对人类生存环境和社会经济发展具有极为重大的影响，已日益成为世界各国面临的一个巨大挑战。准确判断气候变化趋势是合理应对气候变化的重要科学基础。经过长期的观测，我国已经积累了丰富的地面基本气象资料。这些气象资料是国家基础信息资源的重要组成部分，在国家宏观决策、科技创新、经济建设和国防安全等方面有着重要作用，尤其在气候变化研究中，均一性的长序列资料是研究的基础。然而，在长时期观测所形成的气候资料序列中，台站迁移、仪器变更、观测时次变化、台站环境变化等非自然的人为因素，均可能造成气候序列的不连续或者说导致了非均一性问题，这在一定程度上制约了气候变化研究和气候资料的合理应用。非均一的序列可严重影响对气候变化的判断，过去我国气候界在气候序列均一化研究领域相对薄弱，不仅缺少系列的均一化资料集，而且多年来很多气候变化分析建立在非均一的资料基础上，严重影响到一些分析结果的准确性和真实性。因此，开展全面深入的气候序列均一化研究是气候资料领域的一个重要方向。

国内外研究表明，台站迁移是产生气象资料序列非均一性的最主要原因之一，我国自有气象仪器观测的 100 多年以来，地面气象台站迁移现象非常普遍。据初步统计，1951 年以来我国有超过 74%的国家级地面气象站发生过迁移。近年来，随着城市化的发展，台站迁址愈加频繁，问题更加突出。一些对个别站点的初步研究证实了其影响的显著性，但不同地区、不同地形环境以及迁移的距离和高度差异等对不同要素的影响非常复杂，需要更加深入、细致的研究才能获得对资料利用具有更多指导意义的结果。在气象台站迁移工作中，充分考虑观测场站址变动对气候要素的可能影响，对于优化地面观测系统、提高站址迁移和选址的科学性都具有十分重要的意义。因此，亟需在研究、制订科学合理的评估方法和指标基础上，开展站址变动影响的分析评估。这样的评估分析与气候序列的均一性研究有着直接和紧密的联系。

当前，国家社会经济快速发展，对气象数据产品产生了越来越大的需求。地球科学和全球变化研究包括我国的气象业务科研，特别是气候与气候变化领域更是迫切需要一批高质量、系列化的经过均一化处理的气候资料产品支撑其更进一步的发展。中国气象局公布的气候研究计划也已将“中国及亚洲地区气候观测资料均一性检验与订正”列为优先主题之一。我国气象台站迁移对观测资料的影响也日益受到关注。在这一背景下，公益性行业（气象）科研专项经费项目、国家重点基础研究发展计划（973 计划）等项目课题对气候序列均一化研究，包括站址变动影响研究给予了支持。结合项目研究和气象资料业务，国家气象信息中心均一化及站址变动影响研究团队与国家气候中心、中国科学院大气物理研究所及多家省级气象业务部门研究团队一道，针对气候资料均一化研究和气象站站址变动影响研究存在的问题、难点和关键技术，开展了气候序列均一化方法及适用性研究，并研发建立了中国近 60 年地面国家级 2400 余站多种关键气候要素均一化数据集，同时开展了站址变动对观测资料及气候序列区域一致性的影响研究。为科学认识全球变化背景下我国气候变化和极端天气气候事件变化趋势与规律以及气象站站址迁移的科学评估，为公共安全领域的灾害预警和防灾减灾等提供资料基础和科学依据。书中介绍了气候序列均一性的概念、均一化方法及产品，以及气象站站址变动影响的分析方法和评估结果等内容，包含研究团队近年来的主要研究成果。

本书共分 6 章，第 1 章概述了气候序列均一性的概念，以及问题的由来和均一性研究的发展，由唐国利、曹丽娟执笔，唐国利统稿；第 2 章介绍了气候序列均一化的思路、方法和步骤，由严中伟、曹丽娟、李珍、朱亚妮、陈哲、张志富、余予执笔，严中伟、曹丽娟、李珍统稿；第 3 章是中国地面关键气候要素均一化数据集研发技术和数据产品的研究成果，简述了国内外主要气候要素均一化数据集的研究进展、基础数据源，详细介绍了中国主要气候要素均一化数据集的建立过程，由曹丽娟、唐国利、朱亚妮、杨溯、远芳执笔，曹丽娟、唐国利统稿；第 4 章为均一化气候资料的网格化，介绍了气候资料网格化研究进展和常用的网格化方法，给出了中国均一化气候资料格点数据集产品的研究成果，由张强、赵煜飞、许艳、刘娜执笔，张强、赵煜飞统稿；第 5 章是气象站站址变动对观测资料的影响评估，介绍了气象站站址变动影响评估方法、指标，站址变动对比观测数据集和站址变动对观测资料的影响，由张强、周月华、安月改、陈学君、王秋香、鞠晓慧、赵煜飞、王凯、高媛、张金龙、谭婷婷、秦莉、胡义成执笔，张强、鞠晓慧统稿；第 6 章为气象站站址变动对气候序列区域一致性的影响评估，介绍了气候序列区域一致性的概念，中国气候序列区域一致性时空特征及形成机制，气候序列区域一致性评估方法及评估指标和站址变动对气候资料序列区域一致性的影响，由陈鲜艳、王艳娇、任玉玉执笔，陈鲜艳统稿。全书由唐国利统稿。参与研究的全体人员均对本书的编著做出了贡献。

本书编著过程中得到了编著者所在单位国家气象信息中心、国家气候中心、中国科学院大气物理研究所、武汉区域气候中心、河北省气候中心、甘肃省气象信息与技术装备保障中心、新疆气象信息中心的大力支持以及气象出版社和本书责任编辑张斌的支持和帮助，在此一并致谢！本书的编著和出版得到公益性行业(气象)科研专项经费项目“中国近 60 年地面关键气候要素均一性检验与订正技术及站址变动影响研究”(GYHY201206013)和“气象科学专业知识服务系统专项”“国家科技基础条件平台专项”的联合资助。

编著者

2020 年 5 月于北京

目 录

第1章　绪　论

本章从气象观测仪器获取的气候资料序列（以下简称气候序列）应当代表当地天气气候的真实变化的要求出发，引出了气候时间序列均一与否的均一性问题，并介绍了气候序列均一性的概念及气候序列均一化的目的和意义。在此基础上，简述了气候序列均一性研究的进展和均一化方法的发展。最后介绍了当前气候资料序列均一性研究的发展趋势。

1.1　气候序列均一性的概念

通过仪器观测获取的气候时间序列记录了一地或某一区域的天气气候变化。那么，这个时间序列是否代表了当地天气气候的真实变化，抑或含有其他非自然变化的信息？这就引出了气候时间序列均一与否的均一性问题，或者也可称为均匀性或均质性问题。气候学界很早就开始注意到气候序列的均一性问题，一般认为，所谓均一的观测序列是指其变化仅受气候条件的影响，而不受其他因素的影响（么枕生 等，1990），或者是指时间上连续反映天气和气候自然变化的气候序列（《中国气象百科全书》总编委会，2016）。从理论上讲，均一的气候序列可以严格地定义为排除了一切非气象因素影响的，只包含自然气象信息、完全真实反映气候自然变化的时间序列。从这个定义出发，均一性、均匀性或均质性的概念都可理解为序列中只包含气候本身的变率和变化信息。但是实际上，由于影响原始气候资料序列的因素非常复杂多样，其程度、大小各不相同且难以一一识别和确定，不可能完全消除。因此在实践中一般认为，当气候序列因非自然因素（如台站位置改变、仪器变更等）的影响出现一定显著性水平下的统计学意义上的不连续现象时，才称之为非均一的时间序列。

在目前的气候分析和资料业务中，正是基于这样的统计检验结果判断均一与否，并对非均一的气候时间序列进行适当的订正处理。

1.2　气候序列均一化的目的与意义

研究气候要素随时间变化之前，不仅要检查资料的正确性，而且还应该检验其序列的均一性。对于气候资料的应用以及长期气候分析特别是气候变化分析来说，原始气候资料必须尽可能是均一的。这是对气候资料应用的基本要求，也是获得准确、可靠研究结果的重要基础。

实际上，大多数长期气候时间序列都或多或少受到若干种非气候因素的影响，造成其不能准确反映所代表时期内的真实气候变化。可能破坏观测资料序列连续性（导致序列失去均一性）的影响因素包括测站位置变动、仪器更换或故障、观测规范改变、平均值计算方法不同、观测场附近环境变化(如建设房屋、树木生长)、仪器安装高度不同(如百叶箱高度不同)、观测员调换等。其中,台站迁移前后由于观测点经纬度位置和海拔高度不同,观测数据序列的均一性往往遭到破坏,尤其是对气温、风速等要素的影响更为突出。以青海河南站为例,1981 年 1 月该站迁址,迁站距离 60 km,新址海拔高度比原址升高了 86 m,新址的观测温度比原址下降了 2 ℃左右,因此该站温度观测序列表现为突然的变冷。但显然,这一观测到的变冷完全不是由气候变化引起的。1951 年以来,我国许多气象观测站都曾因任务调整、城市发展等各种原因而迁站,相当多的台站迁址超过 2 次。据统计,全国 800 多个基准、基本气象站中约 80%的台站有过一次以上的迁站经历。因此,台站迁移给气候要素序列均一性带来的影响和破坏一直是均一性研究中重点关注的问题。此外,台站环境、观测仪器和安装高度、暴露程度、观测规范、计算方法等对观测记录均一性的影响也不容忽视。其中,仪器类型及安装高度变动对风速序列的非均一性有较大影响,而观测规范的改变往往对多种要素有广泛的影响,是造成观测记录序列非均一的根源之一。1949 年以来我国地面气象观测规范做过多次修改(有 5 次重大变动),在气温、湿度、风向风速、降水等主要气象要素的观测中,观测仪器、仪器安装高度、观测时制、观测次数、计算方法等都有变化。例如,温度表的安装高度在 1953 年以前为 1.5 m,1954—1960 年改为 2.0 m,1961 年以后又改为 1.5 m。从 1954 年起规定的观测时次由原来的 3 次(06、14、21 时)改为 4 次(01、07、13、19 时),由此得到的观测序列,其前后两段就不一致。风速观测在 1953 年以前大部分台站使用风向风速器,1954 年后改为维尔达风压器,1966 年后又陆续更换为 EL 型电接风向风速计等。此外,进入 21 世纪后,自动气象观测仪器大量部署使用,地面气象站的主要要素又从原来的人工观测改为自动观测,这种大规模的改变也对多种要素的观测序列均一性产生了影响。对于已形成大量历史资料的人工观测而言,不同观测员观测时会有一定程度的偏差,如观测温度时估计小数的偏差,观测云、雾、沙暴、雪暴和其他天气现象时的偏差更大。因此,当观测员调换时,这种偏差就有可能造成观测值的系统性变化,从而破坏资料序列的均一性。不过,这种偏差对温度序列的影响相对较小。

归纳起来,上述因素可能引起观测资料序列的两类变化,其一是某些改变造成观测资料急剧的不连续变化,其二是另一些改变,特别是台站周围环境的变化,多数表现为渐进的过程,会使资料序列逐渐出现偏差。所有这些非均一性因素都有可能导致气候时间序列的偏差,进而影响气候分析结果。因此,消除这些非均一性影响,或者至少确定其所引起的可能误差是非常重要的。这也是在开展气候研究之前必须对原始资料序列进行均一性检验和订正的根本原因。

检验气候资料序列的均一性并对非均一的观测数据给予适当订正,形成均一的气候时间序列的过程称为气候资料序列的均一化过程。近代以来,至少于 20 世纪 40 年代已发展了一些非均一序列的订正方法(Kohler,1949)。其后的几十年,国内外均开展了大量的均一化研究,根据各自的需求和研究目标,不同的团队依据不同的数据检验、订正原理和方式,发展了数十种均一化技术。很多研究都着力于发展辨识非气候因素引起的非均一性的技术方法,以及通过订正某段数据以补偿非均一性偏差的技术方法。已经发展了多种技术方案,可应用于不同要素类型,并能处理各种与气候资料序列均一化相关的因素,如资料的长度和完整性、台站元数据信息,以及台站密度等(WMO,2003)。

一般来说,均一性检验可以分为主观检查分析和客观统计检验两种方法。前一种方法主要是根据气候学常识和经验,检查观测记录数据范围和序列的突变(突然的上升或下降)是否合理,采用这种方法时还可以绘制气候要素的时间变化图作为重要的辅助判断手段。在能够得到台站历史沿革资料的情况下，应该对其进行仔细的分析，这些资料记载了台站迁移、仪器与安装、观测规定、观测员调换等信息，可以为不均一变点的分析提供最好的线索和判断依据。后一种方法是利用一些统计技术方法对资料序列进行检验分析，判断其是否存在突然的不连续变化。以上两种方法各有其特点和优势，在具体运用时既可以针对原始资料序列进行检验，也可以对差值序列、比值序列或其他处理后的序列进行检验，在台站密度许可的条件下应尽量采用处理后的序列，以便消除气候自然变化的干扰。假设检验出序列存在不均一的断点，应采用适当的方法进行订正，经订正后，断点前后的序列才可以相互比较。

综上所述，对于气候分析和气候变化研究而言，非均一的气候资料序列有可能导致一些似是而非甚至是错误的结论和认识。因此，均一的气候观测数据序列是研究气候变率和气候变化、准确判断气候趋势的重要基础。通过对原始观测数据记录进行均一性检验和非均一性订正的均一化处理过程，能够为天气预报、气候预测以及气候变化和数值模拟等气象业务与科研领域提供均一化的气候序列数据产品。未来，随着不断增长的需求和气候序列均一化技术的进一步发展完善，将会研发更多要素、更高时空分辨率的均一化气候序列数据产品，为气象业务与科研提供坚实可靠的数据支撑。

1.3 气候序列均一性研究的发展

气候资料序列中，一个均一性的时间序列应该只包括天气和气候变化，由于非自然原因造成的相对于自然变率不可忽视的系统差异即为非均一性。时间序列中的非均一性既可能是渐变的，也可能是突然不连续(断点)的。

在气候变化研究中，均一的长序列资料是进行研究的基础，有益于真实可靠地评估历史气候趋势和变率，尤其是对于趋势估计、气候态和极端事件的研究非常重要。然而，台站观测的长序列气候数据记录不可避免地存在由于观测仪器改变、观测方式改变、台站迁移等非气候因素造成的不连续点，这一问题至少在20世纪中叶就已引起注意和重视。为了建立真实的气候序列，20世纪80年代中期，国内外许多研究者在气候资料均一性检验和订正方面开展了大量的探索性研究工作，并已经取得了一定的进展，许多方法被应用于各国气候资料业务、科研研究，有效地推进了气候研究的发展，随着研究的深入，发展建立了许多均一性研究方法。近年来随着气候与气候变化研究的蓬勃发展，不少研究人员更加注重这方面的研究，我国的气候资料工作者分别对地面及探空资料进行了均一性检验与订正研究。对于气温数据的均一化研究已经取得了一些突破性进展，建立了均一化的数据集，但对于其他气象要素的均一性研究仍然停留在试验性的水平，没有形成经过订正的均一化的数据集，许多相关领域的气候变化研究仍然基于使用原始的没有经过均一化处理的观测数据，导致研究结论中存在较大的不确定性。因此，深入研究气候资料各种要素的均一性检验与订正方法，努力探索气候资料均一化业务的实施技术手段，仍是当前我国气候学和气候变化研究的重要任务之一。

地面气候资料序列的变化可能显示不均一性，但也可能仅显示局地气候的一个突变，大多数情况下，非均一性的数量级和真实气候变化的数量级相同甚至更小。为了把两者分离，许多检验技术应用邻近台站的资料作为局地气候变化的显示器。把任何显著不同于局地气候信号的断点定为可能的非均一性变点。在均一性检验工作中，直接利用邻近台站的资料或利用多个台站资料发展一个参考序列是一个基本手段，最常见的选取参考站的方法是在待检站与周围站之间求相关，选取最相关的一个作为参考站。根据是否使用参考序列将均一性检验的数学统计方法区分为绝对方法和相对方法。绝对方法中，统计检验独立应用于各个台站，相对方法中，应用邻近站（假设均一）的记录参与均一性的检验。两种方法都是有价值与根据的，但是都有缺点。绝对方法很难确定变化是由于非气候因素还是气候因素引起的，为了克服这个缺点，台站历史元数据的支持对验证变点检验非常有效。相对方法试图分离非气候因素的影响，假设在一个地理区域，气候形态是相同的，该地区所有站点的观测都反映这个相同的形态。相同气候区域所有站点收集的数据应该是高度相关的，有相似的变率，不同的仅仅是换算系数和随机采样变率。然而，如果观测站网等同时发生变化就会产生问题，如观测方法同期改变，使得所有序列同时受到影响，相对方法就检验不出来。此外，当许多邻近站自身序列是非均一性的，可能会得出不明确的结论。尽管参考序列的使用也有一定的缺陷，但是目前大多数均一化研究仍然是建立在有效参考序列的基础上进行以下 4 步运算：1）元数据分析与基本质量控制；2）建立参考序列；3）变点检验；4）数据订正。参考序列的有效使用能够提高对气候序列变点检验的能力，好的参考序列应该是均一的，并且与目标序列高度相关。构建差值或比值序列在序列趋势和周期被去除或减少后比原始序列变率减小，更易检验出变点。

针对众多方法，国内外开展了许多均一化研究及相互比较的工作，对较为成熟的方法进行了归纳、分析与比较并开展了许多均一性检验试验。如宋超辉等（1995）采用距平累加法、连续 t 检验及回归检验法对全国 31 个站点的气温序列进行了非均一性检验试验性研究。又如李庆祥等（2003）针对较为常用的 9 种均一性检验与订正方法，归纳、总结了一些国家利用这些研究方法对本国或区域气候序列开展均一性研究的成果，其中许多方法在国内已经得到广泛使用，如标准正态均一性检验方法（SNHT）、二相回归方法（TPR）、序列均一性的多元分析（MASH）、多元线性回归等。Reeves 等（2007）对比分析了包括 SNHT、二相回归检验等 8 种方法。Costa 和 Soares（2009）总结了 9 种均一性检验方法，包括 MASH、基于回归检验的方法（二相回归、多元线性回归等）、SNHT 等。由于这些均一化研究方法常常是为不同的研究目标而设计的，因此开展客观的对比分析工作并非易事。为比较这些方法对非均一性的检验能力，应将这些方法放在相同的基础上进行对比，较为常用的办法是确定检验规则，如各种方法不考虑参数估计，识别出正确的非均一性变点的可能性（包括命中率、误报率等）。然而，众多对比工作的结论是没有一个单一最好的方法被推荐用于均一化。总体而言，目前广泛使用的均一化研究方法大多是基于极大似然比率检验，并且许多方法经历了不断修改和完善的过程。如作为国际上重要的均一性研究方法之一的二相回归方法就经历了多次的修改。

目前地面气候资料均一性研究呈现出以下 3 个发展趋势。1）检验对象增多。最初的均一性研究方法大多针对具有正态分布的气温、气压等相关气象要素，近年来，越来越多的方法发展起来，主要针对降水、风速等受局地环境因素影响较大且概率分布非正态的气候要素。2）时间尺度细化。均一性检验的目的是发现气候序列中的非自然变点，这就需要去除序列中自回归过程的干扰，年值序列较少受到季节变率的影响，能够取得最佳的检验效果。但是，随着气候变化研究的深入，极端事件的研究迫切需要月和日时间尺度的数据作为基础资料，因此月值和日值序列的均一性研究方法正在受到越来越多的重视，特别体现在近年涌现的基于逐日观测分布的订正、基于不同尺度天气气候波动分解的时频域检测（Yan et al.，2008）等方法。3）关注对无记录变点和多变点的检验和订正。详尽的元数据信息无疑是均一性研究的重要支撑，然而，在得不到元数据信息时，基于一是的研究目的，借助多种均一性方法的综合判断等方法得到了发展与应用。

第 2 章　气候序列均一化方法与步骤

本章从基本概念入手，介绍气候序列均一化的基本思路；通过理想的非均一时间序列及其均一化过程，演示有关公式的意义，并通过比较实测气温序列及其均一化，帮助理解气候序列均一化的复杂性。简介现有的均一化代表性方法及其软件出处；结合近年实践，诠释具体应用步骤。最后，就现有方法普遍面临的问题，讨论了均一化方法的发展潜力。

2.1　气候序列均一化的基本概念和思路

现代气象观测是衡量气候状态的最精确的数据基础。气候变化可用不同时期的气候状态之差来衡量。观测序列的时间跨度越长，越有利于描述较长期的气候变化。然而，长期气象观测往往经历过一些系统性的变迁，如观测站点的迁移，或观测仪器的更新，或观测规则以及某种气候变量计算方法的变化等，致使相应时段观测值相对于其他时段存在系统性的偏差，从而歪曲有关实际气候变化的表述。不同时期的系统性偏差，导致一个气候序列在时间上不是一致可比的，称之为非一致的，或非均一的（inhomogeneous）。这类系统性偏差也被称为非均一性（inhomogeneity）。毋庸置疑，为描述各站实际发生的气候变化，必须校订当地气候序列中的非均一性，即均一化（严中伟 等，2014）。

2.1.1　均一化：从物理方法到统计方法

一般说来，如果知道引起气象观测序列非均一偏差的物理成因，那么就可研究相应的物理因素所导致的气象变量观测值的偏差，进而直接校订该变量的部分观测值，即可完成对该变量观测序列的均一化处理。这种根据物理气候原理来校订气候观测序列的做法，称为气候序列均一化的物理方法。

例如，众所周知，气温随着海拔高度升高而下降，平均而言每升高 100 m 气温下降约 0.65 ℃。当一个观测站迁移到较高海拔位置后，为保障其之前的气温记录和后续记录可比，可应用这一物理关系来进行均一化处理。

又如，常用的日平均气温（记为 T_{ave}），理论上应该是全天所有时刻观测值的均值，近年来已广泛部署的自动气象站可以提供必要的逐时观测记录，但过去多年来我国常规气象观测仅保持每日 4 个时次观测。对于特定站点而言，特定的 4 个时次观测平均的 T_{ave}，和全天候观测均值相比，可能存在一个系统的偏差。为保持 T_{ave} 的长期观测序列前后可比，可根据当地气温日变化特点分析上述原因导致的“系统偏差”，并依此进行均一化。

物理方法的优点是具有明确的物理气候原理作为基础，易于理解，且所计算的观测序列中的"系统偏差"至少在理论上是合理的。

然而,实际气候过程的复杂性往往超出理论预期。例如,上述气温随海拔升高而降低的物理气候关系,严格地说仅限于近海平面高度上大范围平均情况下才成立。台站迁址,在不同地点这个物理关系是可以有所不同的,因而由此物理关系估算的非均一偏差就不可能是准确的。更何况,台站迁址除了地理位置和海拔高程有变化外,往往还伴随着局地环境的改变,比如从近城区环境变到近乡村环境,也会导致气温观测值出现系统性偏差(因为城市环境下气温往往偏高)。另外,气象台站不论迁址与否,都会时常伴随观测仪器的更新等一系列其他因素的改变,这些都可能引起系统性的观测偏差。最终反映到气候观测序列里的"非均一性"其实是多种因素的综合效应,很难通过某种特定的物理气候原理来加以校订。

因此,近年来学术界日益倾向于发展基于气候统计分析的均一化方法。统计方法的优越性在于其直接针对由众多因素导致的那个最终的非均一效应,而回避了各种具体的物理成因。统计方法因而更适用于资料量巨大的气候观测序列集的分析。

针对气候序列均一化的统计方法,一般都会用到一个基本的气候学假定,即在一个适当大小的气候区域内,邻近的气象台站所观测到的气候变化是近似一致的。这样的话,当其中某个台站发生观测系统变更后,就可以通过对比邻近台站的观测序列,判断那个台站观测序列是否呈现非均一性。如果其他台站的观测序列都按照某种规律在变化,仅那个台站的观测序列出现了异常变化,那么这个异常的变化就可被视为非均一的偏差。

当然,实际气候观测中,即使是十分邻近的台站,其所观测到的气候变化也总是有所差异的,因为各台站遭遇的天气波动和局地观测环境等因素带有随机性。这也是气候序列均一化必须建立在统计分析基础上的原因。下面将由简到繁地剖析一下气候序列的均一化问题。

2.1.2　从理想的非均一时间序列说起

设有一个气象站 x,要素 T 的逐日观测序列记为 $T_x(i)$,i 代表观测时间(日期)。任意时间 t 前后两个时期间的气候变化记为

$$D_x(t) = \sum T_x(i) - \sum T_x(j) \tag{2.1}$$

式中,$\sum$ 表示 n 个观测构成的子序列的气候态。理想地,设有一个邻近站 y,观测序列为 $T_y(i)$,所记录的气候变率和 x 站几乎一样,即 $D_x(t) \approx D_y(t)$。或记

$$d(t) = D_x(t) - D_y(t) \approx 0 \tag{2.2}$$

如果 x 站于 t_0 时发生观测系统变更(如迁址),则 $D_x(t_0)$除了气候变化外,还可能叠加了一个观测系统变更引起的系统性偏差(非均一偏差)。这时,

$$d(t_0) = D_x(t_0) - D_y(t_0) \tag{2.3}$$

就是非均一性的一个简单的定量表述。$d(t)$因而也可被视为是表述一个气候序列均一性的函数。在校订 x 站序列时,一般称 x 站序列为待检(candidate)序列,y 站序列为参考(reference)序列。下面从均一性函数 $d(t)$入手,简析均一化的意义及其复杂性。

假设 T_y 代表的某地逐日气温变化序列近似为一个余弦波动,即

$$T_y(i) = a \cdot \cos(2\pi i/p) \tag{2.4}$$

式中,a 代表逐日温度波动的振幅,p 代表天气波动周期。

待检序列 T_x 具有和 T_y 一样的天气波动,但在 t_0 时刻发生了观测系统变更,导致其后观

测序列相对于之前有一个系统性偏差 d_0，即

$$T_x(i) = a \cdot \cos(2\pi i/p) \qquad 当\ i \leqslant t_0 \tag{2.5}$$

$$T_x(i) = a \cdot \cos(2\pi i/p) + d_0 \qquad 当\ i > t_0 \tag{2.6}$$

为联系实际情况，利用 1977—2006 年北京观象台逐日气温观测序列，去除其中的多年平均季节性，得到更直接反映天气波动的距平序列，这是气候变化研究领域常用的一个资料处理步骤(Jones et al.，1999；Yan et al.，2002)。该距平序列的标准差为 2.8 ℃，经小波分析确定的主要天气波动周期约为 10 d(Yan et al.，2001)，且该序列在 1981 年迁址导致的非均一性偏差约为 0.8 ℃(Yan et al.，2010)。将上述数据分别代入理想的天气序列公式中，可获得理想情形下的一个待检气温序列以及一个参考序列，如图 2.1a 和图 2.1b 所示。

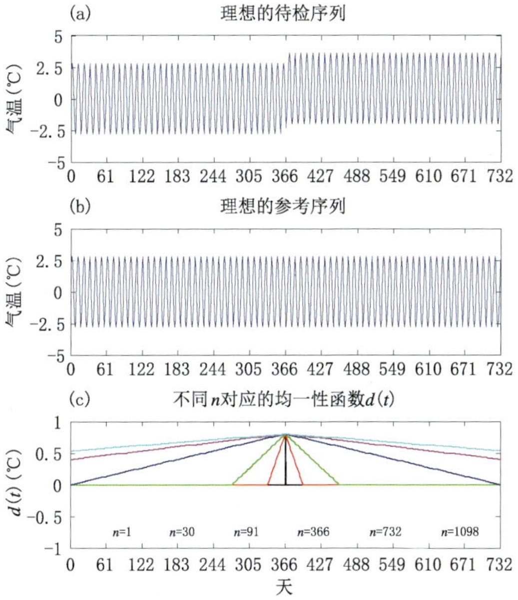

图 2.1　(a)～(c)分别是理想的待检序列 T_x、参考序列 T_y 及不同 n 对应的均一性函数 $d(t)$。T_x 在 t_0(366 天)发生系统变动，导致序列产生系统性偏差 d_0(0.8 ℃)(严中伟 等，2014)

假如事先并不知道观测系统变更的具体时间 t_0，则可通过计算所有时间的 $d(t)$ 值来加以判断。对于上述理想情形，由于在发生观测系统变更前，T_x 和 T_y 完全一样，因此只需设待比较的子序列长度 $n = 1$，则 $d(t) = D_x(t) - D_y(t) = 0$；而在发生观测系统变更后，$T_x$ 和 T_y 只差一个常数，故 $d(t) = D_x(t) - D_y(t) = 0$ 仍然成立。当且仅当 $t = t_0$ 时，$d(t) = d_0$，也即如图 2.1c 中 $n = 1$ 所对应的 $d(t)$ 计算结果。显然，对于两个具有一致天气波动的站点来说，如果其中一个观测序列存在系统性偏差，只需通过计算 $d(t)$，且只需考虑前后 1 d($n=1$)记录比较，就可精准地确定待检序列中的非均一偏差，包括偏差出现的时间及其大小。

如果在计算中选不同的子序列长度 n，计算 $d(t)$，则对应不同 n 的 $d(t)$ 函数图形有所不同，如图 2.1c 所示，但都在 t_0 时达到极大值(即 $d_0 = 0.8$ ℃)。可见，在上述理想情形下，只需计算 $d(t)$ 这样一个简单的函数，就可精准地判定时间序列的非均一性。

实际观测到的气象变量序列要复杂得多。一个重要原因是，对于特定站点而言，天气波动具有一定的随机性，因而即使是邻近站点观测到的变量值也可有所不同。为理解天气波动随

机性的影响，在上述理想的天气波动（余弦函数）的振幅 a 和位相参数 i 上分别加一个随机扰动，如：

$$T_y(i) = (a + N(0,u)) \cdot \cos(2\pi(i + N(0,v)/p) \tag{2.7}$$

式中，$N(0,u)$、$N(0,v)$ 表示均值为 0、标准差为 u、v 的正态分布随机数。根据北京观象台及其周边台站温度距平序列的实际情况对比分析，设 $u=0.8$ ℃，$v=0.3$ d，这意味着北京观象台及其邻近气象台站所记录的逐日气温波动振幅，相互可差 1 ℃上下，不同台站记录的天气波动位相可差半天左右。分别在上述理想的 T_x 和 T_y 序列里加上这样的随机扰动，由图 2.2a 和图 2.2b 两个时间序列可见，加了扰动的 T_x、T_y 比图 2.1 的情形更像实际的逐日气温观测序列。需要指出的是，上述随机天气扰动的参数取值及其后果可以有所不同，但不会改变下面分析中蕴含的基本认识。

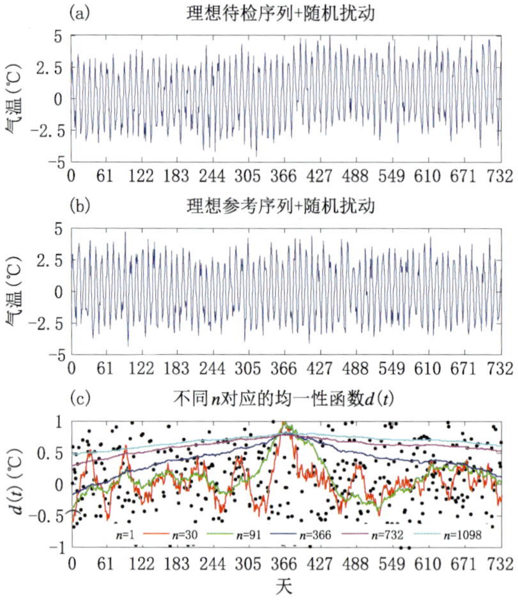

图 2.2　(a)～(c)分别是加随机扰动的理想待检序列 T_x、参考序列 T_y 以及不同 n 对应的均一性函数 $d(t)$。其他参数同图 2.1 或见文内（严中伟 等，2014）

由图 2.2c 不同 n 值计算的 $d(t)$ 函数可见，由于随机天气扰动，仅比较 x 站变更前后 1 天（$n=1$）的记录，$d(t)$ 呈现出随机函数的特点，完全不能用来判断待检序列中的非均一性。考虑前后一个月（$n=30$）记录时，大致可见 d 在 t_0 附近出现一个极大值，但类似大小的极大值还有不少，因而难以由此断言非均一性，从统计学的角度来说，这样的“异常”是不显著的（即说明一些随机因素也完全可以导致类似的“异常”）。考虑前后一个季度（$n=90$）记录时，函数 d 在 t_0 出现惟一的极大值，但其量值 0.95 远大于预期（0.8）。$n=366$（1 年）或更大时，d 在 t_0 附近达到惟一的极大值（约为 0.8）。

由图 2.2 的分析可以得出以下 3 个结论：

（1）天气扰动虽然时间尺度有限，却会严重影响长期气候序列的均一性分析与校订。

（2）通常用到的月平均气候序列，远不足以消除天气扰动的影响。

（3）非均一性或可在季节尺度上较为合理地加以辨识，但需考虑更长期的观测对比分析才能取得较为稳妥的非均一偏差估计。

2.1.3　从实际案例进一步看均一化的复杂性

不同气象台站观测到的气象变量序列，除了受随机天气扰动影响而不同外，还存在年际乃至长期气候变化的差异。这个问题涉及均一化过程所需要用到的待检站观测系统变更前后的多年记录。早期一些研究认为，用来计算均一性函数 $d(t)$ 的子序列长度越长越好（也即要求 n 越大越好），这样就可避免或减小不同站点个别年份气候异常（也即短期气候变率）差异的影响。然而，不同站点的长期气候变化趋势也有局地性，比如北京观象台受城市化影响较大，相比周边站具有更大的长期增暖趋势。因此，均一化过程要避免用到观测系统变迁前后太长的子序列（也即 n 不能太大），以防把参考序列中的长期趋势强加给待检序列。

那么，n 究竟应该取多大值？Yan 等（2014）尝试取多年平均来计算季节订正量，并给出了订正量的定义：

$$\Delta_n = \sum_{i=1}^{n} (\xi_{1i} - \xi_{2i}) / n \tag{2.8}$$

式中，ξ_1 表示给定季节迁址日期之后和之前 3 个月（1 个季度）中待检站逐日气温距平的均值差值；ξ_2 表示相同时段参考站逐日气温距平的均值差值；下标 i 范围是 1～n，表示迁址前后第 i 年；n 表示用于计算多年平均订正量的年数。通过分析 Δ_n 随着 n 的变化，可确定一个用于计算多年平均季节订正量的合适的 n 值。

以北京观象台 1997 年迁址为例，图 2.3 给出订正量 Δ_n 随 n 的变化。密云和密云上甸子为参考站。由于数据可用性的限制，n 值取 1～9。显然，当 $n=1$ 和 $n=2$ 时订正量 Δ_n 的值明显不同。当 n 大于 2 时，Δ_n 的值趋于稳定。这表明，年际气候变率的影响很明显，当 n 值太小时，不适用于计算季节订正量。当 n 大于 5 时，订正量呈现趋势性变化，这是由于 1997 年前后两站气温序列具有不同的长期变化趋势（不同程度的城市化水平所致）。因此，在计算季节订正量时，需要选择适当的 n 值。上述案例中，用迁站前后 3～4 年的观测记录与参考序列进行对比分析，既可避免短期气候异常的影响，又可避免把参考站长期趋势强加给待检序列。这个分析对于发展新的以及如何应用已有的均一化方法，都具有启发性。

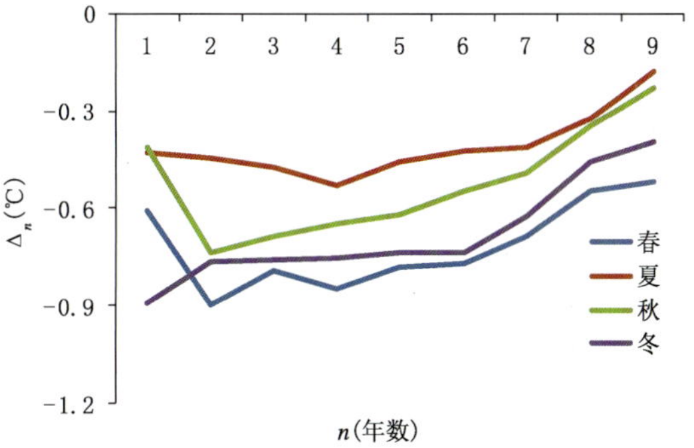

图 2.3　针对北京观象台 1997 年 7 月 1 日迁址计算的 n 年平均季节订正量

2.1.4 更多实际观测序列面临的均一化问题

更为复杂的实际情况是各地气候观测序列几乎都存在非均一性，且很多观测站不止一次发生系统性变更。不同顺序的均一化结果可能导致最终的均一化序列集有所不同，先对哪个序列以及其中哪个偏差进行均一化校订呢？为解决此问题，学术界发展了序列均一性的多元分析方法(MASH)。该方法利用一个区域内所有气候序列互为参考序列，确定所有序列中可能存在的非均一性，而不必要求其中任意一个序列是均一的。相比很多方法是针对单个待检序列发展的，MASH 的一大优越性体现在其多序列集成分析，前提条件是各站的气候观测系统变更时间不都是一致的。这个条件对于大多数区域的地面气候观测站来说，都不难满足。因此，MASH 已成为目前国际上应用最广泛的均一化方法之一。

例外的情况是，中国区域探空观测仪器的更新几乎都是同期发生的，各站探空序列中的系统性偏差同时产生，难以互相参考而加以量化。典型案例还有中国区域的相对湿度观测，在 2003—2007 年期间普遍由过去的人工观测转换到自动站观测，由于仪器更新导致早期湿度观测值普遍偏高。这类接近同期更换仪器造成的非均一性，会给均一化带来额外的困难(朱亚妮等，2015；Li et al.，2020)。这类资料序列的均一化需更多地考虑系统性偏差的物理成因，再结合统计学方法加以处理。下面介绍一些近年来学术界常用的均一化方法。

2.2 均一化方法简介

2.2.1 标准正态检验法(SNHT)

Alexandersson(1986)发展了一种标准的均一性检验方法 SNHT(Standard Normal Homogeneity Test)，并将其应用于瑞典西南部的降水序列。结果表明，SNHT 能有效检测出序列中的间断点，瑞典降水序列中存在 5%～25%的显著断点。SNHT 是一种最大似然检验方法，通过对待检序列和参考序列(周边多个站点序列的平均值)的比值序列(适用于降水数据)或差值序列(适用于气温、气压数据)进行检验，从而确定间断点。为了使得理论分析简单化，检验之前，先将比值序列或差值序列标准化。具体资料处理可有所不同(Khaliq et al.，2007；Hanssen-Bauer et al.，1994)，但基本步骤大致如下：

(1)设定待检目标序列 Y_i 。$Y_i(i=1,\cdots,n)$ 表示需要与参考序列进行相对均一性检验的目标序列。

(2)构建参考序列 $\overline{X}$。$\overline{X}$ 表示由多个周边参考序列构成的平均序列。

(3)计算差值或比值序列 Q_i 。$Q_i=Y_i-\overline{X}$ 或 $Q_i=Y_i/\overline{X}$，表示待检目标序列和参考序列之间的差值(适用于气温或气压等近正态分布的数据)或比值(适用于降水等非正态分布的数据)。

(4)计算标准化序列 Z_i ：

$$Z_i=(Q_i-\overline{Q})/\sigma_Q \tag{2.9}$$

式中，$\overline{Q}$ 和 σ_Q 分别表示 Q_i 序列的平均值及标准差。Z_i 的均值为 0，标准差为 1。

(5)对于待检目标序列平均水平中单一的突变点，零假设 H_0 的表达式为

$$Z_i \sim N(0,1), \qquad i = 1,\cdots,n$$

整个 Z_i 序列是均一的，这表明 Z_i 序列的任何部分均服从正态分布，且均值为 0，标准差为 1。

对立假设 H_1 的表达式为

$$H_1: \begin{cases} Z_i \sim N(\mu_1,1) & i = 1,\cdots,a \\ Z_i \sim N(\mu_2,1) & i = a+1,\cdots,n \end{cases} \tag{2.10}$$

Z_i 序列不是均一的，在第 a 年有非均一性间断点，Z_i 序列前 a 年的平均值是 μ_1 ，后面（$n-a$）年的均值为 μ_2 。Z_i 序列前、后两段的标准差都是 1。

对序列 Z_i 中 $n-1$ 个可能的间断点中每个间断点计算检验参数 T ：

$$T = \max\{a\,\bar{z}_1^2 + (n-a)\,\bar{z}_2^2\}, \qquad 1 \leqslant a \leqslant n-1 \tag{2.11}$$

式中，$\bar{z}_1$ 和 $\bar{z}_2$ 是突变点前 a 年、突变点后（$n-a$）年 z_i 的平均值。与 T 值相对应的 a 值是指间断点最可能出现的时间点或均值为 $\bar{z}_1$ 的子序列的最后一个时间点。第 a 年 T 值很高，表明 μ_1 和 μ_2 显著偏离 0 值，H_0 为假。如果 T 值超过一定临界水平的临界值(例如 95%)，那么均一性的零假设在相应显著性水平上(例如:5%)被拒绝。值得注意的是，在研究没有文献记载的间断点或绝对均一性检验中，Q_i 序列不一定是差值或比值序列，可以是待检目标站序列本身。

2.2.2　二相回归(Two-Phase Regression, TPR)

Solow(1987)发展了一种针对年平均气温序列中变点的统计检验方法。该检验方法基于二相回归模型建立，假设观测到的年平均气温序列为 T_i ，$i = 1,\cdots n$ 。利用二相线性回归模型来检验气候变化，具体模型如下：

$$T_i = \begin{cases} a_0 + b_0 i + e_i, & i = 1,\cdots,r \\ a_1 + b_1 i + e_i, & i = r+1,\cdots,n \end{cases} \tag{2.12}$$

式中，e_i 为均值为零和方差未知的正态噪声独立序列。两条回归直线交点的横坐标为 $c = (a_0 - a_1)/(b_1 - b_0)$ 。

尽管我们的注意力集中在参数 c 上，c 被称作为变点，但 r 也是一个未知参数。为了确保潜在信号的连续性，需要 c 落在区间 $(r, r+1)$ 内。没有这个约束，一般来说，二相回归模型将在变点处的信号上有个不连续。在一般模型(2.12)中，气候在改变之前不需要平稳(也就是 b_0 不需要为 0)。尽可能地去约束模型(2.12)，要求气候改变之前(改变之后)平稳。然而，在令人信服的外部信息缺失情况下，这是不可取的，原因在于它在模型假设中可能给出误导性结果。

利用二相回归模型对气候变化进行检验，等于对零假设 $H_0: b_1 - b_0 = 0$ 及双边对立假设 $H_1: b_1 - b_0 \neq 0$ 进行检验。如果对于气候变化的特定方向(例如变冷或变暖)感兴趣，那么应该对 H_0 及适当的单边对立假设进行检验。除了检验气候变化，还需对变化点 c 作出推断。特别是，要发现 c 的最大似然估计并给出相应的置信区间。

二相回归方法的基础是要找到 c 的最大似然估计值，记为 $\hat{c}$ 。由于 $\hat{c}$ 没有闭合表达式，因此有必要寻找 $\hat{c}$ 最大值的似然函数。公式(2.12)可以写成如下形式：

$$T_i = a_0 + b_0 i + b(i-c)\mathrm{IND}_c(i) + e_i \tag{2.13}$$

式中，$\mathrm{IND}_c = \begin{cases} 0, & i \leqslant c \\ 1, & i > c \end{cases}$，$b = b_1 - b_0$ 。

对于固定的 c 值，式(2.13)是正态线性回归模型，回归变量为 i 和 $(i-c)\mathrm{IND}_c(i)$ 。为找到 c ，需寻找一个具有最小残差平方和的值。a_0 ，b_0 ，b 的估计值(分别记为 $\hat{a}_0$ ，$\hat{b}_0$ ，$\hat{b}$)从拟合公式(2.13)中得到，且 $c=\hat{c}$ 。

为了检验无变化假设与双边对立假设，利用了似然比统计(Hogg et al.，1970)。对于二相回归模型，似然比统计量为

$$U=[(S_0-S)/3]/[S/(n-4)] \tag{2.14}$$

式中，S_0 为拟合零模型(2.15)的残差平方和；S 为来自拟合对立假设模型(2.13)($c=\hat{c}$)的残差平方和。在没有变化的零假设情形下，U 的渐近分布为 F 分布，自由度为 3 和 $n-4$ ，记为 $F_{3,n-4}$ 。如果 $U \geqslant F_{3,n-4}(1-\alpha)$ ，那么在 $1-\alpha$ 显著水平上，检验程序拒绝零假设 H_0 。$F_{3,n-4}(1-\alpha)$ 是 $F_{3,n-4}$ 分布的 $1-\alpha$ 分位数。

$$T_i=a_0+b_0 i+e_i \tag{2.15}$$

如果变点被指定为独立数据，那么没有变化的零假设对双边对立假设的检验统计量为

$$U'=\frac{S_0-S}{S/(n-3)} \simeq 3U \tag{2.16}$$

对于指定 c 值，U' 的零分布为 $F_{1,n-3}$ 。如果 $U' \geqslant F_{1,n-3}(1-\alpha)$ ，那么在 $1-\alpha$ 显著水平上，检验程序拒绝零假设 H_0 。

如果用 $\hat{c}$ 估计 c 且指定了 c ，那么检验统计值 U' 大约比该有的值大 3 倍。例如，$F_{1,\infty}$ 分布 0.95 分位数与 $F_{3,\infty}$ 分布 0.95 分位数的比值大约为 1.48。如果用 $\hat{c}$ 估计 c ，且 c 是指定的并应用标准 F 检验，将得到一个非常高的显著性水平。例如，假设 $U'=4$ 且 n 很大。如果 c 是指定的，那么在 0.95 显著性水平上拒绝零假设 H_0 。如果 c 是未知的，则统计值 U 为 1.33，即使在 0.75 显著性水平上，应该拒绝零假设 H_0 。

如果希望检验特定方向的气候变化(例如检验由于温室效应导致的变暖的开始)，那么可以基于 $\hat{b}$ 的渐近分布进行一个粗糙的单边检验。在公式(2.13)中，$\hat{b}$ 是均值为 b ，方差为 $\mathrm{var}b=\sigma^2(1/C_r+1/C_{r^*})$ 的渐近正态分布。其中，C_r 是整数 $i=1,\cdots,r$ 的修正平方和，C_{r^*} 为整数 $i=r+1,\cdots,n$ 的修正平方和：

$$C_r=\sum_{i=1}^{r}(i-m_r)^2, m_r=\sum_{i=1}^{r} i/r \tag{2.17}$$

$$C_{r^*}=\sum_{i=r+1}^{n}(i-m_{r^*})^2, m_{r^*}=\sum_{i=r+1}^{n} i/(n-r) \tag{2.18}$$

由于 σ^2 是未知的，我们用其估计值 $S/(n-4)$ 代替。如果 $\hat{b}/[S(1/C_r+1/C_{r^*})/(n-4)]^{1/2} \geqslant t_{n-4}(1-a)$ ，则检验程序在 $1-\alpha$ 显著水平上拒绝 $H_0:b=0$ ，接受 $H_1:b>0$ 。其中，$t_{n-4}(1-a)$ 是自由度为 $n-4$ 的学生 t 检验 $1-a$ 分位数。正如 Hinkley(1969)指出的，在有限样本中 $\hat{b}$ 有正偏差(在绝对值中)，原因在于最大似然过程与两个回归斜率之间差值的最大化有关。对于固定的 n 值，这个偏差的重要性要大于那些较小的 b/σ 比值。这意味着所描述的小样本测试中可能会产生误导，因为它依赖于 $\hat{b}$ 在零假设 $H_0:b=0$ 下是无偏的。

最后，利用似然比统计值 U 估计 c 的双边置信区间。对于 H_0 ($c=c_0$ 且渐近显著性水平 $1-\alpha$)的双边检验，当

$$(S'-S)/[S/(n-4)] \leqslant F_{1,n-4} \tag{2.19}$$

则接受 H_0 。其中，S' 为 $c=c_0$ 时公式(2.13)中拟合残差平方和。c 的 $1-\alpha$ 置信区间由满足

公式(2.19)的一系列 c_0 设定。把这些置信区间的断点作为 $S=S'-SF_{1,n-4}(1-\alpha)/(n-4)$ 的根，这些根可以通过相同网格搜索找到 $\hat{c}$。

Easterling 和 Peterson(1995)对二相回归方法做了改进(E—P 技术)，并将该方法应用于包含没有文献记录断点的年平均气温时间序列中，评估了人为断点对于最低气温和最高气温趋势的影响。

2.2.3　Pairwise 方法

Pairwise 方法(Menne et al.，2009)是美国国家气候中心开发的一套均一性检验与订正方法。该方法利用待检台站资料序列与周围一定空间范围内的其他台站资料序列求相关，选取相关系数较大的台站资料序列通过不同的组合方式形成组合序列，利用待检资料序列同组合资料序列求取差值序列，最后通过差值序列检验其非均一性。

该方法主要由以下 6 个步骤组成：

(1)选取目标序列和其在网格内的相邻参考站序列。

(2)使用 SNHT 识别目标序列和参考序列的时间变化。

(3)在一一对比中，使用 SNHT 确定每一个明显的转变。

(4)在目标序列和参考序列中，分别找出产生突变点的序列段落。

(5)对每一个突变序列段落的时间变化进行量化。

(6)估算调整变化后的温度序列是否可以反映真实的气候背景变化特征。

2.2.3.1　不同目标序列和参考序列的选择

成对比较算法开始时，首先在目标站点附近找 100 个观测站点，根据其与目标站点的相关性进行排名。每月的第一个差异用于计算相关系数，这样可以尽量减少人为对相关系数的影响。相邻的站点序列必须与目标序列为简单的正相关关系，才能被作为参考序列。合格的参考序列也有条件要求，比如相关性高于 0.5。这种条件在美国观测网中是有效的，有 99.5%以上的月平均气温序列是从 100 个附近正相关站点得出的参考序列(其中相关性大于 0.8 的有 90%)。

对于所有合格的参考站点，都需要按照以下两步程序进行处理。首先提供与目标站点相关性最高的 40 个邻近站点，以及参考站点的月平均最高气温和最低气温。算法从第 41 个最高相关的邻近站点开始考察对于少于 7 个相邻站点的目标站是否增加参考站。如果参考站提供的数据有缺失存在，它将会被 40 个邻近站点中的其他无缺失资料站点所取代。这个过程保证了目标站点的记录时期内有至少 7 个参考站点。

2.2.3.2　识别突变点

当所有的差异序列均找出之后，使用 SNHT 在 D_t 中找出突变点，使用突变点分离算法并确保信度水平达到 95%以上。对于 D_t 序列来说，使用 SNHT 对 H_0 和 H_a 的求法是不一样的：

$$H_0:\{D_t\}\rightarrow N(\mu_k,\sigma^2),c_{k-1}+1\leqslant t\leqslant c_k \tag{2.20}$$

$$H_a:\begin{cases}\{D_t\}\rightarrow N(\mu_1,\sigma^2),c_{k-1}+1\leqslant t\leqslant c\\ \{D_t\}\rightarrow N(\mu_2,\sigma^2),c+1\leqslant t\leqslant c_k\end{cases} \tag{2.21}$$

求 H_a 时在时间 c 有变化。为了计算可能存在的多个突变点，不同的序列假定为 k 小段，每一小段由 2 个突变点为起始和终点(c_{k-1} 和 c_k)。公式中 $N(\mu,\sigma^2)$ 是一个随机变量,是均值 μ 和方差 σ^2 的函数,并且 $\mu_1 \neq \mu_2$。为方便起见,规定 D_t 中共有 k 个数,其中 $C_0=1, C_k=n$。公式(2.21)中突变点的确定是要将之前 2 个估算的突变点(C_{k-1} 和 C_k)代入到算法中进行分割和合并测试,最终在 $k-1$ 到 k 之间收敛。

2.2.3.3 通过 SNHT 测试对突变点进行分类

对于每一个 D_t 序列来说,通过识别给出了 $k-1$ 个明显的突变点。由于使用了 SNHT 算法,每一列 D_t 均有公式:

$$\{D_t\} = \mu_k + \varepsilon_t, C_{k-1}+1 \leqslant t \leqslant C_k, \qquad k = 1,\cdots,K \tag{2.22}$$

下面将要确定是否每一个突变点(分段点)都是确实可信的。对于不同的突变点形式,设计了 5 种不同的模型(M1～M5)。对于每个断点来讲,最小化贝叶斯信息标准(BIC)(Schwarz,1978)的这个模式被选为代表性最好的模式。在程序上,计算了 BIC 中适用于 M1～M5 的每一个 $C_{k-1}+1$ 到 $C_k+1(k=1,\cdots,K)$。BIC 的定义为

$$\mathrm{BIC}(p) = -2\lg(L) + \lg(n')p, \tag{2.23}$$

式中,p 是适合模型所需的参数的数目;n' 是片段中数据的数量($C_{k-1}+1$ 到 C_k+1);L 是统计模型的似然性。对于表 1 中的各种模型,由公式(2.24)来确定 L,其中 SSE 是指特定模型拟合方差的总和。

$$-2\lg(L) = n'\lg(SSE/n'), \tag{2.24}$$

在某些情况下,原始的 $k-1$ 个突变点中一个或者多个可能会从 D_t 序列中消除。比如在 M2 中,是单一的趋势,SNHT 可能会识别出趋势里的一个突然的跳动,但是 SNHT 对于 M2 的识别能力要比其他 4 种模型略低。通常,假的突变点将会被从$\{C_1, C_2, \cdots, C_{k-1}\}$中移除。使用 SNHT 算法在计算 M4 和 M5 的分段上会有更好的确定性。由此可见,对于后续计算两个序列之间趋势和幅度变化 D_t 时需要使用更高维度模型(M4 和 M5)。

2.2.3.4 计算调整

在所有温度序列中,步骤 1 到步骤 5 是简单且必要的识别突变点的方法。在许多应用中,台站的历史资料可以提供额外的关于其不连续的信息。当台站历史资料可用时,历史变化时间应该作为证据与突变点相结合,对测试结果进行佐证,这样可以同时计算出有证据和无证据的所有突变点。

调整是根据计算多个邻近参考站的 D_t 序列来确定的,这些 D_t 序列至少要存在目标序列突变点前后 24 小时的值。如果 2 个突变点发生在 24 小时之内,则要根据他们的组合效果做出调整。

对特定突变点范围的估算通常被看做是对突变点估算的可信度。就像步骤 5 中依照 BIC 所设定的模型一样,可以对最终的每一个 D_t 进行估算,从而避免当相对趋势存在时 D_t 出现的误差。对于每个目标站点进行成对估算,至少要有 3 个独立的参考站点进行对比,这样对突变点分布的估算调整更有意义。另外,由于突变点的分布不一定是对称的,因此常常使用中间数估算(median estimate)方法对目标序列进行调整。

使用成对比较方法估算 D_t 的均一性,是通过在所有的估算中比较中位数为 5%(中位数>0)还是 95%(中位数<0)来确定的。对于任何一个给定的突变点进行不超过 20 次的估算,中间数和前 25%的差异,以及中间数和 50%～75%的差异分别提供了 5%和 95%的估算率。

设定一个系数(2.5)，确保测试的 95%($\alpha=0.05$)信度水平。当中间值和序列尾部数值有相同符号并接近 0 时，突变点是显著的，需要对目标序列进行调整。这个方法类似 Tukey 的箱式法(Tukey,1977)，但是可以对估算中不对称分布进行计算。当所有的估算符号相同时，可以简单地使用 D_t 估算中间值。两种处理方法的结果类似。

2.2.4　RHtest 方法

RHtest 方法基于惩罚最大 t 检验(PMT)和惩罚最大 F 检验(PMFT)，经验性地考虑了时间序列的滞后一阶自相关，并嵌入多元线性回归算法，能够用于检验、订正包含一阶自回归误差的数据序列的多个变点(平均突变)，可用于对年、月、日 3 种时间序列的均一性检验(Wang et al.,2007,2010;Wang,2008)。应用经验的惩罚函数，对非均一断点的误报警率和检验能力的非均匀分布问题也大大减少。通过回归检验算法检验出多个变点，即依次分段找出序列中各段最可能的变点，计算所有变点的统计量，确定第一个变点;寻找该变点位置之后每段最可能的变点，估计其显著性，找出下一个可能的变点;重复该过程，分步找出所有的变点，将变点按照显著性由大到小排列，形成变点列表;判断最小的变点是否显著，当不显著时剔除该变点，再次评估剩余变点的显著性，最终保留统计显著的变点即为序列检验得到的变点。

PMFT 检验:

假设待检序列均值为 μ，方差为 σ^2，对于时间序列{ X_t }，要检验在 $t=c$ 时刻是否存在一个平均突变。

原假设:

$$H_0:X_t=\mu+\beta t+\varepsilon_t,\quad t=1,2,\cdots,N \tag{2.25}$$

备择假设:

$$H_a:\begin{cases}X_t=\mu_1+\beta t+\varepsilon_t, t\leqslant c\\X_t=\mu_2+\beta t+\varepsilon_t, c<t\leqslant N\end{cases} \tag{2.26}$$

当 H_a 为真时，$t=c$ 时的点被称作断点。$\Delta=|\mu_1-\mu_2|$ 被称作平均突变的大小。PMFT 方法统计量如下

$$PF_{\max}=\max_{1\leqslant c\leqslant N-1}[P(c)F(c)]>PF_{\max,\alpha}(\hat{\varphi},N) \tag{2.27}$$

式中，$P(c)$是建立的经验性的惩罚因子。

PMT 检验:

假设待检序列均值为 μ，方差为 σ^2，对于时间序列{ X_t }，要检验在 $t=c$ 时刻是否存在一个平均突变。

原假设:

$$H_0:X_t=\mu+\varepsilon_t,\quad t=1,2,\cdots,N \tag{2.28}$$

备择假设:

$$H_a:X_t=\begin{cases}\mu_1+\varepsilon_t, t\leqslant c\\\mu_2+\varepsilon_t, c<t\leqslant N\end{cases} \tag{2.29}$$

当 H_a 为真时，$t=c$ 时的点被称作断点。$\Delta=|\mu_1-\mu_2|$ 被称作平均突变的大小，PMT 方法统计量如下:

$$PT_{\max}=\max_{1\leqslant c\leqslant N-1}[P(c)T(c)]>PT_{\max,\alpha}(\hat{\varphi},N) \tag{2.30}$$

式中，$P(c)$是建立的经验性的惩罚因子。

PMFT 检验方法能够有效避免非均一的参考序列带来的检验误差，进行变点检验时可以不使用参考序列，从而能够用于对风速资料等受局地环境影响较大的要素进行检验。

近年来，国家气象信息中心发展的多套地面关键气候变量均一化数据集大都是基于 RHtest 方法研发的（远芳 等，2015；朱亚妮 等，2015；Cao et al.，2016）。

2.2.5　序列均一化的多元分析方法(MASH)

序列均一化的多元分析方法（Multiple Analysis of Series for Homogenization，MASH）是由匈牙利气象局开发的（Szentimrey，1999），先后共更新发布 4 个版本，分别为 MASH v2.03、MASH v3.01、MASH v3.02 和 MASH v3.03。较早的版本 MASH v2.03 主要用来对逐月序列进行均一化处理，建立了针对逐月序列的模块：序列比较、间断点（突变点）和异常点的检验、序列订正、缺测值插补、元数据的自动应用及均一化结果评估确认程序。MASH v3.01 可以进行逐日数据的均一化、质量控制和缺测值插补。在程序中，加法模型用于服从正态分布的逐日气温、气压等要素的均一化。MASH v3.02 拓展到可以利用乘法模型对逐日降水序列进行均一化，并实现逐日序列的质量控制和缺测值插补。最新版本 MASH v3.03 发展和改进了以下 4 个方面：1）数据的输入/输出，新版本中 COST Action ES0601（HOME）格式可以直接应用；2）SAM 系统中月值序列均一化程序的改进，新版本推荐从年序列的均一性初步检验开始（以往版本 MASH 程序从月值序列开始，随后是年和季节序列的检验），新的可能性是从年序列的检验开始并利用检测到的间断点作为初步信息（元数据），进而用于月值序列的 MASH 检验程序中；3）自动化检验程序的完善和发展，对于用户来说，这些自动化“用户友好”程序使得应用分析更容易；4）逐日数据均一化的进一步发展，包括一些缺测值插补和质量控制新程序的构建。最新的一些发展还包括针对风向和风速联合均一化、逐日数据均一化的自动处理进程及一些支撑程序。

MASH 是一个相对的均一性检验订正程序，不必假设参考序列是均一的。相同气候区域内通过气候序列的相互比较检验和订正可能的间断点。在所有可用的时间序列中选取待检序列，剩余则被当作参考序列。每个可用序列的角色（目标站或者参考站）在整个程序中是逐步变化的。依据待检验气候要素的分布特征，可以选取加法（如气温、气压）或乘法（如降水）模型。乘法模型也可以通过取对数转化为加法模型。一系列差值序列是由待检序列和不同权重参考序列构成的。为了增加统计检验的效率，最优权重是由差值序列的方差最小化决定的。假设待检序列是所有差值序列中惟一的普通序列，那么在所有差异序列中检测到的断点就认为是待检序列中的断点。多元间断点检测程序考虑了统计检验的显著性和有效性。显著性和有效性根据与两类误差（Ⅰ类误差指检测到错误的或者多余的非均一性；Ⅱ类误差指忽略了真正的非均一性）相关的传统统计计算而得。该检验程序不仅能够给出估计的间断点和偏差值，也能给出相应的置信区间。待检序列利用间断点和区间估计值进行订正。差值序列的统计检验值可以与 Monte Carlo 随机模拟分布比较，如果前者小于给定显著性水平上 Monte Carlo 分布的临界值，则差值序列是均一的。

MASH 的优点包括：1）参考序列不必假定是均一的；2）MASH 可以利用站点元数据记录的信息，但不依赖于元数据，间断点日期等元数据能被自动应用到 MASH 中；在间断点检测过程中，元数据通常被优先考虑，其质量可通过程序检验，也可通过统计检验得以验证；3）带有空间插值模块，可实现逐日数据的缺测填充和质量控制分析。MASH 中带有均一化结果的验证程序，验证的基本思路是假设均一化序列的可信度增大和质量提高，通过对比原始和均一化序列进行数学检验、评估和确认。

MASH 中逐日序列集的均一化过程如下：1）从逐日数据中得到逐月数据；2）利用 MASH 对逐月序列运行均一化程序，获得估计的逐月非均一性；3）在估计的逐月非均一性的基础上，获得对逐日序列的非均一性插值估计；4）逐日序列均一化；5）逐日均一化序列的质量控制；6）逐日缺测值插值；7）由均一化的、经过质量控制和插值的逐日序列得到逐月序列；8）对新的逐月序列进行均一性检验。如有需要反复运行以上步骤。

详细的 MASH 用户手册见 http://www.met.hu/en/omsz/rendezvenyek/homogenization_and_interpolation/software/。

目前，MASH 已经广泛应用于中国逐日气温（Li et al.，2009，2010，2015b，2016）、风速（Li et al.，2011）和降水序列（Li et al.，2015a）的均一性检验和订正。基于 MASH 得到的均一化结果改善了我国气候变化研究的数据基础，正在得到广泛应用。

2.2.6　其他常用均一化方法

除了以上国内外广为应用的资料序列均一化方法外，世界气象组织推荐了另外一些均一化方法：

（1）Buishand 范围检验方法。Buishand 范围测试统计量定义为 $S_K^* = \sum_{i=1}^{k}(Y_i - \overline{Y})$，这里 $k=1,2,\cdots,n$。当一个时间序列是均一的时，其值将在零附近波动，因为将不会出现关于它们平均值的 Y_i 值的系统偏差。如果在 K 年内存在断点，则将在 $k=K$ 年附近达到最大值（负偏差）或最小值（正偏差）。可以对偏差的显著性进行检验。Buishand (1982)给出了用于检验的关键值，该方法已用于欧洲气温及降水序列的均一化（Wijngaard et al.，2003）。

（2）Craddock 检验方法。该方法由 Craddock (1979)开发，它要求有均一的参考时间序列或足够长的均一的子时段（Auer，1992），在奥地利降水序列均一化中得到应用。Craddock 检验根据公式 $s_i = s_{i-1} + a_i \cdot (b_m/a_m) - b_i$ 反映待检序列和参考序列之间的标准化差别，这里 a 是均一的参考序列，b 是待检序列，a_m 和 b_m 是在整个时段上的序列平均值。

（3）PETTIT 检验。该方法是一种非参数顺序检验。时间序列 $Y_1,\cdots,Y_n$ 的顺序 $r_1,\cdots,r_n$ 被用来计算统计量 $X_k = 2\sum_{i=1}^{k} r_i - k(n+1)$，这里 $k=1,\cdots,n$。

如果在年份 E 中发生了断点，则在 $k=E$ 年份附近出现了统计值的最大值或最小值，即 $X_E = \max_{1\leqslant k\leqslant n}|X_k|$。Pettit (1979)提供了显著性表。

2.3　均一化基本流程

2.3.1　均一化前的资料预处理

2.3.1.1　资料质量控制

气象数据质量控制是质量管理体系中最为重要的组成部分，主要包含 3 种方法，一是顺序质量控制，采用一系列合理的检查步骤和阈值参数，按照一定顺序对观测资料逐一进行检查；二是背景质量控制，利用观测资料与模式背景场（或再分析背景场）的偏差，参考一定的阈值参数对观测要素值进行检查；三是内嵌于同化系统的变分质量控制。由于背景质量控制和变分质量控制主要用于模式和同化系统中，一般情况下，资料的质量控制主要考虑传统的质量控制方法，即顺序质量控制，它可以包括资料观测台站和数据中心的资料审核，能够发现资料中的缺测数据和错误数据并对其进行补充或修正，保证资料最大程度的完整和最大可能的准确。为保证达到这一目的，设计好的质量控制系统包括质量控制技术是必需的。在资料提供应用之前对其进行质量检查，是提高资料质量、保证资料发挥高效益的关键环节。

针对不同的气象数据，国内外研制了许多质量控制系统（Fillipov，1968；Sciuto et al.，2009；Zahumensky et al.，2012）。例如，北欧五国（丹麦、芬兰、冰岛、挪威、瑞典）将自动站资料控制流程分为台站级质量控制、入库前实时质量控制、入库后非实时质量控制以及人工质量控制 4 级（熊安元，2003）；美国地面自动观测业务系统中，主要进行台站级、州级和国家级 3 级质量控制，及时发现并反馈观测资料的质量问题，保证资料的准确性（周林 等，2002）；我国业务系统为台站级、省级和国家级 3 级质量控制（王新华 等，2006；任芝花 等 2006，2007a，2007b；陶士伟 等，2009）。不同的质量控制系统设置有所不同，但针对数据的质量检查过程，大体上可以分为以下几种主要检查：气候学界限值检查、要素主要变化检查、要素间内部一致性检查、时间一致性检查、空间一致性检查、静力学检查等。不同观测资料的步骤有所差异。

气候学界限值检查主要是从气候的角度判断该要素不可能出现的临界值（窦以文 等，2008；中国气象局，2010），超出气候界限值的数据为错误数据。主要通过不同要素、不同区域和时间进行相应的统计和分析得到。

要素主要变化检查是指某个固定站点历史上出现过的最大（最小）值（王海军 等，2007；任芝花 等，2010），超出主要变化范围的数据为历史极值，需要做进一步确认。主要通过站点历史数据的统计分析得到。

要素间内部一致性检查是指不同要素之间是否符合一定的物理联系（鞠晓慧 等，2010；赵煜飞 等，2011），例如，日最低气温≤当日各时气温≤日最高气温，极大风速≥最大风速。当不符合这种联系时，其中至少有一方为错误数据。

时间一致性检查为不同要素要满足随时间变化的特定规律（鞠晓慧 等，2010；任芝花 等，2010）。例如，小时气温有明显的日变化，如果连续 24h 无变化，数据至少为可疑，甚至为错误。

空间一致性检查是根据要素的空间分布特点，检查被检站数据与邻近站数据是否满足一定的空间连续性。目前较常用的空间检查方法有 Madsen 方法（Lanzante，1996）和空间回归检查法（刘小宁 等，2005），Madsen 方法是通过周围若干邻近站同一时次观测值从小到大排序，分别计算四分之一、四分之二和四分之三分位值，再比较被检站值与四分之二分位值的差和四分之三与四分之一分位值的差的比值，判断是否被检站值满足空间连续性。空间回归检查法主要通过相关分析，查找与被检站相关系数较高的参考站，建立被检站与参考站的线性回归方程，再通过参考站回归计算值与被检站观测值的差值判断数据是否通过空间检查。静力学检查是用静力方程沿垂直方向逐层对气压、位势高度（或气温）值进行计算，按资料和计算值之差判断资料是否可用。

2.3.1.2 缺测资料的插补

长年代且完整的气象要素序列，是进行气候统计分析和气候变化研究的基础。由于台站撤并、观测任务变更、观测仪器故障以及其他历史原因等，我国台站观测的历史气象资料存在不完整情况。从全国 2400 余个地面气象站 1951—2010 年日平均气温、日最高气温和日最低气温缺测统计来看(见表 2.1)，超过 63%的台站均出现过资料缺测情况。绝大多数台站连续缺测时段小于 1 年，但也有部分台站连续缺测超过了 10 年。20 世纪 70 年代以前和 90 年代初期，资料整月缺测情况较为突出，这在一定程度上影响了气候变化研究、气候评估及气象资料整编等工作的开展。

表 2.1　全国气温日值资料缺测情况统计

		日平均气温	日最高气温	日最低气温
出现缺测的站数比例(%)		75.29	63.72	72.51
连续缺测	小于 1 年台站数(个)	1690	1404	1622
	1～5 年台站数(个)	86	93	87
	5～10 年台站数(个)	21	21	21
	超过 10 年台站数(个)	19	19	19

早在 20 世纪 50 年代，我国学者即提出了气温观测序列的补齐问题，并开展了缺测资料插补方面的试验。随着研究的深入，国内外研究人员借助更为复杂的多元统计方法，在日、月、年值尺度上开展了相关研究，插补技术得到了长足发展。方法主要有线性回归、逐步回归、天气分型回归、偏最小二乘回归、标准序列法、克里格法、一维车贝雪夫多项式展开等。

以标准序列法为例，该方法是一种利用周边台站观测值进行插补的方法(Steurer，1985；DeGaetano et al.，1995；余予 等，2012)。假设在同一气候区域内的所有站点，某日气温与该日多年平均气温的距平都是相似的。若 Y 站某气象要素序列中的某个值缺测，可利用 Y 站周边台站的同期资料，采用标准序列法计算缺测值，用公式表示如下：

$$y = z_{\text{ave}} \times s_y + \overline{y} \tag{2.31}$$

式中，$\overline{y}$ 为序列平均值；s_y 为序列标准差；z_{ave}可由式(2.32)和(2.33)计算得到

$$z_{xj} = \frac{x_j - \overline{x_j}}{s_{xj}} \tag{2.32}$$

$$z_{\text{ave}} = \frac{1}{n}\sum_{j=1}^{n} z_{xj} \tag{2.33}$$

式中，x_j 为 Y 站周边第 j 个邻近站与缺测值同期的观测值；$\overline{x_j}$ 为序列的平均值；s_{xj} 为序列标准差；z_{ave}即为 Y 站周边 n 个邻近站同期标准化距平的均值。

选择江西永丰站为插补试验站，基于该站周边地面台站的观测资料，利用标准序列法、偏最小二乘回归(王惠文，1999)和多元线性回归(魏凤英，2007)3 种方法针对该站 1980—1999 年的日平均气温做插补，并与永丰站的实测值进行对比。由图 2.4 可以看出，插补值与实际观测值吻合得很好，基本分布在 1∶1 线附近，均方根偏差在 0.3 ℃及以下。

综合利用标准序列法、偏最小二乘回归和多元线性回归 3 种方法，对我国地面 2400 余个站 1951—2010 年日平均气温资料中的缺测数据进行插补试验，完成超过 23.3 万个记录的插补，约占总缺测记录数的 86%。图 2.5 给出了日平均气温插补前后缺测率随时间变化情况，可以看出 1960 年之前因为台站数量相对较少等原因，对一些缺测值无法完成插补，1960 年之后经过插补的日平均气温缺测率下降，特别是 1962—1969 年和 1993—1998 年下降明显，

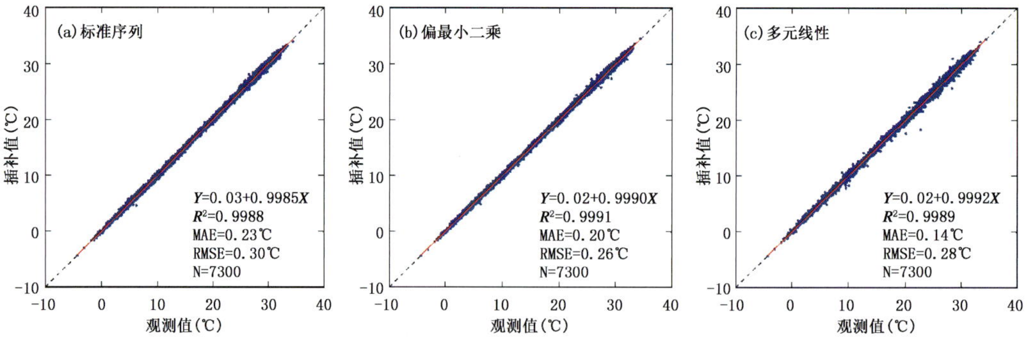

图 2.4　利用 3 种方法插补的永丰站日平均气温与实际观测值对比

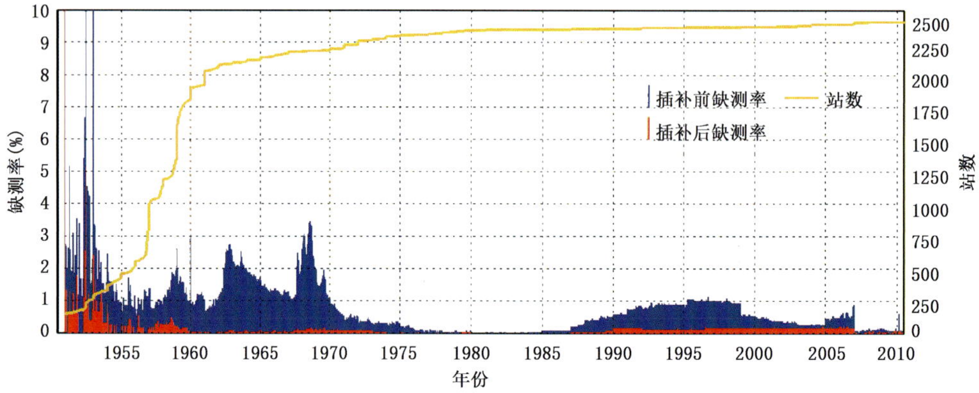

图 2.5　全国日平均气温资料插补前后缺测率变化

1960—2010 年平均缺测率仅为 0.07%，数据完整性有了很大的提高。

2.3.2　元数据准备和参考序列的构建

元数据对于气候序列的均一性研究至关重要，它是序列订正的最可靠的依据，能够显著减小均一性研究结果的不确定性。首先，尽可能收集详尽的元数据信息；其次，需要对元数据进行分析，与观测系统的变化事实进行核对，辨认真伪；最后，元数据里包含各种复杂的信息，需要根据实际情况，提取真正相关的信息，剔除无关的信息。

参考序列的选取和构建是均一性检验与订正过程中重要的技术环节之一，其是否恰当，是决定均一化结果的关键点之一。参考序列必须满足两个基本条件：一是参考序列应该可以代表所要研究站点的气候变化背景特征；二是参考序列本身应该是均一的。因此，构建参考序列时，要充分考虑参考站的气候代表性和序列均一性。下面以相对湿度参考序列的构建为例，说明如何获取具有代表性并均一的参考序列。

2.3.2.1　备选参考站的选取

以相对湿度为例，我国自动观测系统业务化主要集中在 2004—2007 年。说明相邻地区的台站可能在同一时间发生仪器换型，这种观测系统的调整具有区域同期性，比如东部沿海地区主要在 2004 年实现自动观测，江南地区和东北主要在 2005 年。这种观测系统的同期调整，使序列同时受到影响，可能导致 PMT 方法无法检测这类断点。因此，构建参考序列之前，先对待选参考站的均一性进行检验是非常有必要的。PMFT 方法适用于不带参考站的均一性检验，通常可以用来检验参考序列的非均一性。

对 2419 个站的年、月、日相对湿度序列在 99％的信度上进行 PMFT 检验，结合元数据和气候合理性分析对通过显著性检验的断点进行判断。保留有元数据支持的断点，元数据类型包括迁站、时次变化、环境变化、人工转自动、仪器更换等；没有元数据支持的断点，满足以下两个条件保留：1）在年、月和日序列上能同时（时间间隔在 18 个月以内）出现；2）待检站周边 100 km 范围内所有台站算术平均的月相对湿度没有同时出现。

根据 PMFT 检验结果，选取序列均一的台站为备选参考站。考虑到约 1800 个站相对湿度观测始于 1961 年以后，断点在 1961 年以前的台站，也进入备选参考站。这样，得到了 1008 个相对均一的台站作为备选参考站。可以看到，备选参考站在空间上分布不均匀，呈现出长江以北地区密集，东北和华南地区次之，长江以南地区和西部地区稀疏的特征，特别是青藏高原地区基本空白。这种分布形态，使得不同地区待检站选定参考站的水平距离存在差异。

2.3.2.2　参考站的选取

参考序列指能代表该区域气候变化的均一序列。在均一性检验工作中，直接利用邻近台站或多个台站资料发展一个参考序列是一个基本手段，最常见的选取参考站的方法是在待检站与周围站之间求相关，选取相关最好的一个作为参考站。为了减少单个台站不均一对参考序列的影响，选取多个相关较好的台站资料共同构建参考序列，也是一个常用方法。

为了确定待检站选择参考站的空间范围，考察了待检站不同范围内平均相对湿度的区域代表性。具体做法如下：

（1）计算待检站周边 100、150、200、250、300 和 350 km 内备选参考站年相对湿度的算术平均。

（2）计算相应范围内所有备选站与区域平均值的相关系数。

（3）统计相关系数高于 0.8 的台站数，计算其占相应范围内备选站总数的比例。

参与计算的备选站与待检站海拔高度满足以下关系：当待检站海拔高度在 2500 m 以下时，备选站与待检站的高度差要小于等于 200 m；当待检站海拔高度在 2500 m 及以上时，备选站与待检站的高度差应小于等于 500 m。

表 2.2 给出了待检站周边 100、150、200、250、300 和 350 km 内的相关系数大于 0.8 的台站占总备选站 80％以上的站数（区域内备选参考站不少于 3 时才参与计算）。由表可见，844 个待检站 100、150、200、250、300、350 km 范围内参考站不少于 3 个的台站分别有 334、490、600,662、708、724 个，其中分别有 229、245、163、90、44 和 28 个台站相关系数大于 0.8 的台站占总备选站的比例在 80％以上；69％的待检站 100 km 范围内相关系数大于 0.8 的台站数占总站数的比例高于 80％，随着距离增大，比例下降。这说明 100 km 内的区域代表性最好，随着距离的增大，区域代表性变差。

在 100 km 范围内，与待检站相关系数大于 0.8 的单一台站比例在 80％以上的站仅有 11 个，不到 2％；说明单一台站不能代表这个区域的气候变化。相比于区域平均值，单个序列的方差更接近待检序列，在逐日尺度的均一性检验中更具有优势。因此，选择与区域平均相关系数在 0.8 以上的序列长度最长的台站为参考站。

表 2.2　相关系数大于 0.8 台站占总台站数 80%以上的站数(个)

范围(km)	100	150	200	250	300	350
相关系数大于 0.8 的台站占总备选站 80%以上的站数	229	245	163	90	44	28
总站数	334	490	600	662	708	724

备选参考站的空间分布并不均匀，江南地区、西南地区、新疆大部分地区、黑龙江分布稀疏，青藏高原几乎空白；华北地区分布相对密集。这种分布特点，必然导致分布稀疏地区的台站在 100、150 km，甚至更大范围内都无法选择到合适的参考站。

为了确定待检站选取参考站的最人距离，比较了 PMFT 和 PMT 订正的平均偏差。利用人工转自动的平行观测日值资料计算了待检站与参考站不同距离时 PMFT 和 PMT 经均值订正后的平均偏差。选择满足以下条件的 177 个站进行平均偏差的计算：

(1)人工转自动的断点是最近一个断点。

(2)平行观测第一年自动观测的时间为 1 年，并且缺测率低于 5%。

(3)自动观测值错误率低于 5%，并且无明显突变点。

(4)待检站能选到参考站。

表 2.3 给出了 177 个站平均的 PMT 和 PMFT 方法均值订正的平均偏差。由表可知，PMT 方法的平均偏差较小，最大偏差为－0.55%；PMFT 方法的平均偏差较大，最大绝对值为 2.01%。放宽待检站与参考站的距离，选取合适参考站，对待检站进行 PMT 检验的效果要优于 PMFT 方法。距离放宽到 350 km 时，约有 5%的台站无法选到合适参考站，这些地区的备选站分布稀疏，距离再放宽也无法找到合适参考站。因此，将待检站与备选站的最大距离设定为 350 km。

表 2.3　不同距离(L)下两种方法的平均偏差(单位:%)

距离(km)	$0<L\leqslant100$	$100<L\leqslant150$	$150<L\leqslant200$	$200<L\leqslant350$
PMT	0	0.28	−0.01	−0.55
PMFT	−1.63	−1.53	−1.36	−2.01

综上，参考站具体选取过程如下：

(1)当 100 km 范围内满足海拔高度差条件的备选站不少于 3 个时，计算所有备选参考站年相对湿度平均值，求每个备选参考站年值与这个平均值的相关系数，选取相关系数大于 0.8 的序列长度最长的备选站为参考站。

(2)当 100 km 范围内备选参考站少于 3 个时，逐步把距离扩大，直到该区域内备选参考站达到 3 个或以上，但最大不超过 350 km。

(3)当 350 km 内备选参考站仍少于 3 个，则选取与待检站相关系数大于 0.8 的最长序列。

由上述案例可见，参考站的选取和具体的气候变量变化特征、台站分布及沿革等都有一定的关系，需要视具体情况制定合适的方案。

2.3.3　均一性检验与订正

客观的均一性检验与订正技术主要是采取一定的数学方法使得序列中不连续点在统计上体现出来。针对多个不连续点的检验，发展了许多复杂的数学统计方法。以下为一些常用的气候资料均一性检验技术：1）Craddock 检验；2）t 检验；3）Potter 方法；4）SNHT 方法；5）二相回归；6）序列均一性的多元分析（MASH）；7）等级顺序变点检验；8）Caussinus－Mestre 技术；9）多元线性回归；10）PMT、PMFT 及后续修改完善方法。近年来，国内外发展和研究了很多种气候资料均一性研究的试验方法和方案，比如 Yan 和 Jones（2008）以及 Li 等（2014）发展了用小波技术进行气候资料均一性检验和校订的方法。

从序列检验得出的断点一般都认为是“可能不连续点”，但由于方法的选择以及显著性水平的选取，这种“可能不连续点”会存在很大的差别。应该说明的是，并不是每个“可能不连续点”都需要进行订正，一般的做法是只对那些经过充分证明为真实的不连续点进行订正，这种验证的过程也往往依赖于元数据，或者细致的分析对比。订正就是将检测出的断点或不连续点去除，使包含不连续点的时间序列变得“相对均一”。通过订正，使包括台站迁移、仪器换型、观测方法改变、计算方法变化甚至台站周围环境的变化对资料均一性的影响尽可能减少。

目前序列订正有多种思路。一种是传统的订正思路，即从年序列的订正值推断月序列的订正值，进而推断出月以下尺度序列的订正值。日值订正方法由 Vincent 等（2002）提出，该方法被很多专家采用，是一个较客观的订正途径。其基本思路是，根据月值的订正值客观地选取“目标”值作为该月中间日期的订正值，对 12 个月的中间订正值进行线性差分，插值到日值，成为日值的订正值，日值订正值的按月平均等于月订正值。另一种订正思路是基于各气象变量逐日天气波动的概率分布，如百分位匹配法，使不连续点前、后的概率分布的百分位互相匹配（Trewin，2013）；Della-Marta 和 Wanner （2006）曾提出了一种类似方法，采用一种非线性模型估计高相关的参考站点和目标站点的关系，并指出如果参考序列足够好，这种订正方法可以得到均值、方差和斜度上均可靠的订正；Wang 等（2007，2008）所发展的 QM（quantile matching）订正方法，基本思想是基于序列的百分位数分布的连续性对序列进行订正，该订正方法可以直接用于月、日序列；另外，这种订正思路还可以独立于检验站点序列的参考序列。相比较而言，这种订正方法较为直观，效果也较为合理。因此，在全球数据集研制以及部分偏远台站序列的订正工作，具有明显的优势。

气候资料均一化和概率统计、诊断检测分析所不同的是它很难做到唯一性。不同的方法、不同的方案得出的气候序列均一性是存在一定差异的，我们很难说某某数据集、某某序列是百分之百的准确。一般地，在对一个序列、一个数据集进行均一化时，往往带着某种目的进行，比如我们要检测某个局地气候变化趋势或者年代际变化等，此时，均一化以达到该目的为主要动机，如果订正序列、数据集在描述我们所关心的线性趋势或年代际变化较为合理时，就可以认为，对该序列、数据集的均一化达到了目的。因此，作为均一化的最后一步，一定是研究者根据其研究目的进行效果检验与评估，如果这个效果达到了，该订正也达到了目标。否则，有必要开展进一步的均一化分析。

2.3.4　均一化误差分析和可靠性评估

气候序列均一化的效果取决于每个环节，这些环节又是相互联系的。均一化序列是否达到了均一化的最初目的，可以反映均一化每个技术要点的合理性。通常，我们不能提前预估参考序列的合理性，但是对均一化数据集进行评估，可以达到对整个均一化方案评估的目的。在有条件的情况下，可利用平行观测资料计算订正前后某一要素（如相对湿度）的平均偏差（Bias）和均方根误差（root-mean-square error，RMSE）对均一化的数据集进行评估。具体计算公式如下：

$$\text{Bias} = \frac{1}{N}\sum_{i=1}^{N}(\text{ADJ}_i - \text{PAR}_i) \tag{2.34}$$

$$\text{RMSE} = \sqrt{\frac{1}{N}\sum_{i=1}^{N}(\text{ADJ}_i - \text{PAR}_i)^2} \tag{2.35}$$

式中，N 表示统计样本数；ADJ_i 和 PAR_i 表示 i 点上订正后的该要素值（如相对湿度值）和平行观测第一年自动观测值。下面是一个相对湿度均一化的误差分析和可靠性评估案例。

为了检验订正效果，以 2000—2007 年人工转自动平行观测资料的自动观测值为准，计算了订正前、后逐日相对湿度的平均偏差和均方根误差，以此来评估订正后的效果。一共有 187 个站人工转自动的断点是最近的断点，并且有 1 年的平行观测资料。与前面的 177 个站相比，增加了 10 个没有参考站的台站。表 2.4 给出了 187 个站平均的平行观测第 1 年订正前后逐日相对湿度相对于自动观测值的均方根误差和平均偏差。订正前，187 个站平均的平均偏差为 3.07%，平均的均方根误差为 3.93%；订正后，187 个站平均的平均偏差为 −0.16%，平均的均方根误差为 3.41%。说明均一化后，相对湿度的系统误差和随机误差都减小了，特别是系统偏差明显减小。

表 2.4　相对湿度订正前和订正后的均方根误差(%)和平均偏差

	均方根误差(%)	平均偏差(%)
订正前	3.93	3.07
订正后	3.41	−0.16

图 2.6 给出了订正前后平均偏差的空间分布。由图可知，订正前均为正的偏差，说明订正以前相对湿度的人工观测值比自动观测值高；平均偏差主要在 3%～6%之间。订正后的偏差主要在±3%以内，且表现为正偏差的台站数与负偏差的台站数相当。

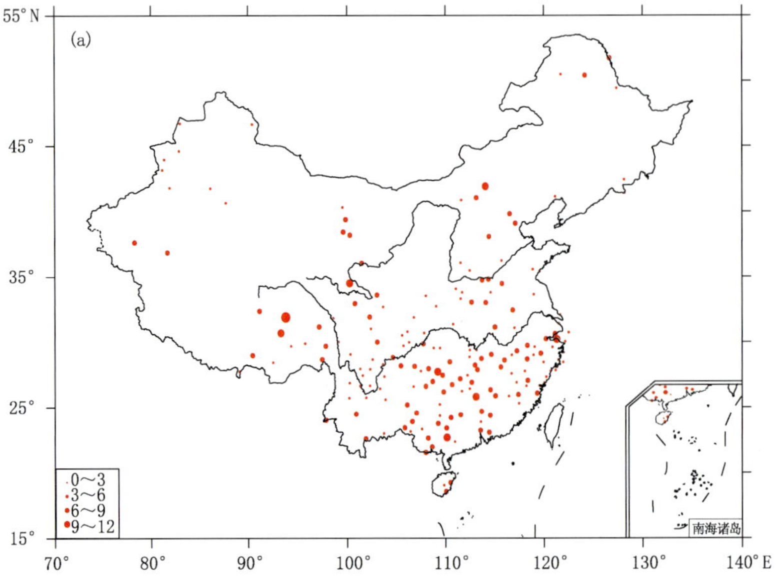

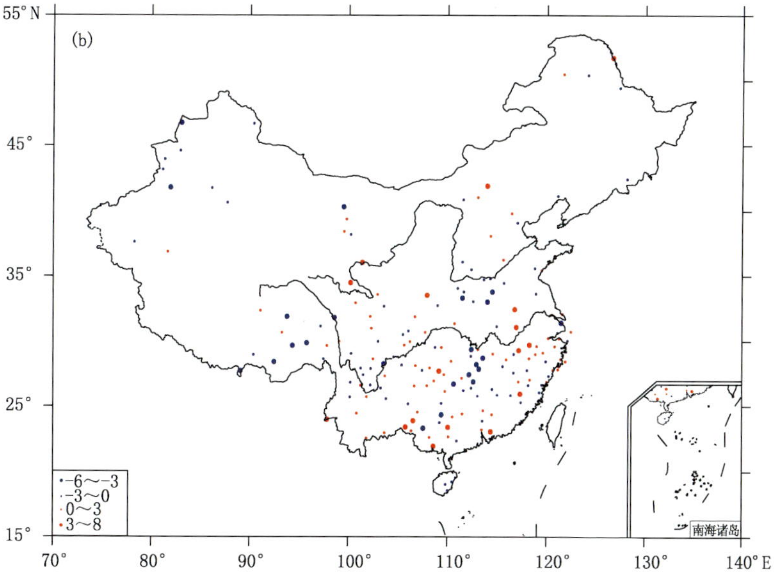

图 2.6　相对湿度订正前(a)、后(b)平均偏差的空间分布(单位:%)

由订正前、后均方根误差的空间分布来看(图 2.7),订正前大部分台站的均方根误差在 3%～6%以内,订正后大部分台站的均方根误差在 3%以内。还可以看到,有些台站订正后的均方根误差较订正前偏高,主要分布在东南沿海。对其原因进行初步分析后发现,这种站在平行观测期间人工和自动观测值无明显区别,但自动观测值与历史的人工观测值存在明显差异。

进一步将平均偏差和均方根误差分成不同组,统计各组站点的百分率(图 2.8)。结果表明,订正前,平均偏差在±1%的站点百分率约为 7%,在±5%的站点百分率达到 88.7%。订正前,均方根误差在 3%以内的站点百分率约为 31%,在 3%～6%之间的站点百分率约为 59%。订正后,相对湿度的平均偏差在±1%的站点约占 35.8%,平均偏差在±5%的站点百

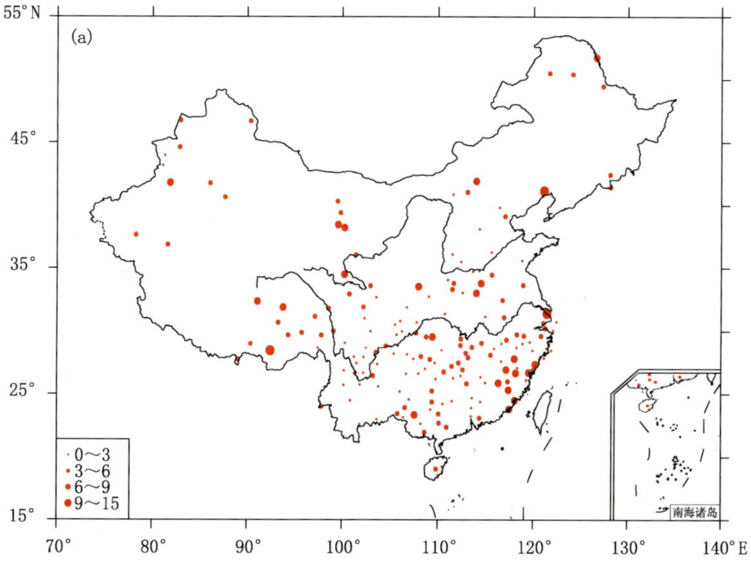

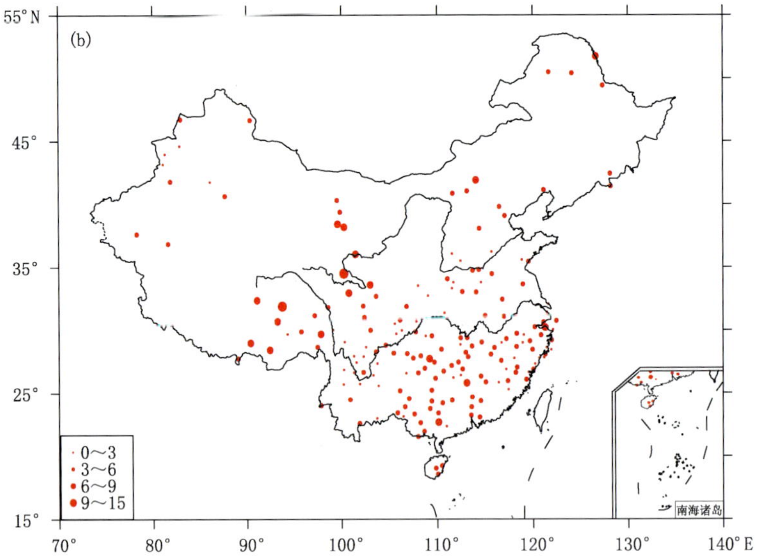

图 2.7　相对湿度订正前(a)、后(b)均方根误差的空间分布(单位:%)

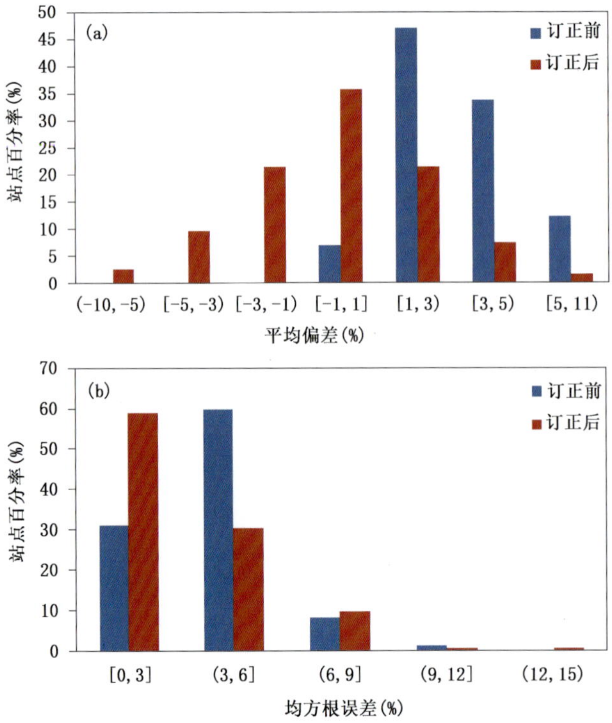

图 2.8　订正前、后的逐日相对湿度与平行观测时期的自动观测值的平均偏差(a)和均方根误差(b)的台站百分率(站点总数为 187 个)

分率达到 95.7%,仅 4.3%的站点平均偏差在±5%以外,说明大部分站点的系统偏差在 5%以内。对于均方根误差而言,订正后相对湿度的均方根误差小于 3%的站点百分率约为

58.9%，89%以上的站点均方根误差小于 6%，均方根误差小于 9%的站点达到了 98%以上，约 10%的站点均方根误差其值大于 9%。可见，大部分站点的随机误差在 9%以内，与订正前相比，平均偏差在±1%的站点明显增多，均方根误差在 3%以内的站点显著增多。这说明，相对湿度订正取得了较为良好的效果。

2.4　均一化方法的进一步发展

气候序列的均一化与一般的气候资料质量控制(quality-control，QC)是有本质区别的。QC 是更为基础的、普适的资料处理过程，目的是消除错误资料。例如，北京观象台日平均气温不可能低于 −50 ℃，通过质量控制即可消除类似的错误记录。均一化的对象，即某个气候变量的时间序列，在某种意义上是不存在错误记录的。同样以北京观象台为例，该站 1981—1997 年在西三环观测到的温度记录，与其前后时期的记录相比存在系统性的偏差，但并不是说该时段的记录是错误的。均一化具有明确的研究目的，比如更客观地评估气候序列的长期变化趋势。正因为如此，均一化方法随着气候变化研究需求的发展还有进一步发展的必要。下面从 3 个方面展开讨论。

2.4.1　针对气候极值的序列均一化

从前一节介绍的均一化方法中可以看到，较早发展的一些方法主要着眼于订正气候平均态，而近年发展的一些方法则着眼于校订变量的概率分布。这是因为近年来越来越关注诸如“随着全球变暖各地灾害性天气如何演变”这样的问题。灾害性天气在一个气候序列中往往表现为某种气候极值。目前国内外研究主要是通过逐日气候观测序列分析，评估其中的气候极值变化趋势。因为极值是小概率事件，所以时间序列中某段观测记录出现系统性偏差的话，可严重影响对气候极值长期趋势的判断。近年学术界针对气候极值问题发展的均一化方法包括 HOM(Della-Marta et al.，2006)、HOMAD(Toreti et al.，2010)、SPLIDHOM(Mestre et al.，2011)、RHtest(Wang et al.，2009)等，其中一个关键环节就是通过考虑逐日气候要素的概率分布在不同时期的变化特征，进行均一性校订。

为理解观测系统变更不仅导致气候平均态被歪曲，而且导致气候极值被歪曲，可以设想如下例子。某观测站从山下搬到山上后，一般说来气温平均值将有所降低，而记录到的天气波动将有所增强。这可导致长期序列看起来极端偏冷记录有一个明显的增多趋势，而极端的偏暖记录却没有同样明显的减少趋势。图 2.9 是一个实例。

图 2.9 显示，青海省河南站于 1981 年迁至更高山区后，天气尺度的波动强度相对于周边未经变更的华家岭站点而言，呈现跃变性的增强。可见，气象观测系统变更所引起的气候序列非均一性，不仅可能导致气候均值的偏差，还可能导致天气波动强度的偏差，后者将严重影响对气候极值(对应寒潮、热浪等极端天气现象)变化趋势的估计。

通过方差校订，可在一定程度上解决上述问题，也被视为一种“均一化”的手段。例如，世界上最长(回溯至 18 世纪早期)的逐日器测气温序列之一，英格兰中部气温序列(简称 CET)，就经过这样的校订。根据 Parker 等(1992)的研究，1878 年后 CET 是由英格兰中部 3 个气象站的气温序列平均得到的，早期各站记录都不完整，只能由 3 个站的观测拼接而成，相当于是一个单站序列。单站气温序列的方差大于同区域多站平均序列的方差，这是气象界常识。为了使 1878 年前后两段序列可比，对早期序列的方差进行校订，使之等于后期序列的方差。这

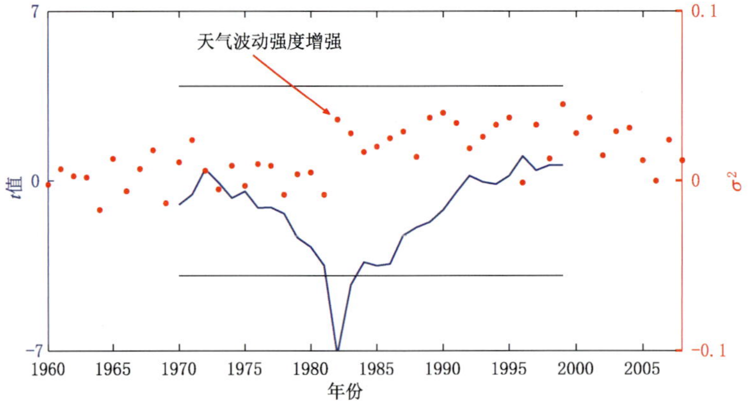

图 2.9　1960—2008 年青海省河南站与参考站华家岭站冬季 4 天尺度波谱功率的差值序列(红点)和相应的滑动 t 检验(蓝线,$n_1=n_2=10$)及其 $\alpha=0.001$ 的阈值线(黑线,±3.92)。(红色箭头指出该站 1981 年迁至更高山区后天气波动强度增强。根据 Li 等(2014)结果重绘)

在一定程度上改善了 CET 的均一性。

然而,方差校订并未完全解决问题。原因在于不同尺度的气候变率在不同站点的差异是不同的。例如,在近百年尺度上,北京的气温变化趋势甚至可与上海相一致;但到天气尺度,近邻如京津者,也可能存在相当可观的位相差。因此,多站平均的后果是逐日天气波动被大大平滑,但那些较长期的气候波动和趋势则较少受影响。上述 CET 例子中,1878 年后的 3 站平均序列实际上主要减小了逐日天气波动而几乎不影响长期气候波动。但方差校订却是相当于把 1878 年前所有尺度的天气和气候波动都以同样的程度减弱了,这就人为地引进了新的非均一性。通过小波分解可以看出,CET 序列中逐日天气波动的强度在 1878 年前后呈现跃变性的减小(图 2.10)。这个结果和上述理论预期完全一致。

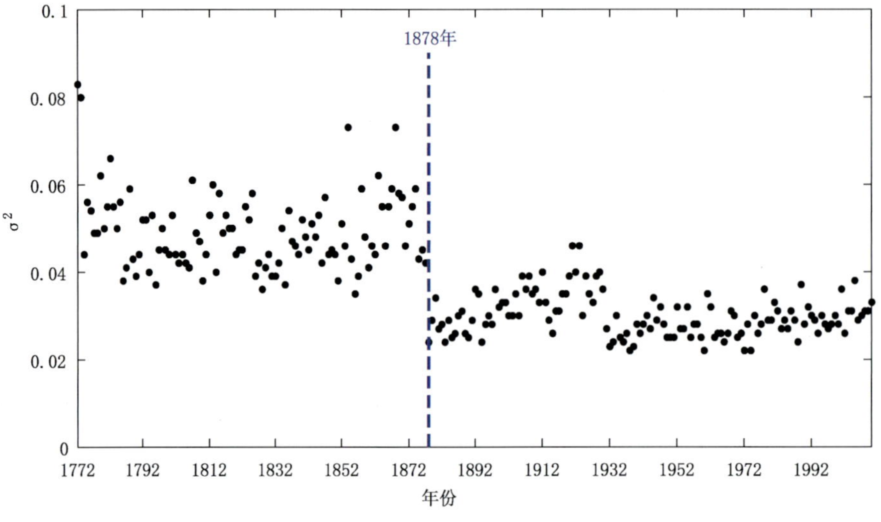

图 2.10　1772—2010 年 CET 序列中年平均逐日变率(代表小于 3 天时间尺度的天气波动强度)的非均一性。获取逐日变率的小波分析方法详见 Yan 等(2008)的研究

显然，由于人为处理资料中出现的问题（也相当于一种观测系统变更），导致 CET 序列 1878 年前的逐日变率普遍偏强，可能造成该时期极端天气事件虚假偏多。由于极端事件是小概率的，人为引入的偏差将严重影响关于近代气候极值演变的判断。

Li 等(2014)的研究表明，即使是国际上近年来针对气候极值发展起来的一些均一化方法，也不能完全解决上述问题。因此，他们提出基于小波分析，考察不同时间尺度气候变率，对气候序列进行均一化（WHM）。以青海省河南站为例，利用小波分析分别对河南站原始和 4 套订正序列（MASH、TPR、HOM 和 QM）及参考站华家岭站分别进行分解，并对各季节各尺度河南和华家岭站间波谱功率差值序列做滑动 t 检验，结果表明仅冬季两站的差值显著（α=0.001）。从图 2.11 可以看出，不论是原始序列还是订正序列（QM 除外），河南和华家岭站冬季波谱功率差值序列 1～5 尺度在 1981 年均存在显著的断点。这表明尽管 MASH、TPR 和 HOM 方法从均值或高阶矩角度对原始序列做了均一化订正，但这些方法忽略了非均一性对不同时间尺度天气波动的可能影响。也就是说，即使经现行均一化方法得到的均一化序列，在特定时间尺度变率上仍然不均一，1981 年迁址造成的天气变率突然增强的断点依然存在。相对于 3 种方法，基于 QM 方法的订正序列 1～5 尺度的 t 值均在 ±3.65 阈值线以内，表明由 QM 方法得到的订正序列是均一的。这说明从子序列的样本分位数分布出发设计的校订方案，有助于解决逐日气温序列中有关极端天气波动的非均一性。

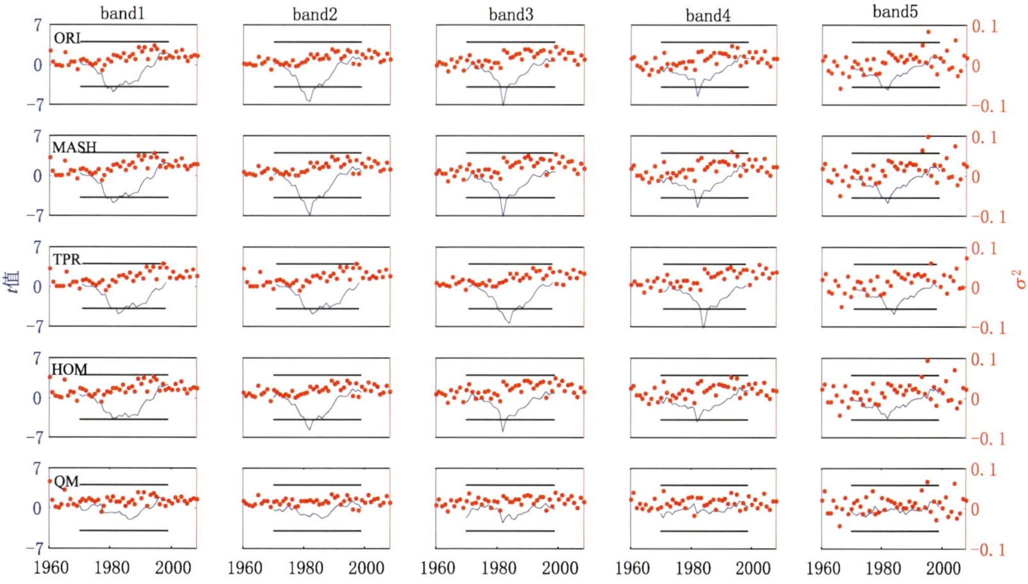

图 2.11　河南站和华家岭站 1～5 尺度冬季波谱功率差值序列（红点）及其滑动 t 检验（蓝线，$n_1=n_2=10$）和 α=0.001 的阈值线（黑线，±3.65）

为了展示基于小波分析的均一化方法对气候极值估计的影响，图 2.12 给出了基于 3 种传统均一化方法（MASH、HOM、TPR）订正后及基于小波分析方法进一步订正后估计的 1960—2008 年河南站逐年极端热天、冷天、热浪、寒潮发生频次的差值序列。可以看出，经小波分析方法进一步订正后，热天、冷天发生频次的差值为 −8～2 d/a，HOM 方法的差值幅度最大；热浪、寒潮发生频次的差值较小，为 −2～1 次/a。从趋势来看（表 2.5），基于小波分析方法进一步订正后，对热天发生频次的影响分别为 0.19 次/10a（MASH）、−0.08 次/10a（HOM）和

1.03 次/10a(TPR);对冷天的影响分别为 0.22 次/10a、0.13 次/10a 和 1.17 次/10a。对热浪、寒潮发生频次变化趋势的影响较小(−0.04～0.06 次/10a)。这些结果说明,经小波分析方法对不同尺度天气变率进行均一化订正,有助于改善对气候极值趋势的估计。

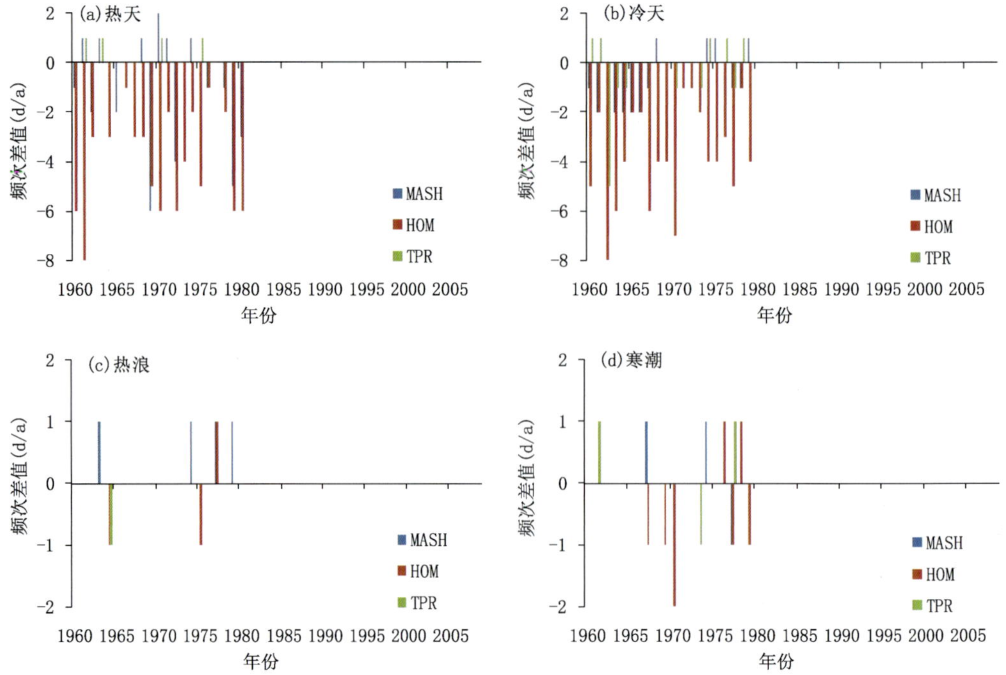

图 2.12　基于 3 种传统均一化方法(MASH、HOM、TPR)订正后及基于小波分析方法进一步订正后估计的 1960—2008 年河南站逐年极端热天(a)、冷天(b)、热浪(c)、寒潮(d)发生频次的差值序列

表 2.5　基于 3 种传统均一化方法订正后及基于小波分析方法进一步订正后估计的 1960—2008 年河南站逐年极端热天、冷天、热浪、寒潮发生频次的差值序列变化趋势

方法	热天(d/10a)	冷天(d/10a)	热浪(次/10a)	寒潮(次/10a)
MASH	3.44	−1.19	0.26	−0.25
MASH+WHM	3.25	−1.41	0.30	−0.23
HOM	3.16	−2.57	0.25	−0.39
HOM+WHM	2.13	−3.74	0.23	−0.45
TPR	3.70	−1.90	0.33	−0.39
TPR+ WHM	3.78	−2.03	0.30	−0.37

综合图 2.12 和表 2.5 的结果可见,基于小波分析的均一化方法能够检验和订正原始的和经过传统方法均一化的逐日气温序列中隐藏在不同尺度天气波动中的非均一性或断点。这一全新的均一化方法研究,对于构建极端天气气候变化研究所特需的资料基础而言,是一个重要进展。

2.4.2　多个气候要素协同的均一化方法

前一节介绍的所有均一化方法,都是针对某个特定的气候要素序列发展起来的。比如,针对逐日平均气温(T_{ave})的观测序列所做的均一化分析，仅考虑该序列中是否有某一段子序列相对于其前后子序列存在系统偏差，并不考虑 T_{ave} 与其他变量之间的物理关系。但在实践中会发现，某个要素序列被校订后，与其他要素的物理关系有可能被颠覆。

比如，一个站观测到的日最低气温(T_{min})、日最高气温(T_{max})以及 T_{ave} 之间必然存在如下物理关系：$T_{max}>T_{ave}>T_{min}$。然而，对中国区域一些站点 T_{max}、T_{ave} 和 T_{min} 观测序列分别进行均一化时会发现，T_{min} 在统计学上相对而言较为稳定，观测系统变更易造成 T_{min} 序列出现显著的非均一性；而同样的系统变更却没有在 T_{max} 序列中造成显著的非均一性，这样一来，均一化将改变某段时期的 T_{min} 观测值却不改同时期的 T_{max} 观测值。在某些特殊情况下(如该时期内有几天阴天，T_{min} 和 T_{max} 的观测值本来就非常接近)，会导致均一化序列中某些日子 $T_{min}>T_{max}$。这在物理气候学上显然是错误的。为解决均一化气温要素间的物理不一致问题，Li 等(2015)提出了一套解决方案，即保持均一性值幅度最小的气温变量的非均一性值不变，其他两个指标非均一性值减半。重复此过程，直到无物理不一致。最终确保新的均一化序列集内各站逐日 $T_{max}>T_{ave}>T_{min}$。

在下面的案例中，Li 等(2015b)运用 MASH 方法更新发展了均一化的中国 545 站逐日 T_{max}、T_{ave} 和 T_{min} 序列集(CHTM 2.0，1960—2011 年)。统计表明，263 个台站中有 4409 天出现物理不一致，占总天数(18993 天×545 站=10351185 天)的 0.042%。均一化后日值、月值气温记录中出现物理不一致，是一个普遍的问题。由国家气象信息中心发布的基于 RHtest 的 1951—2010 年 825 个国家级台站均一化逐月最高气温、平均气温和最低气温序列集中，共计 205 个月出现物理不一致，占全部月份的 0.035%，日值资料中该比例还要更大些。

为了更好地理解物理不一致修正方案，这里以陕西省武功站 1960 年 8 月和河北邢台站 1960 年 1 月逐日 T_{max}、T_{ave} 和 T_{min} 为例展示修正的过程，包括原始序列、基于 MASH 订正的均一化序列及修正后最终的均一化序列(图 2.13)。其中，基于 MASH 估计的非均一性记为 inhom1，即原始序列减去基于 MASH 的均一化序列；CHTM2.0 中最终估计的非均一性记为 inhom2，即原始序列减去修正后最终的均一化序列。就武功站而言，图 2.13a 显示 1960 年 8 月中旬几天原始序列中 T_{ave} 与 T_{min} 非常接近，应该是多云或阴天的天气形势。基于 MASH 订正后，图 2.13c 表明有 14 天出现 $T_{ave}<T_{min}$。图 2.13g 显示，MASH 估计的 T_{max} 的非均一性值很小(0～0.11 ℃)，T_{ave} 的非均一性在 1.15～1.90 ℃之间，T_{min} 的非均一性为负值(−0.71～−0.41 ℃)。这表明 MASH 高估了 T_{ave} 和 T_{min} 的非均一性幅度，特别是对于这个特别月份。为了保持日值气温记录的物理关系一致性，我们保持基于 MASH 估计的 T_{max} 的非均一性值不变，将该月 T_{ave} 和 T_{min} 的非均一性值幅度减半。重复此过程，直到该月 3 个气温指标日值记录均满足合理物理关系为止。图 2.13e 显示了 CHTM2.0 中最终的均一化序列，既对原始序列进行了必要的均一化校订，又没有物理不一致问题，同时还保持了这些天原有的多云或阴天所应该具有的日气温记录之间的特征关系。

第二个例子邢台站(图 2.13b、2.13d、2.13f、2.13h)。在原始序列中，1960 年 1 月 17—20 日 T_{ave} 和 T_{min} 非常接近，表明为多云天气条件。经过 MASH 订正后，这 4 天 T_{min} 高于 T_{ave} 甚至高于 T_{max}(图 2.13b)。基于 MASH 估计的该月日值 T_{ave}(−1.27～−1.07 ℃)和 T_{min}(−2.80～−2.52 ℃)的非均一性值为负值，T_{max} 的非均一值为正值(0.51～0.69 ℃)。通过保持基于 MASH 估计的 T_{max} 非均一性值不变，将 T_{ave} 和 T_{min} 非均一性值减半，最终实现 3 个气温指标物理关系的一致(图 2.13f)。

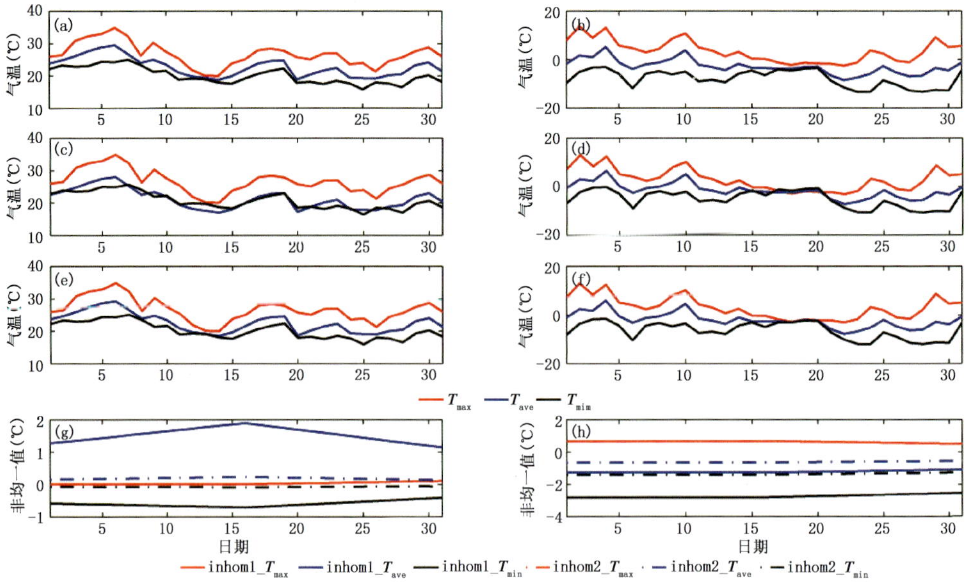

图 2.13　原始序列(a、b),基于 MASH 的均一化序列(c、d),最终的均一化(e,f)T_{max}/T_{ave}/ T_{min}日值记录。左:1960 年 8 月陕西武功站;右:1960 年 1 月河北邢台站。g、h 是分别由 MASH 估计的非均一性值(inhom1:原始减去基于 MASH 的均一化序列)和 CHTM 2.0 中最终的非均一性值(inhom2:原始减去修正后最终的均一化序列)

从上述 2 个个例可以看出,一般而言,某些特殊天气条件下 3 个气温记录值很接近时(阴天或者多云的情况),基于 MASH 订正后容易出现物理不一致。尽管少量物理不一致的校订对于我国大尺度区域平均气候趋势的估计几乎没有影响,但无疑改善了气候序列集的内在物理关系,也为考虑多要素的物理约束,发展多要素序列协同的均一化方法提供了参考。上述校订思路已被应用于国家气象信息中心基于 RHtest 方法发展的我国 2419 站气温序列集(Cao et al.,2016)。

基于气候变量之间的物理关系,对 MASH 等均一化方法的结果进行调整,其结果总是在一定程度上改善了均一化气候数据集的品质。然而,考虑多要素之间的物理约束,发展多要素序列协同的均一化方法,才是从根本上解决上述问题的关键所在。这是目前均一化方法发展面临的一个难题,也是气候资料均一化研究领域取得突破性进展的一个方向。

2.4.3　均一化结果的不确定性

首先需要肯定的是,不论利用前一节里提到的何种方法,经过均一化处理的气候序列总要比原始数据更确切地反映真实气候变化。这是因为不同方法都能检测并校订那些较大的非均一偏差。不同方法分析结果的不同,主要体现在对那些较不明显的偏差的判别和校订中。

然而,毕竟不同方法所产生均一化气候数据产品是有所不同的,甚至基于同一种方法,应用者设定的统计显著性检验标准以及参考序列的选择标准都可以有所不同,从而所得的均一化数据产品也会有所不同。这是统计分析结果固有的不确定性问题。这种不确定性究竟有多大,应用于气候变化的研究后会有何影响,我们先通过下面的案例分析做一判断。

Li 等(2016)对基于 MASH 发展的中国均一化气温序列集(CHTM3.0)和国家气象信息

中心基于 RHtest 方法发展的 CHHTD 1.0 进行了对比分析。分析对象为两个序列集所共同包含的 751 个台站的气温序列，探讨造成均一化结果不确定性的可能原因。结果表明，在 CHHTD 1.0 中，基于 RHtest 检测的断点数较少，但估计的非均一性及相应的局地气候变化趋势修改量较大，其均一化结果能够刻画更为细致的气候变化空间结构；基于 MASH 的 CHTM 3.0 更多展示了大尺度气候变化结构(图 2.14)。

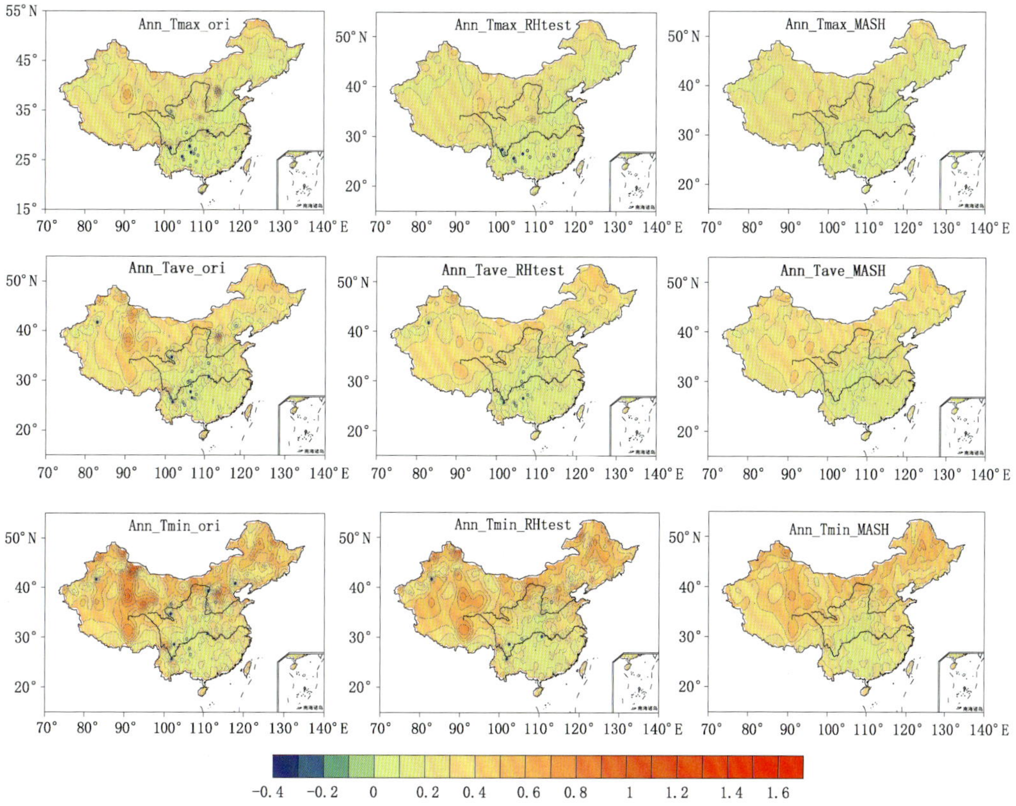

图 2.14　1960—2013 年年平均原始序列(左)、CHHTD1.0(中)、CHTM3.0(右)中 751 站年平均 T_{max}(上)、T_{ave}(中)和 T_{min}(下)的线性趋势(℃/10a)分布
[蓝空心点：降温不显著；蓝色实点：降温显著(α=0.05)]

造成这些差异的原因包括以下 3 个方面。(1)不同的参考站构建原则。MASH 中应用了更多的参考站，从而较大尺度的区域信号得以保持。(2)不同的订正量计算法则。RHtest 的订正量较大，部分原因在于利用了较为局地化的参考信息。(3)不同的非均一性判断原则。在 CHTM 3.0 中 MASH 检测的所有统计显著的间断点都得以订正；在 CHHTD 1.0 中，RHtest 检测到的但没有元数据支持的一些间断点并未校订。比较分析表明，CHTM 3.0 更适合于研究中国大尺度气候变化，CHHTD 1.0 包含了台站气温记录中更多的原始信息，适合于研究中国多种尺度的气候变化。

综上可见，基于 MASH 和 RHtest 方法获得的断点数量、时间位置以及估计的非均一性大小均有所不同。均一化无疑改善了原始数据的品质，但比较研究不同均一化结果的不确定性，有益于更好地理解和应用均一化的气候数据。

那么，能否通过某种方法减小因均一化的统计分析本身产生的不确定性，使均一化的结果更趋于稳定呢？有的研究者采用多种方法检测非均一性，然后采取某种平均处理决定结果（李庆祥 等，2010）。然而，这种做法带有很强的主观性。如何发展客观的方法，消除统计方法本身带有的不确定性，是值得探讨的问题。特别是对于降水这样的要素序列的均一化，是该领域的一个难题。与气温等要素序列相比，降水具有更大的气候变率和更强的局地性，导致其均一化结果也具有更大的不确定性。这在一定程度上也是人们较易于忽视降水序列均一性问题的一个原因。一个可能的解决途径是根据要素序列内在的随机性，进行某种集合（ensemble）均一化分析。

总之，均一化是运用观测气候资料开展气候变化分析的必要环节。现有结果充分说明，经过均一化处理的气候观测资料能更好地反映不同尺度气候变化的事实。随着气候变化研究需求的日益更新，在均一化方法方面还有进一步发展的潜力。

第 3 章　中国地面关键气候要素均一化数据集研发

本章简述国内外气温、降水等主要气候要素均一化数据集的研究进展及建立中国均一化数据集所用基础数据来源和质量状况。详细介绍中国国家级高密度气象台站地面气温、降水、相对湿度、风速和气压等关键气候要素均一化数据集的建立，包括技术思路与研制方法、均一性检验与订正过程、均一化结果、非均一原因分析、不确定性分析和均一化数据集的应用等。

3.1　国内外地面均一化数据集研究进展

3.1.1　气温

均一化的气温序列是有效开展气候变化研究的基础，国际上对气温数据的均一化技术最为成熟。知名的全球尺度的气温均一化数据集有美国 NCDC 的 GHCN（Global Historical Climatic Network）、NASA 的 GISTEMP（GISS Surface Temperature）以及英国的 CRUTEM 数据集。NCDC 从 20 世纪 90 年代初开始发展第一版 GHCN 月气温数据集，经过几年的努力，不断增加站点数和数据长度，并于 1997 年释放了 V2 版本，均一化方法是 Easterling 和 Peterson（1995）采用的二相回归方法。2011 年 5 月 2 日，NCDC 释放了 GHCN 月气温数据集的 V3 版本，均一化方法是 Menne 和 Williams（2009）发展的 Pairwise 方法。

加拿大有专门的研究小组开展均一化数据集的研制，Vicent 等（2002）采用多元线性回归方法对 210 个台站 1895—2001 年的月最高气温和最低气温序列进行了均一性检验和订正，形成加拿大第一代气温均一化数据集。随着检验和订正方法的改进，Vincent 等（2012）发布了加拿大第二代气温均一化数据集，该数据集包含 338 个长时间序列的加拿大观测站点资料，其中有 19 个站点的序列起始年在 19 世纪 70 年代，有 1 个站点的序列起始年在 19 世纪 40 年代。

在澳大利亚第一代气温均一化产品中，采用了 2 种不同的均一性检验和订正方法。Torok 和 Nicholls（1996）采用 Eastterling 和 Peterson（1995）发展的二相回归方法对月尺度最高气温和最低气温进行了均一性检验；另一种方法是 Plummer 等（1995）采用 Potter 方法形成对资料检验统计和调整或订正的评估。Trewin（2013）研发了澳大利亚第二代日最高气温和最低气温数据集，该数据集共包含 112 个站点，其中有 99 个乡村站点，时间序列长度从 1910 年到 2011 年。采用的是 Menne 和 Williams（2009）发展的 Pairwise 均一性检验方法，主要从日值的数据误差订正和均一化订正着手，利用百分位算法（PM）即根据日值数据的不同频率分布确定不同订正值。最后使用 16 个台站 4～11 年的平行观测资料对 6 种订正方案进行了评估，得到最高气温和最低气温采用 90 分位订正方法均方根误差最小，分别为 0.703 ℃ 和 0.910 ℃。

此外，欧洲一些国家采用 SNHT、Craddock test、MASH 等方法研发了本国的气温均一化产品，但欧洲各国均一化数据集包含的站点数量相对较少。

3.1.2 降水

降水资料序列有很强的局地性特征，国外针对降水的均一化研究并不多。Wijngaard 等(2003)采用 SNHT、Buishand 范围测试、Pettit 测试和 Von Neumann 比率测试等多种方法相结合的方式对 1901—1999 年欧洲降水序列进行了均一性检验，研究发现 1901—1999 年有 25%的降水序列存在非均一的可能。Groisman 等(1991)研究发现，北半球中高纬度不同国家的很多主要观测站都发生了 1～3 次的变更，这造成了降水序列的非均一性并且引起站点记录 4%～40%的改变。Dai 等(1997)针对仪器换型对全球 5328 个台站 1900—1988 年月降水资料进行均一性检验、订正。Auer 等(2007)对欧洲高寒地区 192 个台站 1800—2002 年逐月降水资料开展了均一性检验。Tsidu(2012)采用加拿大环境署王晓兰等开发的 RHtests V3 均一化软件对埃塞俄比亚 233 个观测站 1978—2007 年逐月距平序列进行检验(95%)。上述研究大多针对月值以上尺度降水序列进行均一性检验与校正，置信度采用 95%或 99%。

3.1.3 其他要素

除了气温与降水，也有一些国家针对月、季、年尺度开展气压、湿度、风速均一化数据集研制。加拿大的 AHCCD(Adjusted and Homogenized Canadian Climate Data)数据集除了气温和降水还包括气压和风速(Wan et al.,2007,2010)2 个要素，RHtest 软件系统在数据集研制过程中得到了发展，这也是目前中国气象局开展气候序列均一化采用的主要方法。Alexander 等(2010)在对澳大利亚海平面气压数据进行分析之前采用 PMF 方法和 RHtest V2 软件对数据进行均一性检验与订正。哈得来中心的全球完整月平均海平面气压数据第二版(Ansell et al.,2006)的陆面数据在进行均一性检验时采用的是 Kolomogorov-Smirnov (K-S)检验法。均一化的众多方法中曾被用于表面气压数据的方法还包括 SNHT(标准正态检验)、Craddock test 及 E-P 技术等。Gaffen 和 Ross(1999)等将美国 188 个天气站每天 3 次观测值计算得到露点温度的月距平序列，分 4 个步骤去检验迁站、仪器变化对序列的非均一性影响。Van Wijngaarden 和 Vincent(2005)利用回归模型检验了仪器换型和观测程序改变对加拿大 75 个站年平均、季节平均相对湿度的非均一性影响，结果表明仪器换型使大部分台站相对湿度减小，但是这种仪器换型没有造成比湿的非均一性。相对于地面资料，国际上针对高空资料进行均一化的研究相对较少，仅有部分研究针对月尺度气温、温度露点差开展均一性检验与订正，采用的方法主要有 SNHT、K-S 检验、PMF 检验等。总体看，国外区域性均一化数据集无论气温、降水还是其他要素，其站点数量均相对较少，通常在数百个以内。

国内以往的均一化研究主要涉及气温、降水、风速等要素(刘小宁 等,1995;刘小宁,2000;江志红 等,2008;曾红玲 等,2010;曹丽娟 等,2010;王秋香 等,2012)，但是在均一化方法、站点密度、时间尺度以及更多要素等方面还有很多工作有待完成，同时也有很多问题需要更进一步深入研究。以下详细介绍针对中国高密度国家级台站多种关键气候要素(气温、降水、相对湿度、风速、气压)均一化数据集的研发情况。

3.2　基础数据源

气象资料的均一化即是对气候资料序列进行均一性检验并对其断点进行订正的过程，假如被检序列含有错误数据，显然不仅会产生直接性的错误订正结果，而且还可能得出虚假断点或不正确的数据订正量，导致错误的均一化结果。因此，在进行均一性检验和订正之前，必须首先对观测资料进行严格的质量控制。

1951 年之后，我国气象系统布设的国家级地面气象观测点数量迅速增加，已由早期的 100 多站发展到后来的 2400 余站。自建站以来，中国许多台站经过了业务改革，台站迁移、更迭等历史沿革，截至 2015 年全国累计共有 2487 个(含已撤销站)国家级台站。据最新统计，目前业务中国家级气象台站共有 2423 站，其中国家基准气候站 212 个，国家基本气象站 633 个，以及国家一般气象站 1578 个(图 3.1)。观测的要素涵盖气温、降水、气压、湿度、风、蒸发、日照、地温、云、能见度以及天气现象等 20 大类。长期以来，观测系统积累了大量的基础数据资料，但是在数据的获取、传输、归档以及历史资料的数字化等一系列环节中，由于仪器故障、编解码错误、录入错误等多种原因，这些资料不可避免地存在着某种错情或一些错误数据。

针对全国 2400 余个国家级地面观测站气温、气压、降水量、水汽压、相对湿度、风向、风速等 7 种气象要素的定时值和日值资料进行的质量检测和分析(任芝花 等，2012)表明，信息化的基础数据中主要存在三大类问题。1)数据替代现象。检测发现共有 1029 个月报数据文件存在全部或部分要素的替代情况，其中 134 个文件出现用其他站或本站其他月份资料替代的错误。其原因主要有三种：一是在台站迁移或任务变更情况下，为了保持资料序列连续性和完整性进行的替代；二是资料数字化过程中出现文件替代错误；三是人为用邻近站资料替代缺测资料等。据统计，约 0.06％的数据存在替代现象。显而易见，对于具有基础性意义的原始观测资料而言，这种替代是不恰当的，应该予以纠正。2)数据缺失。主要表现为整月缺失数据，这种现象各要素均存在，并且大多出现于 20 世纪 70 年代以前，但一般站湿度资料在 20 世纪 90 年代较多。造成这种现象有多种原因，比如数字化过程中的遗漏或错误，不同载体间转储(如纸带向磁带转储)造成的数据丢失等。仅据国家基准、基本站降水资料统计，就有约 0.34％的数据缺失。3)录入错误。纸质资料录入过程发生的错误，如整月资料放大 10 倍或缩小到 10％的批量性错误和零散的录入错误，以及风向表达方式不准确等。

为了全面提升基础气象资料的质量水平，2011 年 3 月中国气象局启动了地面基础气象资料建设专项工作。这项工作的核心任务是对已有的地面历史资料进行系统的整理和质量控制，为此不仅采用了常见的质量控制技术，包括气候学界限值检查、区域界限值检查、内部一致性检查、时间一致性检查、空间一致性检查等，而且还在国家和省两级开展了大量的数据比对与核查工作。通过以上技术步骤，对 1951—2010 年国家级台站地面月报数据文件中的观测数据进行了严格的质量检测、分析和控制，对发现的可疑和错误数据普遍给予了人工核查与更正，消除了数据替代错误，纠正了大量的错误数据，并对数字化遗漏数据进行了补录，使得数据的完整性和质量得到明显提升。以更正后的“1951—2010 年中国国家级地面站月报数据文件(A0/A1/A)基础资料集”为主要基础，建立了 1951 年以来 2400 余站的“中国地面基本气象要素日值数据集(V3.0)”，其要素包括气温、气压、降水量、蒸发量、相对湿度、风向、风速、日照时数和 0cm 地温等。质量评估结果显示，1951—2010 年各要素数据的质量及完整性相对于以往发布的地面同类数据产品明显提高，各要素项数据的实有率普遍在99%以上，数据的正确率均接近100%。该数据集2011年以后时段的资料由各省（区、市）上报至国家气象信息中心的地面月报数据文件构成，这些月报数据文件在日常气象资料处理业务中经过了严格的“台站—省级—国家级”三级质量控制，其数据质量得到了充分的保障。

台站元数据信息是记录气象台站所在位置、观测要素、观测仪器及其各项变化的基础数据集，也是开展各要素均一性检验与订正的重要依据。2013年，国家气象信息中心收集整理了地面气象台站元数据专题数据集（V1.0），其中包括台站迁移、环境变化、观测时制和时间变化、仪器变更及人工转自动观测等历史沿革信息。

本章中各均一化数据集的建立，均以中国地面基本气象要素日值数据集（V3.0）作为基础数据源。元数据信息均来源于地面气象台站元数据专题数据集（V1.0）。本书除个别图幅外，均未包含台湾省资料。

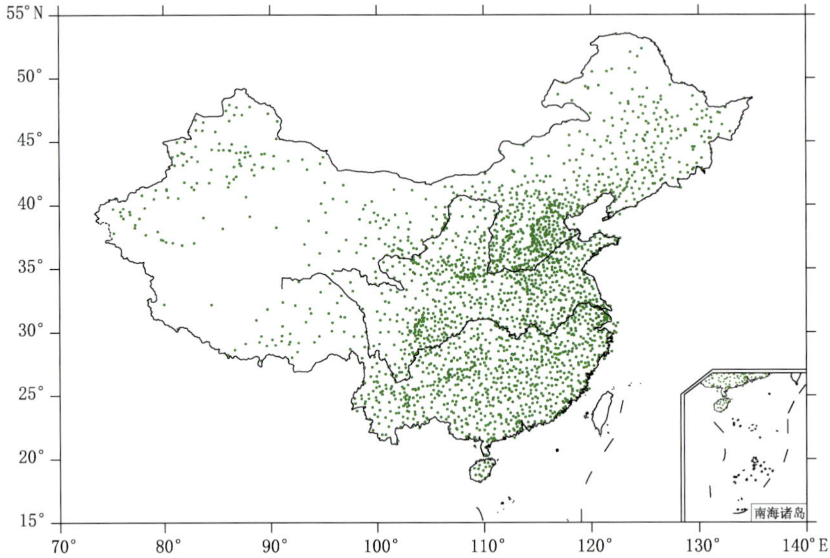

图3.1　中国国家级地面气象观测站点分布

3.3　地面均一化数据集的建立

3.3.1　中国地面气温序列的均一化

地面气温是指距离地球表面1.5 m或2.0 m的空气温度，温度要素不仅直接影响人类的生产、生活，而且是影响地球气候系统的基本因子之一。对于研究全球气候变化而言，地面气温具有关键性的指示意义。在实际应用中，地面气温资料存在着非均一性问题。这是因为，在长期的气象观测过程中，台站迁移、仪器变更、仪器故障、观测时次变化、计算方法改变、观测环境变化等许多非气象因素均不可避免地对观测资料产生影响，这种影响作用于不同的时期，使得气候资料序列的连续性或均一性发生改变或遭到破坏。因此，开展气候与气候变化研究以及应用气象观测资料的其他领域研究，都必须对气候资料序列进行均一性检验，并对非均一的序列进行订正。

为了消除或降低上述因素的影响，为气候与气候变化业务、科研以及气象应用与服务等领域提供科学、可靠的数据基础，为研究全球变化背景下中国气候的时空变化特征及揭示中国区域地面气候变化趋势和极端气候变化趋势提供基础性数据支撑，针对中国国家级地面观测站气温观测资料开展了均一性检验与订正，对人为因素引起的资料不连续点进行了校正，研制建立了中国国家级地面气象站均一化气温数据集（V1.0）并正式发布应用于业务和科研，该数据集共包含 2419 站的日值和月值数据。在此基础上，分析了 1951 年以来中国的气温变化特征，并与全球表面温度变化进行了对比。

3.3.1.1 均一化技术思路

（1）总体技术思路和流程

开展气温序列的均一化研究，研发建立气温序列均一化数据集，首先必须要明确所采用的技术思路和原则与方法。通常，不论对哪种要素都会应用一种或多种统计方法进行检验并对非均一序列进行订正。但是在实际应用过程中，由于多种因素的影响，常会遇到大量的虚假断点需要判别和剔除，同时不连续的气候序列究竟是人为因素引起还是仅仅反映了自然的气候变化也都需要进行判断。面对这一复杂问题必须要采取综合性的方案。

图 3.2 是均一性检验与订正总体技术思路和流程。对于任意一个气候资料序列的非均一性检验，主要采取客观检验与主观分析相结合的判断原则，客观的统计检验可以应用一种或几种方法，台站历史元数据信息和气候合理性则需要进行主观分析，将两者紧密结合进行综合分析判断才能最终确定可疑断点的真实性。只有在完成上述步骤且断点得到确认的情况下才会对非均一的资料序列进行订正，否则不予处理，以免引入新的误差。该总体技术方案不仅仅适用于气温要素，同时也适用于地面、高空、海洋等多种其他要素，事实上，该方案包含了目前气候资料序列均一化的核心技术思路和基本流程。

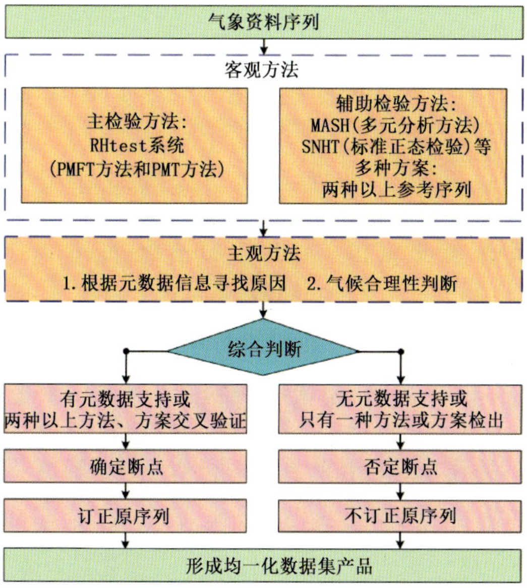

图 3.2 气候序列均一性检验与订正总体技术思路和流程

(2)资料和方法

确定均一化技术思路后还要对原始气温资料进行严格的质量控制,确保均一化数据的准确性并减少错误数据的干扰。因此,气温序列均一化数据集的研发、建立采用了国家气象信息中心最新发布的、具有极高准确性的“中国国家级地面气象站基本气象要素日值数据集(V3.0)”作为基础数据源,记录气象台站历史沿革信息的台站元数据采用国家气象信息中心收集整理的“地面气象台站元数据专题数据集(V1.0)”。

均一化数据集研发主要采用惩罚最大 t 检验和惩罚最大 F 检验方法,这是 2 种统计检验方案,已集成于 RHtest 均一化软件系统(以下简称 RHtest 方法)(Wang et al.,2007)中,该系统近年来在气候资料的均一化研究中得到了较为广泛的应用。RHtest 方法经验性地考虑了时间序列的滞后一阶自相关,并嵌入多元线性回归算法,能够用于检验、订正包含一阶自回归误差的数据序列的多个变点(平均突变),可用于对年/月/日 3 种时间序列的均一性检验。通过应用经验惩罚函数,大大减少了误警率和检验能力的非均匀分布问题。该方法既可以应用于有参考序列的情况,也可在无均一性参考序列的情况下,利用惩罚最大 F 检验方法完成突变点检验。其检验过程是通过回归检验算法检验出多个变点,首先依次分段找出序列中各段最可能的变点,计算所有变点的统计量,确定第一个变点,寻找该变点位置之后每段最可能的变点,估计其显著性,找出下一个可能的变点,重复该过程,分步找出所有的变点,其次将变点按照显著性由大到小排列,形成变点列表,判断最小的变点是否显著,当不显著时剔除该变点,再次评估剩余变点的显著性,最终保留全部统计显著的变点,即为序列检验得到的变点。

在均一化数据集研发过程中,除应用 RHtest 方法外,同时也参考了 MASH 和 SNHT 等方法的检验结果。

3.3.1.2　参考序列的构建

对于均一性检验和订正来说,建立一个均一的、能够反映目标台站所处区域气候自然变化的参考序列有着极为重要的意义。因此,在参考站点的选取和参考序列的构建中,应该遵循一套严格的标准。虽然现实中真正完全均一的参考序列难以得到,但在 2400 余个站均一化数据集研发过程中对参考站进行了严格筛选,形成了参考序列资料集,并在此基础上构建了可信的参考序列。

基于参考序列的重要性,要求参考站符合下列 2 个基本条件:

(1)邻近站与待检站的水平距离在 350 km 以内。

(2)当待检站海拔高度在 2500 m 以内时,邻近站与待检站的高度差要小于等于 200 m;当待检站海拔高度在 2500 m 及以上时,邻近站与待检站的高度差应小于等于 500 m。

对满足上述条件且未迁过站的备选参考站进行参考元数据信息的均一性检验,应用均一的台站资料序列,同时选取相关系数最大、序列长度与待检站长度最相近的若干个台站资料,求其平均值作为参考序列。对于序列长度不能完全匹配的情况,采用分段检验方法。对于少数无满足上述条件的站点,采用单站检查的方法进行均一性检验。

3.3.1.3　个例分析

非均一的气候资料序列最显著的特征之一就是间断点前后存在显著的跳跃,如果对此不加以谨慎对待,则可能严重影响气候分析和气候变化研究,这不仅影响气候态分析,而且将加大气候变化趋势的估计误差,甚至导致完全错误的结果。例如,1998 年 1 月,五台山气象站从中台顶迁至木鱼山，迁址距离 12 km，新址海拔高度较旧址下降了 687 m，迁址后该站气温升高了 6 ℃左右，产生了虚假的上升趋势(图 3.3)。

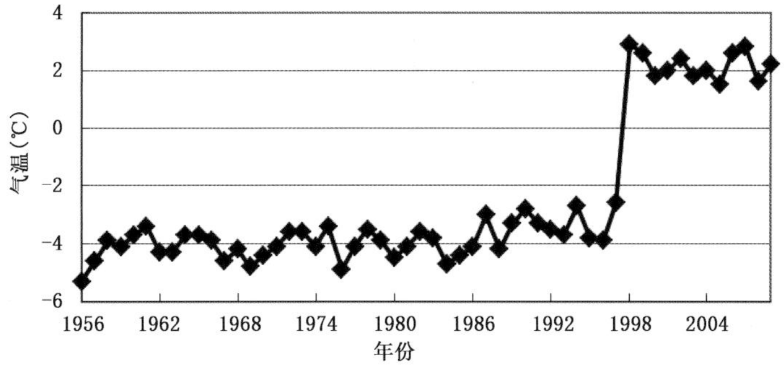

图 3.3　站址迁移对五台山站气温资料的影响

另外一个相反的实例是贵阳站，2000 年该站由市区迁到郊区山顶，海拔高度升高了 150 m，造成该站实测气温明显下降(图 3.4)，可见迁站对观测资料序列的影响非常显著。本节的均一化数据集研发，对迁站等多种原因引起的非均一资料序列进行了订正，订正后的数据能够更加客观、准确地描述中国自 20 世纪中期以来的气候变化趋势以及极端气候变化趋势。

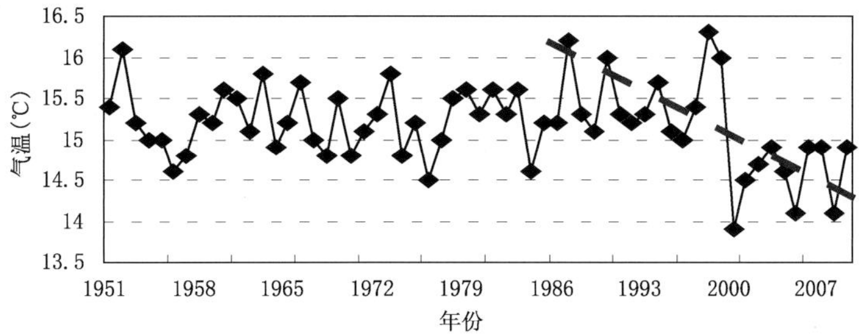

图 3.4　贵阳站迁址导致虚假的降温趋势

3.3.1.4　均一化气温数据集的建立

(1)均一化数据集的建立

均一化数据集的研发制作过程按照统计检验方法和主观分析判断相结合的技术思路，充分利用台站历史沿革信息，考虑气候的区域变化特点，尽可能地减小均一性检验的不确定性，提高订正的准确性。首先利用数理统计方法 RHtest 均一化系统的 PMT 方法，结合优选的参考序列，采用 99%的置信度对气温资料序列进行均一性检验，对检测出的可疑断点利用台站元数据信息，综合考虑台站迁移、环境变化、观测时制和时间变化、仪器变更等翔实的历史沿革情况进行分析查证，同时结合元数据分析、气候合理性分析并参考其他方法的检测结果对各台站资料序列的均一性状况进行综合判断，对于无元数据支持的可疑断点采取更严格的标准，大大降低了误判率，提高了断点检验结果的可靠性。在确认断点的基础上，采用 QM 方法对非均一的台站资料序列进行订正，最终得到日值和月值尺度的均一化气温数据集。

经过对平均气温、最高气温和最低气温资料序列的检验，全国 2419 个国家级地面气象台站中有 34%～56%的台站存在断点(不连续点)，检出的不连续点总数为 3625 个，对这些不连续的气候序列进行订正后得到了完整的长序列地面气温均一化数据集。图 3.5 给出了均一性检验与订正结果的台站分布，其中蓝色为均一的站点，红色为订正的站点。可见，均一化数据集的台站分布相当密集，覆盖了除青藏高原西部部分地区外的全国大部分区域，非均一的台站具有较大的随机性，在全国大部分地区均有分布，其主要原因是由于城市化发展、观测环境破坏、城镇规划、艰苦台站生活不便等因素导致国内气象台站普遍存在站址迁移的情况。

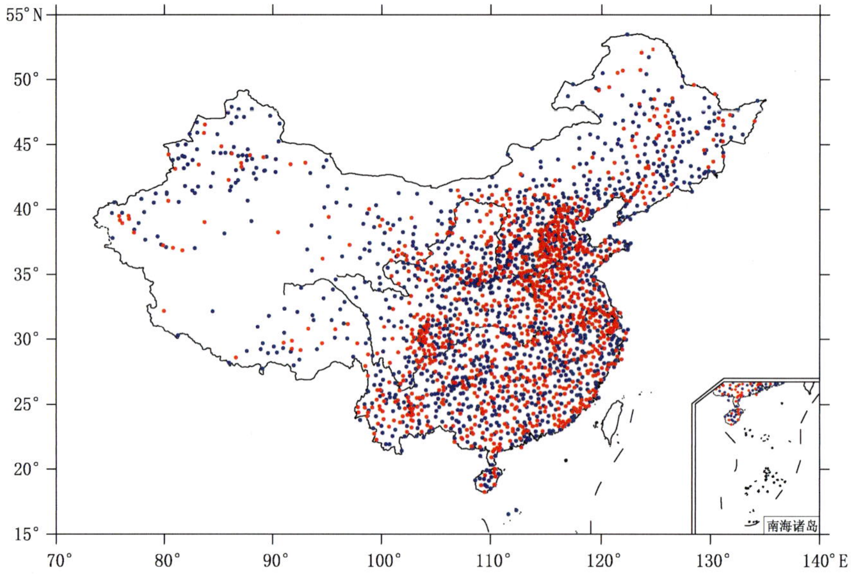

图 3.5　中国 2400 余站气温要素均一性检验与订正结果的台站分布
（蓝色为均一的站点，红色为不均一的站点）

图 3.6 给出了均一化前后中国年平均气温变化趋势的空间分布，可见均一化数据集纠正了非均一数据序列造成的局地或更大尺度变化趋势分布的异常情况，更好地反映了气候变化的大尺度空间结构和局地特征，为气候变化研究提供了坚实的数据基础。

(2)非均一原因分析

对非均一气温序列中存在的总数为 3625 个断点进行逐点分析，考察造成序列不连续的各影响因子，结果显示，测站站址位置变动、周围环境变化、观测时间变化及观测方式改变等因素是造成原始资料序列不均一的主要原因(图 3.7)。其中，台站迁移和环境变化的影响最为明显，两者合计超过 70%，观测时间变化和观测方式变化的影响也达到或超过 10%，另有少量断点的原因不明。

图 3.8a 是 1951—2011 年检测出的非均一断点逐年分布，图 3.8b 是我国基本气象观测由人工转为自动化观测的站点数量变化。可以看出，在 20 世纪 50 年代和 21 世纪初期有 2 段较为突出的断点数量集中出现期，前者主要是平均气温，与当时的观测时制变化有关；后者则是平均气温、最高气温和最低气温，断点出现时间主要集中在 2005 年前后，这与 2000 年之后我国气象观测系统地面气象站人工观测—自动化观测的切换时间相吻合。因此，除了台站迁移、环境变化之外，气象观测由人工转为自动化观测对气温序列的均一性也有较大的影响，其影响时间也较为集中。

应该指出的是，对气候资料序列进行均一性检验，由于受到检验方法、元数据信息和分析判断等多种因素的影响，其结果可能存在一定程度的不确定性。目前的各种均一性检验方法主要是根据数理统计原理，在一定的显著性水平下对资料序列的不连续点进行检验；利用符合一定条件的其他台站作为参考序列，因此也会受到参考序列选取和序列自身状况等诸多敏感因素的影响；在对元数据信息以及资料序列合理性进行分析判断过程中，也可能受到信息量不足以及气候合理性分析不确定的影响。以上这些不确定性，在数据集应用过程中应该加以注意。

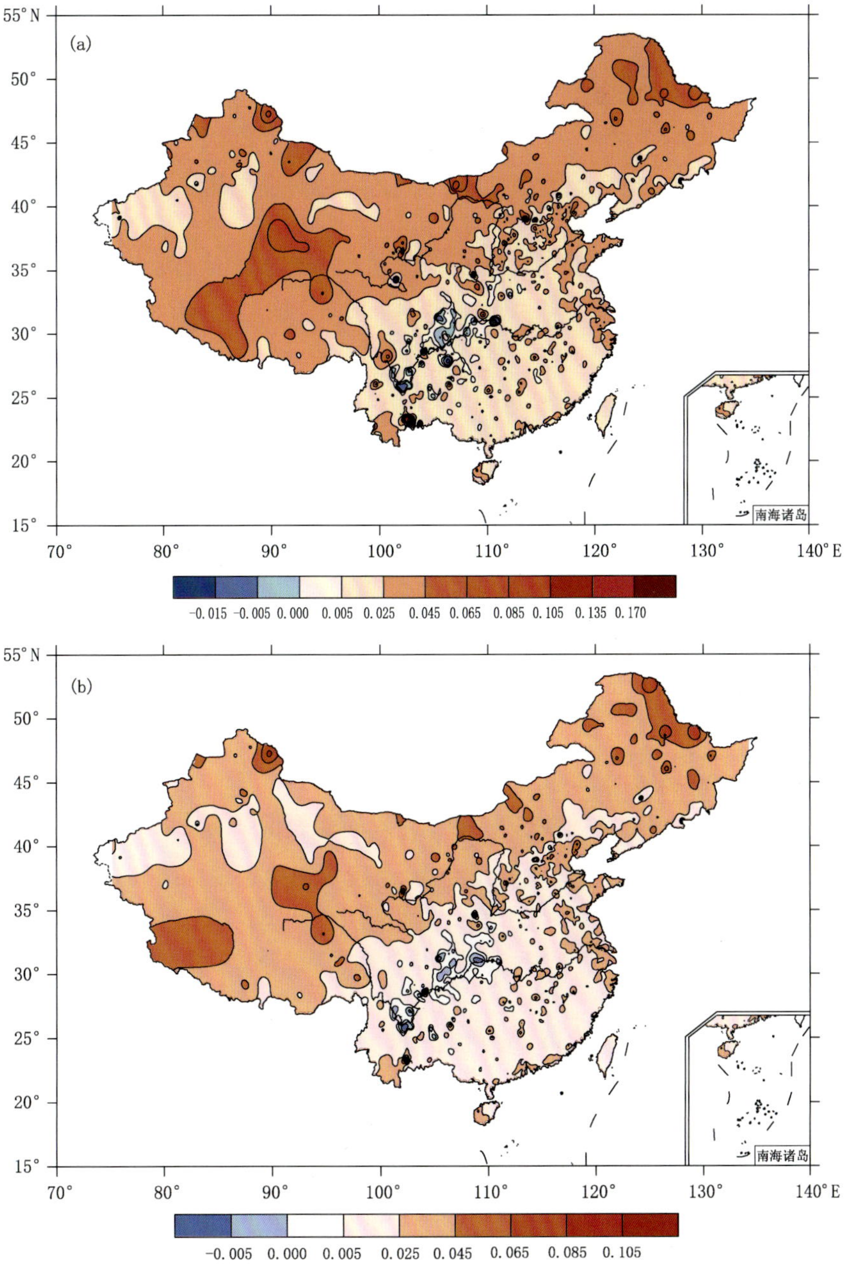

图 3.6　均一化前(a)和均一化后(b)中国年平均气温变化趋势的空间分布(单位：℃/10a)

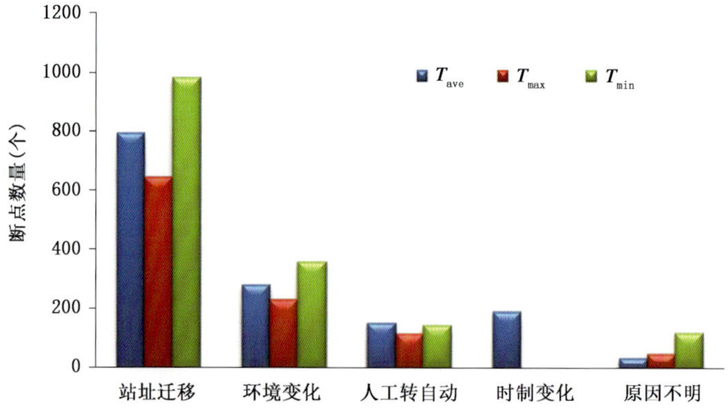

图 3.7 2419 站地面气温序列断点原因分布

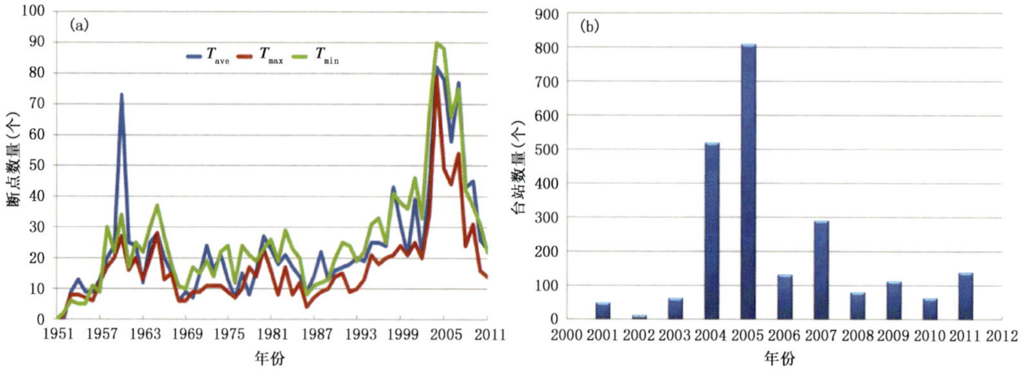

图 3.8 (a)1951—2011 年逐年断点分布;(b)2000—2012 年地面气象站人工观测—自动化观测切换台站数量的逐年变化

3.3.1.5 均一化数据集的应用:中国温度变化趋势分析

近百年来全球气候显著增暖,IPCC 第五次评估报告(IPCC,2013)指出,1880—2012 年全球平均表面温度上升了 0.85 ℃。随着全球变暖,中国气温也表现为上升趋势。这里应用订正后的均一化气温数据,以面积加权平均方法计算得到中国平均气温距平(1960—2014 年)序列(图 3.9)。该序列表明,近几十年来中国增暖非常明显,全国平均气温增暖速率为 0.27 ℃/10a,超过了 0.01 显著性水平,增温幅度达到 1.49 ℃。虽然中国气温变化趋势与全球平均温度趋势基本一致,但中国 1.49 ℃的平均上升幅度高于全球同期平均,这种差异反映了气候变化的区域性特点。

就中国范围来说,气温变化也同样存在着区域差异。利用均一化气温资料计算各台站气温变化趋势,由中国 1961—2012 年气温变化趋势分布(图 3.6b)可以看到,全国绝大部分地区气温普遍升高,仅有西南部分地区存在微弱降温;北方地区和青藏高原升温最为显著,南方地区升温趋势弱于北方。

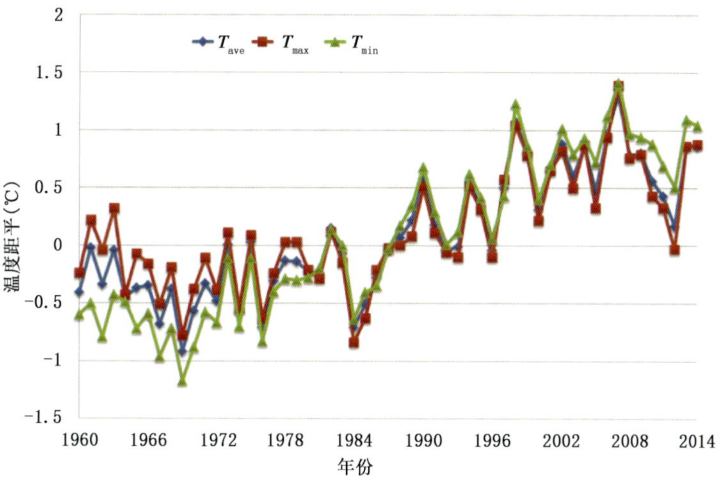

图 3.9　基于均一化数据集的全国平均气温距平序列(1960—2014 年)

从较大范围来看,近几十年来升温最明显的北方地区和青藏高原平均气温上升幅度达到 1.57～2.00 ℃,南方地区仅在 0.58～1.25 ℃之间。依据中国地理气候特点,将全国划分为 8 个区域,分别为东北、华北、西北、华东、华中、华南、西南、青藏等(图 3.10)。

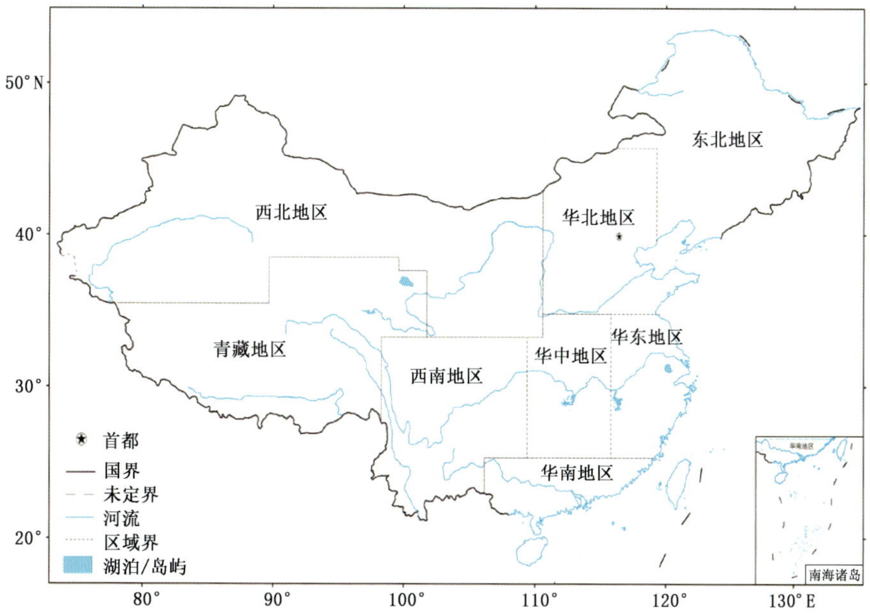

图 3.10　中国区域划分

就区域平均而言,图 3.11 给出了各区域 1951 年以来气温趋势变化,结合不同区域增温速率(表 3.1),可见东北地区升温最为剧烈,升温速率为 0.3221 ℃/10a,幅度达到 2.03 ℃;其次是西北、华北、青藏高原和华东地区,升温速率在 0.2012～0.2657 ℃/10a 之间,升温幅度为 1.27～1.67 ℃;西南地区虽然也为上升趋势,但其速率最低(0.0934 ℃/10a),幅度为 0.59 ℃。

由表 3.1 可见，20 世纪 90 年代以前，各区域平均距平（相对 1971—2000 年平均）均为负值，自 90 年代开始转为正距平且一直持续，进一步说明了自 20 世纪 80 年代末开始的增暖具有全国一致性，只是增暖的快慢、幅度存在差异。

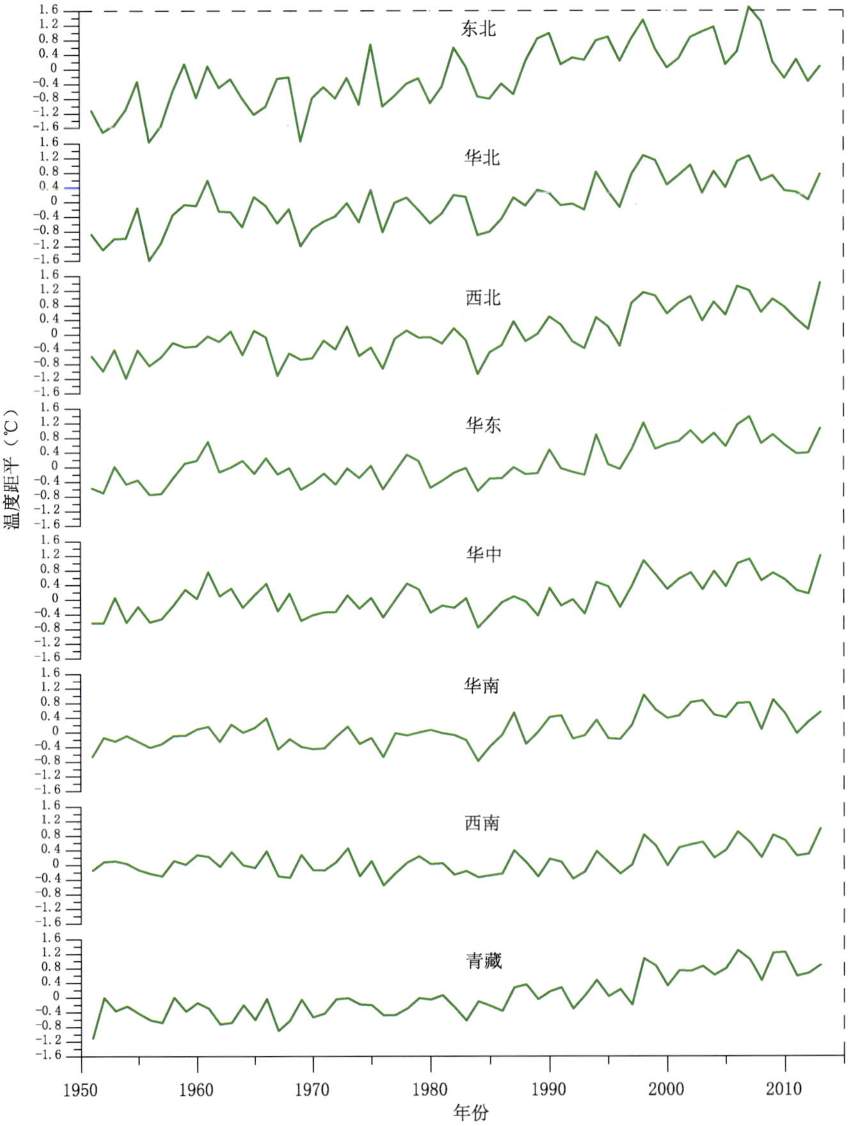

图 3.11　1951—2013 年中国各区域温度距平变化趋势（相对 1971—2000 年平均）

表 3.1　中国各区域增温速率和逐年代距平平均值（1951—2013 年）

	距平平均值（相对 1971—2000 年平均，℃）						增温速率（℃/10a）	增温幅度（℃）
	1951—1960	1961—1970	1971—1980	1981—1990	1991—2000	2001—2013		
东北	−1.06	−0.69	−0.51	−0.04	0.54	0.54	0.3221	2.03
华北	−0.76	−0.33	−0.27	−0.16	0.43	0.64	0.2593	1.63
西北	−0.59	−0.36	−0.24	−0.14	0.37	0.81	0.2657	1.67

续表

	距平平均值(相对 1971—2000 年平均,℃)						增温速率	增温幅度
	1951—1960	1961—1970	1971—1980	1981—1990	1991—2000	2001—2013	(℃/10a)	(℃)
华东	−0.35	−0.04	−0.17	−0.17	0.34	0.80	0.2012	1.27
华中	−0.30	−0.04	−0.09	−0.17	0.25	0.63	0.1553	0.98
华南	−0.22	−0.08	−0.16	−0.09	0.24	0.53	0.1392	0.88
西南	−0.01	−0.04	−0.02	−0.09	0.11	0.54	0.0934	0.59
青藏	−0.39	−0.46	−0.22	−0.07	0.29	0.86	0.2526	1.59

3.3.2　中国地面降水序列的均一化

长期、连续的降水量观测资料是开展气候变化和水资源研究的根本。实际观测中,观测站迁址、仪器换型、观测场周边环境变化等情况不可避免,它们会造成降水数据时间序列不均一,干扰研究结论。

国内外学者很早就开始关注降水量资料非均一问题。Alexanderson(1986)最早将标准正态检验(standard normal homogeneity test,SNHT)应用于降水资料均一性研究中,并提出采用比值方法订正非均一序列。Groisman 等(1991)指出,过去 100 年内北半球中高纬度不同国家的许多主要观测站都发生了 1～3 次改变,降水数据的非均一性可能会引起站点记录改变 4%～40%。

一些学者很早就意识到降水资料中人为因素会对气候变化结果产生干扰。Dai 等(1997)在仪器换型影响序列均一性研究中对全球 5328 个台站 1900—1988 年月降水资料进行均一性检验、订正。均一性检验分为 3 步:1)对标准化距平序列开展经验正交函数(EOF)分解;2)对权重最大的 4 个主分量做 Mann-Kendall 突变检验;3)对所有存在断点的序列进行专家诊断。检验结果显示 191 个站点检验出断点,其中 99 个断点经专家诊断确定为虚假断点。高纬度冬季检测到的断点更多,表明固态降水对仪器更换更加敏感。对非均一序列采用原始值减去存在突变主分量的方法进行订正。Wijngaard 等(2003)采用 SNHT、BHR、PRT、VON 4 种统计方法对 ECA&D 收集的欧洲地区 1 万个台站年降水资料开展均一性检验,检验结果按照断点显著的统计方法数量、元数据核查结果及专家诊断结果划分为 3 级,在 ECA&D 气候指数产品的计算中仅使用前两级资料。需要指出的是,Wijngaard 等考虑到降水极大值的时空变率,认为直接使用降水量本身开展检验存在极大的不确定性,因此引入湿日(wet days)中间变量开展检验,其优点是时间变率小且时间变化特征与降水量一致。Auer 等(2005,2007)开发出 HOCLIS 均一化检验系统,包含 Craddock、MASH、SNHT 3 种检验方案供用户选择。尽管该系统包含了多个检验方案,Auer 等(2007)仍强调相比检验方案的选择,邻近站择优选取、参考序列优化、元数据支撑、降水极值处理才是均一性检验、订正过程的决定性技术。在此基础上,Auer 等(2005)对欧洲高寒地区 192 个台站 1800—2002 年逐月降水资料开展了均一性检验。得益于站点的高时空密度,研究仅选用高相关($R^2 \geqslant 0.5$)台站作参考序列。改进了传统逐月订正降水量的方法,通过 7 点高斯平滑技术克服传统逐月订正可能造成某些月份明显高估或低估的问题,订正后的降水量更接近平行观测结果。

近年来我国学者已经在降水资料方面开展了大量探索性工作。刘小宁和孙安健(1995)对中国 400 余站 1951—1990 年年降水序列进行了均一性检验，结果表明台站迁址以及雨量器换型是引起年降水量序列非均一的主要原因。李庆祥等(2008)采用 SNHT 方法对我国长江三角洲地区降水资料开展均一性检验，考虑所选地区站点密度问题，采用一种不依赖参考台站的思路确认检验结果。江志红等(2008)基于上述思路和方法对我国 681 个台站近 50 年降水资料进行均一性检验和订正，发现所检站点中约有 4% 降水序列存在非均一性。王秋香等(2012)在对全国高密度站点(2415 个站)1951—2009 年降水量序列进行均一性分析与订正的基础上，进行分区域研究比较，即对台站稀疏区和密集区以及山区站和平原站均一性检测和订正结果进行对比分析和精度分析，探讨站点稀疏对降水序列均一性检测和订正的影响，为深入进行我国降水序列均一性研究和业务化奠定基础。

已有研究为我国降水资料均一性工作提供了启示，但仍有较大改进空间。已有研究均基于旧版降水基础资料，存在大量未被发现的错误数据；较少考虑缺测、观测起始时间不一致对参考序列自身均一性的影响；缺乏元数据支持。这些因素给均一性检验带来较大的不确定性，因此有必要对已有的均一化降水数据产品进行升级和完善。

采用国家气象信息中心于 2012 年发布的我国 2342 个国家级气象观测台站(连续观测时间大于 40 年)降水量资料，可以最大程度避免基础资料问题对检验结果的干扰。选用数据完整性、相关性较好的邻近站建立参考序列，根据邻近站降水资料情况分别选用一阶差分和相关系数权重平均作为参考序列计算方法，对待检与参考序列比值开展 SNHT 检验，采用统计结果与台站历史沿革信息结合方法最终确认断点，避免误判。对不连续序列采用比值法对非均一降水序列进行订正。在已有工作基础上，通过对构建参考序列更细致的探讨、基础数据更新、元数据支持 3 方面对降水数据均一性检验、订正工作进行拓展与升级(杨溯 等，2014)。

3.3.2.1　非均一性检验与订正方法

(1)参考序列

参考序列是均一性检验最重要的技术手段之一，目的是消除气候变化信号，凸显人为干扰引起的断点，避免断点误判。一般选取待检站周围 300 km 范围年降水量相关系数大于 0.7 的邻近站构建参考序列。需要指出，我国各台站降水量观测起始时间不一，迁站、仪器故障等问题引起的数据缺测客观存在，仅考虑年降水量相关性选取邻近站必然造成不同年份所用台站不一致，参考序列本身非均一问题突出等问题。另外，我国气象台站密度相对较低，降水局地性较强，存在大量仅有 1 个邻近站满足要求的情况，此时断点检验完全依赖单个邻近站数据质量，检验的独立性与可靠性被削弱。

已有研究结果显示，所选邻近站的相关系数对均一性检测的影响不大。结合我国站点分布及降水资料现状，本研究采用如下方案挑选邻近站：1)计算待检站与 300 km 范围内邻近站年降水量相关系数，依次排序；2)从中挑选与待检站同步观测时间达到待检序列长度 85% 以上、缺测年份不大于序列本身 10%、相关系数最高的 5 个邻近站构建参考序列。当某时段缺测邻近站达到 3 个，参考序列对应年份设为缺测。该方案考虑了邻近站相关性、同步观测时间长度和数据完整性，在一定程度上避免因所选邻近站序列长度不一以及所选邻近站缺测较多引起的参考序列非均一问题。

相关系数权重平均(weighted average algorithm，WAA)和一阶差分(first difference method，FDM)是计算参考序列最常用的方法。相对而言，WAA 方法更加关注各时刻的计算精度，FDM 方法更多关注序列变化。2 种计算方法都会受到缺测、观测时间不一致等问题的干扰，但由于侧重点不同，在面对不同邻近站数据情况时，表现各有优劣。

对于序列长度不一（特别是起始或终止年份附近资料缺测）的站网，FDM 可以利用最多的站点序列构建更为合理的参考序列。以呼图壁站为例，选取的 5 个邻近站在 1958—2012 年均无缺测，图 3.12 中 2 种方法计算得到的参考序列（黑、红线）近似重合，表明在样本数量一定的情况下，2 种方法得到的参考序列一致。由于邻近站观测起始时间略有差异，1954—1957 年（灰色区域）仅 3 个邻近站参与参考序列计算，且这 3 个台站多年平均降水量较高，由此得到的参考序列值会被高估。图 3.12 中红色曲线明显高于黑色曲线，表明 WAA 的结果被高估的程度更大，FDM 的结果所受影响相对较小，此时更适合选用 FDM 方法得到的参考序列进行均一性检验。

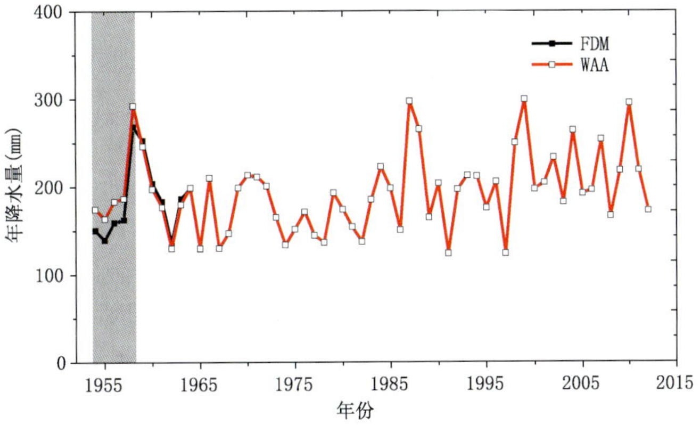

图 3.12　呼图壁站 FDM 与 WAA 参考序列比较（杨溯 等，2014）

当所选取的邻近站降水量差异较大且在计算开始位置出现缺测时，2 种方法都会低估或高估参考序列值，不同的是，FDM 方法将这个误差（高估或低估）传递到此前参考序列每一时间上，WAA 方法不会影响此前的序列，此时采用 WAA 参考序列进行断点检验受缺测的影响较小。以临邑站为例，图 3.13 中红、黑色曲线分别代表 WAA 与 FDM 方法计算的参考序列，灰色阴影代表 1994—1998 年有 2 个邻近站连续 5 年缺测，2 条曲线在 1993 年后几乎重合，1993 年前红色曲线一直位于黑色曲线上方。这是由于缺测造成 1993 年 FDM 计算的参考序列年降水量被低估，FDM 方法将这个误差传递到此前参考序列每一时间上。尽管 WAA 也受

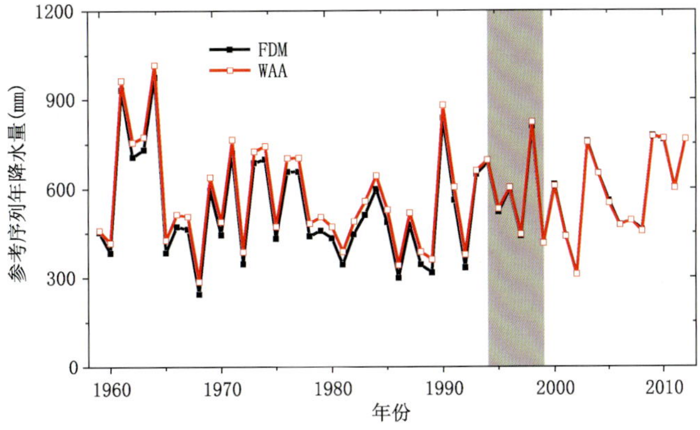

图 3.13　临邑站两种参考序列比较（杨溯 等，2014）

到缺测的影响，但所产生的误差不会影响此前的序列，此时采用 WAA 参考序列进行断点检验受缺测的影响较小。

基于上述情况，借鉴李庆祥和李伟(2007)的做法，同时采用 WAA 与 FDM 构建参考序列，邻近站数据完整时，仅保留 2 种参考序列检验均显著的断点，邻近站有个别年份缺测时主要参考 WAA 的结果，邻近站起始时间不一致时主要参考 FDM 的结果，避免计算方法带来的不确定性。

(2)断点检验与订正方法

采用标准正态检验方法(SNHT)对年降水量进行均一性检验，检验对象为待检序列与参考序列的比值，将统计意义显著的年份标示为可疑断点，结合台站历史沿革信息与主观分析确认断点，并采用比值方法进行订正，最终得到订正后日、月、年降水量数据。统计检验及订正方案大致如下：

一般认为，服从正态分布的气象要素可以直接采用该方法进行检验，而类似月降水量等不服从正态分布的气象要素则必须对资料序列进行一定的处理，才能采用本方法。因此，首先对数据做立方根预处理。

构建待检序列与参考序列的比值序列 Z_i，$i=1,2,\cdots,n$。如果 Z_i 序列没有不连续点存在，则统计假设为对于任意 i，Z_i 序列服从标准正态分布。如果 Z_i 有一个不连续点 a，则统计假设为

$$\begin{cases} Z_i \in \mathbf{N}(\mu_1, 1), i \in \{1, \cdots, a\} \\ Z_i \in \mathbf{N}(\mu_2, 1), i \in \{a+1, \cdots, n\} \end{cases} \tag{3.1}$$

式中，μ_1、μ_2 分别为假设不连续点 a 前后 2 个序列的平均值($\mu_1 \neq \mu_2$)；n 为样本容量。σ 为前后 2 段的均方差，这里假设前后时段均方差不变。根据最大似然比率的标准技术，通过构造统计量作为显著性判据：

$$T^s = a\overline{Z_1} + (n-a)\overline{Z_2} \tag{3.2}$$

的最大值

$$T^s_{\max} = \max_{1 \leqslant a \leqslant n-1} T^s = \max_{1 \leqslant a \leqslant n-1} \{a\overline{Z_1} + (n-a)\overline{Z_2}\} \tag{3.3}$$

式中，$\overline{Z_1}$、$\overline{Z_2}$ 分别表示 a 前后的平均值。如果大于选定的显著性水平(临界值与序列长度有关)，原假设被拒绝，即存在非均一不连续点。表 3.2 给出 0.1 与 0.05 显著性水平下 $T^s_{\max}$ 的临界值。

表 3.2　0.1 与 0.05 显著性水平 $T^s_{\max}$ 临界值表

序列长度 n	0.1 显著性水平	0.05 显著性水平
10	5.05	5.70
20	6.10	6.95
40	7.00	8.10
60	7.40	8.65
80	7.85	9.15

采用比值序列对检测出不连续点的序列开展订正，比值的 2 个均值由以下公式计算：

$$\overline{q_1} = \sigma\overline{Z_1} + \bar{Q} \tag{3.4}$$

$$\overline{q_2} = \sigma\overline{Z_2} + \bar{Q} \tag{3.5}$$

不连续点前后比值均值必然不同，订正的目的是调整不连续点前后的 q，使其达到一致，

即 $\overline{q_1}/\overline{q_2}$ 近似于 1。

3.3.2.2　检验及订正结果

选取马鬃山站作为降水资料非均一研究个例。图 3.14 中蓝色曲线为马鬃山站年降水量序列，其他颜色曲线分别代表 5 个邻近站年降水量序列。蓝色曲线在 20 世纪 80 年代初有跳跃，80 年代后年降水量显著减少。所有序列中仅黑色曲线在 1960—2009 年显著下降，下降速率约为 4.9 mm/10a，同期 5 个邻近站年降水量均为增加趋势，平均增速为 2.6 mm/10a。SNHT 检验结果显示，马鬃山年降水量序列在 1982 年存在可疑断点，断点前后平均降水量分别为 85.18 mm 和 63.8 mm，差异较大。查询台站历史沿革数据发现马鬃山站在 1982 年有过迁站，与统计结果一致，由此判定马鬃山降水序列非均一性客观存在，断点时间在 1982 年。

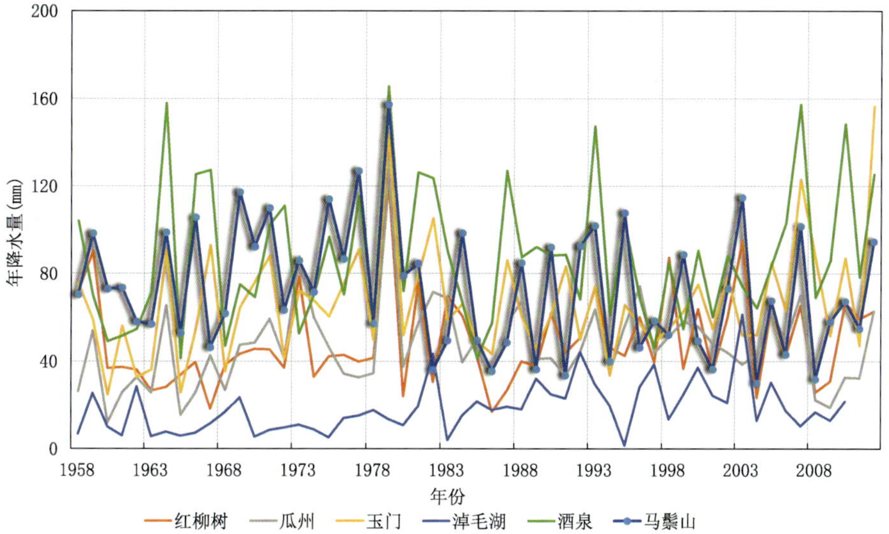

图 3.14　马鬃山站与邻近站年降水量序列对比

采用比值法对断点前月值降水量进行订正。表 3.3 给出马鬃山站平均各月降水量与各月订正因子，可以看到马鬃山站降水主要集中在 5—9 月，与之对应的比值订正幅度较大，其余月份月降水量不足 5 mm，对应的订正幅度也较小。有研究（李庆祥等，2008）认为，观测或其他因素的改变，往往可能对原本降水较少月份带来的影响也比较小，至少是在年降水量的检验中难以体现出来。比值订正对降水量较多的月份给予了较多的权重（降水量大的月份订正量较大），订正的结果较为合理。图 3.15 中灰色曲线为订正后年降水序列，可以看到订正后曲线不再有跳跃，1960—2009 年呈上升趋势，上升速率为 2.7 mm/10a，与邻近站变化趋势一致。

表 3.3　马鬃山站平均月降水量与各月订正量（杨溯 等，2014）

月份	1	2	3	4	5	6	7	8	9	10	11	12
订正比值	0.994	0.997	0.988	0.997	0.971	0.996	0.913	0.969	0.972	1.001	0.999	0.996
平均月降水量(mm)	0.8	1.0	2.2	3.6	5.6	13.5	20.9	14.4	5.7	1.5	1.5	1.1

对 2342 个国家级台站年降水量开展均一性检验，其中 98 个台站存在断点，占所有检测台站数的 4.2%，迁站、仪器换型是引起降水序列显著不均一的主要原因。图 3.16 中星形代表检测出断点台站的空间分布，可以看到降水资料非均一的台站主要分布在华中、华东、华南地

区，东北、西北及青藏高原分布较少。

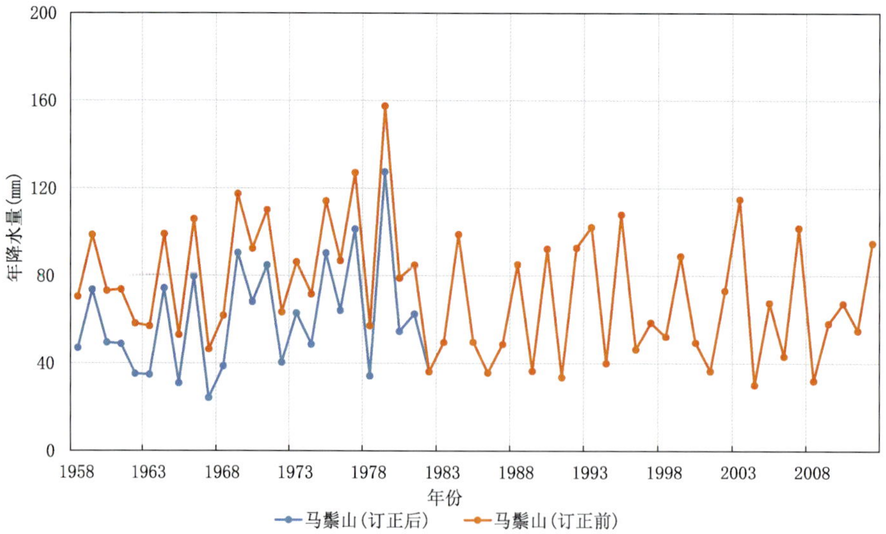

图 3.15　均一化前后序列对比

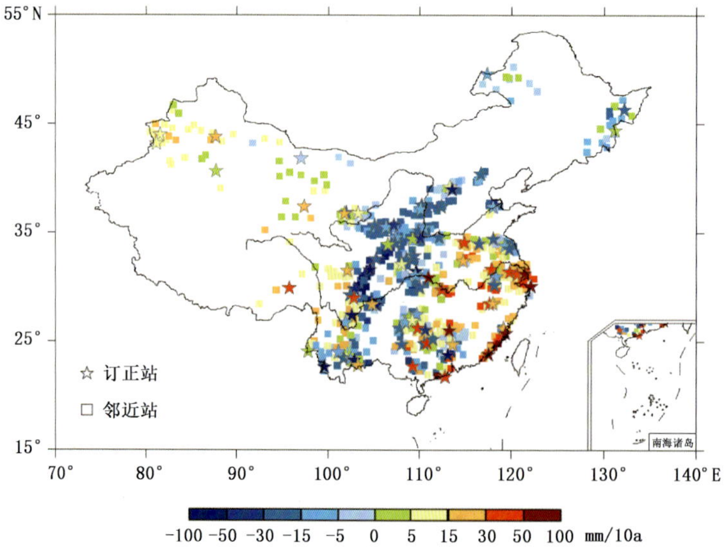

图 3.16　检测出断点台站与邻近站 1960—2009 年年降水量变化速率对比(杨溯 等，2014，重新绘制)

与王秋香等(2012)的研究结果比较，断点数量及所占比例一致，空间分布特征相似，检测出断点的台站主要集中在华中、华东、华南地区。王秋香等(2012)的研究结果中，山东、西北地区、青藏高原地区检测出多个非均一台站。本研究中，山东、青藏高原各检测出 1 个非均一台站，西北地区非均一站点亦相对较少。这种差异主要由以下因素造成：1)这里选用最新版本的降水资料，在较大程度上避免因数据质量造成的断点误判，同时大量补录数据提升了数据完整性；2)采用较为全面的邻近站选取标准，参考序列构建过程考虑了不同计算方法因缺测产生的不确定性；3)结合了台站历史沿革资料；4)SNHT 方法在序列起始、终止位置的误报率相对较高，这里通过统计检验、元数据查询、主观复查相结合的方法最终确认断点。关于不同统计方法、参考序列对断点检验结果的比较工作将在今后的研究中进一步详细讨论。

在较小时间尺度内，降水具有极强的空间和时间变率，这也是处理降水资料的难点。但就年代际尺度，同一气候区域邻近站的降水量变化趋势具有一定可比性。这里尝试通过比较检测出断点台站非均一性订正前后与邻近站降水量变化趋势差异，评估订正效果。图3.16、图3.17分别为检测出断点台站订正前、后1960—2009年年降水量变化速率，图中星形代表检测出断点台站，圆点代表其周围300 km内最近的10个邻近站，色阶代表期间降水量变化速率。总体上看，一定区域内邻近站之间降水变化速率较接近（圆点），非均一台站与邻近站降水量变化趋势差异较大，空间分布较凌乱，西藏、四川、云南、湖北、湖南地区部分台站与邻近站变化趋势相反且变化速率差异很大。订正后台站降水变化趋势的空间一致性有一定改善。

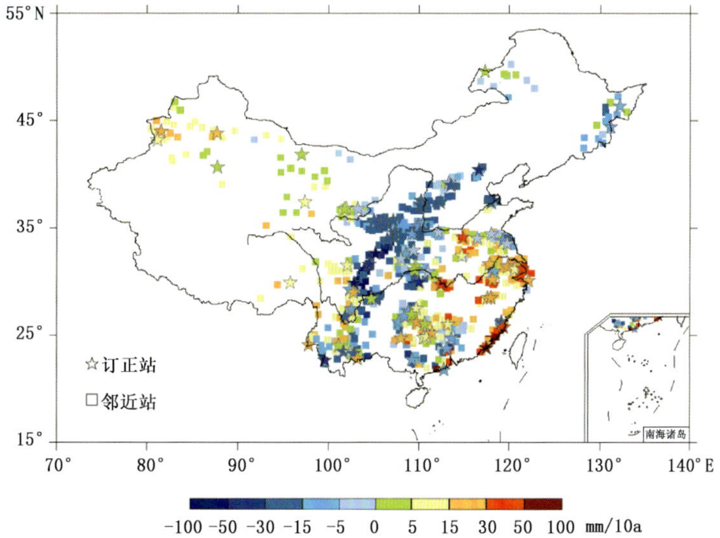

图3.17　检测出断点台站订正后与邻近站1960—2009年年降水量变化速率对比（杨溯 等，2014，重新绘制）

3.3.2.3　不确定性分析

经过均一化订正后的序列因去除了许多显著的人为影响，能够更加真实反映气候自然变化趋势。同时需要指出，当前工作仍存在不足之处，后续工作应着重从以下2个方面进行。

其一，历史气象资料中缺测问题不可避免，它会影响参考序列本身的均一性。本研究在一定程度上考虑了缺测的干扰，但仍有不足。一种能够考虑缺测的参考序列计算方法或可靠的缺测值插补方法是当前均一性研究迫切需要的。

其二，降水形态对可能引起非均一性事件的敏感度不同。例如，高纬度地区台站由四周建筑物遮挡的城市迁移到空旷的郊区，测站风速增大，固态降水受风速的影响较液态降水更大，因此迁站对冬季降水造成的非均一问题比其他季节更加复杂。仪器换型、人工转自动观测同样存在上述问题。国家气象信息中心已经开展更为详细的我国气象台站历史沿革信息数字化、归档、整理工作，随着此项工作的深入，有利于进一步推动降水的误差订正和非均一性研究。

3.3.2.4 中国近60年降水变化特征

从中国大陆平均夏季降水量和全年降水量时间序列(图 3.18)来看,不难发现我国夏季降水量与年降水量的变化一致,这与我国地处东亚,降水主要受东亚季风影响,雨季集中在 6—9 月有关。过去 60 年,我国降水量总的趋势是增长,但增量很小,1998—2013 年略有下降。

参照施晓辉和徐祥德(2008)气候分区方案,将中国分为 8 个气候区(图略),分析近 60 年中国各气候分区降水变化特征。8 个气候分区分别为东北地区、华北地区、长江中下游及淮河流域、华南地区、西南地区、青藏高原地区、西北地区西部、西北地区东部。需要指出,由于青藏高原降水测站相对稀疏,且多分布在青藏高原东部地区,考虑到降水的局地性强、代表性较差,青藏高原地区的降水观测更多反映的是青藏高原东部的降水特征,因此将青藏高原区称为青藏高原东部地区,下文亦然。

就各气候区域来看(图 3.18,表 3.4),东北地区在过去 60 年经历了 2 个降水较为充沛的时期,分别为 20 世纪 50 年代、80—90 年代,1999—2011 年降水量低于历史平均水平,2012—2013 年降水量达到历史高值。华北地区 20 世纪 50 年代至 90 年代末降水量一直在下降,之后趋势反转降水量增加,增速达到 9.22 mm/a。华南地区降水年际波动较大,但年代际的趋势不明显。江淮流域在 20 世纪 50—60 年代中期降水量下降,此后至 90 年代末一直缓慢上升,2000 年后略有下降,变化速率为－8.91 mm/a。西北地区东部、西部自 1970 年后降水量一直在增长,至 2013 年,年降水量累计增加了 20～30 mm。青藏高原地区在过去 60 年里降水量变得更加充沛,尤其在 20 世纪 50 年代至 90 年代末,降水量一直在增加,2000 年后降水量变化较小。西南地区是惟一一个在过去 60 年降水量一直在下降的地区,最近 15 年降水减少尤为明显,下降速率达－7.9 mm/a。

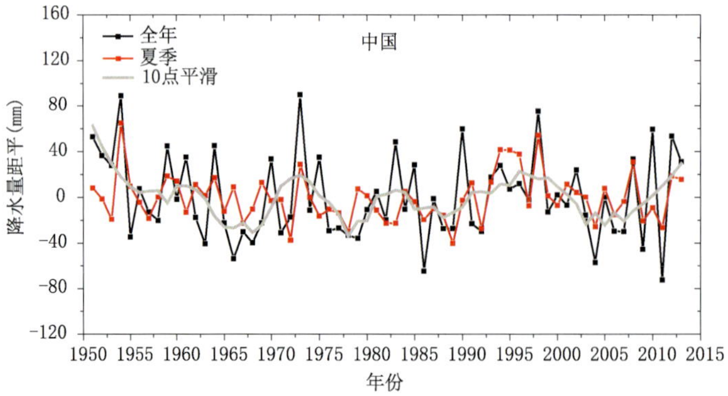

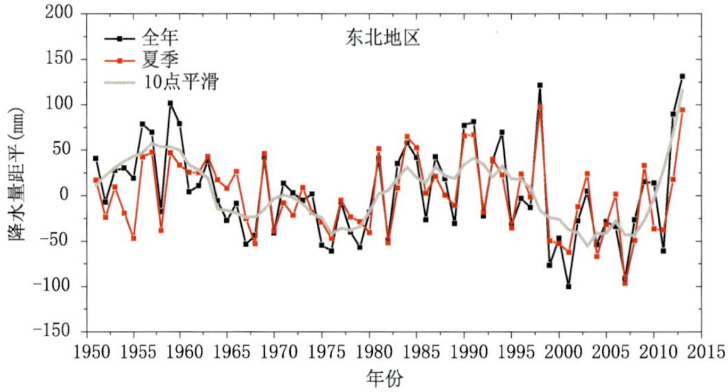

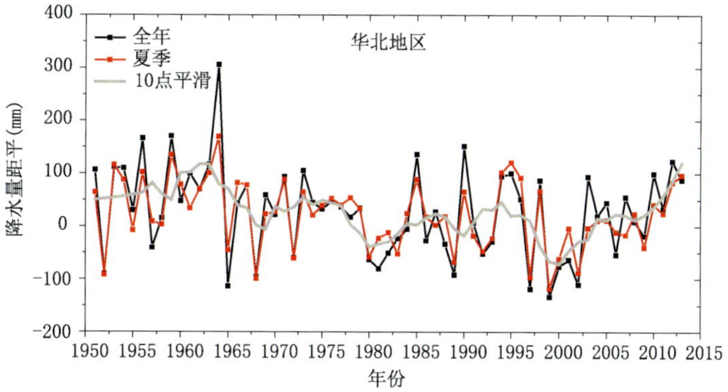
全年
夏季
10点平滑
华北地区
降水量距平(mm)
年份

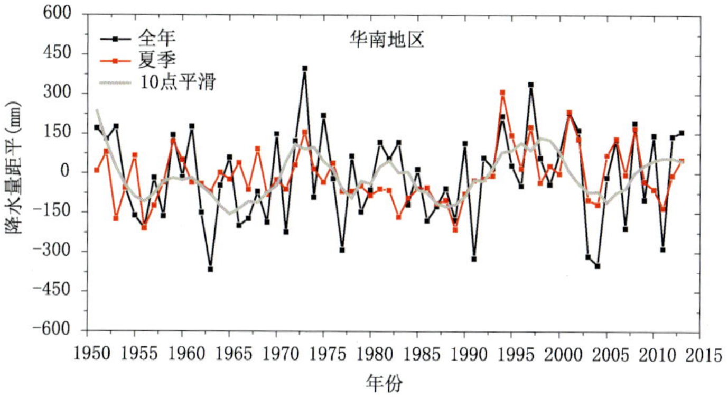
全年
夏季
10点平滑
华南地区
降水量距平(mm)
年份

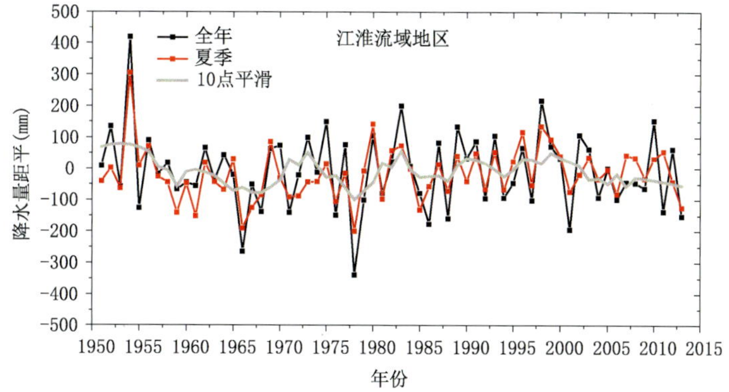
全年
夏季
10点平滑
江淮流域地区
降水量距平(mm)
年份

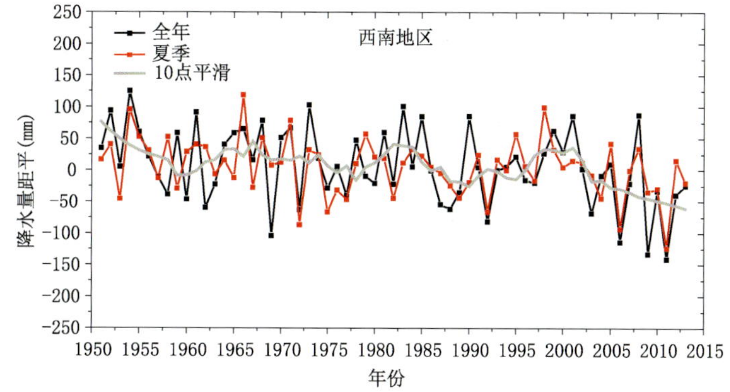
全年
夏季
10点平滑
西南地区
降水量距平(mm)
年份

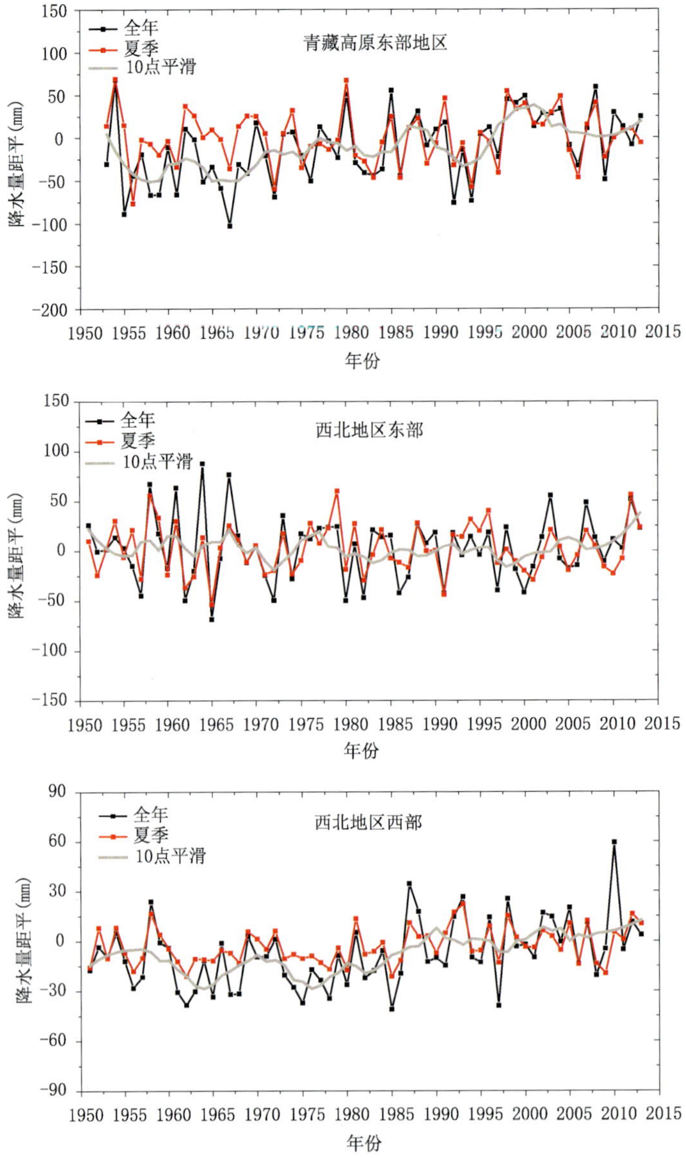

图 3.18　中国及各区域降水量逐年变化图
(红、黑线分别代表夏季和全年降水量时间序列,灰色线为年降水量 10a 平滑)

表 3.4　各气候区不同时期年降水量变化速率(单位:mm/a)

区域	1961—2013 年	1981—2013 年	1998—2013 年
东北	0.02	−0.93	4.71
华北	−0.80	1.81	9.22 *
华南	1.43	0.76	0.53
江淮流域	0.38	−1.34	−8.91

续表

区域	1961—2013 年	1981—2013 年	1998—2013 年
青藏高原东部	1.04 *	1.23 *	−2.47
西北地区东部	0.13	0.68	2.11
西北地区西部	0.68 *	0.61	0.18
西南地区	−1.06 *	−2.36 *	−7.90 *
中国	0.23	0.06	−0.32

* 代表通过 95%信度检验。

3.3.3　中国地面相对湿度序列的均一化

大气中的水汽是重要的气候变量之一，它不仅是降水形成的必要条件，也是一个重要的温室气体。湿度是影响降水或干旱的重要因素之一，是影响降水地理分布和强度以及热带气旋强度的关键变量。同时，它对生物圈和地表水文有重要影响。因此，越来越多的学者开始关注湿度的变化。

很多研究表明，全球绝对湿度和水汽压表现出明显的上升趋势。对相对湿度而言，一些研究表明存在弱的上升或下降趋势，也有结果指出相对湿度几乎保持不变。《中国气候变化监测公报》指出，1961—2014 年中国平均相对湿度呈减少趋势，2004 年以来持续偏低。从 2000 年开始我国相对湿度观测逐步由人工观测转为自动观测，至 2014 年全部实现自动观测。一些研究表明，相对湿度受观测自动化的影响比较普遍和显著，大多数站点的自动观测值存在偏低现象，尤其在湿润区，这一现象更加明显。自动与人工观测值的显著差异，必定对相对湿度序列的均一性造成影响。

目前，国内外已开展了一些地面湿度的均一化工作，这些研究主要集中在年、月和季节尺度上，并且大部分工作是区域性的。Robinson(2000)评估了仪器换型和迁站对美国 178 个台站 1951—1990 年露点温度序列的非均一性影响，结果表明，仪器换型和迁站带来的不确定性可能使露点温度在这 40 年期间趋势改变达到 1℃。Brown 等(2013)利用 TPR 等方法考察了美国 145 个站自动观测系统建立对年露点温度序列的影响，认为 21 世纪初期露点温度序列出现了断点。也有研究表明，加拿大干湿球湿度测量到湿敏传感器的转换使大部分台站的相对湿度序列出现了一个虚假的下降，并且 69%的台站相对湿度序列出现了非气候变化的断点。Willett 等(2008)利用多种方法研制了 1973—2003 年 60°N～40°S 区域 5°×5°的均一化比湿和相对湿度数据集，是第一个全球范围的均一化相对湿度数据集。对于中国区域地面湿度而言，系统地分析不同原因对湿度序列的非均一影响并给予订正的工作几乎还是空白。Kaiser(2000)研究中国区域湿度气候变化特征时，对 196 个台站的水汽压、相对湿度年序列通过经验判断是否存在突变点，未对数据进行订正。类似地，Wang 和 Gaffen(2000)在分析中国气候变化特征时，也依靠经验来判断序列是否存在断点，并通过计算断点前后的平均值差值对序列进行订正。

20 世纪中叶以来，随着中国气象观测体系的现代化发展，中国相对湿度观测系统也在日臻完善，主要表现在观测时空分辨率的提高、观测仪器升级、人工观测向自动化观测的转变等。已有研究表明，上述变化同时也是造成气候序列非均一的主要因子。这种包含了人为断点的序列，不仅直接影响到气候分析结论的准确性，同时也影响了气候监测质量和水平的提高。因此，利用比较完备的台站历史沿革信息，定量分析不同原因对相对湿度均一性的影响，并对不均一序列给予合理订正，对正确揭示相对湿度的变化特征和理解水汽在气候变化中的作用具有重要意义。以下利用加拿大环境部气候研究中心研发的 RHtest V4 软件包中的 PMT 和 PMFT 方法，结合国家气象信息中心发布的“气象台站元数据专题数据集(V1.0)”中的台站沿革信息，对中国 2400 多个国家级地面站的月平均相对湿度进行非均一性检验，详细地分析造成中国地面相对湿度非均一的原因，对检出的非均一序列给予订正。在此基础上，分析了订正后的中国相对湿度变化趋势。

3.3.3.1 资料和方法

(1) 相对湿度资料及预处理

数据源为中国气象局国家气象信息中心(NMIC)发布的“中国国家级地面气象站基本气象要素日值数据集(V3.0)”中包含的 2479 个地面站相对湿度逐日资料，时段为 1951 年 1 月 1 日至 2014 年 12 月 31 日，以%为单位。该数据源经过了气候界限值和允许值检查，台站极值检查，定时值，日平均值与日极值间内部一致性检查，时间一致性检查，空间一致性检查及人工核查与更正。

均一性检验的对象为 2479 个站 1951—2014 年的月平均相对湿度，月平均值由逐日平均相对湿度计算得到。缺测值和错误值均不参加计算，根据《地面气象观测规范》，当缺测值和错误值总数少于 7 天时进行月平均计算，否则该月资料按缺测处理。

资料缺失会对均一化结果造成影响，而资料长度过短则会导致统计方法无法对其进行检验，因此选择资料连续缺测少于 20 年、序列长度大于 5 年的 2413 个台站开展均一性检验。

(2) 非均一检验与订正方法

近几十年来，国际上已经发展了很多断点检测和订正的方法。Reeves 等(2007)对二相回归(TPR)、威尔科克森非参数检验、标准正态检验(SNHT)等多种断点检测和订正的统计方法进行了比较评估，结果表明，不使用参考序列，TPR 和贝叶斯方法是大多数气候序列均一化的最佳选择，使用参考序列成功去掉周期性和趋势时，SNHT 效果最好。加拿大环境部 Wang(2008)对 TPR 等应用效果较好的统计方法引入惩罚因子发展了一个 RHtest 序列均一性检验系统，使得误报警率和检验能力在序列两端差的问题得到了改善。这个系统包含 2 种检验方法，即基于惩罚最大 F 检验和惩罚最大 t 检验，可用于年、月、日序列的均一性检验，其中 PMFT 方法是绝对方法，不需要参考序列；PMT 是相对方法，需要使用参考序列。以下工作主要采用 PMT 和 PMFT 方法检验断点，结合元数据信息及气候合理性分析确定断点。对保留的断点，采用均值订正法进行订正。

(3) 参考序列构建

我国自动观测系统业务化始于 2000 年，主要集中在 2004—2007 年，这就使得相邻地区的台站可能在同一时间发生仪器换型。观测系统的同期调整，使序列同时受到影响，可能导致 PMT 方法无法检测这类断点。因此，构建参考序列之前，对待选参考站的均一性进行检验是非常有必要的。

PMFT 方法适用于不带参考站的均一性检验，通常可以用来检验参考序列的非均一性。第一步使用 PMFT 方法对 2413 个站的年和月相对湿度序列在 95%信度上进行非均一性检验，结合元数据和气候合理性分析对序列的非均一进行判断；第二步，用第一步确认均一的台站构建参考序列，对其他站点进行 PMT 检验。通过这 2 个步骤得到的均一台站成为备选参考站，构成参考站库，用于其他台站的非均一性检验。

参考序列必须具备气候代表性，因此要求参考站与待检站距离和海拔高度符合下列 2 个条件：1）与待检站的水平距离在 350 km 以内；2）当待检站海拔高度在 2500 m 以下时，与待检站的高度差要小于等于 200 m；当待检站海拔高度在 2500 m 及以上时，与待检站的高度差应小于等于 500 m。

应用均一的台站资料序列，结合序列长度，选取与区域平均相对湿度相关最大的若干个（不超过 3 个）台站资料，采用相关系数权重平均构建参考序列。具体公式如下：

$$\bar{y}_i = \frac{\sum_{j=1}^{n} \rho_j^2 \times y_{ji}}{\sum_{j=1}^{n} \rho_j^2} \tag{3.6}$$

式中，下标 i 表示第 i 时刻，下标 j 表示第 j 个参考站，ρ 表示参考站与区域平均年相对湿度的相关系数，y 为参考站相对湿度，$\bar{y}$ 为参考序列的相对湿度。对于按照上述原则找不到参考序列的站点，采用单站检查的方法进行均一性检验和订正。

3.3.3.2　结果分析

首次利用中国国家级地面站各站详细元数据信息，结合 PMT 和 PMFT 方法，并以相关系数权重法构建参考序列，对 1951—2014 年中国 2413 站月平均相对湿度资料进行非均一性检验与订正。下文将通过与元数据信息核对、订正量幅度分析、订正前后序列趋势变化和个例分析等手段探讨资料订正的可信度。

（1）我国相对湿度序列非均一的主要原因

2413 个站一共检出 2006 个断点，共涉及台站 1640 个，占总台站数的 68%，其中 25 个台站有 3 个断点，316 个站有 2 个断点，1309 个站有 1 个断点；余下 32%的台站序列均一。

从断点与元数据信息匹配情况来看，有元数据支持的断点比例为 87.1%，其中人工转自动造成的断点占总断点数的 59.6%，迁站和时次变化导致的断点比例分别为 16.8%和 10.7%；原因不明断点比例为 12.9%（图 3.19）。

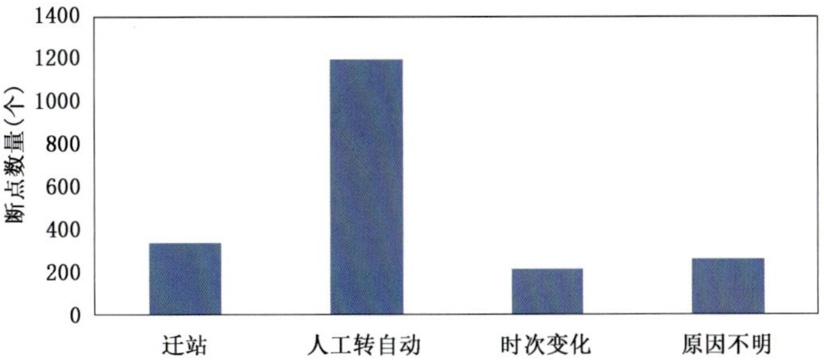

图 3.19　不同原因的断点数量

另外，从断点个数的时间分布图（图 3.20）上可以看到，断点主要集中在 1954 年和 2001—2010 年，分别对应于 1954 年观测时次变化和 2001—2010 年人工观测向自动观测的转变。从空间分布来看（图略），不均一的台站主要分布在中国南方等高温高湿地区，这可能与湿度传感器在高温高湿情况下存在技术缺陷有关。

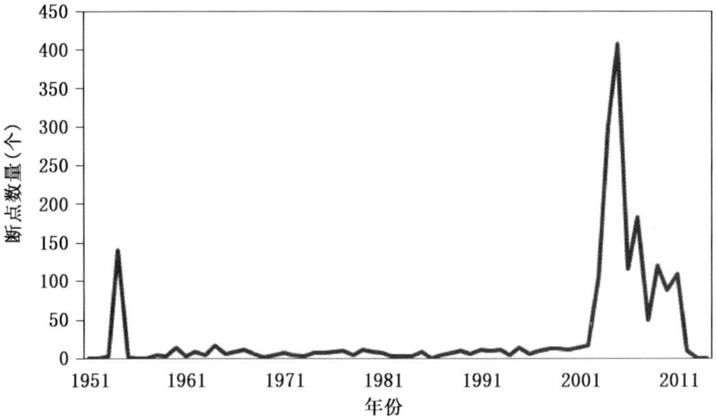

图 3.20　不同年份的断点数量

(2)相对湿度资料的订正幅度分析

本研究中，订正幅度指的是订正后与订正前月平均相对湿度的差值，将订正值小于 0 的订正称为负订正，订正值大于 0 的订正称为正订正。在对非均一台站断点进行订正时，带参考序列和不带参考序列订正的台站数分别为 1324 个和 216 个，后者主要分布在站点较稀疏的青藏高原、新疆等地区。不带参考序列的订正，完全依赖数学方法，可能存在较大的不确定性。图 3.21a 给出了相对湿度序列订正值的频率分布，可以看出订正值的范围在－18.1%～18.4%之间，订正值主要分布在－5%～0 之间。月平均相对湿度序列订正值的百分比分布基本呈单峰值分布，负订正值的比例明显高于正订正值的比例。研究进一步地分析了迁站、人工转自动和时次变化导致的订正量(图 3.21b～d)。可以看到，对迁站而言，订正量呈双峰分布，主要分布在－5%～5%之间；时次变化造成的订正量呈单峰分布，主要分布在－10%～－1%之间；对人工转自动而言，订正值呈单峰分布，主要集中在－5%～0 之间，这与余君等(2008)计算的相对湿度自动观测值和人工观测值的差值接近。从以上结果可知，相对湿度序列的负订正量主要由人工转自动引起，这与大部分台站自动观测值较人工观测值偏低的结论一致。

(3)订正前后趋势对比分析

为了分析均一化前后 2413 个站相对湿度序列 1951—2014 年的趋势变化，统计了订正前后不同趋势的站点数(表 3.5)。订正前，1883 个台站表现为负趋势，占总站数的 78%，趋势在(－1%～0)/10a 之间的台站数达到了 1439 个；其余 22%的台站为正趋势，趋势在(0～1%)/10a 的站数最大，占相对湿度增加台站的 92%。订正后，负趋势的台站数出现了显著下降，由 1883 个减少到 1412 个，趋势在(－2%～－1%)/10a 的台站数减少了 311 个；正趋势的台站数增加到 1001 个，趋势在(0～1%)/10a 的台站数增加最多，达到 935 个。

表 3.5 订正前、后不同趋势(%/10a)的站点数(个)

趋势	趋势＜－2	－2≤趋势＜－1	－1≤趋势＜0	0≤趋势＜1	1≤趋势＜2	趋势≥2
订正前	63	381	1439	489	32	9
订正后	20	70	1322	935	45	21

同时，对订正前后相对湿度趋势变化的区域特征进行了分析。图 3.22 给出了 2413 站 1951—2014 年订正前后相对湿度趋势的空间分布。由图可知，订正后，长江流域、青藏高原和

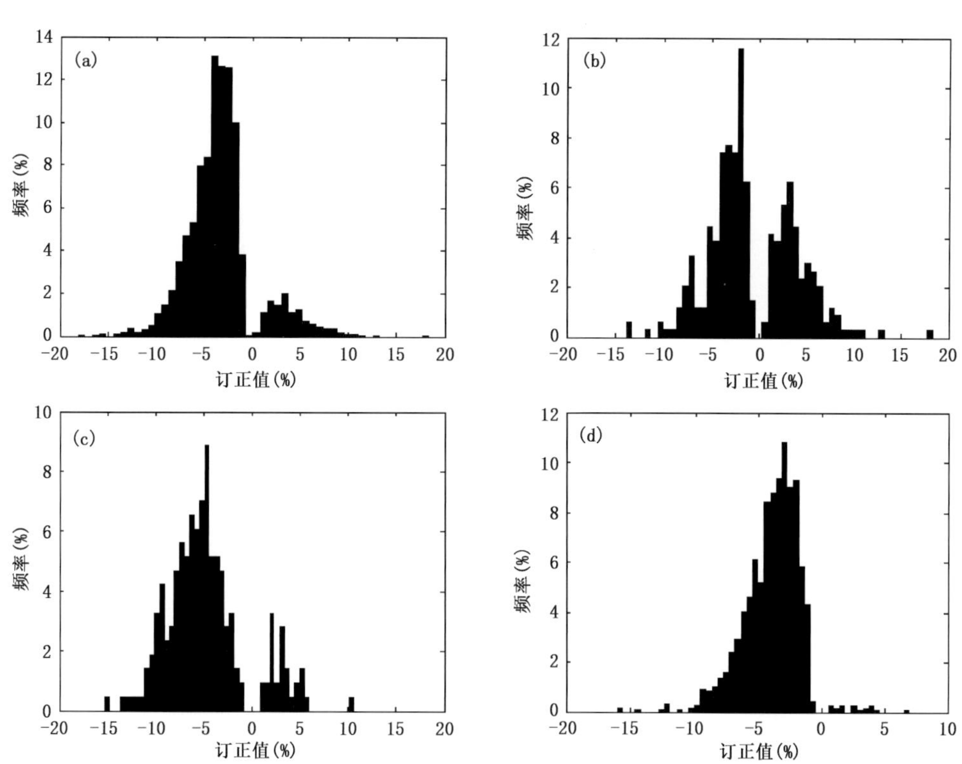

图 3.21　月平均相对湿度序列总断点(a)、迁站(b)、时次变化(c)和人工转自动(d)断点对应订正值的频率分布

四川西部地区相对湿度的变化趋势发生了显著变化。长江流域订正前表现为大面积的负趋势,订正后相对湿度增加的台站明显增多。青藏高原和四川西部地区订正前大部分台站相对湿度减少,订正后大部分台站相对湿度增加。另外,订正后华东区域一些台站的下降趋势减弱,华北地区相对湿度增加的台站数也有所上升。

就全国平均而言,首先将相对湿度资料生成距平资料(气候平均值为 1961—1990 年的平均值),然后采用 Jones 等(2003)提出的区域平均气候时间序列的方法,把中国划分为 5°×5°的网格,由格点值的平均得到中国地区相对湿度变化序列(图 3.23)。从图中可以看出,订正前中国年平均相对湿度 1951—1953 年显著偏高,1987—2003 年以偏高为主,2004—2014 年显著偏低,总体呈显著减少趋势;订正后,1951—1953 年的显著偏高和 2004—2014 年的显著偏低消失,中国年平均相对湿度仅微弱减少,总体无明显的趋势性变化。

(4) 个例分析

图 3.24 给出了秭归、民勤和通道站订正前后的年相对湿度序列。秭归站的不连续点出现在 1998 年,该站 1998 年 1 月 1 日由秭归县归州镇迁至秭归县茅坪镇求雨堡西段,海拔高度上升 145.5 m,迁站后相对湿度增大;订正量为 5.79%,订正后趋势由 1%/10a 下降到 −0.4%/10a,与邻近的远安和长阳等站接近。民勤站有 1 个断点,对应着 1954 年的观测时次变化,订正量为 −12.6%,订正前趋势为 −0.4%/10a,订正后趋势为 −0.2%/10a。通道站在 2004 年出现断点,这个站 2004 年 1 月 1 日由人工观测转为自动观测,相对湿度出现了显著下降。与

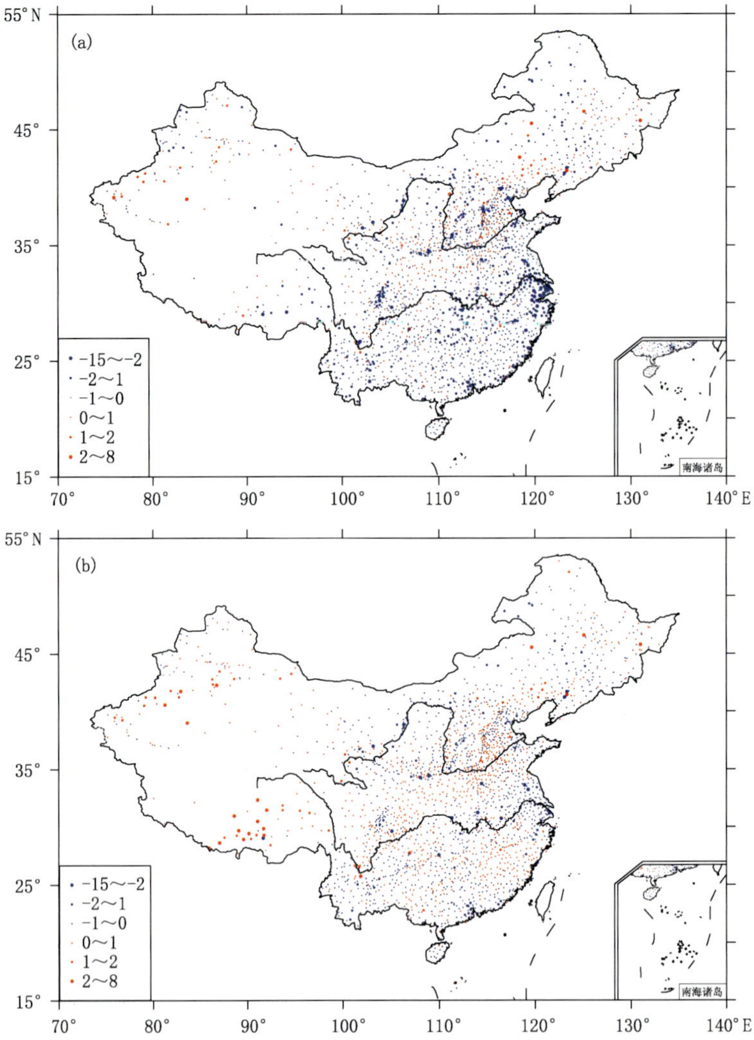

图 3.22　1951—2014 年 2413 个国家站订正前(a)、后(b)年相对湿度趋势(单位:%/10a)

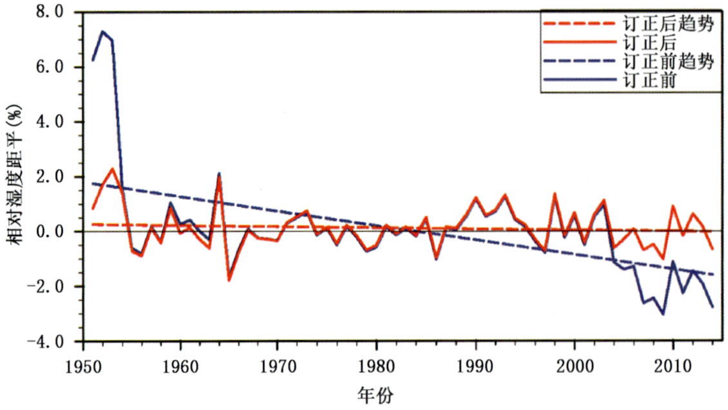

图 3.23　1951—2014 年订正前(实线)、后(虚线)中国平均相对湿度距平序列

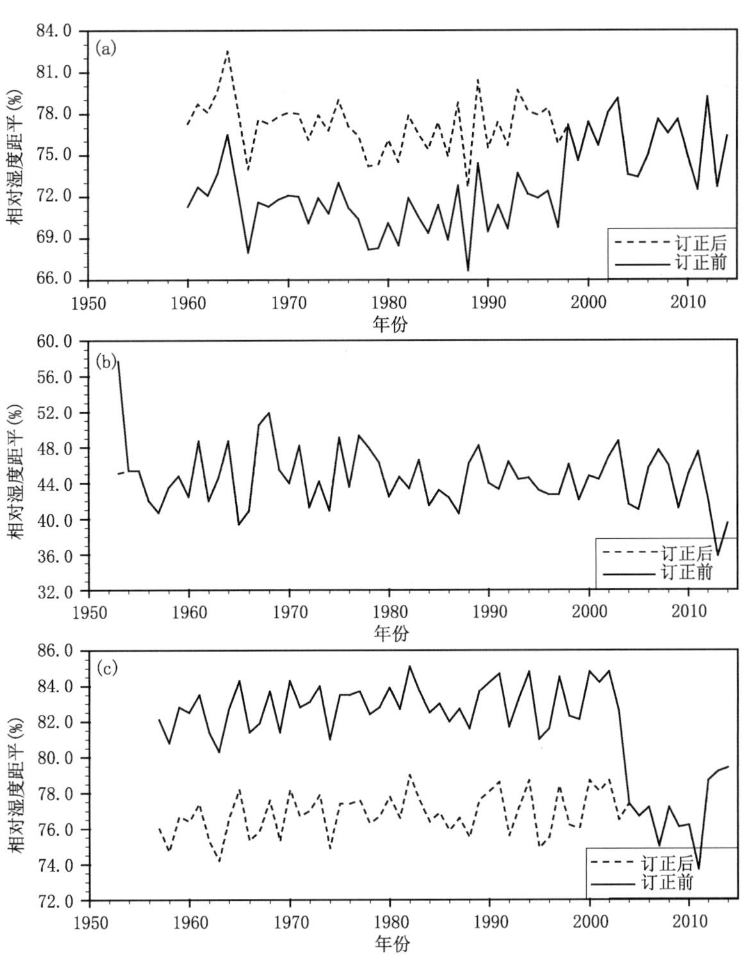

图 3.24　秭归(a)、民勤(b)和通道(c)订正前后的年相对湿度序列(%)

通道站海拔高度和地理位置接近的靖州、城步和资源，它们分别在 2009 年、2010 年和 2007 年实现自动观测业务化。这 3 个台站的相对湿度分别在 2009 年、2010 年和 2007 年出现急剧下降，与人工转自动的时间吻合(图略)。这些地理位置相邻、海拔高度相近的台站相对湿度序列对应着人工转自动在不同时间产生的急剧变干，说明这些站的大幅度降湿确实是由人工转自动造成的。

3.3.3.3　结论和讨论

通过对相对湿度非均一性检验的结果分析，表明我国地面相对湿度资料存在比较严重的由于人为因素造成的资料不连续问题，主要结论如下：

(1)非均一台站数占总台站数的 68%，资料非均一台站中存在 1～2 个间断点的台站最为普遍，其中存在 1 个断点的台站所占比例最大。

(2)人工转自动、迁站和观测时次变化是造成我国地面相对湿度非均一的主要原因，人工转自动使得大部分台站相对湿度出现系统性的偏低；非均一台站主要分布在中国南方等高温高湿地区，与湿度传感器在高温高湿情况下可能存在的技术缺陷有关。

(3)月平均相对湿度序列订正值的频率分布基本呈单峰分布，负订正值的比例明显高于正订正值的比例，这与人工转自动导致相对湿度系统性降低密切相关。

(4)对2413个台站订正前后趋势的对比分析发现，订正前78%的台站表现为负趋势；订正后，负趋势的台站数出现了显著下降。就全国平均而言，订正前中国年平均相对湿度1951—1953年显著偏高，1987—2003年以偏高为主，2004—2014年显著偏低，总体呈减少趋势；订正后，1951—1953年的显著偏高和2004—2014年的显著偏低消失，中国年平均相对湿度无明显的增减趋势。

由于受到元数据、检验方法、统计分布以及参考序列和主观分析判断等多种因素影响，均一化结果必然存在一定的不确定性。目前的各种均一性检验方法主要是根据数理统计原理，在一定的显著性水平下对资料序列的不连续点进行检验；利用符合一定条件的其他台站作为参考序列，也受到序列选取和序列自身状况等诸多敏感因素的影响；在对元数据信息以及资料序列合理性进行分析判断过程中，也可能受到信息量不足以及气候合理性分析不确定的影响。因此，国家级地面站相对湿度的均一性检验结果也同样会受到上述不确定性的影响。尤其在我国西部地区特别是西藏、新疆地区以及西南部分地区，由于台站分布稀疏和地形复杂，造成当地大部分台站无法选取合适的参考站，采用不带参考序列的均值订正法对断点进行订正，可能存在订正幅度偏大的情况。

3.3.4 中国地面风速序列的均一化

由于地面风速资料的特殊性，国外针对风速资料均一化的技术和产品并不多。其中，加拿大的AHCCD(Adjusted and Homogenized Canadian Climate Data)数据集除了气温和降水还包括气压和风速(Wan et al.，2007，2010)2个要素，RHtest软件系统在数据集研制过程中得到了发展，这也是目前中国气象局开展气候序列均一化采用的主要方法。Wan等(2010)使用由海平面气压计算出的地转风作为风速的参考序列，用惩罚最大t检验方法和RHtest V2(Wang，2008；Wang et al.，2013)软件对加拿大近50年117个地面月平均风速序列进行了均一性检验与订正，结果表明加拿大西部和南部风速下降明显，中部呈上升趋势。此外，也有一些研究采用了其他方法对风速及风向做均一化处理。

由于年平均风速稳定变化的特点，检验年平均风速的非均一性较为容易。刘小宁(2000)使用SNHT方法对1951—1990年中国690个站年平均风速资料进行均一性检验，利用邻近站作为参考站，采用待检站与参考站的比值序列为检验序列，检验过程中预先对检验序列进行正态化处理。曹丽娟等(2010)使用惩罚最大F检验方法(Wang，2008)，结合元数据判断对1951—2008年中国753个基本、基准气象观测台站年平均风速数据的均一性进行检验与订正，结果表明，全国各地年平均风速资料普遍存在非均一性的问题，非均一性台站在全国范围有均匀分布的特点(约占38.7%)，表明我国风速资料在空间上普遍存在不同程度的非均一性问题。李珍等(2011)在对北京风速变化和极端事件情况进行分析之前，利用MASH方法对北京周边12个站点的风速进行均一性检验与订正，该方法由匈牙利发展，也被用于开展欧洲等国家风速资料的均一化。

3.3.4.1 资料和方法

由于风速资料的局地性和非正态性特点，国际上尚无成熟有效的技术方法。结合中国阶梯式地形特点及风速分布特征，参考Wan等(2010)的方法，应用海平面气压计算地转风构建中国东部地区地面风速资料参考序列，采用RHtest V4.0(PMFT、PMT)均一化方法检验风速资料均一性，结合台站历史沿革信息进行断点确认，在月值尺度采用均值订正对不连续点进行均一性订正，研制了中国近 60 年 2400 余个台站地面风速的均一化数据集，基于该数据集开展观测系统调整对风速资料的影响评估。对于风速而言，台站迁移、环境变化、观测仪器变化及观测时次变化是引起风速资料序列非均一的主要因素，因此重点针对以上几种观测系统调整分析对我国历史风速资料的影响。

应用海平面气压计算地转风构建中国东部地区地面风速资料参考序列，地转风由气压三角形计算（Wang，2008），地转风序列的计算公式如下：

$$u_g = -\frac{b}{\rho f} \tag{3.7}$$

$$v_g = -\frac{a}{\rho f} \tag{3.8}$$

式中，ρ 是空气密度，这里设为常数（$\rho = 1.25\ \mathrm{kg/m^3}$）；$f = 2\Omega\sin\phi$，$\phi$ 是纬度，Ω 是地球转速（°/s）；a 和 b 是纬向和经向气压梯度。用下面公式计算 a 和 b：

$$\begin{cases} P_1 = aR\lambda_1\cos\phi_1 + bR\phi_1 + c \\ P_2 = aR\lambda_2\cos\phi_2 + bR\phi_2 + c \\ P_3 = aR\lambda_3\cos\phi_3 + bR\phi_3 + c \end{cases} \tag{3.9}$$

式中，P_1、P_2 和 P_3 是三角形三个点的海平面气压；R 是地球半径；λ 是经度。使用的海平面气压资料由本项目研制的“中国国家级地面气象站均一化气压月值数据集（V1.0）”（远芳 等，2015）中均一化的表面气压资料计算得到。

地转风序列独立于地面风速，能够代表大尺度风速特征，可以较好地用于低海拔地区。如图 3.25 所示，我国阶梯式地形的特点使得地转风序列在中西部地区应用效果不佳，因此在中国西部地区采用单站检验结合邻近站断点判断的方法。基于研制的均一化数据集开展风速资料序列非均一性原因分析。

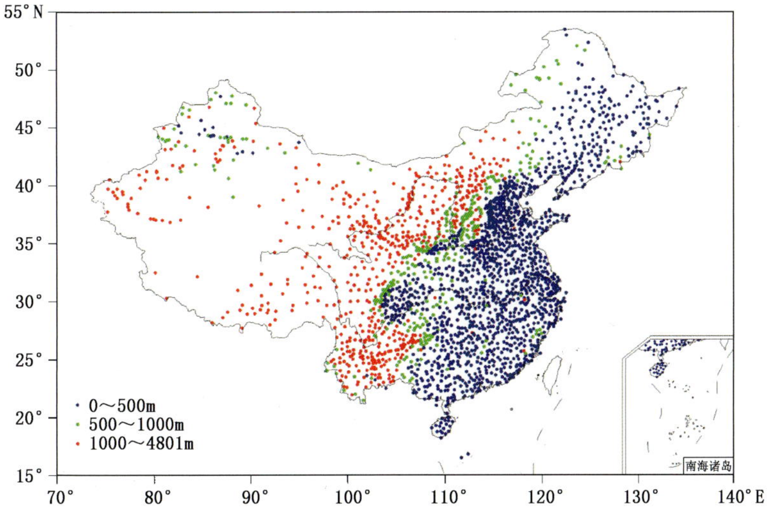

图 3.25　2400 余个台站海拔高度分布

3.3.4.2 风速非均一和均一化结果分析

2479 个地面台站中风速序列不均一的台站有 1430 个，约占总站点数的 58%（图 3.26）。由图可知，非均一台站均匀分布于全国各地，表明我国各个地区月平均风速资料序列中都存在不同程度的非均一现象。

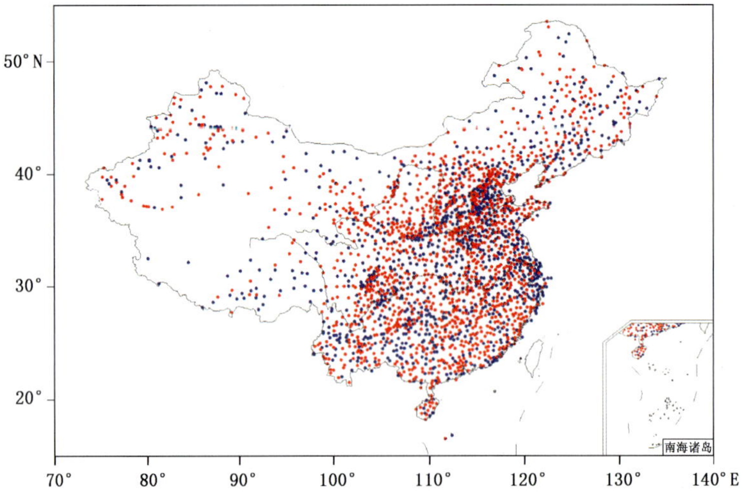

图 3.26 风速非均一台站分布（红色：非均一；蓝色：均一）

元数据记录表明，造成地面平均风速资料非均一性的主要原因是风速观测仪器的变化，包括仪器换型、同类仪器安装高度的变化以及仪器故障之后的更换等，其中仪器换型是引起风速数据非均一性的主要原因，台站迁移的影响也较大。仪器变化造成的断点占总断点数的 45.7%，台站迁移造成的断点占总断点数的 25.5%（图 3.27）。环境变化对平均风速数据的非均一性影响也较为显著，但环境因素的改变可能同时与台站的迁移或者仪器的变化同时发生。观测时次的变化对风速数据也产生一定的非均一性影响（占 4.6%），在使用地面风速数据进行历史趋势和变率的分析与评估时，必须充分考虑风速的非均一性问题。从断点个数的时间分布图上可以看到（图 3.28），风速资料断点分布于各个年份，断点较多的年份主要集中在 1965—1969 年、1980 年，1993 年及 2002—2007 年前后，与仪器换型和台站迁移的时间较为吻合。

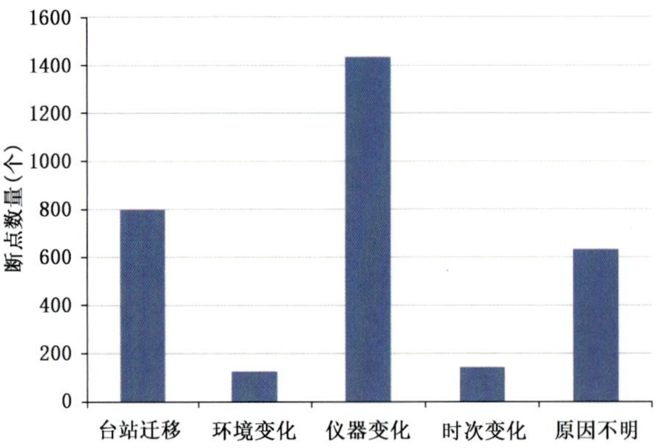

图 3.27 不同原因断点数量

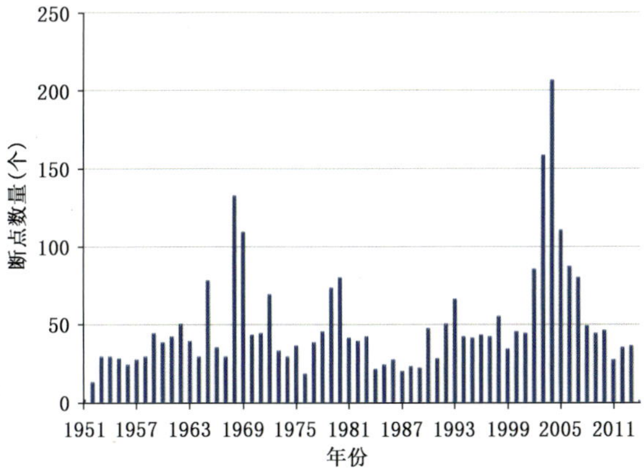

图 3.28　不同年份断点数量

3.3.4.3　中国风速变化趋势

图 3.29 为山东惠民站均一化订正前后的个例。惠民站 2 个断点出现在 1968 年和 1992 年，该站在我国历史上 2 次风速仪器批量换型时期的 1968 年和 1992 年都进行了仪器的换型，1968 年风速观测仪器由维尔德测风器换型为 EL 型电接风向风速计，1992 年风速观测仪器由 EL 型电接风向风速计换型为 EN 型测风数据处理仪。1960—2014 年，该站订正前趋势为 −0.14 (m/s)/10a，订正后趋势为 −0.4 (m/s)/10a。

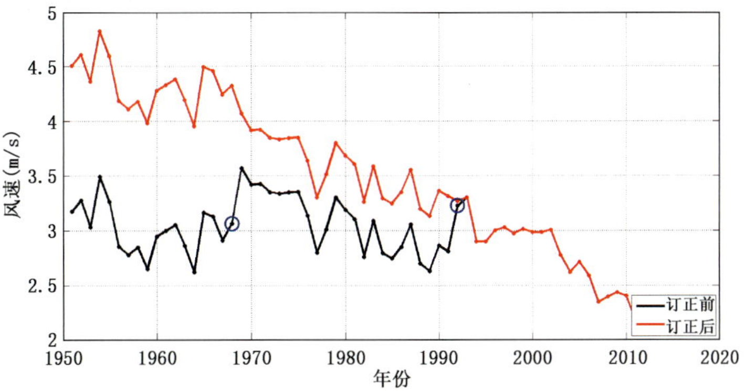

图 3.29　山东惠民站订正前后年平均风速序列

全国各站均一化订正前 12% 的台站风速呈增加趋势，约 51% 的台站风速下降趋势在 −0.2～0 (m/s)/10a，7% 的台站风速下降趋势小于 −0.4 (m/s)/10a。订正后，风速增加趋势的台站比例有所下降，约 54% 的台站风速下降趋势位于 −0.2～0 (m/s)/10a 之间。整体而言，订正后全国各地风速下降趋势有加大的特点(图 3.30)。从全国平均看，均一化订正后下降趋势同样有所加大，其速率为 −0.15 (m/s)/10a(图 3.31)。

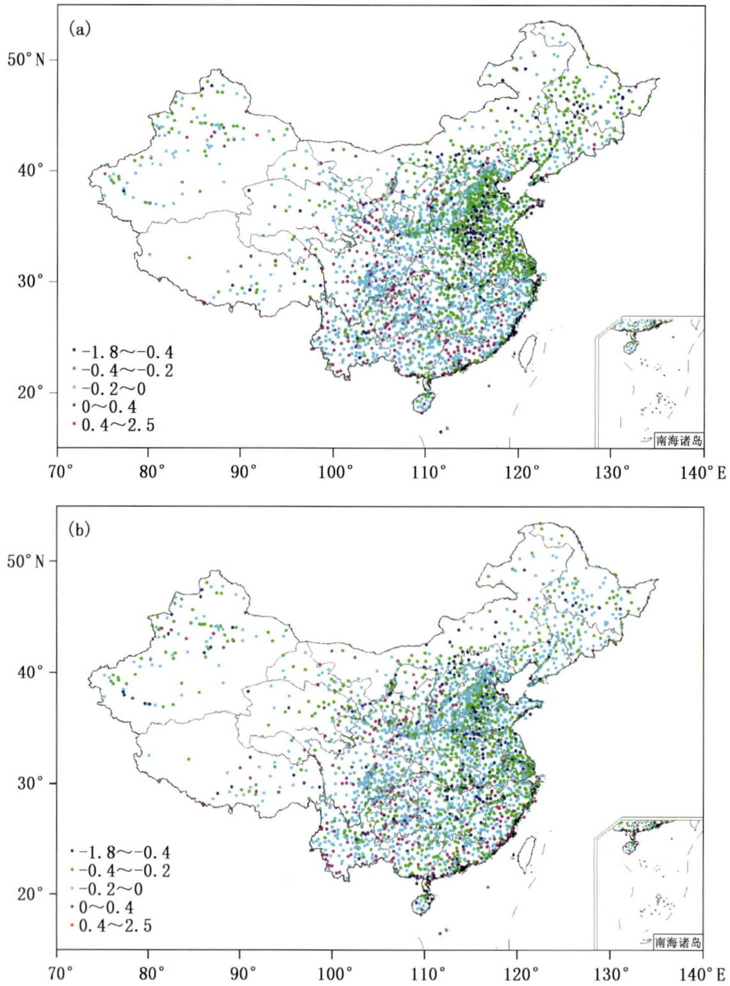

图 3.30　均一化订正前(a)、后(b)风速趋势变化(单位:(m/s)/10a)(1960—2014 年)

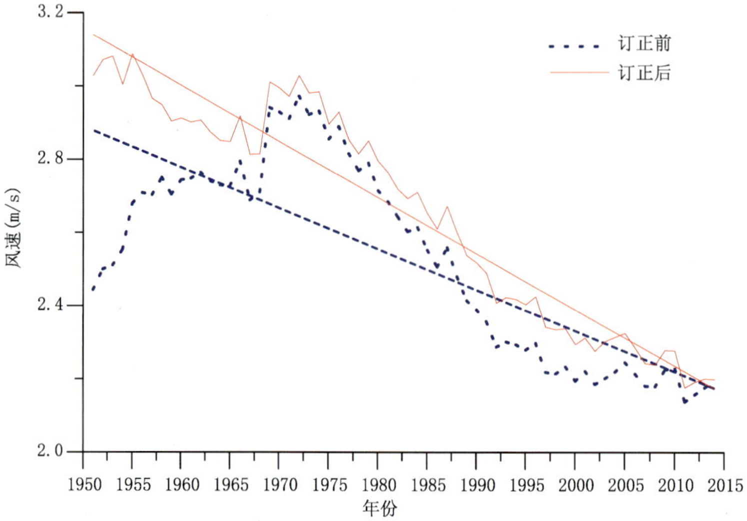

图 3.31　1951—2014 年全国平均风速序列

3.3.5　中国地面气压序列的均一化

为了建立真实的气候序列，20 世纪 80 年代中期以来，国内外许多研究者在气候资料均一性检验和订正方面开展了大量的探索性研究工作，并取得了一定的进展，许多方法被应用于各国气候资料业务和科研部门的研究工作，有效地推进了气候研究的发展。国际上已有很多针对气压资料均一性的研究。加拿大环境部对加拿大表面气压数据进行了误差检验与订正，他们首先对数据进行综合质量控制，挑出粗大误差，随后用 Fmax 方法对时间序列的系统误差进行检验并订正。Alexander 等(2010)在对澳大利亚海平面气压(SLP)数据进行分析之前，采用 Penalized Maximal F (PMF)方法和 RHtest V2 软件对数据进行均一性检验与订正。曾红玲等(2010)用 RHtest V2 软件完成了对三峡库区逐月气压序列的均一性检验与订正。英国气象局哈得来中心的全球完整月平均 SLP 数据第二版的陆面数据在进行均一性检验时采用的是 Kolomogorov-Smirnov(K-S)检验法。Ferguson 和 Villarini(2013)采用 Bai-Perron 结构断点检验法对 20 世纪再分析(20CR)资料的诸多要素进行了均一性评估，发现该资料中存在大量断点，并且绝大部分断点(占 72%)并不是由气候变化造成的；同时他们认为，作为输入场的边界强迫和表面气压数据的非均一造成了 20CR 输出要素的非均一性。曾用于表面气压数据均一化的方法还包括 SNHT(标准正态检验)、Craddock test 及 E-P 技术等。

本研究采用 PMF 检验对站点气压序列进行均一性检查，并采用静力模式订正和均值订正相结合的方法消除系统误差。PMF 方法基于 F 检验，考虑了时间序列的一阶滞后自相关，并包含了自回归检验算法，利用 PMF 检验断点不需要参考序列。上述均一性检验与订正方法由加拿大环境部王小兰博士的研究小组提出，他们还开发了相应的均一化软件供用户使用(RHtest V4)，并在用户手册中提供了详细的使用方法介绍。

对气压的研究有助于从整体上认识气候变化的特征和机理，对气候变化研究有重要意义。目前已有一些利用气压资料分析长期气候变化的工作，例如金巍等(2011)分析了东北三省 1961—2008 年地面气压变化特征，发现局地气压的变化与大尺度环流以及地面气温的变化有一定联系。其他研究也表明，气压的变化对气温和降水有显著影响，对气候预测有很好的指示意义。但目前大部分气候变化研究所用的气压资料并没有做过严格的均一性检验和订正，中国也尚无一套完整的经过均一化处理过的气压序列。据初步统计，自 1951 年以来我国超过 75%的气象观测台站发生过迁移，有些台站还曾多次迁址。另外，2000 年以后全国台站气压观测陆续由人工转为自动。因此，在应用气压资料之前必须对台站变动造成的影响进行评估，并对非均一的数据做订正。

本研究针对中国 2479 个国家级台站气压数据存在的系统误差进行检验和订正，并对均一化效果进行分析，同时在均一化站点气压的基础上生成均一化海平面气压数据。

3.3.5.1　资料

数据来源于国家气象信息中心发布的“中国国家级地面气象站基本气象要素数据集(V3.0)”，该数据集经过质量控制，其数据完整性和数据质量较以往发布的版本均有明显提高。本研究由日值气压加工成月值数据(《地面气象观测规范》)，同时用到海拔高度和 6 h 气温数据。

3.3.5.2　站点气压均一性检验与订正

在对站点气压进行检验之前，首先测试元数据中记载的不同类型观测站变迁信息对站点气压序列的影响，结果发现最为显著的影响因子是站址迁移。另外，仪器换型也会对个别站点的气压序列造成影响。其他因素例如周边环境的变化基本不会对站点气压造成显著影响。

$$P' = P_0 \exp(\frac{gd_z}{R_d T_{mv}}) \tag{3.10}$$

$$T_{mv} = (T_0 + \overline{T}_{dry}) + \frac{aZ}{2} + e_s \cdot C_h(d_z), \tag{3.11}$$

$$e_s = (\overline{T}_{dry} + T_0)^{-0.00014\overline{T}_{dry}^2 + 0.0116\overline{T}_{dry} + 0.279}, \tag{3.12}$$

$$C_h = (d_z) = 2.8322 \times 10^{-9} d_z^2 + 2.225 \times 10^{-5} Z + 0.10743。 \tag{3.13}$$

式中，P'是订正后的站点气压；P_0 是原始站点气压；d_z 是站点迁移前后海拔高度变化（迁站前减迁站后）；T_{mv}是站点高度与海平面之间气柱的平均虚温，$T_0=273.15$ ℃；$\overline{T}_{dry}$是当前时间和12 h之前干球温度的平均；a 是标准减温率（0.0065 ℃/m）；R_d 是干空气气体常数，$R_d=287.085$ J/(kg · K)；$g=9.8$ m/s^2。公式中 $e_s \cdot C_h(d_z)$是湿度订正项。根据公式(3.10)，海拔高度变化 9 m，站点气压改变约 1 hPa。

在检验过程中，为了尽量避免在均一化过程中引入人为错误，对可疑断点进行确认时尽可能只保留有元数据支持的断点，只有在元数据信息缺失时，才在充分考虑气候特点的基础上，保留没有元数据支持的断点。通过对 194 个国际交换站气压序列的研究发现，由 PMF 检验得到的、没有元数据支持的可疑断点，其 Pf_{max}值在不超过相应信度值 3 倍时，基本上可以通过给“子序列”（即截取可疑断点前后 5 年的气压序列）找到合适的参考序列，使用 PMT 检验证明该可疑断点不显著，从而将其剔除。鉴于上述结果，在对全部气压序列进行均一性检验时，经过反复验证，保留了 Pf_{max}值超过 3 倍信度的、没有元数据支持的断点。

站点气压均一性检验与订正过程如下：

首先，采用 PMF 方法对站点气压月值序列进行检验，对于可疑断点利用元数据信息对其进行验证，保留有元数据支持的断点，对于无元数据支持的断点进一步分析检验结果，保留 Pf_{max}值超过 3 倍信度的断点。经检验分析发现，全国有 1326 个站气压序列均一，占所有站点数的 53.5%。

其次，对于第一步检验中的非均一站点，使用公式(3.10)将该站气压历史数据订正到当前海拔高度上，再次用 PMF 方法检验序列均一性，可以发现部分站点的系统误差得以消除。图 3.32 是其中一个例子。经检验，青海省小灶火站在 1975 年 1 月前后存在 1 个断点，根据元数据，该站于 1975 年 1 月 1 日迁站，海拔高度从 2840 m 变为 2770.5 m，使站点气压的原始序列出现接近 10 hPa 的系统误差（图 3.32a），图 3.32b 是使用静力模式订正后的结果，可以看到系统误差基本消除。这种方法被称为静力模式，有 533 个站通过静力模式订正消除了系统误差，占所有站点的 21.5%。

由于气压要素的空间一致性较好，在使用静力模式通过气压-高度的物理关系订正之后理论上能够消除气压序列的系统误差，但当元数据缺失或元数据中记录的迁站前后海拔高度数据错误时，则无法采用静力模式，只能用统计学方法加以处理。另外对于个别站点，迁站前后两地的气压序列在水平方向上气候特征差异显著，仅通过对垂直方向的静力订正无法消除断点，因而也需要采用统计学方法消除系统误差。

最后，对于其他 620 个无法用静力模式消除系统误差的站点使用 RHtest 软件的均值订正方法进行均一化处理。以贵州习水站为例（图 3.33），该站原始数据在 1975 年 1 月存在 1

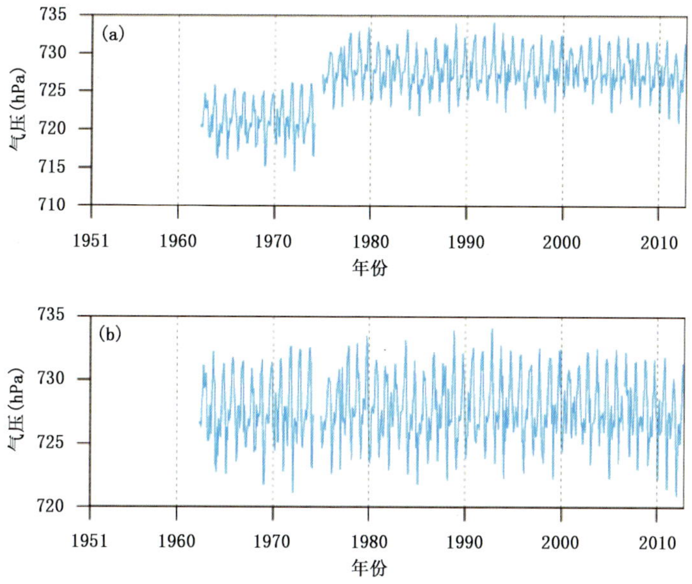

图 3.32　青海小灶火站站点气压原始序列(a)和经过静力模式订正后的结果(b)

个断点(图 3.33a)。根据元数据,该站于 1975 年 1 月 1 日迁站,元数据中记录的站点海拔高度从 1250.0 m 降为 1180.6 m,根据公式(3.10),该高度变化会造成气压值升高约 7.5 hPa,但是在将其站点气压的历史数据订正到当前海拔高度后系统误差反而更加明显(图 3.33b),因此该站只能用统计学方法进行均一化处理。图 3.33c 是使用均值订正后的结果,可以看到均值订正后系统误差被消除。

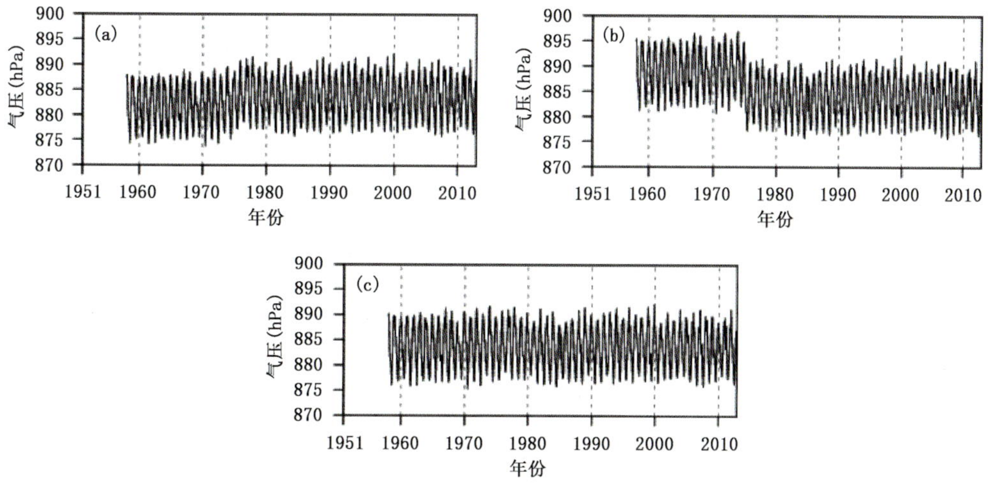

图 3.33　贵州习水站原始气压序列(a)和经过静力模式订正(b)及均值订正(c)后的时间序列

图 3.34 给出了订正量的概率分布,可以看到绝大部分数据的订正量集中在 −10～10 hPa 之间,有少数订正量超过 20 hPa。

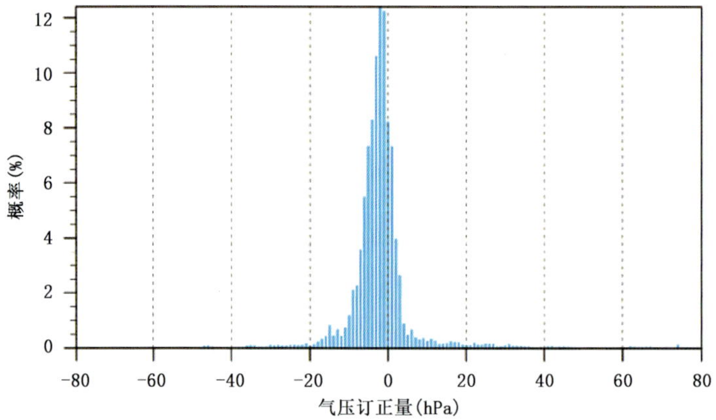

图 3.34　订正量的概率分布

图 3.35 给出了整个均一化过程流程图。

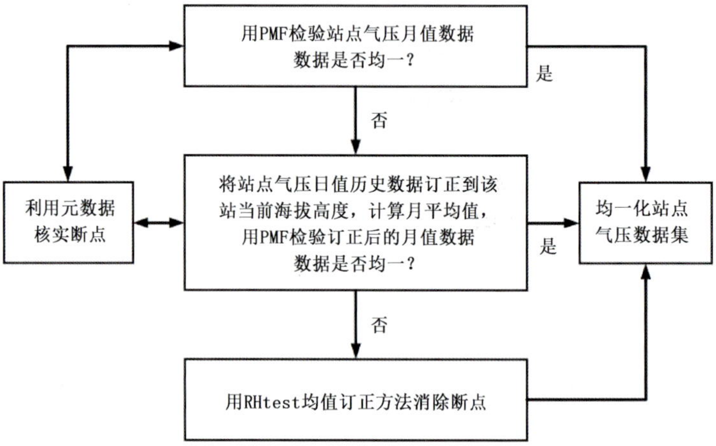

图 3.35　站点气压均一化流程

3.3.5.3　均一化效果及气压变化趋势分析

图 3.36 给出了均一化前后站点气压的长期趋势变化(图中标出显著性超过 99%信度的点)，其中红色正三角表示上升趋势，蓝色倒三角表示下降趋势，三角形的大小与站点气压的趋势呈正比。图 3.36a 和图 3.36b 的对比表明，经过均一化订正之后，气压原始序列中变化趋势异常偏大的情况均被消除，均一化订正效果明显。同时可以看到，均一化之后气压长期趋势的空间一致性更好。以气压长期变化趋势增加较大的乌鲁木齐牧试站、五台山站和镇安站为例，其订正前后的时间序列如图 3.37 所示，从图中可以清楚地看到订正之前序列中有异常显著的断点(左列)，均一化处理之后这些断点被消除(右列)。图 3.36 和图 3.32、图 3.33 均表明了使用站点气压之前对其进行均一性检验与订正的必要性。

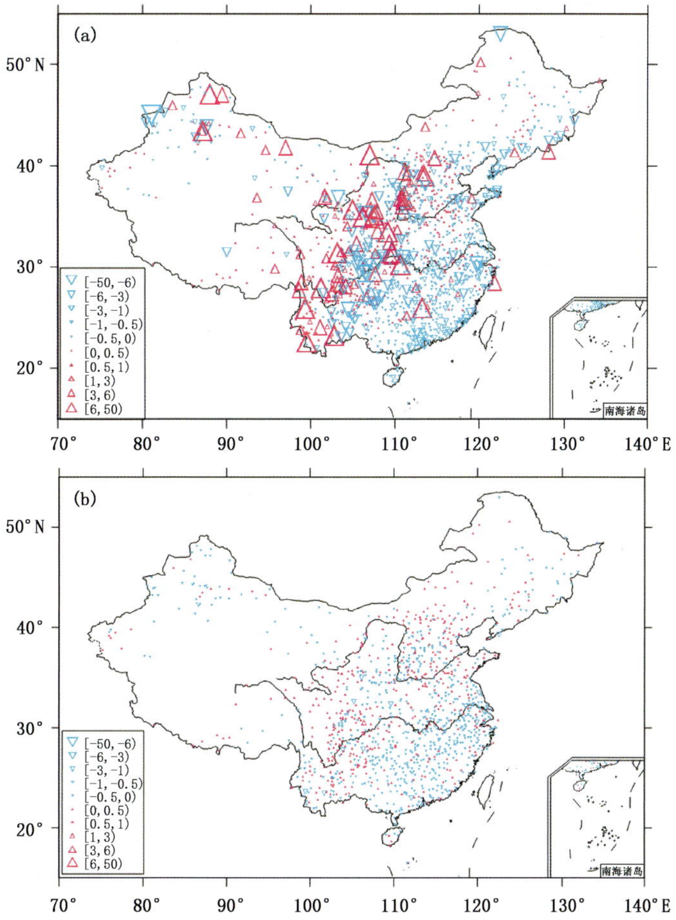

图 3.36　均一化之前(a)和之后(b)站点气压长期趋势(单位:hPa/10a)分布
(红色三角形表示上升趋势,蓝色倒三角表示下降趋势)

从均一化之后的气压长期趋势看(图 3.36b),中国东南沿海和西北的新疆地区气压表现出下降趋势,其他地区以上升趋势为主。全国平均气压距平序列(图 3.38)表明,近几十年来中国平均气压呈现出上升趋势。

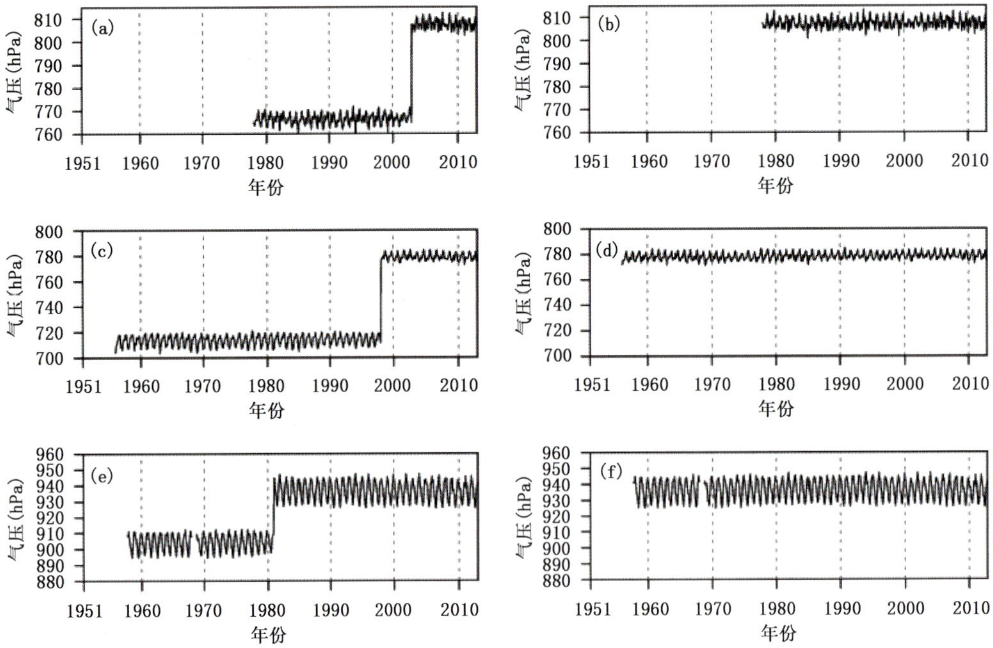

图 3.37　乌鲁木齐牧试站(a、b)、五台山站(c、d)和镇安站(e、f)均一化前(a、c、e)、后(b、d、f)气压序列

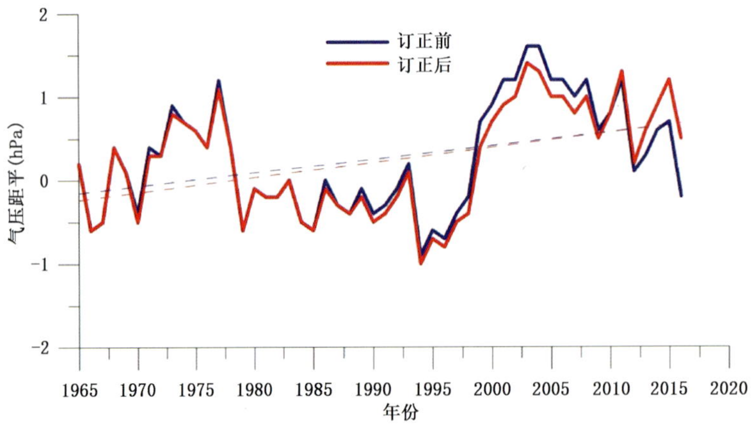

图 3.38　全国平均气压距平序列(相对 1971—2000 年平均)(单位:hPa)

第 4 章　均一化气候资料的网格化

本章介绍气候资料网格化研究进展和常用的网格化方法，给出中国均一化气候资料格点数据集产品的研究成果，具体包括均一化气温、降水、相对湿度、风速等站点资料的网格化。

4.1　气候资料网格化研究进展

4.1.1　气候资料的空间插值技术研究进展

由于气象观测台站的空间分布不均匀，气象观测序列长短不一，给气象数据的应用及区域或者全球气候变化的分析带来困难。为了克服这些困难，气象界很早就开始探索通过空间插值的方法构建基于气象观测资料的格点气候数据集。Borzenkova 等(1976)采用主观映射技术，将站点信息通过手绘的方式填充到 10°×5°的网格内，再利用纬度余弦加权平均的方式计算每个网格点值。Hansen 等(1981)依据空间相关性随距离衰减的理论，将北半球分成 40 个不等距网格，进而计算网格点值。Jones 等 (1986)利用 1873 个站点观测数据，通过邻域插值算法构建了分辨率为 10°×5°的全球年气温格点数据集。之后，Jones 不断改进插值方案，将网格分辨率提升至 5°×5°，并利用研制的全球年气温格点数据集对全球气候变化进行大量的分析和研究。Willmott 等在 Jones 的研究成果基础上，通过交叉验证的方式证明 Jones 得到的全球气温格点数据集存在较大误差，年平均气温绝对误差达到了 1.3～1.9 ℃，为了提高精度，Willmott 提出更为先进的反距离权重法(CAI)，利用更多的站点数量(17860 个站点)生成全球 0.5°×0.5°的年平均气温数据集，将误差减少至 0.8 ℃(Legates et al.，1990)。Hutchinson (1991)将高程引入到趋势面算法中，提出针对气候要素的空间插值算法——薄盘光滑样条(thin plate spline，TPS)函数法，并发展了专用插值软件 ANUSPLIN。Nalder 等(1998)考虑气温随纬度、经度和海拔高度的变化，提出梯度距离平方反比法(GIDS)，并建立了加拿大寒温带针叶林地区的多年平均气温数据集。除此以外，还有很多空间插值算法应用到气候资料的网格化中，例如，Kinging 等的统计插值方法(Karnieli，1990)、反距离加权等几何方法、样条函数等函数方法等。

随着插值算法研究的不断深入，国内外研究人员开始针对各种插值算法进行对比和评估。一方面，研究人员从插值精度方面对插值算法进行评估，Price 等(2000)针对多年平均月气温以加拿大东部地区和西部地区为例对基于 DEM 的 GIDS 和 ANUSPLIN 两种插值方法进行了比较研究，得出 ANUSPLIN 方法略好于 GIDS 方法的结论。以多年平均月最低气温为例，东部地区 ANUSPLIN 方法的平均绝对误差为 0.77 ℃，GIDS 方法为 0.85 ℃，西部地区

ANUSPLIN 方法的平均绝对误差为 1.27 ℃，GIDS 方法为 1.40 ℃。林忠辉等(2002)在没有考虑插值搜索距离的前提下，利用中国 1951—1980 年多年旬平均气温，对 Nalder 等(1998)的 GIDS 法与反距离平方法、Kinging 方法进行了比较试验，得出其平均绝对误差为 1.0～1.8 ℃，精度远远高于其他 2 种方法的结论。张强等(2009)选取反距离加权插值法、普通克里金插值法、最近邻点法、线性插值三角网法、多元回归法以及局部多项式法 6 种插值方法进行中国温度场插值效果检验，研究结果表明普通克里金方法在诸多气象要素场的空间分析方法中具有一定的优势。另一分面，研究人员从插值算法的实用性方面进行比较。Burrough 和 McDonnell(1998)列举了样条法和 Kriging 及 Cokriging 等插值方法的异同。Wahba(1990)对比了样条法和 Kriging 法，认为二者都容易扩展到多维空间，但是由于插值原理不同，在实用性上的差异是显著的。Kriging 法以变量间的空间平稳性为统计前提，根据空间协方差和半变异函数进行插值。样条法有不受空间尺度影响和不直接依赖空间平稳的协方差的优点，它利用光顺参数确定数据逼真度和拟合曲面光顺度之间的优化平衡。这些工作可以通过求取广义交叉验证(generalized cross validation，GCV) 法的最小值自动完成，显得更为实用。

由于各种空间分析方法基于不同的地理假设和不同的数据建模方法，对于众多的空间数据分析方法而言，没有绝对最优的空间插值方法，只有特定条件下的最优方法(李新等，2000)。Lam(1983)指出，插值方法的选择是数据类型和计算效率的平衡，任何方法都不是绝对惟一的。多种插值方法用于同一组气候数据的研究比较表明，当数据密度足够大时，各种方法的结果差异不大，但在数据稀疏分散和差异显著时，由于各种方法处理样点间关系基于不同的理论基础，插值方法和参数选用就显得尤为重要(阎洪，2004)。刘志红等(2008b)详细介绍了 ANUSPLIN 在黄土高原多沙粗沙区时间序列气象要素的空间插值过程的参数设置、误差分析和协变量要素选择，认为引入协变量线性子模型能较好地提高气象要素空间插值精度，且能反映气象要素随其影响因子变化的比率关系，模型选择以样条次数为 3 次的局部薄盘光滑样条函数模型为最佳。季青等(2010)以 2007 年福建省年平均气温为例，采用协同克里金法对年平均气温进行模拟，对插值过程中各参数进行影响分析，其结果表明在插值时选用什么样的模型和参数对插值结果影响较大。赵煜飞等(2015)在对 1961—2010 年中国大陆降水资料进行空间内插时，通过一系列的插值模型试验，根据广义交叉验证(GCV)的最小化确定了最适合的插值模型和参数，即 3 个自变量(经度、纬度、高度)模型、3 次样条、对降水日值资料进行开方处理(削弱降水日值的空间不连续性)，并在此基础上构建了降水格点数据集。这些尝试为后期相关研究人员选择和评估插值模型提供了参考。

4.1.2　国内外不同气候要素的网格化进展

4.1.2.1　气温资料的网格化进展

气温是研究区域和全球气候变化最重要的气象要素之一，国际上很早就开始探索通过空间插值方法构建基于站点观测资料的气温格点数据集，并开展全球陆地及其关键区域地面气温趋势的监测、预测以及气候变化研究等。例如，美国国家气候资料中心(NCDC)建立了全球逐月的 5°×5°历史气候月值气温网格数据集(GHCN)(Vose et al.，1992；Peterson et al.，1997)，英国东安吉利大学气候研究部(CRU)发布了多套不同分辨率的全球历史气候网格数据集 (Harris et al.，2014；Brohan et al.，2006；Jones et al.，2012)；美国国家航空航天局戈达德空间研究所(Goddard Institute for Space Studies，GISS)研制了空间分辨率为 2°×2°的全球气温格点数据集(Hansen et al.,2010)。最近,美国伯克利地球表面温度项目(Berkeley Earth Surface Temperature Project)发展了一套新的全球陆地气温序列(Rohde et al.,2013),并研制了 1°×1°的全球气温格点数据集。依据这 4 个机构研制的气温格点数据集(表 4.1),研究获得的过去 100 多年全球陆地地面气温长期变化趋势的分析结果,是政府间气候变化专门委员会(Intergovernmental Panel on Climate Change,IPCC)历次评估报告的关键科学凭据(任国玉等,2014)。

表 4.1 4 套气温格点数据集的格点化方法

序列名称	格点化方法	方法描述
CRUTEMV2 序列	CAM(climate anomaly method)	气候距平的平均
GISS 序列	RSM(reference station method)	在较大的格点内选择一个时间最长的台站,作为参考站,然后计算每个时次所有站的距离权重平均,形成该格点的序列
NCDC 序列	FDM(first difference method)	尽可能利用所有台站信息的一级差分方法
BEST 序列	Kriging	统计插值方法

自 20 世纪 90 年代以来,中国研究人员利用中国气温观测资料先后研制了一系列的气温格点数据集。魏凤英等(1994)最早利用逐步搜索逼近法,选取中国 200 个分布相对均匀的观测站资料,建立了 1951—1992 年中国 1°×1°月平均气温格点数据集。Yan 等(2005)采用国际常用的 ANUSPLIN 空间插值软件,考虑海拔高度对插值的影响,建立了中国 1971—2000 年 0.01°×0.01°高分辨率月平均气温格点数据集,但该数据集时间序列较短。Feng 等(2004)利用 Cressman 客观分析方法,在对中国气温观测资料质量控制的基础上,建立了中国 1951—2000 年 1°×1°分辨率的气温格点数据集;李庆祥等(2007)分别采用修改后的一级差分方法和普通 Kriging 方法,将中国大陆共约 728 个气象台站 1951 年 1 月至 2004 年 12 月经过质量控制和均一化的历史气温数据转化为 1°×1°分辨率格点数据集;张强等(2009)利用 700 多个气象观测站数据,采用普通克里金插值方法,引入高程因子并充分考虑插值的边界效应,对 1951—2007 年我国气温站点资料进行空间结构分析和插值,建立了 1951—2007 年 1°×1°气温格点数据集;吴佳等(2013)利用中国地区更高密度站网(2400 多个气象观测站)的气温观测数据,研制了 0.25°×0.25°分辨率中国区域气温格点数据集。

上述气温格点数据集大部分都对原始观测资料进行了质量控制,其中李庆祥(2011)利用了经均一性订正的观测资料。中国长期气候观测序列由于受到迁址、仪器变更、观测时次及计算方法变化、城市化等影响,造成部分观测数据记录存在非均一性,使得中国及区域气候序列长期趋势的估计出现偏差,甚至在某些局地尺度歪曲了真实的变化。因此,有必要对观测资料进行均一性检查以及相应订正,降低格点化的不确定性。

4.1.2.2 降水资料的网格化进展

降水是全球能量和水循环过程的重要组成部分,是天气、气候变化研究的重点要素。受台站时空分布不均匀等因素的影响,高精度的降水观测资料极为欠缺(Xie et al.,2007)。我国位于著名的东亚季风区,受季风和复杂地形的影响,降水存在着极其复杂的时空分布特征。开展季风变率研究和检验、改进气候模式等研究需要高分辨率的观测资料,由于卫星遥感资料时间较短,目前台站观测资料仍为相关研究工作的主要数据支撑。因此,把离散的气象台站资料通过空间内插转变成规则的格点数据,对于数值模式降水预报效果评估、气候研究、定量降水预报及流域面雨量计算非常重要。

国内外对降水资料进行格点化的工作早有开展。目前，得到广泛应用的全球月降水格点数据集有 NOAA 研制的 CMAP 降水数据集（Xie et al.，1997），英国东安吉利大学的 CRU（Climatic Research Unit）降水数据集，全球降水气候计划（Global Precipitation Climatology Project，GPCP）综合性降水资料（Huffman et al.，2001）、美国气候预测中心发布的美国及周边地区陆地降水数据集 CPC_UNI_PRCP、Xie 等（2007）建立的东亚日降水数据集。日本综合地球环境研究所和日本气象厅气象研究所联合实施 APHRODITE 计划，建立了一套降水日值网格化数据集（Yatagai et al.，2009）。但针对中国区域而言，采用的台站只有 200 个左右，资料的准确性和代表性存在一定的问题。对于中国区域，Feng 等（2004）、Xie 等（2007）、Chen 等（2008）采用不同的方法建立了降水格点数据集。但上述数据集产品所包含的站点观测资料有限，通常为 700 个左右。有研究表明，空间网格降水数据精度不仅依赖插值方法，更与观测站点密度密切相关（熊秋芬，2011）。沈艳等（2010）基于气候背景场的最优插值方法，建立了中国空间分辨率为 0.5°×0.5° 的逐日降水量数据集；李庆祥（2011）基于近 110 年站点历史降水量资料，建立了 1900—2009 年中国 5°×5°逐月降水量数据集，尽管此数据集时间序列相对较长，但空间精度较差。总体而言，虽然国内已经建立了相关格点气候数据集，但现有的气候数据集的分辨率普遍较低（0.5°×0.5°以上），而 Yan 等（2005）建立的高空间分辨率数据集的时间跨度较短。同时，中国地形空间变化大，现有的气候数据集不能很好地刻画中国地形空间差异较大的实际情况。因此，非常需要建立较高空间分辨率、较长时间序列的格点气候数据集，用于研究中国的气候变化时空差异及其对水资源、农业、生态系统和社会的影响。

4.1.2.3 太阳辐射资料的网格化进展

太阳辐射是地球表层环境系统能量最主要的来源，是天气和气候变化的原始驱动力，它在地表分配的空间分布差异，会根本改变温度、湿度、降水和大气环流特征。同时，太阳辐射要素也是生态系统过程模型、水文模型和生物物理过程等研究中的必要参数（左大康 等，1991）。随着天气、气候及作物生长模拟研究的逐步深入，科学研究和气象业务工作对太阳辐射格点化产品的需求也越来越多。

国内外关于空间化的研究多集中于温度、降水等气象要素（Harris et al.，2014；Brohan et al.，2006；Jones et al.，2012），对太阳辐射的研究较少，由于太阳辐射空间分布受到多种复杂因素的影响，如何利用有限的太阳辐射观测数据获取高精度、高分辨率的空间分布数据，是一个重要的科学问题。传统的太阳辐射空间插值方法主要包括反距离加权法、普通克里金方法等。Rehman 和 Ghori（2000）利用克里金插值方法估算了沙特阿拉伯等国家的太阳总辐射。Ertekin 和 Evrendilek（2007）利用普通克里金插值方法估算了土耳其的太阳总辐射日总量分布。克里金插值方法，对于地形简单、气候特征变异较小的区域插值精度较可靠，对于地形复杂、气候特征变异较大的区域插值精度存在一定的局限性（Alsamamra et al.，2009）。杨超（2015）利用普通克里金和反距离加权法对太阳总辐射进行插值并对比，结果表明克里金插值精度优于反距离加权法。

反距离加权法和普通克里金插值方法均是建立在存在空间自相关或在空间上平滑连续的假设之上，并未考虑相关因素的影响，插值精度不高，插值模型的物理意义也不明确。针对这一问题出现了大量的插值模型和改进算法，大致可以分为两类：一类是数据上的改进，例如增加与太阳总辐射相关的地理因素和气候因素，除经纬度与海拔高程被大量使用外，还增加和太阳总辐射相关的日照、气温等因素，通过增加这些辅助信息提高插值模型的精度(Sen et al.，2001；Alsamamra et al.，2009；刘玉洁 等，2012)；另一类是数学模型上的改进，例如在同样的数据源上，使用新的数学算法，以便获取更优的插值模型，如 Hutchinson(1991)针对气候要素插值的特点，基于经度、纬度和海拔高度的线性相关关系，提出了薄盘局部光滑样条插值方法，经不断改进得到了广泛的应用，之后还发展了相应的空间插值软件。

由于太阳辐射观测站点较少，利用简单的插值方法往往很难准确模拟辐射资源的空间格局，需要考虑多种相关的气候因素以及地形、坡度、坡向等多种协变量才能提高空间插值精度。因此，综合考虑插值模型和太阳辐射相关的辅助信息，研究适合于太阳总辐射分布特征的插值模型具有重要意义。

4.1.2.4　相对湿度资料的网格化进展

相对湿度是描述空气中水汽含量和潮湿程度的物理量，是气候变化监测中最重要的气象要素之一。相对湿度也是我国气象台站必须进行系统、连续观测的项目之一。相对湿度的高低对春季低温阴雨、夏季闷热程度、冬季低温寒潮的发生和判定影响较大，是社会关注度日益增加的“雾”和“霾”的重要判别指标。均一的长序列资料是进行气候研究的基础。Gaffen 等(1999)、Robinson(2000)、Brown 等(2013)分别对美国台站露点温度序列进行了均一性研究。Vincent 等(2007)对加拿大 75 个台站相对湿度进行了均一化分析。Willett 等(2008)研制了第一个全球范围的均一化相对湿度格点数据集，但针对中国区域而言，采用的台站只有 200 个左右，资料的准确性和代表性存在一定的问题。Kaiser(2000)、Wang 等(2000)采用不同的方法分别对中国区域相对湿度序列进行了非均一性检验与订正，但观测台站密度较低。沈艳等(2008)使用 700 余站资料建立了中国 1°×1°水汽压网格数据集。目前，我国共建设有 2400 余个国家级气象观测台站，近年来，基于对 2400 余个国家级地面站基础气象资料的质量检测、控制和更正，形成了一套长序列、高质量的数据产品——中国国家级地面气象站基本气象要素月值数据集(V3.0)。利用此高质量的台站观测数据集，朱亚妮等(2015)采用加拿大环境部气候研究中心研发的 PMTred 和 PMFT 方法，对中国区域 2400 余站相对湿度序列进行了非均一性订正，研制完成中国国家级地面气象站均一化相对湿度数据集(V1.0)。×

把离散的气象台站资料通过合适的空间内插方法转变成规则的格点数据，对于气候变化分析和数值模拟研究具有举足轻重的意义，在流域水文、精细农业、生态系统研究等方面也有着广泛的应用前景。空间网格数据精度不仅依赖插值方法，更与观测站密度密切相关。虽然国内外已经开展了一些包括降水、气温、水汽压等的网格化工作，但是针对中国高密度台站均一化相对湿度网格化的研究较少。因此，亟需建立一个中国范围、时间序列较为完整、准确性较高的地面均一化相对湿度格点数据集。

4.2　气候资料的网格化方法介绍

地球表面某区域的点，其变化可能涉及高程、降雨量、化学污染程度、噪声等级等。这些值可以在三维坐标系统中用 Z 值来表示，通常称之为 Z 值。由于表面包含了无数个点，因此不可能对其中所有的 Z 值进行采集，而且采集的原始数据排列一般是不规则的，呈离散分布型式，或是离散数据点虽按网格排列，但格网的密度不能满足使用的要求。为了获取规则网格数据文件，资料的网格化是必不可少的步骤。

离散数据网格化就是根据参考点上的属性值求出其他待定点上的属性值，在数学上属于插值问题。影响离散数据网格化精度的一个因素是内插法的选取。任何一种内插方法都是基于原始函数的连续光滑性，或者说邻近的数据点之间存在很大的相关性，这才有可能由邻近的数据点内插出待定点的数据。对于一般的地面，连续光滑条件是满足的，但大范围的地形是很复杂的，因此整个地形不可能像通常的数字插值那样用一个多项式来拟合。因为用低阶多项式拟合，其精度必然很差，高次多项式又可能产生解的不确定性。因此，气候资料网格化中一般不采用整体函数内插（即用一个整体函数拟合整个区域），而采用局部函数内插，此时是把整个区域分成若干块，对各分块用不同的函数进行拟合，并且要考虑相邻分块函数间的连续性。对于不光滑甚至不连续的地表，即使是在所计算的单元中也要进一步分块处理，并且不能使用光滑甚至连续条件。

目前，不同领域内较为常用的插值方法有克里金（Kriging）插值法、反距离加权法（IDW）、Delaunay 三角剖分线性内插、样条函数插值和 Cressman 客观分析等，这些方法在 IDL、MATLAB、Surfer、Grads、Arc/info 和 ArcMap 等数据分析处理软件以及气象数据客观分析研究中经常被采用。

4.2.1 反距离加权法

反距离加权法（inverse distance weighting，IDW）最早由气象学家和地质工作者提出，后来由于 D. Shepard 的工作被称为谢彼得法（Shepard），是 GIS 软件根据点数生成规则网格数据文件的最常见方法。

设平面上分布一系列离散点，已知其位置坐标和属性值，根据周围离散点的属性值，通过反距离加权插值法求任一点的属性值。反距离加权插值法综合了泰森多边形的邻近点法和多元回归法的渐变方法的优势，它假设 P 点的属性值是局部邻域中所有数据点的距离加权平均值，可以进行确切的或者平滑的方式插值。周围点与 P 点因为分布位置的差异，对 $P(z)$ 的影响不同，这种影响称为权函数 $W_i(x,y)$，主要与距离有关。有时也与方向有关，若在 P 点周围四个方向上均匀取点，则可不考虑方向因素，这时

$$P(z)=\frac{\sum_{i=1}^{n}\frac{z_i}{[d_i(x,y)]^u}}{\sum_{i=1}^{n}\frac{1}{[d_i(x,y)]^u}} \tag{4.1}$$

式中，$d_i(x,y)$ 表示离散点 (x_i,y_i) 至 P 点的距离；$P(z)$ 为待插点的值。

使用反距离加权法不仅取决于参数的选择，还取决于确定邻域搜索所选择使用的方法。反距离加权插值法是一种精确性插值法，插值生成的表面最大值和最小值只会出现在采样点处。

反距离加权插值法的计算易受数据点集群的影响，其特征之一是在网格区域内常出现一种孤立点数据明显高于周围数据点的“牛眼”（“鸭蛋”）现象，这可通过在插值过程中动态修改搜索准则的方法进行一定程度的改进。在网格化时指定一个平滑参数，大于 0 的平滑参数保证对于一个特定的节点，没有哪个观测点被赋予全部的权值，即使观测点与该节点重合也是如此。平滑参数通过修匀已被插值的网格来降低“牛眼”的影响。

自然邻近关系是 GIS 中重要的空间关系，具有良好的自适应分布特征，可有效解决参考

点分布不均匀问题。借鉴 GIS 空间关系中自然邻近关系，在待插值点周围选取一阶自然邻近点作为插值参考点，使参考点自适应，均匀地分布在待插值点周围，在此基础上进行反距离加权插值，即自适应的反距离加权插值方法(adaptive-IDW，AIDW)。

当增加、删除或改变一个点时，需要重新计算权函数 $W_i(x,y)$，因此反距离加权插值法是一个全局插值算法。为了克服反距离加权插值法的这一缺陷，可以使用由 Franke 及 Nielson 提出的 MQS(modified quadratic shepard)方法，它仍然是一个与距离呈反比的加权方法。它具有以下优点：插值过程中不需要制定任何参数点数目、搜索半径等参数，不需要人工交互，具有自适应确定参考点的优点；一阶自然邻近点数避免了参考点数目过多，减少了计算量。

4.2.2　回归方程法

网格化中也经常使用回归分析方法。某格点随时间变化序列组的向量 y 可表示为邻近网格点资料阵 $\boldsymbol{X}$ 的回归方程：

$$y = \boldsymbol{b}X + \boldsymbol{e} \tag{4.2}$$

式中，$\boldsymbol{b}$ 为回归系数向量；$\boldsymbol{e}$ 为残差向量。回归系数向量可用最小二乘法确定。

原则上对每个网格点都应建立一个方程，但如此做法十分费时，因此在计算中常引入结构函数。把网格点与邻近测站的距离转化为相关系数随距离变化的模式，并假定大气相关结构各向同性，进行测站相关矩阵和测站与网格点相关向量的计算。上述方法要求对每一个网格点周围选取足够多的测站，至少要选 6 个站，对资料稀少的海洋地区则很困难。近年来，这一分析方法已由单一时刻常规资料的分析发展到包含不同时刻非常规资料的分析，并且已不再是单纯给数值预报模式提供格点上的内插要素值，而是如何建立一个与预报模式在物理上相互适应的初始场，把四维资料同化和预报模式的初值形成作为一个统一整体来处理。所给出的不单是离散格点上的值，还可以用一组具有波状特征的数学函数描述大气状态，包含了运动场和质量场之间的物理关系。

4.2.3　谢彼得法

谢彼得法是一种典型的考虑距离效应的插值方法。前文提到，使用反距离加权法插值时，当增加、删除或改变一个点时，需要重新计算权函数 $W_i(x,y)$，为了克服反距离加权插值法的这一缺陷，可以使用由 Franke 及 Nielson 提出的 MQS(modified quadratic shepard)方法，它仍然是一个与距离呈反比的加权方法。

改进谢彼得法同样使用距离倒数加权的最小二乘法，但有以下两个方面的改进：

(1)通过修改反距离加权插值法的权函数 $W_i(x,y)=\dfrac{1}{[d_i(x,y)]^u}$，使其只能在局部范围内起作用，改变反距离加权插值法的全局插值性质，即它利用了局部最小二乘法消除或减少所生成等值线的“牛眼”现象。

(2)用节点函数 $Q_i(x,y)$ 来代替离散点 (x_i,y_i) 的属性值 z_i，$Q_i(x,y)$ 是一个插值于 (x_i,y_i) 点的二次多项式，即有 $Q_i(x_i,y_i)=Z_i(i=1,2,\cdots,n)$，而且 $Q_i(x,y)$ 在点 (x_i,y_i) 附近与函数属性值 $z(x,y)$ 具有局部近似的性质。因此，如果距离 (x_i,y_i) 较远的点对 $Q_i(x,y)$ 影响不大，则认为在 (x_i,y_i) 点附近，$Q_i(x,y)$ 可以近似地表示函数属性值 $z(x,y)$。改进谢彼得法可以是一个准确或平滑插值器。

在采用改进谢彼得法作为网格化方法时要涉及平滑参数的设置。平滑参数是使改进谢彼得法能够像一个平滑插值器那样工作。增加平滑参数的值可增强平滑的效果。

4.2.4 克里金插值法

克里金(Kriging)插值法主要研究空间分布数据的结构性与随机性、空间相关性与依赖性、空间格局与变异,还可以对空间数据进行最优无偏估计。克里金插值法也称空间局部估计或空间局部插值,是建立在变异函数理论及结构分析基础之上,在有限区域内对区域化变量的取值进行无偏最优估计的一种方法。克里金插值法是由地质工程师在 20 世纪 50 年代提出,后经统计学家理论化完善后以 D. G. Krige 命名的一种空间自协方差最佳内插法。它广泛地应用于地下水模拟、土壤制图,及大气气温、降水等各类观测数据的空间插值等领域,是一种很有用的统计分析方法。

克里金插值法以空间结构分析为基础进行估值,首先考虑的是空间属性在空间位置上的变异分布,确定对一个待插点值有影响的距离范围,然后用此范围内的采样点估计待插点的属性值。该方法在数学上可对所研究的对象提供一种最佳线性无偏估计,充分利用了数据空间场的性质,在插值过程中可以反映空间场的各向异性,并且充分利用数据点之间的空间相关性。该方法还可以自动识别样品点的空间分布。如果若干个样品距离较近且在同一方向,那么离待估点较近的点的权重较大,其他点的权重较小,消除了由于采样不均匀带来的误差,这种现象在克里金插值中称为“屏蔽效应”。该方法可以产生超出估计点的最大值和最小值范围,甚至出现负值,因此在某些情况下更加符合实际。

克里金插值法依赖于数学模型和统计模型。用克里金插值法预测的结果将和概率联系在一起,即从一个统计模型中不可能完全精确地得出预测值。但它仍是一种光滑的内插方法,在数据点多时,其内插结果可信度较高。

克里金插值法考虑的因素较多,因此算法较为复杂,所耗机时较多。由于克里金插值过程中会产生负值,因此在估计某些变量(例如降水量、相对湿度等)时会产生错误,但是经过一定的修正可以纠正这种错误。

克里金方法的预测模型和反距离加权插值法的相似之处在于,它们通过给采样点赋权重预测每一个位置的值。不同的是,在反距离加权插值法中权重系数仅仅与距采样观测点的距离有关;在普通克里金插值法中权重不仅与预测点和采样点之间的距离有关,还与采样点的整体空间分布有关,即取决于半变异图、距采样观测点的距离和预测点周围的观测值的空间分布关系。

当对几个点进行预测时,希望有几个点的预测值高于真实值,而另外一些点的预测值低于真实值。平均起来,预测值和真实值的差应该为 0,也就是无偏估计。对于未知点来说,为了保证预测模型是无偏估计,权重系数的和应该等于 1。因此,最合理的估计方法应当是提供一个无偏最优估计值,克里金插值法满足无偏估计和方差最小的两个假设,又称最优内插法。

进一步可以得出点内插的 Kriging 方程:

$$\begin{cases} \sum_{i=1}^{n} \lambda_i \gamma(X_i, X_j) + \varphi = \gamma(X_i, X_0) \qquad i = 1, 2, \cdots, n \\ \sum_{i=1}^{n} \lambda_i = 1 \end{cases} \tag{4.3}$$

式中，$\gamma(X_i, X_j)$是观测点 X_i 与 X_j 之间的半变异值；φ 是与方差最小化有关的拉格朗日乘数。

由 Kriging 方程可以确定权重系数，权重系数依赖于半变异图的计算，特别是块金值的大小以及样本点和内插点的设置，接近内插点的估计主要决定于邻近的样本点。可以认为，克里金内插是一种空间局部的内插，不仅提供了最小方差的无偏估计，而且也提供了一个方差的测度，并通过估计方差计算标准差和置信区间，因此优于其他内插法。估计方差也依赖于半变异值，因此半变异图的可靠性直接决定着空间内插的精度。

4.2.5　样条函数法

样条函数法实际上是采用 M 次多项式对采样曲线进行分段修匀。样条(spline)插值法利用最小表面曲率的数学表达式，模拟生成通过一系列样点的光滑曲面。样条插值法适用于对大量样点进行插值计算，同时要求获得平滑表面的情况。用于插值的输入点越多，生成的表面越光滑。同时，如果点数的值越大，处理输出栅格所需的时间越长。具体插值时，把进行插值计算的曲线的区间划分为很小区间，在每一个小子区间上用较高次多项式进行分段插值，即可得到较光滑的插值。

薄盘样条函数法(thin plate spline，TPS)是对样条函数法的曲面扩展，利用光滑参数达到数据逼真度和拟合曲面光滑度之间的优化平衡。与基于统计插值技术的 Kriging 插值法等方法不同，TPS 插值结果中不仅包括空间内插后的格点值，还同时计算出原始序列(台站观测值)的曲面拟合值(分析值)，便于直接计算插值过程造成的误差。

空间插值在一般的地理信息系统软件中都能实现，但专门针对气候数据，并能兼顾准确性、方便性与时间序列特征的系统并不多。薄盘样条法只将空间分布作为观测数据的函数而不需要其先验知识和物理过程，有效提高了插值的准确度。最早的薄盘平滑样条表面拟合技术由 Wahba 提出，Hutchinson(1995)对它的基础理论和在月均气候要素的应用进行了回顾和讨论。

薄盘光滑样条的理论统计模型表述如下：

$$z_i = f(x_i) + \varepsilon_i, i = 1, 2, \cdots, N \tag{4.4}$$

式中，z_i 是位于空间 i 点的因变量；x_i 为 d 维样条独立变量；f 是要估算的关于 x_i 的未知光滑函数；ε_i 为具有期望值为 0 且方差为 $w_i\sigma^2$ 的自变量随机误差，w_i 是作为权重的已知局部相对变异系数，σ^2 为误差方差，在所有数据点上为常数，但通常未知。

由式(4.4)可见，当式中缺少第一项独立自变量时，模型变为多元线性回归。事实上，薄盘样条函数可以理解为广义的标准多变量线性回归模型，只不过其参数是用一个合适的非参数化光滑函数代替。

ANUSPLIN 软件包是使用薄盘样条法对多变量数据进行空间内插的工具，可以将不同时间尺度的数据按列排放进行批处理，其插值结果能够提供诸多统计参数：原数据平均值、方差、信号自由度(signal)、光滑参数(RHO)、GCV、均方误差(MSE)等。ANUSPLIN 同时还提供了 GCV 和 GML 两种选择平滑参数的判断方法，并可以通过 RHO 和 signal 的大小判断插值模型的有效性。

4.2.6　最优插值法

最优插值法(OI)是考虑了格点与站点资料之间关系的一种插值方法，其实也是 3DVAR

的一个特例，最早由 Eliassem(1954)和 Gandin(1963)应用于气象领域的研究。最优插值的优点在于它既考虑了各种观测误差的自相关关系，又考虑了不同观测间的相关关系，这样权重函数不仅是距离的单变量关系，还考虑了不同观测间误差的相互影响。最优插值只在分析点一定范围内求解最优值，特别适合降水这种时空变率较大的单气象要素分析。

在最优插值法中，网格点的分析值是由网格点的初估值加上修订值确定的，修订值由观测值与初估值的偏差加权求得：

$$\boldsymbol{x}^a = \boldsymbol{x}^b + \boldsymbol{W}[y^a - \boldsymbol{H}(x^b)] \tag{4.5}$$

式中，分析场 $\boldsymbol{x}^a$ 和背景场 $\boldsymbol{x}^b$ 是长度为 n 的向量；观测场 $\boldsymbol{y}^a$ 是一个长度为观测总数 p 的向量；$\boldsymbol{H}$ 为线性观测算子；$\boldsymbol{W}$ 为权重矩阵。

假定背景和观测值为无偏的，如果背景和观测值是有偏的，原则上可以预先校正这些偏差，有研究者曾提出如何在分析循环中做模式偏差估计的方法。一般来说，假定不同位置上的测量误差不相关是合理的，这样观测误差协方差矩阵为一个对角矩阵，还可以假设背景误差是常数 σ_{bg}^2，等于格点上的背景误差方差，并对所有的格点是一样的。

4.2.7 Cressman 客观分析法

Cressman 客观分析法是由 Cressman 等在 1959 年提出的，其基本原理是先给定第一猜测场，然后用实际观测场逐步修正第一猜测场，直到订正后的场逼近观测记录为止。Cressman 客观分析法最重要的是权重函数 W_{ijk} 的确定，它的一般形式为

$$W_{ijk} = \begin{cases} \dfrac{R^2 - d_{ijk}^2}{R^2 + d_{ijk}^2}, & \text{当 } d_{ijk} < R \\ 0, & \text{当 } d_{ijk} \geqslant R \end{cases} \tag{4.6}$$

式中，d_{ijk} 是格点(i,j)到观测点 k 的距离。W_{ijk} 一般取 1、2、4、7 和 10 几个常数。

4.2.8 数据度量法

数据度量法(data metric)生成的网格是周围数据节点到基准节点的信息聚集。一般来说，数据度量插值法不是 Z 值的权重平均插值。

(1)每个网格节点的插值点数。如果对每个格网节点所使用的点数相当，可以认为插值是有意义的。

(2)每个网格节点数据的标准差、方差、变异系数、绝对偏差。这些特征反映了格网的空间可变性，同时也为统计分析提供了更重要的信息。

(3)最近数据点的距离。某一个数据集的(x,y)是采样位置，利用这个最近数据点的距离可以确定下一个采样位置。从最近数据点的距离的等值线图上可以看出期望的采样密度。

对于一个指定的网格节点进行数据度量，使用的局部数据集包含折断线。通过设置搜索参数指定局部数据集。如下所述，当要计算一个网格节点(r,c)的值，局部数据集 $S(r,c)$是以网格节点为中心指定的搜索参数之内的数据。当前选定的网格节点(r,c)可以用 $S(r,c)$来表示，$S(r,c)=\{(x_1,y_1,z_1),(x_2,y_2,z_2),\cdots,(x_n,y_n,z_n)\}$，这里 n 为局部数据集的数据点数。

数据度量法包括 Z 序列统计、Z 动差统计、其他 Z 统计、数据定位统计和地形统计等。

4.3　中国均一化气候资料格点数据集的建立

4.3.1　气温资料的网格化

利用空间插值技术将离散的站点观测序列转换成规则的格点序列，可以有效地避免站点序列的时间不连续、空间分布不均和覆盖率低等问题，大大提高区域平均序列的气候代表性，对于区域和全球气候研究至关重要(Zhao et al.，2007)。国内外许多研究机构在研究全球或区域尺度气候变化时，往往首先计算区域平均值，然后再分析其变化特征(Jones et al.，1992)。IPCC 的历次评估报告中给出的全球气温变化趋势，也都是基于全球地表气温网格化数据集得出的。因此，站点观测序列的网格化是非常必要的，尤其在气候变化研究和数值模式的模拟检验中，规则的网格点数据相比离散的台站数据，更方便用于研究区域天气气候特征，也更适合评估数值模式对气候特征的模拟预报能力，这使得对高分辨率的网格化观测数据的需求日益增加。

气温是研究区域和全球气候变化最重要的气象要素之一，国际上很早就开始研究运用空间插值方法构建气温格点序列。4.1.2.1 节介绍了多套国际著名的全球气温格点数据集，但由于这些数据集所使用的中国区域的站点观测资料较少(CRU 使用了约 400 个气象观测站)，网格数据的分辨率相对较低，难以准确地刻画中国各个区域由于地形和海岸线等因素引起的气温的变化特征。

近年来，中国研究人员使用更多的气象台站观测数据，建立了多套中国地表气温格点数据集。吴佳等(2013)利用更高密度站网(2400 多个气象观测站)的气温观测数据研制了 0.25°×0.25°中国区域气温格点数据集，但该数据集所用的原始气温观测资料未经过均一性检查和订正。

本研究将采用国家气象信息中心最新研制的中国国家级地面气象站均一化气温日值、月值数据集(V1.0)进行数据的格点化，该数据集是在国家气象信息中心基础资料专项成果基础上建立的，很大程度上解决了资料的完整性、观测序列的非均一性问题和数据的质量问题。此外，本研究充分考虑了气温受纬度和地形的影响，采用薄盘样条插值方法，利用经度、纬度和高程三维插值模型，研制 1961—2015 年中国地表 0.5°水平空间分辨率的均一化气温月值格点数据集(China gridded air temperature data，CGAT)。同时，采取交叉验证和误差检验的方法，诊断和分析插值过程中的误差，并从时间和空间上量化格点数据的不确定性。最后利用所研制的气温格点数据集，分析了近年来我国气温的变化趋势以及进入 21 世纪以来气温变化的新特征。

4.3.1.1　资料与方法

(1)资料

采用国家气象信息中心最新研制的中国地面均一化气温数据集用于格点数据集的研制，数据包括覆盖中国 2400 多站的平均气温、最高气温及最低气温观测资料。

由图 4.1 中国国家级地面气象观测站台站历史演变情况可见，气象观测站从 20 世纪 50 年代初的不足 200 站迅速增加至 60 年代的 2000 站，且 60 年代后的台站数量和数据完整性都优于 60 年代前。考虑台站密度和数据完整性对数据空间插值效果的影响，选取了 1961 年后的观测数据进行格点化。空间插值结合了地形因子，主要利用全球 30 弧秒分辨率的数字高程数据集(Global 30 Arc Second Elevation Data Set，GTOPO30）经过双线性方法重采样生成的中国大陆 0.5°× 0.5°数字高程模型(DEM)，作为插值模型的重要输入参数之一。由图 4.2 可见，中国地势差异显著，大部分地区由高山和丘陵覆盖。地形较平坦的长江中下游地区和华北地区观测站相对最密集，其次是多山脉的东北地区和多丘陵的华南地区，地形起伏较大的黄淮地区和西部地区观测站分布相对稀疏，部分地区无观测站。经统计，1961—2015 年全国 2400 多个台站的平均缺测率为 0.2%，90%以上的台站缺测率为 0，数据完整性较好。

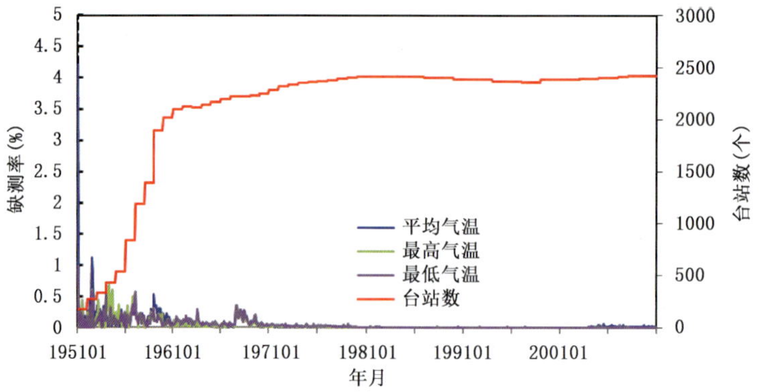

图 4.1 1951—2015 年中国国家级地面气象观测站台站数和数据缺测率的逐月变化

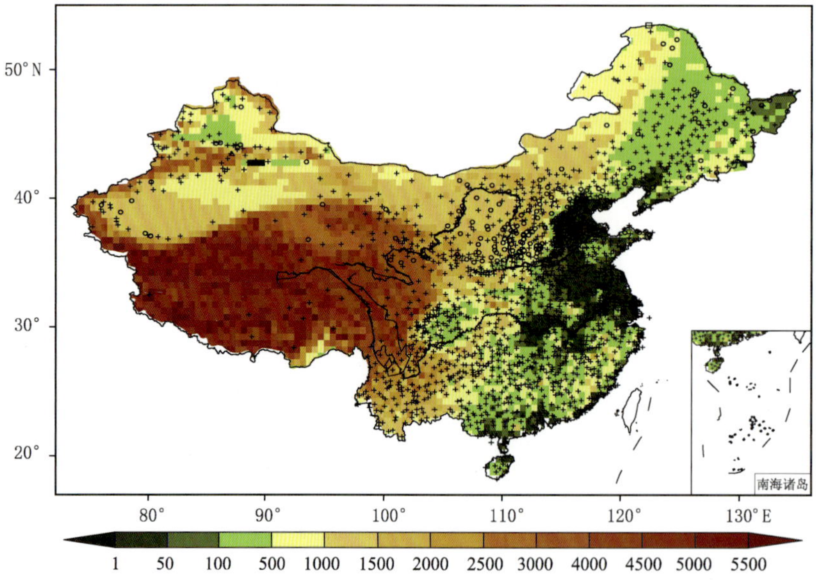

图 4.2 1961—2015 年中国国家级地面气象观测站缺测率和 DEM(0.5°× 0.5°，单位：m)的空间分布

(2)ANUSPLIN 的模型算法

采用针对气候数据研发的专业插值系统 ANUSPLIN(http://fennerschool.anu.edu.au/research/products/anusplin-vrsn-44)，该系统由澳大利亚科学家 Hutchinson 基于薄盘光滑样条函数理论研制而成。薄盘光滑样条函数法是对样条函数法的曲面扩展，采用 M 次多项式对

采样曲线进行分段修匀，其拟合过程相当于用灵曲板绘制分段连续的曲线。该方法具有只将空间分布作为观测数据的函数而不需要其先验知识和物理过程的特点，有效提高了插值的准确度(Peter et al.，1998)。与克里金(Kriging)法类似，都考虑了地形因子，但 ANUSPLIN 插值系统具有误差估计简便、计算效率高等优势(Hutchinson et al.，1994；Collins et al.，1996；Price et al.，2000；Tatalovich et al.，2006)。

ANUSPLIN 的研制基于普通薄盘样条和局部薄盘样条函数插值理论。局部薄盘光滑样条法是对薄盘光滑样条原型的扩展，除普通的样条自变量外允许引入线性协变量子模型(Hutchinson，1991)。其理论统计模型如下：

$$z_i = f(x_i) + b^T y_i + \varepsilon_i, i = 1, \cdots, N \tag{4.7}$$

式中，z_i 是在空间位置 x_i 处由 N 组数据拟合的薄盘样条函数；$f(x_i)$是关于 x_i 的未知光滑函数；x_i 为 d 维样条独立变量，这里表示所处的经度、纬度和海拔高度；b^T 是关于 y_i 的 p 维系数；y_i 为 p 维独立协变量；ε_i 是期望值为 0 且方差为 $w_i\sigma^2$ 的自变量随机误差，w_i 是作为权重的已知局部变异系数，σ^2 为通常未知的所有数据点上的误差方差常数；N 是观测值的个数。函数 f 和系数 b 由最小二乘估计来确定：

$$\sum_{i=1}^{N}\left[\frac{z_i - f(x_i) - b^T y_i}{w_i}\right] + \rho J_m(f) \tag{4.8}$$

式中，$J_m(f)$为函数 f 的粗糙度测度函数，即函数 f 的 m 阶偏导；ρ 为正值光滑参数，当 $\rho \to 0$ 时，函数 f 接近于精确内插式，当 $\rho \to +\infty$时，函数 f 接近于一个最小二乘多项式，取决于粗糙度 m。光滑参数 ρ 的值通常取决于拟合曲面的最小预测误差，由广义交叉验证(generalized cross validation，GCV)确定。GCV 的计算利用了逐个移去数据点方法，并且在同样的光滑参数下用其他剩余点进行曲面拟合得到该点的估计值，再计算实际观测值与估算值的方差，GCV 为这些方差值的加权平方和。

ANUSPLIN 不仅具有把离散数据拟合为具有一到多个自变量的样条函数曲面的功能，还可以对拟合的曲面进行点或面的误差估计，提供了一系列用于判定拟合曲面精度的标准误差统计参数，包括平均偏差(MBE)、广义交叉验证(GCV 或 RTGCV)和均方误差(MSE)的平方根、信号自由度(signal)、剩余自由度(error)等。其中，信号自由度表示拟合曲面的复杂程度，能用来判断曲面拟合的质量。由于该软件在气候数据插值中效果较好，并且方便进行插值模型的诊断和拟合数据的精度评估，因此该软件已在国际上得到广泛应用(Hutchinson，1991；New et al.，1999；Price et al.，2004；Hijmans et al.，2005；Yan et al.，2005；Xu et al.，2009)。

(3)最优模型选择

数据插值过程主要经过插值模型选择、模型误差估计与评价、重新选择格点化模型，直到选择到最优的插值模型后，进行数据的空间插值。整个过程是通过评估比较选择一个相对最优的插值模型，因此最优模型的选择是数据空间插值的关键。对于众多的空间数据分析方法而言，没有绝对最优的空间插值模型，只有特定条件下的最优模型。为了尽可能降低插值的误差和不确定性，同时保证空间插值表面的精度，依据软件提供的多种薄盘样条函数模型(独立变量、协变量和样条次数多种组合)，利用一年的月平均气温观测数据进行插值模型试验。表 4.2 列出了 15 种薄盘样条函数模型的参数和插值试验的误差统计结果。由表 4.2 可知，模型 1～3 为只选取经度和纬度作为独立变量的“二维独立变量” 插值模型，模型 1 至模型 3 模型样条次数依次升高(模型 4～15 依次类推)；模型 4～9 为选取经度和纬度作为独立变量，同时引入高程为协变量的“二维独立变量＋高程协变量”插值模型；模型 10～15 为选取经度、纬度和高程作为独立变量的“三维独立变量”插值模型。其中，模型 7～9 和模型 13～15 将高程进行变量转换（单位缩放为 km），分别为“二维独立变量＋高程协变量转换”和“三维独立变量＋高程变量转换”。研究表明，将高程单位缩放为 km，可扩大其相对于水平经纬度 100 倍的作用，提高高程在 3 个独立变量中的作用（Hutchinson，1995，1998a，1998b）。

依据最佳模型的判断标准——广义交叉验证（GCV 或 RTGCV）最小和模型信噪比（SNR，SIGNAL－NOISE RATIO，信号自由度与剩余自由度之比）最小，选取相对最优的气温要素插值模型（刘志红 等，2008a）。由表 4.2 各模型的误差统计可知，当未进行高程变量转换时，引入高程作为协变量的插值模型（模型 4～6）误差相对较低；当高程变量转换后，“三维独立变量＋高程变量转换”的插值模型相对最优。样条次数在相同变量的模型中，插值模型的误差差异不大。因此，在对平均气温、最高气温及最低气温进行插值时，使用了经度、纬度和高程 3 个独立变量的薄盘样条插值模型。

表 4.2　薄盘光滑样条函数模型参数及其误差统计表

模型序号	模型参数				模型误差	
	独立变量	协变量	变量转换	样条次数	RTGCV(℃)	SNR
1	经度，纬度	无	不转换	2	1.30	0.34
2	经度，纬度	无	不转换	3	1.31	0.33
3	经度，纬度	无	不转换	4	1.31	0.33
4	经度，纬度	高程	不转换	2	0.61	0.32
5	经度，纬度	高程	不转换	3	0.61	0.33
6	经度，纬度	高程	不转换	4	0.61	0.32
7	经度，纬度	高程	高程转换	2	0.61	0.32
8	经度，纬度	高程	高程转换	3	0.61	0.33
9	经度，纬度	高程	高程转换	4	0.61	0.32
10	经度，纬度，高程	无	不转换	2	1.09	0.35
11	经度，纬度，高程	无	不转换	3	1.00	0.38
12	经度，纬度，高程	无	不转换	4	0.98	0.39
13	经度，纬度，高程	无	高程转换	2	0.58	0.34
14*	经度，纬度，高程	无	高程转换	3	0.57	0.33
15	经度，纬度，高程	无	高程转换	4	0.57	0.33

* 使用的插值模型。

4.3.1.2　数据质量检验与评估指标

ANUSPLIN 提供了一系列用于判读误差和插值精度的统计参数。这里采用广义交叉验证 RTGCV（GCV 的开方值）、平均偏差（mean bias error，MBE）、绝对偏差（mean absolute error，MAE）、均方根误差（root-mean-square Error，RMSE）等统计指标评估格点数据的误差。其中，交叉验证方法是先逐个移去数据样点，然后对该数据样点进行拟合，通过比较数据样点的拟合值与观测值之间的差异，评估插值模型的拟合效果。这种方法相比通过采用站点观测值与最近格点拟合值的比较评估插值模型效果的方法更为准确和可信。

具体统计指标平均偏差、绝对偏差、均方根误差的计算公式如下：

$$MBE = \frac{1}{N}\sum_{i=1}^{N} (P_i - O_i) \tag{4.9}$$

$$MAE = \frac{1}{N}\sum_{i=1}^{N} |(P_i - O_i)| \tag{4.10}$$

$$RMSE = \sqrt{\frac{1}{N}\sum_{i=1}^{N} (P_i - O_i)^2} \tag{4.11}$$

式中，P_i 和 O_i 分别表示第 i 点上经过插值后的值和台站原始观测值，N 为统计样本数。

4.3.1.3　评估结果与分析

(1)模型拟合效果评估

采用 ANUSPLIN 提供的广义交叉验证值(RTGCV)评估插值模型的拟合效果。图 4.3 给出了 1961—2015 年年平均气温、年平均最高气温及年平均最低气温的 RTGCV 随时间演变情况。从图中可以看出，总体上平均气温、最高气温及最低气温的 RTGCV 自 20 世纪 60 年代开始降低，70 年代后变化比较稳定，平均气温的 RTGCV 主要在 0.4～0.7 ℃间波动，最高气温的 RTGCV 主要在 0.5 ℃上下浮动，最低气温的 RTGCV 变化范围为 0.8～1.2 ℃。经统计，平均气温、最高气温及最低气温的年平均 RTGCV 分别为 0.57 ℃、0.51 ℃、0.83 ℃。从 3 个要素看，RTGCV 变化幅度中最低气温最大，平均气温次之，最高气温最小，这与平均气温、最高气温、最低气温的均方差大小一致(图略)。同时，我们给出了 RTGCV 相对于年平均气温观测值(MEAN)所占百分比的逐年变化情况。可以看出，总体上平均气温、最高气温及最

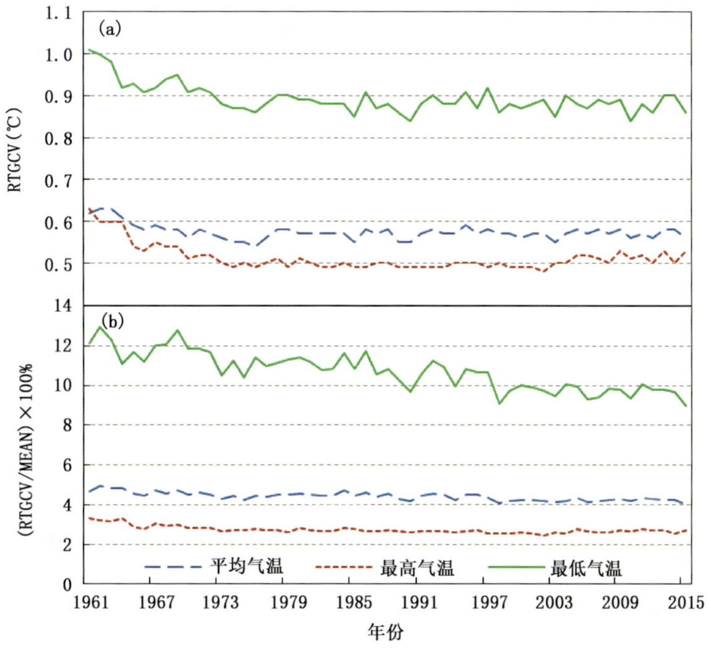

图 4.3　1961—2015 年全国平均气温、最高气温、最低气温广义交叉验证值的年际变化(a)以及相对于年平均气温观测值所占百分比的年际变化(b)

低气温的 RTGCV 占 MEAN 的比率较低，平均气温的比率主要集中在 4%～5%，最高气温的比率主要集中在 3%以下，最低气温的比率主要集中在 9%～12%，说明平均气温和最高气温的 RTGCV 与气温本身相比相对较小。此外，由图 4.4 中 RTGCV 的季节变化可知，平均气温和最低气温的 RTGCV 存在明显的季节变化特征，即冬季的 RTGCV 最大，春秋季次之，夏季最小。相比而言，最高气温的 RTGCV 季节变化特征不明显。

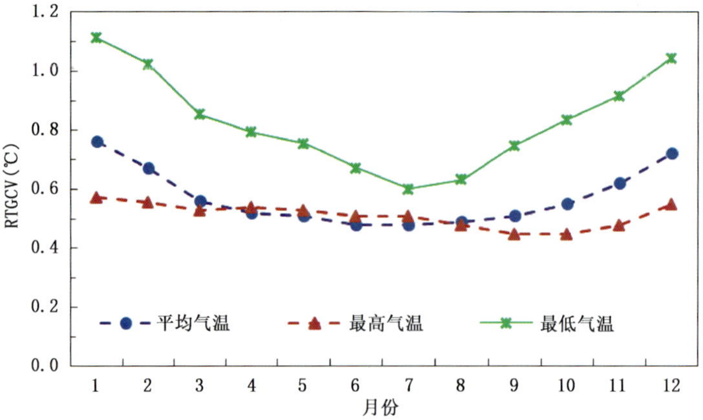

图 4.4　1961—2015 年全国平均气温、最高气温、最低气温广义交叉验证值的季节变化

ANUSPLIN 提供的 RTGCV 仅表示每个空间拟合曲面的整体拟合效果，为了进一步评估空间拟合曲面中不同区域的拟合效果，ANUSPLIN 又提供了基于每个观测样点的交叉验证结果。由于交叉验证是通过逐个去除一个观测样点，然后用剩余数据拟合曲面检验缺失样点的实际观测值与拟合值的误差，观测样点本身未参与拟合，因此能够很好地反映模型在不同区域的拟合效果。图 4.5 给出了全国 2400 多站每个观测站交叉检验的误差统计结果。其中，图 4.5a、c、e 给出了 1961—2015 年全国 2400 多站每个观测站交叉验证中平均气温、最高气温及最低气温拟合值和观测值的平均偏差。从全国范围看，气温拟合值相对于观测值的平均偏差普遍较低，平均气温、最高气温及最低气温的平均偏差依次在±0.4 ℃、±0.2 ℃、±0.6 ℃之间，所占频率分别为 87.5%、81.7%和 82.8%。全国大部分站点气温拟合值与观测值的平均偏差不显著，平均气温、最高气温、最低气温的平均偏差通过 0.05 显著性水平检验的站点分别占全国总站数的 1.8%、2.0%和 7.3%。平均气温、最高气温的平均偏差较显著的地区主要集中在地形梯度较大的云贵高原、横断山脉、喜马拉雅山脉以及青藏高原东麓等复杂地形过渡地区，平均偏差较大地区达±1 ℃以上。最低气温的平均偏差较显著的地区除了以上地区外，还分布在天山山脉和太行山山脉等地区。说明拟合值和观测值的差异较小，模型拟合效果较好，但受局地地形的影响较大，部分地区存在一定的不确定性。

图 4.5b、d、f 分别给出了平均气温、最高气温及最低气温拟合值与观测值均方根误差的空间分布。整体而言，平均气温和最高气温的均方根误差空间分布比较相似，主要集中在 0.2～0.6 ℃，所占频率分别为 88.2%、94.0%。与平均气温和最高气温相比，最低气温的均方根误差略高，主要集中在 0.4～0.8 ℃，所占频率为 79%。与平均偏差空间分布类似，气温拟合值与观测值均方根误差也受局地地形影响较大，地形起伏较大的高原、山脉等地区均方根误差相对较大。

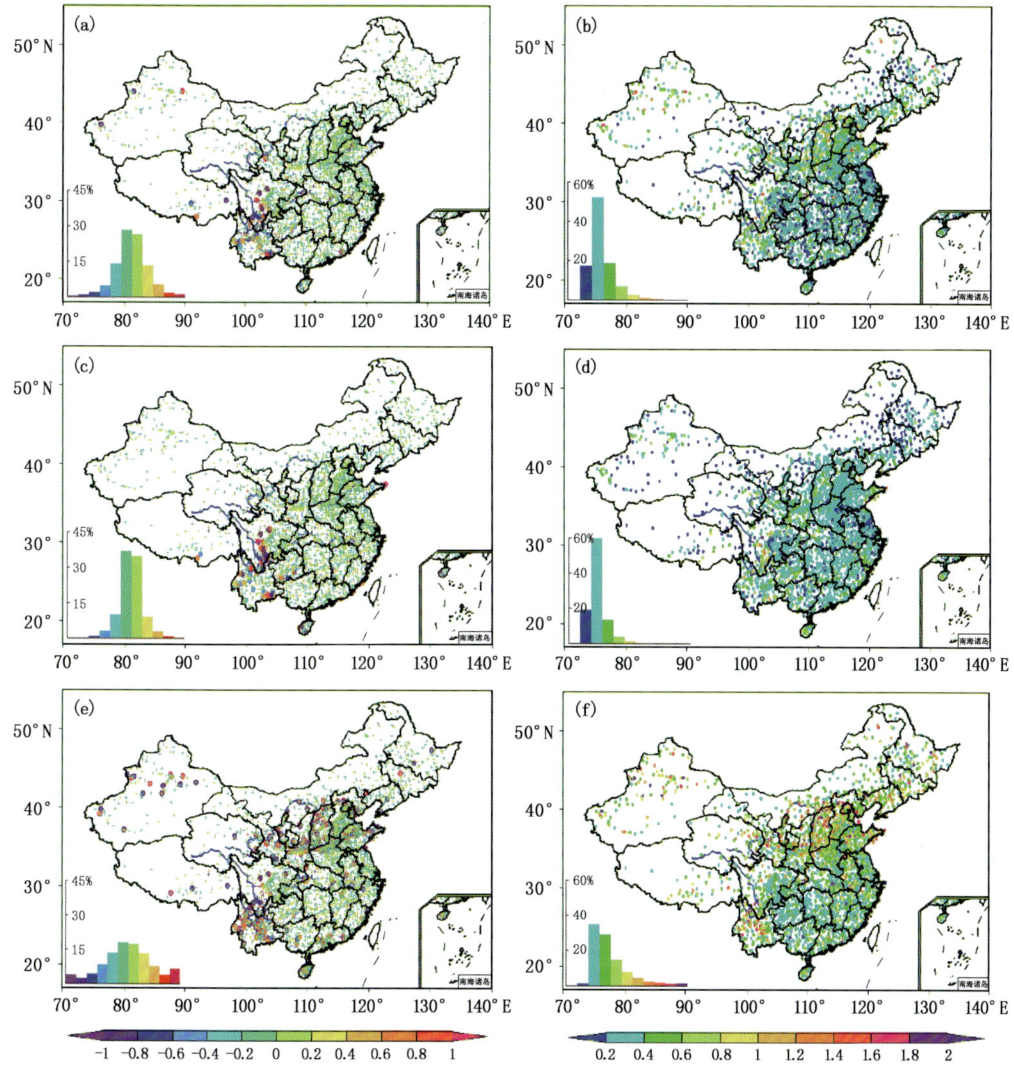

图 4.5　1961—2015 年全国各站交叉验证中平均气温、最高气温、最低气温拟合值与观测值的平均偏差(a、c、e)和均方根误差(b、d、f)的空间分布及其频率分布(左下小图)
(“●”为通过 95％显著性检验的值,“+”为未通过 95％显著性检验的值)

(2)数据的精度评估

采用 ANUSPLIN 提供的标准误差统计量评估曲面拟合的精度。图 4.6 给出了 1961—2015 年年平均绝对偏差(MAE)和均方根误差(RMSE)随时间的演变情况。从图中可以看出,平均气温、最高气温和最低气温的 MAE 和 RMSE 自 20 世纪 60 年代开始均呈现不同程度的降低趋势,70 年代后变化比较稳定,平均气温、最高气温和最低气温的 MAE 依次在 0.5 ℃、0.3 ℃和 0.2 ℃上下波动,平均气温、最高气温和最低气温的 RMSE 分别在 0.38 ℃、0.25 ℃和 0.23 ℃上下浮动。从 3 个要素看,MAE 和 RMSE 的变化幅度中最低气温最大,平均气温次之,最高气温最小,这与平均气温、最高气温、最低气温的 RTGCV 变化一致(图 4.3)。

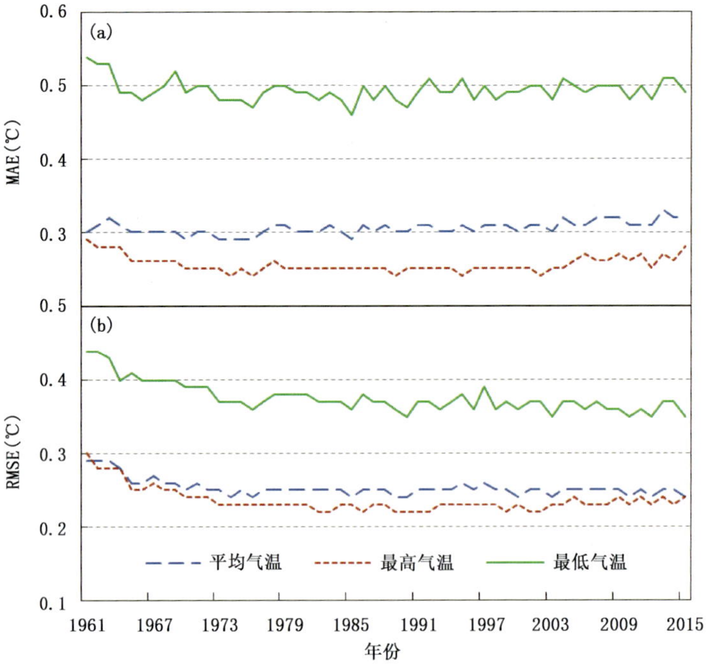

图 4.6　1961—2015 年全国平均气温、最高气温及最低气温曲面拟合误差的年际变化
（a. 平均偏差；b. 均方根误差）

为了进一步分析误差统计量的季节变化特征，图 4.7 给出了 MAE 和 RMSE 的逐月演变情况，发现平均气温和最低气温的 MAE 和 RMSE 存在明显的季节变化特征，即 MAE 和 RMSE 冬季最大，春季和秋季次之，夏季最小。相比较而言，最高气温的 MAE 和 RMSE 季节变化特征不明显。

为了更好地评估数据的精度，将格点数据的误差与其他同类产品进行比较。Yan 等（2005）利用薄盘样条法将 1971—2000 年中国 752 站气温站点数据进行插值，形成分辨率 0.01°×0.01°的格点数据，并对格点数据的误差进行评估。简要起见，这里直接通过格点数据的误差统计量与 Yan 的最高气温、最低气温格点数据进行比较。从表 4.3～4.4 的统计结果可以看出，1961—2010 年的 CGAT 与 1971—2000 年的 Yan 最高气温、最低气温的 SD 差值在 1～2 ℃。由于格点化所采用的时间段不一致，均方差统计值存在一定差异，因此给出 RTGCV 和 RMSE 统计量的同时，亦给出了 RTGCV 和 RMSE 相对于 SD 的比率。统计结果显示，CGAT 的最高气温、最低气温的 RTGCV 和 RMSE 统计值相对于 SD 的比率与 Yan 的数据相比均有明显降低，说明 CGAT 的最高气温、最低气温格点数据的插值误差较 Yan 的结果有明显改善。

需要指出的是，Yan 研制的格点数据采用了经度和纬度作为独立变量，高程作为协变量的插值模型。经过反复的插值试验和交叉验证结果比较后发现，对中国区域气温进行插值时，将高程作为独立变量而非协变量的薄盘样条插值模型效果最佳。此外，观测数据的空间覆盖率是引起格点数据误差的重要原因之一。可以发现，CGAT 使用的观测数据的站网密度较 Yan 的更加密集，但数据的分辨率却低于 Yan 的格点数据。Sinha 等（2006）认为，格点数据分辨率

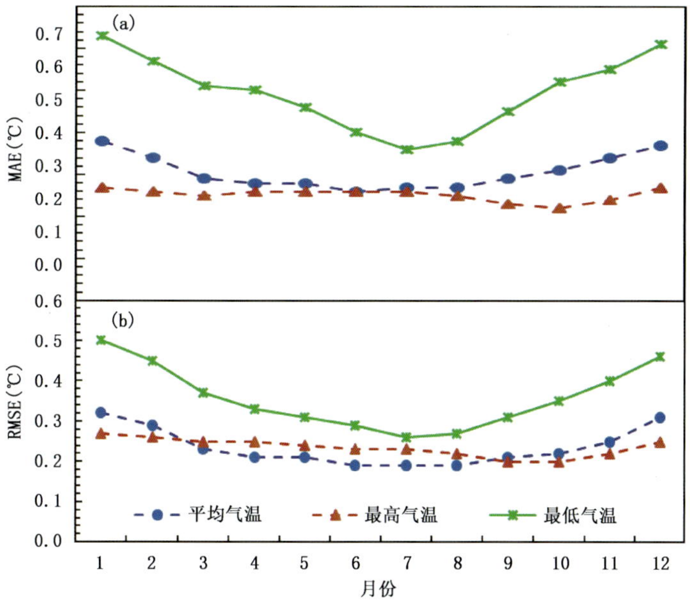

图 4.7　1961—2015 年全国平均气温、最高气温及最低气温曲面拟合误差的月际变化
(a. 平均偏差；b. 均方根误差)

的选取应该充分考虑观测数据的站点密度。因此，这里充分考虑台站的空间密度以及网格点覆盖率，选取 0.5°的网格距进行空间插值。这些可能是导致 CGAT 插值误差结果较 Yan 的格点数据有明显改进的主要原因。

表 4.3　各季节最高气温的误差统计量(单位:℃)

	SD		RTGCV		RTGCV/SD(%)		RMSE		RMSE/SD(%)	
	CGAT	Yan	CGAT	Yan	CGAT	Yan	CGAT	Yan	CGAT	Yan
1 月	8.49	9.59	0.57	1.21	6.71	12.62	0.27	0.54	3.18	5.63
4 月	4.68	5.64	0.54	1.15	11.54	20.39	0.25	0.57	5.34	10.11
7 月	3.87	4.93	0.51	1.03	13.18	20.89	0.23	0.50	5.94	10.14
10 月	5.20	6.03	0.45	0.90	8.65	14.93	0.20	0.44	3.85	7.30

表 4.4　各季节最低气温的误差统计量(单位:℃)

	SD		RTGCV		RTGCV/SD(%)		RMSE		RMSE/SD(%)	
	CGAT	Yan	CGAT	Yan	CGAT	Yan	CGAT	Yan	CGAT	Yan
1 月	10.16	11.58	0.57	1.68	5.61	14.51	0.50	0.83	4.92	7.17
4 月	6.29	7.42	0.54	1.01	8.59	13.61	0.33	0.46	5.25	6.20
7 月	4.72	5.90	0.51	0.86	10.81	14.58	0.26	0.42	5.51	7.12
10 月	6.88	8.11	0.45	1.02	6.54	12.58	0.35	0.45	5.09	5.55

4.3.1.4　格点化前后中国地表气温对比分析

中国气象观测站分布存在东部地区密集、西部地区稀疏的特征。至 2015 年，东部地区(100°E 以东)站点数为 2206 个，西部地区(100°E 以西)站点数只有 207 个，东西部地区站点数比值高达 10∶1，这必将影响区域平均序列的气候代表性，甚至可能改变气候变化分析的结果。为了定量评估这种影响的程度，图 4.8 给出了分别采用格点数据和站点数据经算术平均得到的中国区域年平均气温变化序列。总体上看，格点气温值相比站点气温明显偏低，年平均气温偏低 6.28 ℃，年平均最高气温偏低 5.59 ℃，年平均最低气温偏低 7.13 ℃，但两者变化趋势比较一致。表 4.5 列出了两组气温序列计算得到的区域平均值、变化速率及其差值和差值所占百分比。从区域平均值看，由格点数据统计得到的四季和年平均的区域平均值相比站点值偏小，其中冬季最低气温的区域平均值差值最大，为 8.35 ℃，占冬季最低气温值的 70.47%。再从 1961—2015 年的气温变化速率看，总体上，格点数据统计得到的中国四季和年平均气温变化速率要比站点统计结果偏高，但春季的最高气温除外，夏季偏高最明显。说明数据经过格点化后，降低了东部站点密集地区的权重，而这些地区近几十年来发现存在降温趋势。也就是说，相比格点数据，站点数据会低估中国年平均和四季的增暖速率。这主要与东部地区站点更密集有关，站点数据增加了东部地区的权重，而东部的增暖要弱于西部。数据经过格点化之后，消除了东西部站点分布不均的不利影响，平衡了东西部的权重，使得由格点数据得到的中国的增暖速率更加合理准确。

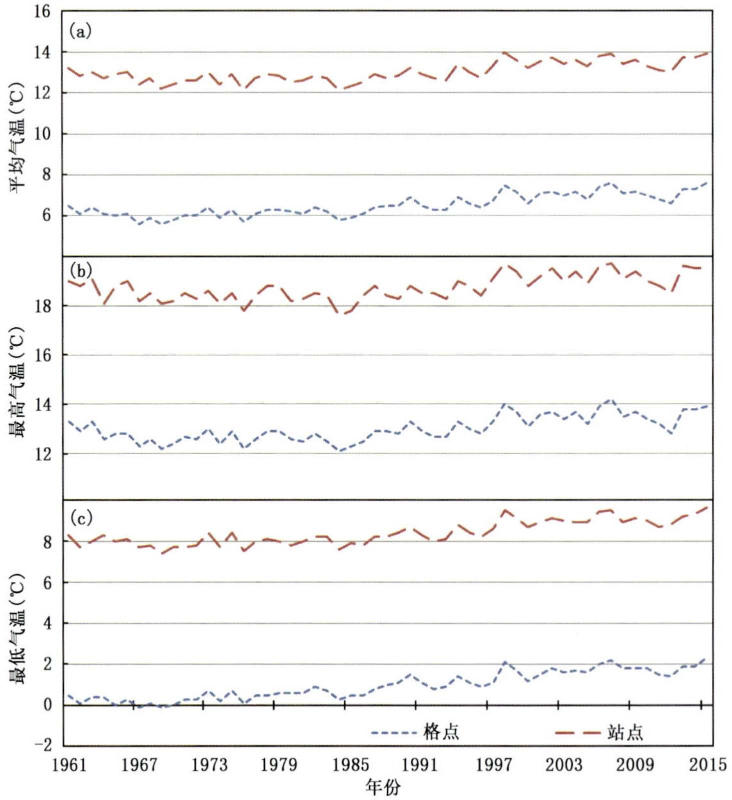

图 4.8　1961—2015 年两种数据计算的中国区域年平均气温(a)、最高气温(b)和最低气温(c)变化

表 4.5　两种数据计算的中国平均气温、最高气温及最低气温的区域平均值和变化速率对比

季节	要素	区域平均值(℃)				1961—2015 年气温变化速率(℃/10a)			
		格点	站点	差	百分比(%)	格点	站点	差	百分比(%)
春	平均气温	7.46	13.50	−6.04	−81.05	0.26	0.20	0.05	21.07
	最高气温	14.01	19.54	−5.53	−39.46	0.21	0.24	−0.03	−15.66
	最低气温	1.59	8.44	−6.85	−430.89	0.37	0.30	0.07	18.20
夏	平均气温	18.58	23.81	−5.22	−28.11	0.20	0.11	0.09	44.56
	最高气温	24.49	29.18	−4.70	−19.17	0.16	0.11	0.06	35.07
	最低气温	13.43	19.37	−5.94	−44.25	0.33	0.21	0.11	33.95
秋	平均气温	7.20	13.69	−6.49	−90.26	0.29	0.20	0.09	30.06
	最高气温	13.75	19.50	−5.75	−41.79	0.25	0.20	0.05	18.65
	最低气温	1.92	9.26	−7.34	−381.95	0.39	0.27	0.11	29.33
冬	平均气温	−6.39	0.91	−7.30	114.26	0.35	0.29	0.06	17.21
	最高气温	0.34	6.70	−6.36	−1876.87	0.28	0.21	0.07	26.32
	最低气温	−11.84	−3.50	−8.35	70.47	0.47	0.39	0.07	15.97
年	平均气温	6.71	12.99	−6.28	−93.56	0.28	0.21	0.07	25.79
	最高气温	13.15	18.73	−5.59	−42.49	0.22	0.18	0.04	17.10
	最低气温	1.27	8.39	−7.13	−562.58	0.39	0.30	0.09	23.56

4.3.1.5　基于格点数据的中国地表气温变化分析

(1)中国增暖与全球增暖的对比分析

利用本次研制的中国地表气温格点数据，对中国区域 1961 年以来的气温变化进行再分析。表 4.6 列出了每 10 年以及 21 世纪后和 1961—2015 年的气温距平变化趋势。总体上，近 55 年来中国地表年平均气温、最高气温及最低气温均呈现明显的上升趋势，1961—2015 年平均气温、最高气温和最低气温分别上升了 1.1、0.6 和 1.8 ℃，增温速率分别为 0.28、0.22 和 0.38 ℃/10a。与 Cao 等(2016)得出的 1960—2014 年中国的增暖速率比较吻合，平均气温、最高气温和最低气温变化速率分别为 0.27、0.22 和 0.38 ℃/10a。但比 Li 等(2015b)得出的增暖趋势更大。他们的研究结果是基于中国释放的 800 多个国家基本、基准气象站气温数据得到的，西部地区尤其是青藏高原地区站点相对较少，而这些地区正是增暖幅度大的地区(Dong et al.,2013)，这是导致增暖趋势不同的重要原因。图 4.9 给出了 1961—2015 年中国年平均地表平均气温、最高气温和最低气温的变化情况。20 世纪 60—70 年代，年平均气温、最高气温和最低气温偏低，60 年代偏冷尤其明显，基本呈降温趋势；80 年代中期以后是增暖趋势最明显时期，1998 年是 20 世纪最暖的一年；进入 21 世纪后，增暖趋势明显减缓。通过与 CRUTEM4 的全球平均气温距平序列进行比较，发现中国与全球平均气温的变化趋势总体上是一致的，但中国平均气温的增暖趋势要高于全球，尤其是 20 世纪 80 年代至 20 世纪末(图 4.9)。

表 4.6 中国及全球不同时期的最高气温、最低气温和平均气温距平的线性趋势(℃/10a)

要素项	1961—1970 年	1971—1980 年	1981—1990 年	1991—2000 年	2001—2015 年	1961—2015 年
中国平均气温	−0.83	0.21	0.69	0.75	0.07	0.28
中国最高气温	−1.10	0.04	0.72	0.92	−0.01	0.22
中国最低气温	−0.52	0.25	0.76	0.73	0.20	0.38
全球平均气温	−0.14	0.29	0.29	0.47	0.14	0.23

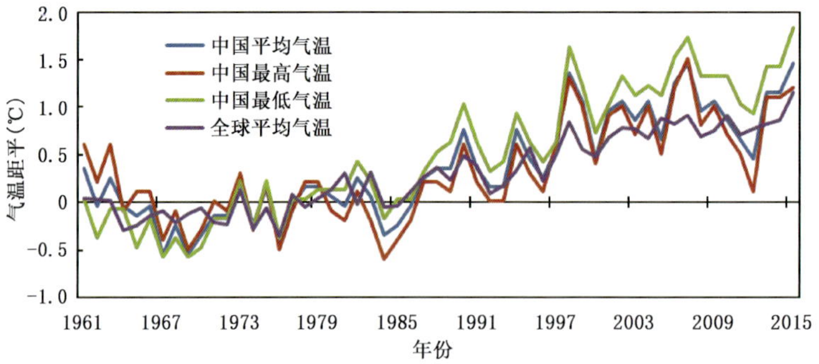

图 4.9 1961—2015 年中国及全球年平均的最高气温、最低气温和平均气温距平变化
(气候标准值为 1961—1990 年)

(2)21 世纪以来中国地表气温变化的新趋势

一些研究揭示,进入 21 世纪之后,全球变暖进入停滞期。这里我们利用气温格点数据集分析进入 21 世纪后,我国的增暖是否也出现停滞。由表 4.6 可见,进入 21 世纪后,中国平均气温、最高气温和最低气温表现出不同的变化趋势,平均气温和最高气温变暖的确出现了停滞,平均气温变化趋势为 0.07 ℃/10a,最高气温甚至表现出一定变冷的趋势(−0.01 ℃/10a),但并不明显,最低气温增暖并未停滞,但增温趋势明显减缓(0.20 ℃/10a)。图 4.10 给出了进入 21 世纪后全国年平均气温、年平均最高气温和最低气温变化趋势的空间分布。可以看出,全国范围内并没有呈现出大范围的增暖趋势,气温变化趋势的地区差异较大。从平均气温变化趋势的空间分布看,新疆天山北部、青藏高原、云贵高原、黄河一线以及南岭等地年平均气温呈升高趋势;但中国北方、新疆塔里木盆地、长江中下游地区以及华南部分地区年平均气温呈下降趋势。最高气温与平均气温的空间趋势分布比较一致,不同的是最高气温降温的区域要大于平均气温降温的区域,增加的区域主要位于我国南方地区。此外,我国西南地区最高气温的升高趋势要高于平均气温。最低气温的变化趋势表现出不同的特点,除秦岭以北、新疆塔里木盆地、淮河流域地区有较弱的气温下降趋势外,其他地区均呈现上升趋势。总体来看,中国大部分地区的最高气温和最低气温呈现出非对称的气温变化趋势,最低气温的升温速度大于最高气温的升温速度。

图 4.11 给出了 2000 年后中国季节平均的最高气温和最低气温变化趋势的空间分布。总体上,中国冬季最高气温、最低气温呈现大范围的下降趋势,其他季节仍表现出不同程度的增暖趋势,且最低气温增暖的范围和程度大于最高气温,秋季最低气温的增暖趋势最明显。由表 4.6 可知,年平均最低气温在 2000 年以后是升高的,说明最低气温的升高出现在冬季以外的其他季节。进入 2000 年以后,冬季最低气温的降低可能与近年来东亚冬季风增强导致的冷空

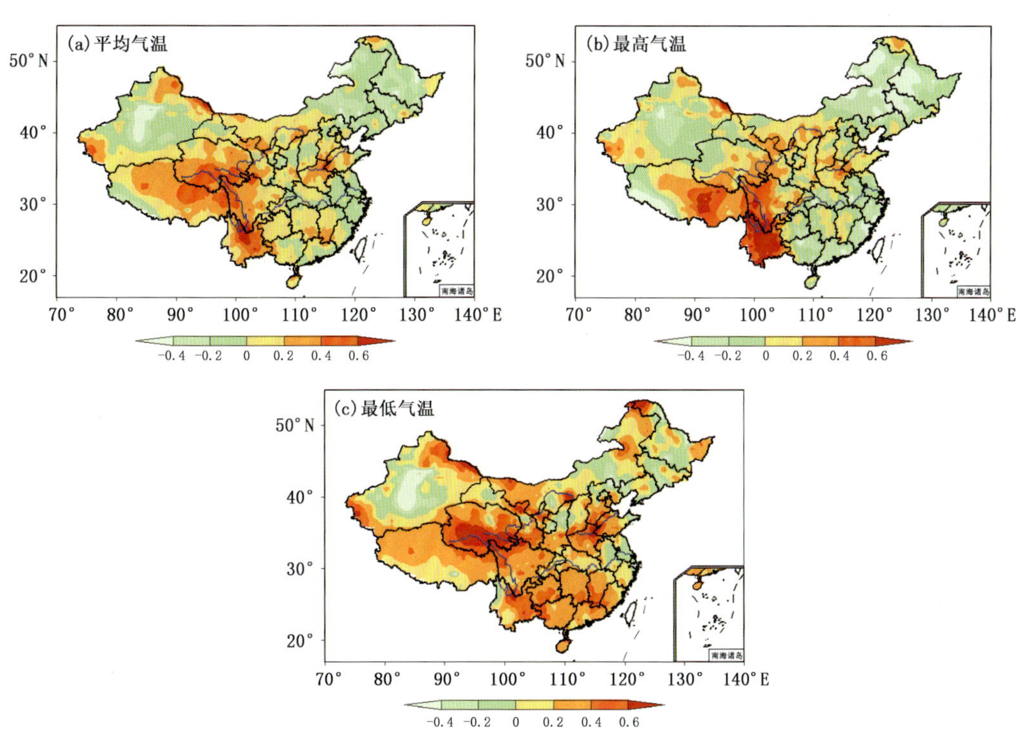

图 4.10　2001—2015 年中国年平均气温、年平均最高气温及年平均最低气温变化速率(单位:℃/10a)

气活动增强有关。夏季最高气温升高的区域主要出现在西南地区、黄淮以及东北的东北部地区。这也说明这些地区夏季高温有增强的趋势。

与 1961 年以来的气温趋势空间分布进行比较(图略)发现,21 世纪以后我国气温增暖的分布型已发生变化,不再是中国北方增暖大于南方,冬季和春季增暖趋势大于夏季和秋季。与 1961 年以来气温趋势变化一致的是,最低气温的增暖趋势仍然大于最高气温。

4.3.1.6　主要结论

以上利用经过均一化订正后的中国 2400 多个国家级气象站的气温观测数据,基于 TPS 三维(经度、纬度和高程)插值模型,建立了一套新的 1961—2015 年中国地表 0.5°×0.5°空间分辨率的平均气温、最高气温、最低气温的月值格点数据集,通过交叉验证、误差分析等方法评估检验了这套气温格点数据的可信度,在此基础上对中国地表气温变化趋势进行了再分析,得到如下结论:

(1)通过模型评估可知,对中国区域气温而言,基于经度、纬度和高程的“三维独立变量”插值模型相对最适合。交叉验证结果表明,平均气温、最高气温和最低气温的年平均 RTGCV 分别为 0.57、0.51 和 0.83 ℃,占气温观测值的比率相对较小,且在合理的范围内变化,说明该模型拟合气温空间插值场的效果较好。此外,该模型对不同要素、不同季节、不同地区的模拟效果存在一定的差异。平均气温、最高气温和最低气温的 RTGCV 年际变化较小,但存在一定的季节变化。冬季气温的南北差异相比夏季大,因此冬季的 RTGCV 值也相对较大。全国大部分站点气温拟合值与观测值的 MBE 均不显著,较显著的地区主要集中在云贵高原、横断山脉、喜马拉雅山脉以及青藏高原东麓等地形复杂地区,平均偏差较大地区达±1 ℃以上。最

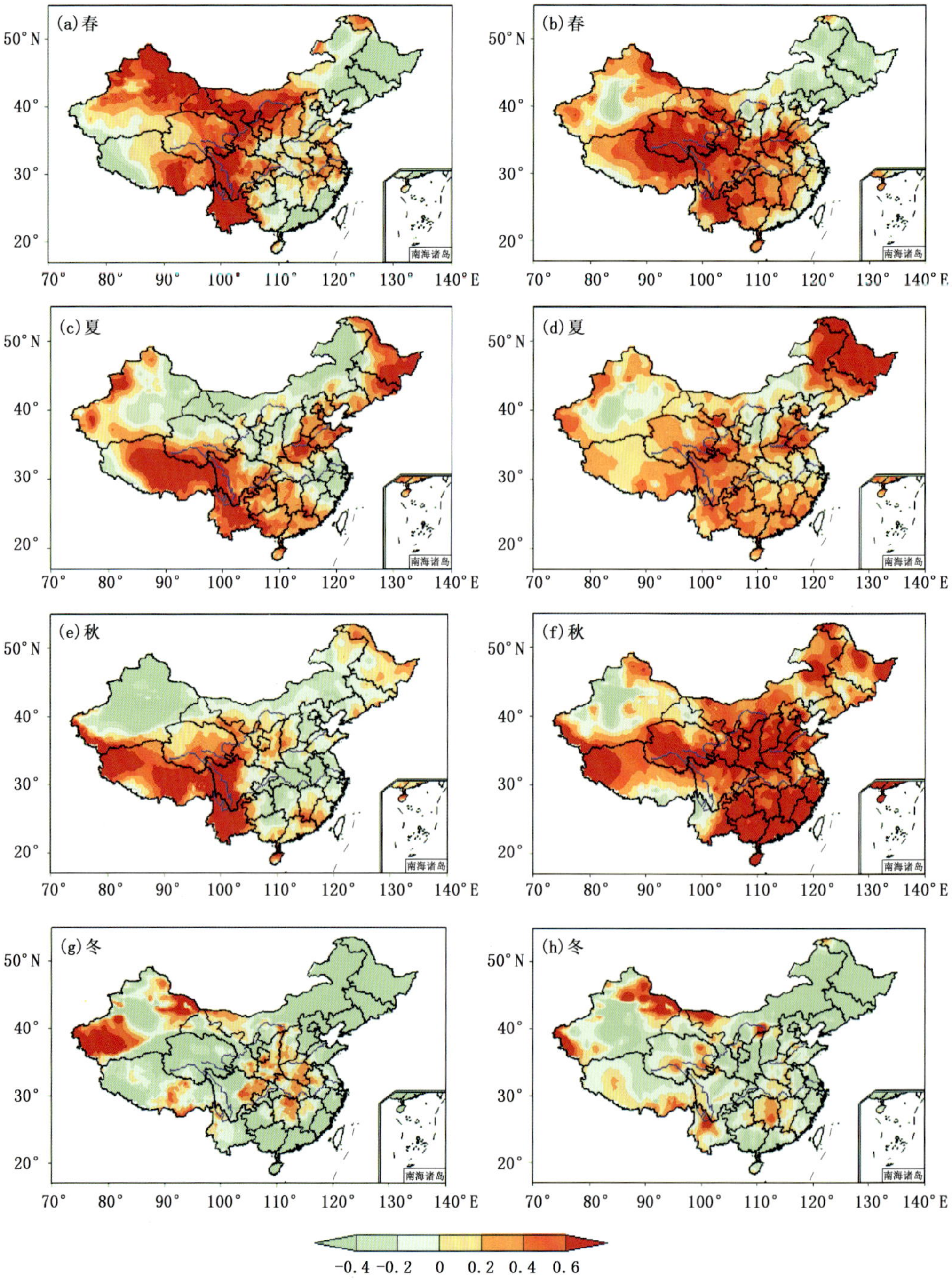

图 4.11　2001—2015 年中国季节平均的最高气温(左)和最低气温(右)变化速率(单位:℃/10a)

低气温的 RTGCV 和 MBE 值相对最大,平均气温次之,最高气温相对最小,这可能与平均气温、最高气温及最低气温的空间结构有关。

(2)数据的精度评估结果说明,平均气温、最高气温和最低气温的 MAE 依次在 0.5、0.3

和 0.2 ℃上下波动，平均气温、最高气温和最低气温的 RMSE 分别在 0.8、0.25 和 0.23 ℃上下浮动。通过与 Yan 等(2005)的气温格点产品的误差统计量比较，该产品具有更高的精度和可靠性，这可能归因于插值模型的选择和原始资料的站网密度。

(3)对中国区域 1961 年以来的气温变化进行再分析发现，基于本次研制的气温格点数据所得出的中国增暖趋势比基于 700 多站的气温格点化数据得出的增暖趋势更大，1961—2015 年间平均气温、最高气温和最低气温分别上升了 1.1、0.6 和 1.8 ℃，增温速率分别为 0.28、0.22 和 0.38 ℃/10a。进入 21 世纪后，平均气温、最高气温的增暖出现了停滞，变化速率分别为 0.07 ℃/10a、−0.01 ℃/10a，最低气温增暖却没有停滞，只是增暖的趋势明显减缓，增暖速率为 0.2 ℃/10a。

4.3.2　降水资料的网格化

降水是全球能量和水循环过程的重要组成部分，受台站时空分布不均匀等因素的影响，高精度的降水观测资料极为欠缺(Chen et al.，2008；Feng et al.，2004；Huffman et al.，2001)。降水的空间插值与其他要素相比困难得多。一方面，降水是不连续性较强的气象要素之一；另一方面，我国幅员辽阔、东西部地区台站密度分布不均、位于著名的东亚季风区，受季风和复杂地形的影响，降水存在着极其复杂的时空分布特征。目前，亟需建立一个全国范围、时间序列较为完整、分辨率较高的逐日、逐月降水格点数据产品。

在地面基础数据文件降水资料的基础上，利用薄盘样条法，同时引入数字高程资料以尽可能地消除中国区域独特地形条件下高程对降水空间插值精度的影响，建立了 1961 以来中国区域地面均一化降水日值和月值 0.5°×0.5°格点数据集(简称 CP 数据集)，为精确地描述中国区域降水变化的趋势和幅度提供了数据基础。下面将主要针对中国地面均一化降水 0.5°×0.5°格点日值、月值数据集的建立及精度进行详细的评估分析，并从适用性角度与国际同类产品进行对比评估。

4.3.2.1　资料与方法

(1)资料

建立格点数据集的过程中，用于空间插值的基础数据来源包括 2 个部分：1)2342 个国家级台站 1961—2010 年逐日、逐月均一化降水量资料(中国国家级地面气象站均一化降水数据集(V1.0))，为了保证观测台站数的基本稳定和较好插值效果，与温度要素类似，同样选取 1961 年为起始年，栅格处理时段为 1961—2010 年共 50 年月降水资料；2)为了尽量消除中国独特地形条件下高程对降水空间插值精度的影响，利用 GTOP030 数据(分辨率为 30″×30″)重采样生成的中国范围 0.5°×0.5°数字高程模型数据 DEM。

用于与 CP 格点资料进行对比的同类产品为 APHRODOTE 计划制作的降水数据集(简称 APHRO 格点资料)。选取 APHRO_MA_V1003R1 数据集的空间范围包括中国、日本、蒙古等国家及中亚部分国家，该数据集分辨率为 0.5°×0.5°，时段为 1961—2007 年。

通过一系列的插值模型试验，采取表 4.7 所列插值方案完成格点数据集的建立。其中，降水开平方预处理是指先对插值前每个样本的原始降水量开平方，然后对开平方后的样本进行一系列插值计算，插值后的降水场再进行平方处理，得到原始降水场的空间插值场。

表 4.7 插值方案

编号	插值模型	GCV 值
1	2 个自变量(经度、纬度),2 次样条,未开方	3.245
2	2 个自变量(经度、纬度),2 次样条,开方	2.054
3	2 个自变量(经度、纬度),3 次样条,开方	1.927
4	3 个自变量(经度、纬度),3 次样条,开方	1.877

面雨量指某一时段内一定面积上的平均雨量。面雨量的计算采用算术平均法,计算公式如下:

$$\overline{S} = \frac{\sum_{i=1}^{n} S_i}{n} \tag{4.12}$$

式中,$\overline{S}$ 为区域平均的面雨量(单位:mm);S_i 为区域内各雨量测站(格点)的同期降雨量(单位:mm);n 代表测站数或格点数。

(2)检验方法及评估指标

采用广义交叉验证(GCV)的方法进行插值结果与原数据(观测值)的对比分析,并采用绝对误差(MBE)、相对误差(RBE)、均方根误差(RMSE)、相关系数(R)等作为评估插值效果的指标,误差值越小,相关系数越高,插值效果越好。具体计算公式如下:

$$MBE = \frac{1}{N}\sum_{i=1}^{N} (P_i - O_i) \tag{4.13}$$

$$RBE = \frac{1}{N}\sum_{i=1}^{N} \left(\frac{P_i - O_i}{O_i}\right) \times 100\%, (O_i \neq 0) \tag{4.14}$$

$$RMSE = \sqrt{\frac{1}{N}\sum_{i=1}^{N} (P_i - O_i)^2} \tag{4.15}$$

$$RTGCV = \sqrt{GCV} \tag{4.16}$$

$$R = \frac{\frac{1}{N}\sum_{i=1}^{N} P_i O_i - \frac{1}{N}\sum_{i=1}^{N} P_i \sum_{i}^{N} O_i}{\left[\sum_{i=1}^{N} P_i^2 - \frac{(\sum_{i=1}^{N} P_i)^2}{N}\right]\left[\sum_{i=1}^{N} O_i^2 - \frac{(\sum_{i=1}^{N} O_i)^2}{N}\right]} \tag{4.17}$$

式中,P_i 和 O_i 分别表示第 i 点上分析值和台站原始观测值,N 为统计样本数。

4.3.2.2 数据集质量评估

格点数据集已经作为国家气象信息中心的重点数据产品正式发布,可以提供多领域的业务、科研使用。因此,对数据集的质量评估从广义交叉验证、分析值与台站原始观测值的误差分析,以及所描述的中国区域累年降水空间分布等几个方面进行,检验格点数据集能否应用于气候变化等方面的研究,为广大用户在使用过程中提供有价值、客观的参考。

(1)广义交叉验证

图 4.12 给出了 RTGCV(GCV 的平方根)的逐月变化曲线。可以看到,1961—2010 年的 600 个月中,RTGCV 波动具有一定的规律,大致在 0.4～2.2 mm 范围内变化,且具有显著的周期特征(周期为 1 年),一般在夏季(7 月或 8 月)达到最大,冬季(12 月或 1 月)达到最小。为

了更加清晰呈现 RTGCV 的季节特征和年际变化，图 4.13 给出了各季节的特征月 1 月、4 月、7 月、10 月和年平均 RTGCV 的逐年变化，5 个序列的年际变化较为平稳，尤其是年平均 RTGCV 年际变化很小，年平均值在 1.22～1.37 mm 范围内变化，说明 1961—2010 年的降水月值插值效果较好，原始台站资料质量稳定，没有明显的年代际变化。经统计，7 月平均 RTGCV 最大，为 1.9 mm；1 月平均 RTGCV 最小，为 0.6 mm；4 月、10 月介于 1 月、7 月之间，分别为 1.1 mm、1.2 mm，这与降水量的季节变化有关。通过分析冬、春、夏、秋 4 个季节降水量的空间分布(图略)可以看出，相对而言，夏季降水普遍较多，局地性较强，没有明显的纬度特征。基于降水的这些特点，夏季降水插值误差也不可避免的偏大。

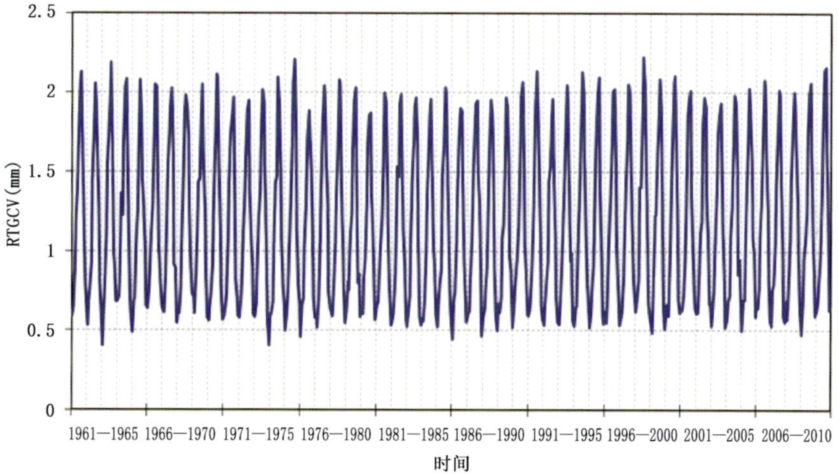

图 4.12　1961 年 1 月至 2010 年 12 月 RTGCV 逐月变化

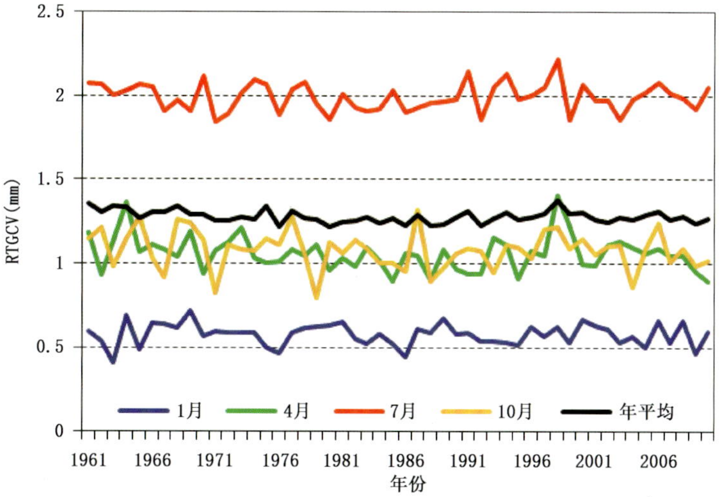

图 4.13　1 月、4 月、7 月、10 月和年平均 RTGCV 逐年变化

(2)误差分析

样条函数法实际上是采用 M 次多项式对采样曲线进行分段修匀，其拟合过程相当于用灵曲板绘制分段连续的曲线。TPS 是对样条函数法的曲面扩展，利用光滑参数达到数据逼真度

和拟合曲面光滑度之间的优化平衡。因此，与基于统计插值技术 Kriging 等方法不同，TPS 方法插值结果(采用 ANUSPLIN 软件)中不仅包括空间内插后的格点值，还同时计算出原始序列(台站观测值)的曲面拟合值(分析值)，便于直接计算插值过程造成的误差。

A. 月值

绝对误差为分析值与台站观测值的差值。图 4.14 给出的是各季节绝对误差空间分布。可以看出，各季节东南地区绝对误差普遍高于其他地区。全国范围内，冬、春、夏、秋 4 个季节分别有 89%、69%、30%、69%台站绝对误差在±3 mm/月以内，99%、93%、67%、94%台站绝对误差在±10 mm/月以内；平均误差分别为－0.1 mm/月、－0.3 mm/月、－0.8 mm/月、－0.3 mm/月(见表 4.8)。分析值与站点观测值间的相关系数平均达 0.93(通过 $\alpha=0.01$ 的显著性检验)。

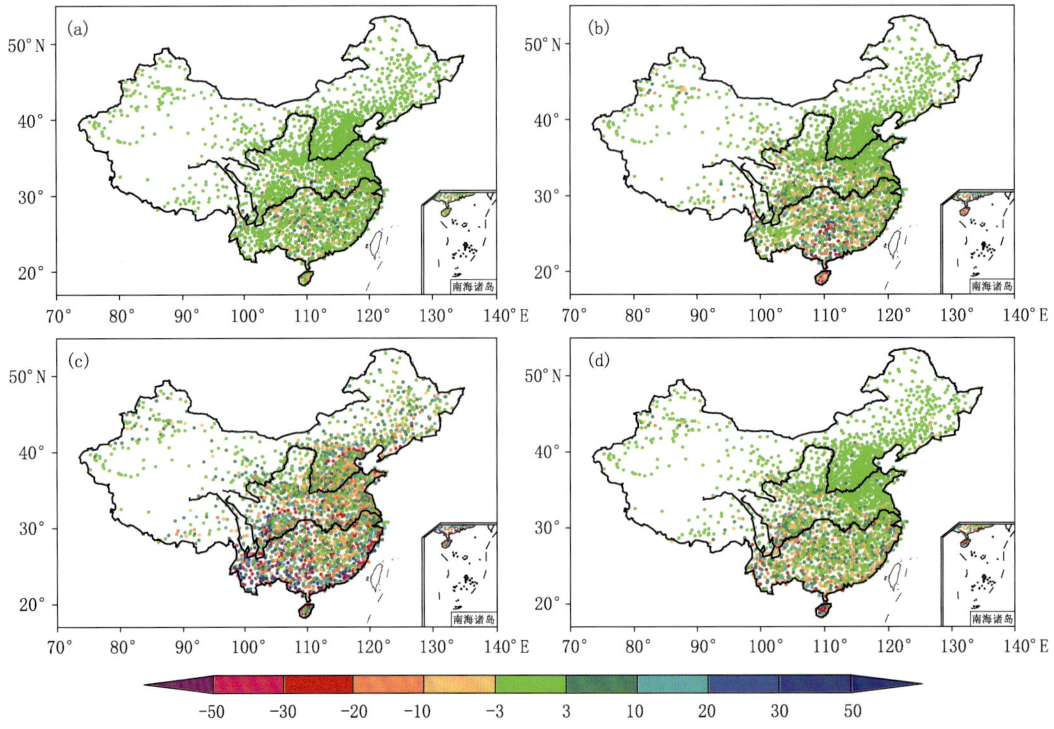

图 4.14　冬(a)、春(b)、夏(c)、秋(d)4 个季节月值绝对误差空间分布(mm/月)

表 4.8　各季节绝对误差、相对误差均值统计表

	冬季	春季	夏季	秋季
$\overline{MBE}$	－0.1 mm/月	－0.3 mm/月	－0.8 mm/月	－0.3 mm/月
$\overline{RMBE}$	－0.2%	3.3%	9.1%	4.5%

另外，分别统计出全国不同绝对误差区间内样本的频率分布(图 4.15)。随着误差的增大，样本频率呈现减小的趋势，51.5%的样本绝对误差在±5 mm/月以内，75.2%的样本绝对误差在±15 mm/月以内。

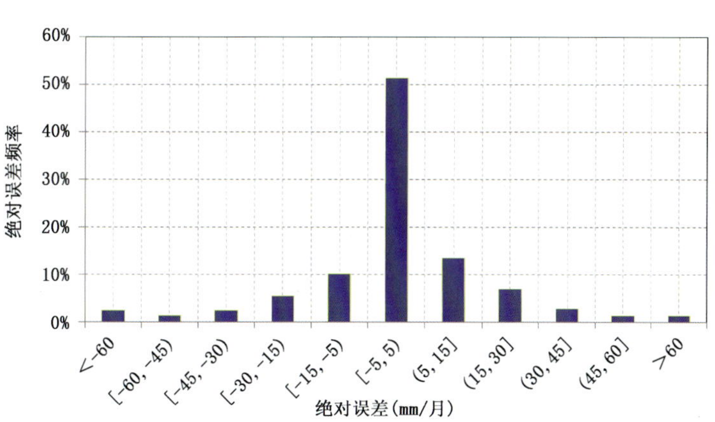

图 4.15　月值绝对误差频率分布

相对误差为绝对误差与观测值间的比值，可以体现出误差相对于原始观测的量值，但针对较少量降水的样本，相对误差往往不能客观反映插值效果，因此只对月降水量大于等于 10.0 mm 的样本统计相对误差。图 4.16 给出的是 1961—2010 年各台站平均相对误差空间分布。冬季，我国西北、东北地区相对误差明显高于东南地区；夏季，相对误差普遍高于其他季节，但全国范围内相对误差变化较小。冬季，西北地区相对误差多数为负值，夏季以正误差为主，这主要与插值过程和我国冬季、夏季降水空间分布特征有关。冬季，我国西北大部分地区平均降水量均小于 10 mm/月(图略)，由于相对误差的统计针对月降水量大于等于 10 mm 的样本进行，因此受周围降水量偏小样本的影响，大于 10 mm 的样本相对误差往往为负值。夏季，我国

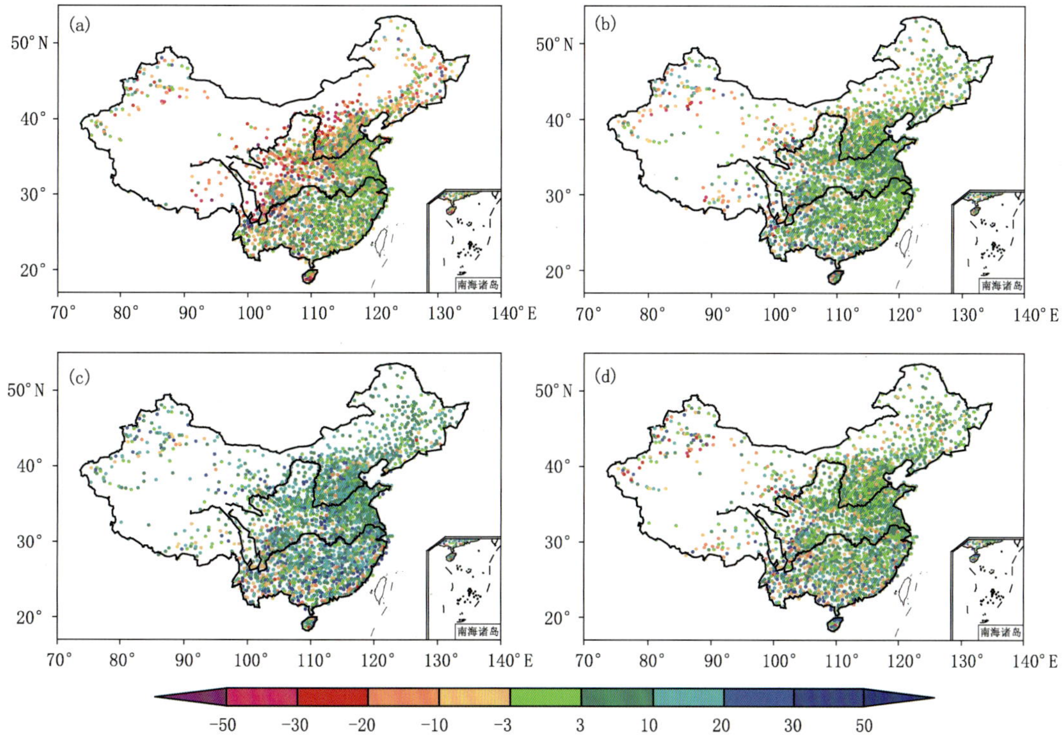

图 4.16　冬(a)、春(b)、夏(c)、秋(d)4 个季节月值相对误差空间分布(单位：%)

降水空间分布没有明显的纬向特征，局地强降水偏多，受强降水的影响，插值后的周围台站容易出现降水虚高的情况，因此相对误差为正值。经统计，冬、春、夏、秋 4 个季节分别有 25%、51%、16%、32%的台站相对误差在±3%之间，60%、82%、54%、77%的台站相对误差在±10%之间；全国平均相对误差分别为−0.2%、3.3%、9.1%、4.5%（表 4.8）。

B. 日值

以往的多种数据产品采用 700 余站的降水资料进行空间插值，本数据集采用了密度更高的台站（2472 个）资料进行格点数据集的研制。对比 2 种台站密度下的多项插值精度指标，结果表明，2472 站 RTGCV（1.37 mm）明显小于 746 站的结果（1.74 mm），此项指标一定程度上代表了插值过程产生的误差。通过对比绝对误差频率分布（图略）表明，746 站与 2472 站插值的绝对误差在±5 mm/月间的样本百分比分别为 51.5%和 47.8%，2472 站结果中绝对误差较大的百分比小于 746 站的结果。由于我国台站分布不均、地形复杂，插值造成误差的空间特征也非常值得进一步分析。我国大部分地区，746 站绝对误差均大于 2472 站绝对误差，长江以南地区 2 种台站密度的插值误差相差较大，西北地区插值误差比较接近。这是因为增加的台站主要分布在我国南方地区，而本来就台站稀少的西北地区，台站数增加并不明显，对插值影响较小；另外，空间插值不可避免地会对降水场进行平滑，以致出现局地强降水时，插值后的降水量值会偏小，我国东南地区强降水偏多，天气过程复杂，西部地区和东北地区出现暴雨的可能性较小，尤其是西北干旱地区，年降水量变化不大，因此插值误差相比东南地区偏小。

为了评估降水日值空间插值的精度，首先分析各季节插值绝对误差（分析值与台站观测值的差值）的空间分布（图 4.17）。可以看出，冬、春、夏、秋 4 个季节东南地区绝对误差普遍高于其他地区，误差绝对值小于 0.5 mm/d 的台站数百分比分别为 94.7%、82.1%、40.8%、

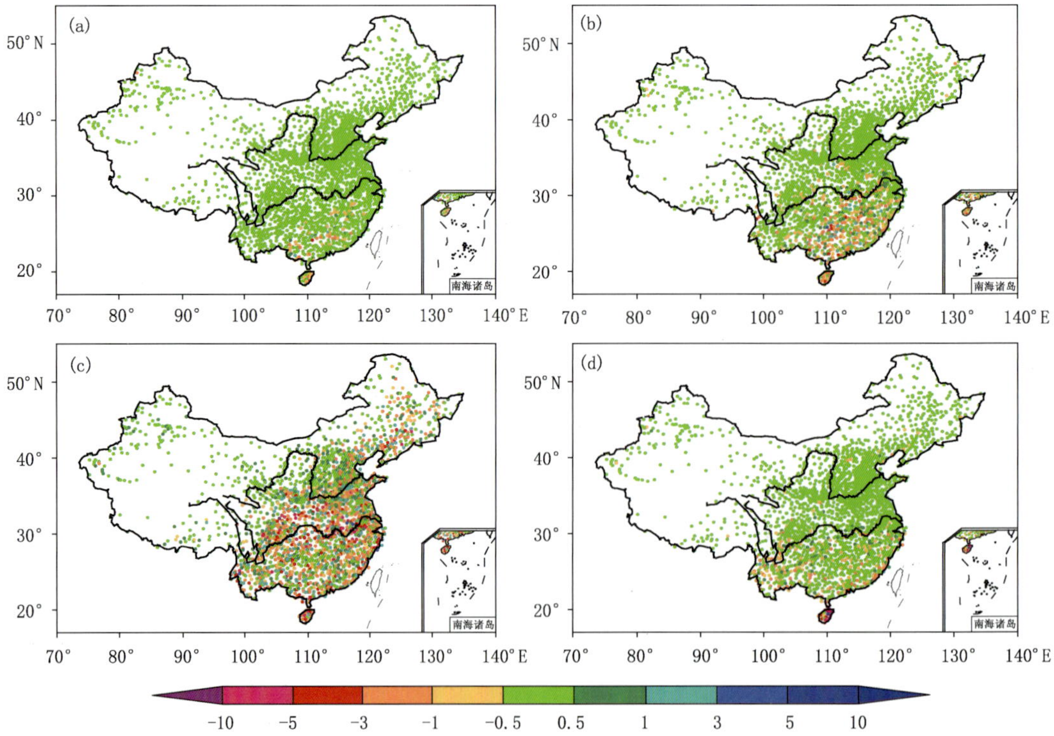

图 4.17 冬(a)、春(b)、夏(c)、秋(d)4 个季节日值绝对误差空间分布(单位:mm/d)

86.7%，误差绝对值小于 1 mm/d 的台站百分比为 96.7%、91.8%、63.2%、94.0%；平均误差分别为−0.03、−0.09、−0.46、−0.11 mm/d。可见，夏季误差明显大于其他季节，尤其在江淮地区和华南地区，分析值普遍小于观测值。这主要是由于夏季降水较多，降水局地性较强，空间连续性较差，对这样的空间场进行曲面拟合会出现局部失真的情况。另外，分别统计出不同绝对误差区间内样本的频率分布(图 4.18)。随着误差的增大，样本频率呈现减小的趋势，绝对误差在±0.1 mm/d以内的样本比例为 45.9%，绝对误差在±0.3 mm/d 以内的样本比例为 64.3%。

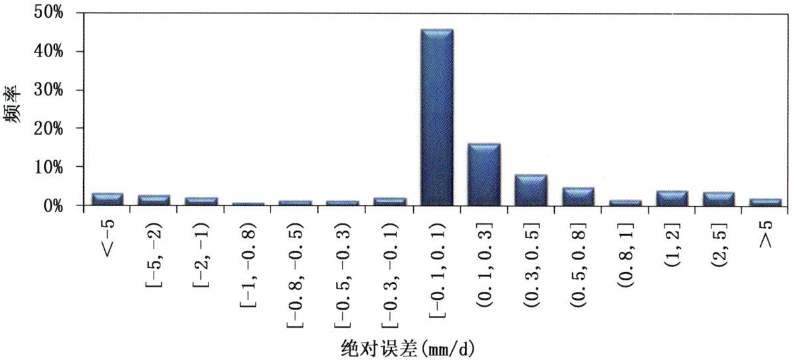

图 4.18　月值绝对误差频率分布

相对误差为绝对误差与观测值间的比值，可以体现出误差相对于原始观测的量值，但针对较少量降水的样本，相对误差往往不能客观反映插值效果，因此只对日降水量大于等于 3.0 mm 的样本统计相对误差。图 4.19 给出了 1961—2010 年冬、春、夏、秋 4 个季节各台站平均

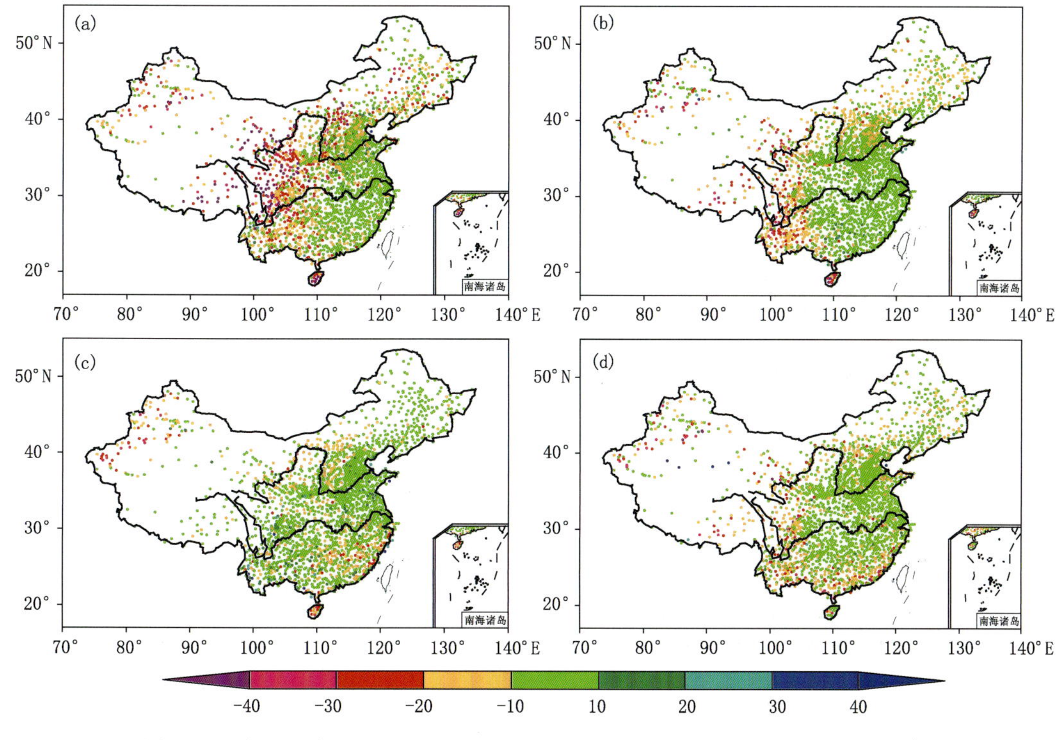

图 4.19　冬(a)、春(b)、夏(c)、秋(d)4 个季节日值相对误差空间分布(单位：%)

相对误差空间分布。冬季、春季，我国西部、东北地区相对误差明显高于东南部地区；夏季、秋季，我国大部分地区相对误差在±10%之间，相对误差的区域特征不及冬季和春季明显。冬季，西北地区相对误差多数为负值，这主要与插值过程和我国降水空间分布特征有关。冬季，我国西北大部分地区平均降水量均小于 3.0 mm/d（图略），由于相对误差的统计针对日降水量大于等于 3.0 mm 的样本进行，因此受周围降水量偏小样本的影响，大于 3.0 mm 的样本相对误差往往为负值。经统计，冬、春、夏、秋 4 个季节分别有 53%、68%、72%、70%的台站相对误差在±10%之间；全国平均相对误差分别为−10.6%、−6.1%、−2.6%、−6.3%。

（3）累年空间分布

从全国 1961—2010 年年平均降水量空间分布（图 4.20）来看，插值后的格点化降水资料能够比较细致、准确地描述中国大陆年平均降水场的东南多、西北少的主要空间特征。长江以南地区，格点数据集可以反映出由东南沿海地区向西北方向降水逐渐减少的区域特征；黄河以南长江以北地区，格点数据集可以反映出江淮地区（28°～34°N，湖北宜昌以东）降水量较周围偏多的特征；西北地区，数据集也客观地反映了天山南北麓、塔里木盆地等大地形附近降水的变化。但是，格点数据集也平滑掉了范围很小的降水极值中心。由于我国西部台站稀少，尤其在青藏高原有大片区域只有零星的几个台站，格点数据集对该地区降水特征的刻画是否合理很难给出定性和定量的判断。

夏季是降水最多的季节，通过对比站点和格点夏季降水的空间分布可知，插值后的夏季降水能够较好地体现我国大陆降水场的主要空间特征。

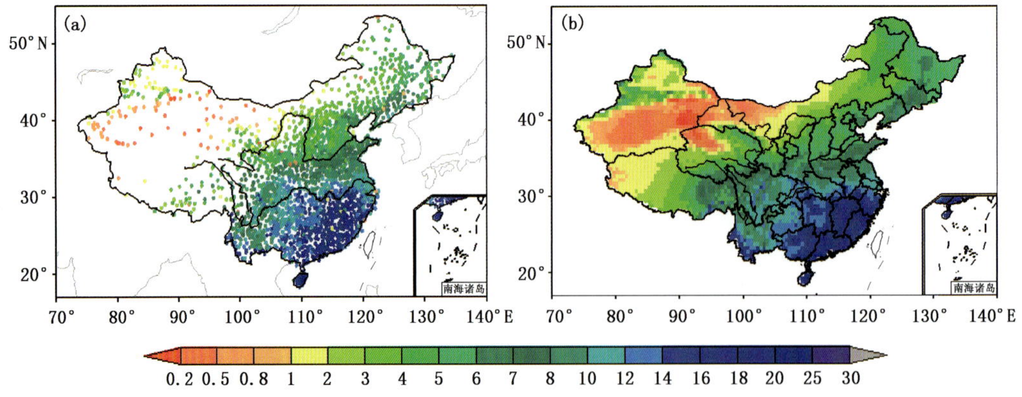

图 4.20 1961—2010 年累年平均站点(a)与格点(b)年降水量空间分布(单位:100 mm)

（4）台站密度与相对误差的关系

我国台站分布非常不均匀，东南地区密集且分布均匀，西北和东北地区相对稀疏，而空间内插的精度与台站分布密度息息相关。为了分析不同台站密集度与插值造成的相对误差的关系，采用每个台站与其最近邻近站距离（以下简称"最近距离"）的大小表示台站密集程度。从其空间分布（图 4.21）可见，最近距离为 20 km 的台站基本都位于黄河下游以北的华北地区和长江流域附近，西部地区（100°E 以西）和东北地区（40°N 以北，110°E 以东）的大部分台站的最近距离大于 50 km，在大地形的边缘地带（青藏高原和天山山脉）的部分台站的最近距离大于 100 km。经统计，我国最近距离在 20～30 km 范围内的台站最多，占 31.1%；最近距离在 30～40 km 范围内的台站次多，占 23.3%；最近距离在 50 km（约 0.5°格距）以内的台站数共占

86.7%(图 4.22),说明研制的数据集格距选取 0.5°×0.5°是比较合理的。

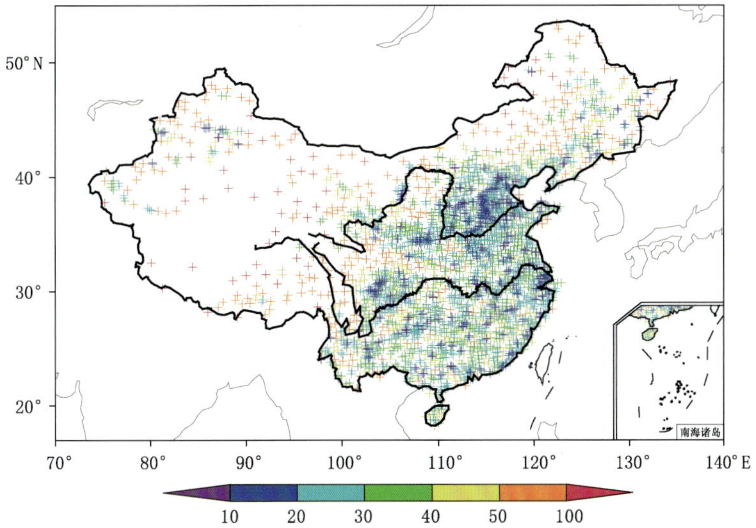

图 4.21　全国各台站最近邻近站距离空间分布(单位:km)

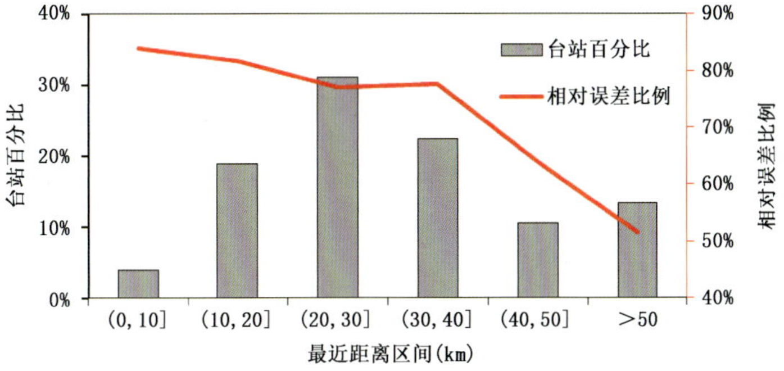

图 4.22　不同最近距离区间台站百分比及相对误差在－10%～10%间的百分比

为了分析不同台站密集度情况下插值的精度大小,图 4.23 给出了不同最近距离区间内相对误差的变化。结果表明,随着最近距离的逐步拉大,平均相对误差在－10%～10%间的比例逐渐减小,最近距离小于 10 km 的台站密集程度最高的台站相对误差在－10%～10%间的比例最高,达 84%,最近距离在 40 km 以内的台站中,至少有 77%的台站相对误差在－10%～10%间,随着距离的增大,相对误差比例的衰减比较缓慢,但当最近距离增大到 40～50 km 时,相对误差比例迅速减小为 64%,大于 50 km 时,减小到 52%,说明台站分布越密集的地方,插值效果越好,最近距离小于 40 km 的台站插值精度较高,大于 40 km 的台站插值精度衰减较快。

(5)强降水事件分析

A. 碧利斯台风降水

登陆到我国境内的台风一般都会带来较强的降水,选取 2006 年碧利斯台风强降水事件进行分析。台风登陆期间,最大日降水量观测值达 407.6 mm,出现在 7 月 15 日的广东博罗站(114.28°E,23.18°N)。图 4.23 给出了 2006 年 7 月 15 日降水量站点观测值与格点值空间分布情况,经过薄盘样条插值后,格点降水基本能够反映出西北—东南向降水偏多的基本模态。

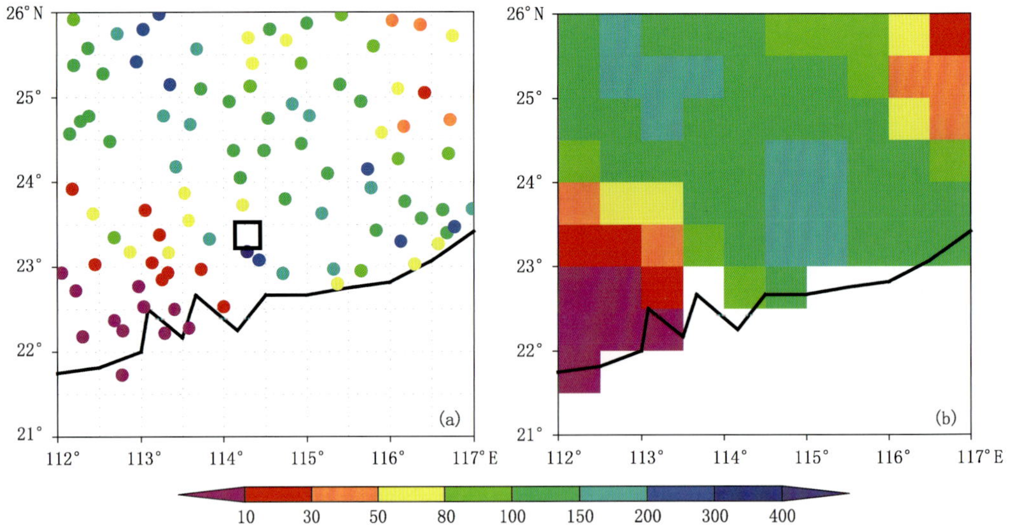

图 4.23　2006 年 7 月 15 日降水量观测值(a)与格点值(b)空间分布(方格内台站为广东博罗站;单位:mm)

但针对博罗站,其分析值与观测值相对误差为−64.7%,表明格点分析值刻画的降水强度不到观测值的一半。

用公式(4.12)分别统计以博罗站为中心向四周扩展的 1 个、9 个、25 个、49 个、81 个格点单元(0.5°×0.5°)范围内的站点观测平均值与相应格点平均值的面雨量(表 4.9)。格点单元数为 1($M=1$)的面雨量相对误差 RBE_a 平均为−45.9%,$M=9$ 的 RBE_a 只有 5.6%,$M=25$ 时 RBE_a 为 28.0%,相比 $M=9$ 有较大的增长,$M=49$ 和 $M=81$ 时 RBE_a 分别为 16.7% 和 11.9%。可见,由于降水具有局地性较强的特性,在此次强降水事件中,$M=9$ 时面雨量相对误差达到最小。

另外,选取博罗站进行插值试验,评估该站在处于不同的降水强度时 RBE_a 的变化。对照降水分级标准,共设计了 7 个试验。7 个试验中分别假设博罗站日降水量(试验赋值)为 250 mm、100 mm、50 mm、25 mm、10 mm、0 mm 和缺测,统计以博罗站为中心向四周扩展的站点观测平均值与相应格点平均值的面雨量(表 4.9),$M=9$ 时 7 个试验的 RBE_a 均达到最小,平均为 7.0%,$M=1$ 时,7 个试验的 RBE_a 均达到最大,为−50.6%。可见,在此次强降水事件和 7 个插值实验中,$M=9$ 时面雨量相对误差达到最小,$M=1$ 时误差最大。这主要是由于降水具有局地性较强的特性,对台站观测数据进行格点化插值后,会增加周围邻近台站观测值的影响,因此格点分析值代表了一定范围内的平均降水量。

B. 莫拉克台风降水

莫拉克台风登陆期间,最大日降水量观测值达 415.2 mm,出现在 8 月 9 日的福建柘荣站(119.88°E,27.23°N),格点分析值为 174.5 mm,该站分析值与观测值相对误差为−58.0%,表明格点分析值刻画的降水强度相比观测值明显偏弱。图 4.24 给出了 2009 年 8 月 9 日降水量站点观测值与格点值空间分布情况,当格点单元数为 1($M=1$),RBE_a 平均为 56.0%,$M=9$ 的 RBE_a 只有−8.7%,$M=25$ 时 RBE_a 为−22.3%,相比 $M=9$ 有较大的增长,$M=49$ 和 $M=81$ 时 RBE_a 分别为−28.5%和−23.2%。可见,在此次强降水事件中,$M=9$ 时面雨量相对误差达到最小。

表 4.9 插值实测格点值、试验赋值和面雨量相对误差

	试验赋值(mm)	分析值(mm)	M=1(实有1个)			M=9(实有8个)			M=25(实有19个)			M=49(实有34个)			M=81(实有54个)		
			格点平均值(mm)	站点平均值(mm)	面雨量相对误差(%)	格点平均值(mm)	站点平均值(mm)	面雨量相对误差(%)	格点平均值(mm)	站点平均值(mm)	面雨量相对误差(%)	格点平均值(mm)	站点平均值(mm)	面雨量相对误差(%)	格点平均值(mm)	站点平均值(mm)	面雨量相对误差(%)
实测	407.6	144.2	145.9	349.8	−58.3	137.3	135.7	1.2	118.7	94.1	26.2	111.6	98.0	13.9	104.8	96.1	9.1
1	250	128.3	132.9	271.0	−51.0	128.4	119.9	7.0	115.8	88.6	30.7	112.0	94.8	18.1	106.0	94.0	12.8
2	100	110.7	113.8	196.0	−41.9	114.4	104.9	9.0	108.2	83.5	29.5	107.1	91.6	17.0	102.7	91.9	11.7
3	50	101.0	105.0	171.0	−38.6	108.1	99.9	8.2	105.4	81.7	29.1	106.4	90.6	17.5	102.7	91.3	12.5
4	25	95.3	99.3	158.5	−37.4	103.8	97.4	6.6	103.4	80.9	27.8	105.5	90.1	17.1	102.2	90.9	12.5
5	10	89.7	94.1	151.0	−37.7	99.9	95.9	4.2	101.6	80.4	26.3	104.9	89.8	16.8	102.0	90.7	12.5
6	0	81.5	85.0	146.0	−41.8	92.8	94.9	−2.2	97.3	80.0	21.7	101.9	89.6	13.8	99.9	90.6	10.3
7	缺测	111.8	116.3	292.0	−60.2	116.5	105.5	10.4	110.0	82.9	32.7	109.2	91.5	19.4	104.5	91.8	13.9
平均		107.8	111.5	216.9	−45.9	112.7	106.8	5.6	107.6	84.0	28.0	107.3	92.0	16.7	103.1	92.2	11.9

注："M"代表以博罗站所在格点单元为中心扩展的格点单元个数，由于部分格点位于海上，实有格点个数往往小于应有格点数。

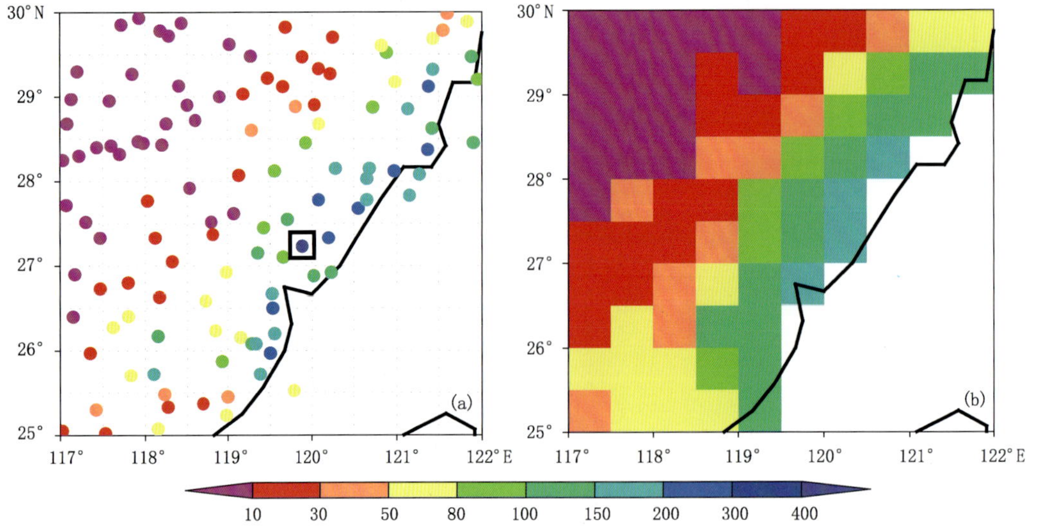

图 4.24　2009 年 8 月 9 日降水量观测值(a)与格点值(b)空间分布(方格内台站为福建柘荣站;单位:mm)

C.“7 · 21”北京强降水

2012 年 7 月 21 日北京遭遇 61 年来最强降水,受到社会各界的普遍关注。由于研制“中国地面降水 0.5°×0.5°格点数据集(V2.0)”的数据来源只包括 2472 个国家级台站,经统计,7 月 21 日最大日降水量观测为 290.9 mm,出现在霞云岭站(115.73°E,39.73°N),格点分析值为 118.9 mm,该站分析值与观测值相对误差为 −59.2%,表明格点分析值刻画的降水强度相比观测明显偏弱。格点值能够比较准确地描述以北京地区为中心的强降水空间特征(图 4.25)。格点单元数为 1($M=1$)的面雨量相对误差 RBE_a 平均为 1.3%,$M=9$ 和 $M=25$ 时 RBE_a 为 −14.6% 和 −16.6%,相比 $M=1$ 有较大的增长,$M=49$ 和 $M=81$ 时 RBE_a 分别为 −0.3% 和 1.1%。可见,在此次强降水事件中,$M=49$ 时面雨量相对误差达到最小。

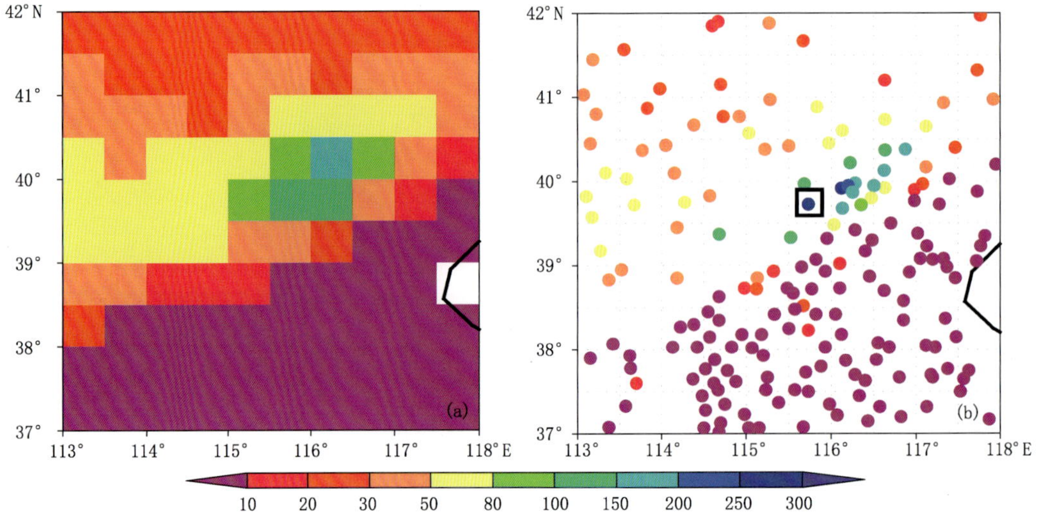

图 4.25　2012 年 7 月 21 日降水量观测值(a)与格点值(b)空间分布(方格内为北京霞云岭站;单位:mm)

通过对以上 2 个台风强降水个例和北京“7 · 21”强降水事件的分析表明，由于台风登陆带来的强降水往往更加集中在个别台站，降水量最大的台站与其周围邻近站降水相差较大，$M=1$ 时的面雨量相对误差较大，$M=9$ 时面雨量相对误差达到最小；北京强降水事件中，降水的局地性相比台风降水偏弱，且台站密度较大，M＝1 时的面雨量相对误差偏小，M＝49 时面雨量相对误差达到最小。

以上插值试验都是基于个别强降水事件展开的，难免带有一定的局限性，但仍可以得到以下结论：虽然格点化处理在降水异常样本（如大降水）的准确刻画方面有一定的难度，但是在考虑一定范围内的面雨量时，格点分析值与观测值差距很小，格点化降水可以很好地描述一定范围内的面雨量值。

4.3.2.3　与 APHRO 格点资料对比分析

APHRODITE（简称 APHRO）格点资料是目前惟一覆盖整个亚洲地区的高分辨率、长时间序列（1951 年开始）的日值降水格点化资料。该数据集已被逐渐应用于气候变化诊断（Yang et al.，2010）、气候模式验证（Kitoh et al.，2008）和亚洲水汽循环研究中。下面从年降水量气候态和江淮区域降水序列 2 个方面，对 APHRO 与 CP 格点资料进行了对比分析和适用性评估。

由全国 1961—2010 年年平均降水量空间分布（图 4.26）可见，2 个格点数据集均可以反映出由东南沿海地区向西北方向降水逐渐减少的基本特征。但是，CP 格点资料中年降水量大于 1400 mm 的地区基本只集中在湖南、广东和福建 3 个省内，站点数据和 APHRO 格点资料

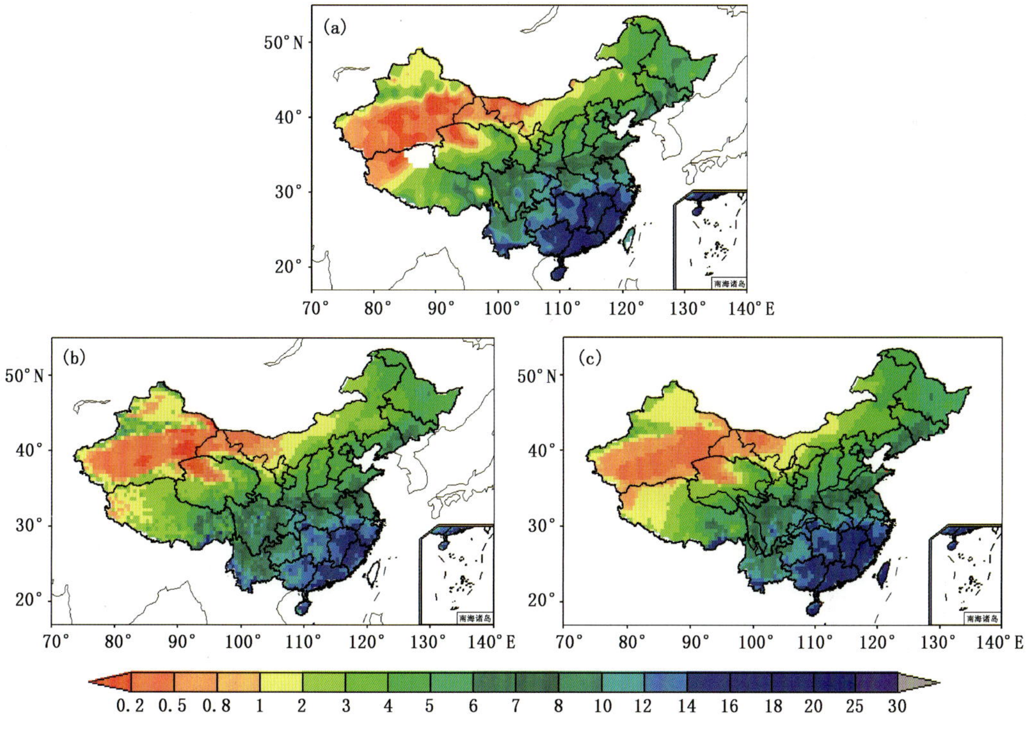

图 4.26　累年平均年降水量空间分布（单位：100 mm）
（a）台站观测；（b）CP 格点资料；（c）APHRO 格点资料

中除了上述3个省外，广西和贵州的部分地区年降水量也超过1400 mm。站点图(图4.26a)中，塔里木、吐鲁番和柴达木盆地附近年降水量小于20 mm，CP格点资料年降水量小于20 mm的干旱地区较站点图偏小，APHRO格点资料没有地区出现年降水量小于20 mm的情况。对比CP和APHRO格点资料在天山南北麓这一小范围降水中心的刻画能力可知，CP格点资料可以基本反映出观测结果中3个小范围降水偏多中心，APHRO格点资料反映的降水中心相对较少。

综合上述分析，2个数据集均能比较准确地描述我国大陆降水场的主要特征。APHRO格点资料在刻画长江以南降水偏多地区空间场时与台站观测比较一致，但对于我国青藏高原、天山山脉和塔里木盆地等大地形附近的降水空间特征描述与台站观测仍有一定的差距；CP格点资料刻画的长江以南地区年降水量较台站偏弱，但对于我国青藏高原、天山山脉和塔里木盆地等大地形附近的降水空间特征描述与台站观测一致性较高。

江淮梅雨是我国夏季旱涝的重要角色，下面针对江淮流域(28°～34°N，湖北宜昌以东)梅雨季节(6—7月)降水变化，评估CP和APHRO格点资料的适用性和精度。首先分析2套格点资料刻画的江淮流域梅雨季节降水的年代际变化(图略)，2套格点资料与观测资料呈现的线性趋势几乎相同，刻画的周期变化也十分相近，但在降水偏多年份，尤其是在发生特大洪水的1998年，格点数据降水强度略低于站点降水强度。图4.27为台站观测资料与2套格点资料描绘的1998年梅雨期江淮流域逐日降水序列，可以看到，这期间的降水均为大雨或以下级别，其中有8天(6月12日、18日、24—26日和7月22—23日、29日)出现大雨级别降水，2套格点数据均小于站点实测值，实测大雨日平均降水为30.1 mm，2套格点数据大雨日平均降水均为19.9 mm，说明当出现大雨时，2套格点降水比实测值均偏小且偏小程度相当；共19天发生中雨级别降水，CP格点资料中降水在7月1日相比实测降水偏大，其余18天均比实测值偏小，APHRO格点资料中降水在7月1日和3日大于实测降水，其余17天小于实测值，2套格点中雨日平均降水量均为11.0 mm，相比实测平均值15.4 mm均偏小28.6%；32天出现小雨级别降水，台站实测值平均为2.7 mm，CP格点资料中降水和APHRO格点资料中降水分别为3.5 mm和4.2 mm，均比实测值偏大。

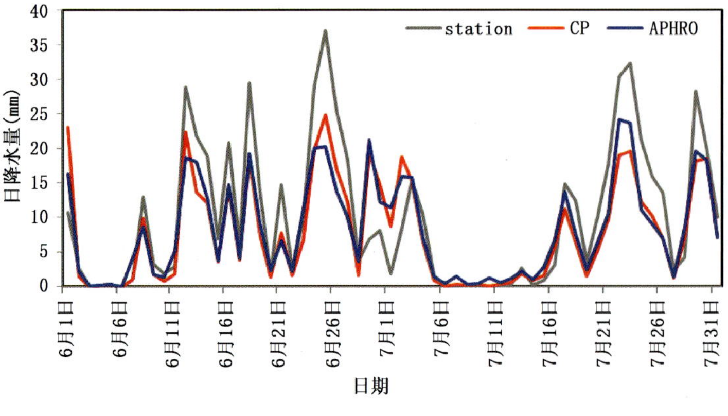

图4.27　1998年江淮流域梅雨季节(6月1日至7月31日)降水序列

1998年梅雨期，实测、CP和APHRO格点资料中江淮流域平均降水分别为10.2、7.9、8.3 mm/d，方差分别为103.0、54.7、50.0，CP、APHRO格点资料中降水与实测降水相关系数分别为0.86和0.87,均通过0.05的信度检验。

说明CP和APHRO格点资料大体可以刻画降水日变化特征,但降水量平均值和日变化幅度均比实测值偏小。按照不同降水级别分析,大雨和中雨日时,2套网格化降水资料均相同程度地弱化了降水强度,小雨日时,2套格点化降水资料均比实测值偏大,其中CP格点资料中降水与实测降水更为接近。

4.3.2.4　小结

在研制中国地面降水0.5°×0.5°格点月值数据集并对其进行插值误差分析的过程中,主要得到以下结论:

(1)通过广义交叉验证,在1961—2010年的600个月中,RTGCV波动具有一定的规律,具有显著的周期特征(周期为1年),一般在夏季达到最大,冬季最小。RTGCV没有明显的年代际变化。降水格点月值平均均方根误差为0.49 mm。表明格点数据具有比较好的精度和较为理想的插值效果。

(2)各季节东南地区绝对误差普遍高于其他地区。冬、春、夏、秋4个季节分别有89%、69%、30%、69%台站绝对误差在±3 mm/月以内,99%、93%、67%、94%台站绝对误差在±10 mm/月以内;平均误差分别为−0.1 mm/月、−0.3 mm/月、−0.8 mm/月、−0.3 mm/月。分析值与站点观测值间的相关系数平均达0.93(通过$\alpha=0.01$的显著性检验)。51.5%的样本绝对误差在±5 mm/月以内,75.2%的样本绝对误差在±15 mm/月以内。

(3)冬、春、夏、秋4季分别有25%、51%、16%、32%的台站相对误差在±3%之间,有60%、82%、54%、77%的台站相对误差在±10%之间;全国平均相对误差分别为−0.2%、3.3%、9.1%、4.5%。

(4)插值后的格点化降水资料能够比较细致、准确地描述中国大陆年平均降水场的东南多、西北少的主要空间特征。但是,格点数据集也平滑掉了范围很小的降水极值中心。由于我国西部台站稀少,尤其在青藏高原有大片区域只有零星的几个台站,格点数据集对该地区降水特征的刻画是否合理很难给出定性和定量的判断。

(5)随着最近距离的逐步拉大,平均相对误差在−10%～10%间的比例逐渐减小。最近距离在40 km以内的台站中,至少有77%的台站相对误差在−10%～10%间,随着距离的增大,相对误差比例的衰减比较缓慢,但当最近距离增大到40～50 km时,相对误差比例迅速减小为64%,大于50 km时,减小到52%,说明台站分布越密集的地方,插值效果越好,最近距离小于40 km的台站插值精度较高,大于40 km的台站插值精度衰减较快。另外,由于青藏高原东北地区台站非常稀疏,对于没有布设台站进行仪器观测的地区,由于没有真值可进行对比,其插值精度无法给出具体的数值,用户在使用这部分数据得出科研结论时,建议稍加慎重。

(6)中国东南地区的插值绝对误差普遍高于其他地区。冬、春、夏、秋4个季节依次有96.7%,91.8%,63.2%,94.0%的台站绝对误差在±1 mm/d以内;夏季误差明显大于其他季节,主要是由于夏季降水较多,降水局地性较强,空间连续性较差。有45.9%的样本绝对误差在±0.1 mm/d;64.3%的样本绝对误差在±0.3 mm/d以内。冬季、春季,我国西部、东北地区相对误差明显高于东南部地区;夏季、秋季,大部分地区相对误差在±10%之间,相对误差的区域特征不及冬季、春季明显。冬季,西北地区相对误差多数为负值,这主要与插值过程和我国降水空间分布特征有关。经统计,冬、春、夏、秋4个季节分别有53%,68%,72%,70%的台站相对误差在±10%之间;全国平均相对误差分别为−10.6%、−6.1%、−2.6%、−6.3%。

(7)通过对台风"碧利斯""莫拉克"强降水和北京"7·21"强降水事件的分析表明,由于台风登陆带来的强降水往往更加集中在个别台站,降水量最大的台站与其周围邻近站降水相差较大,$M=1$ 时的面雨量相对误差较大,$M=9$ 时面雨量相对误差达到最小;北京强降水事件中,降水的局地性相比台风降水偏弱,且台站密度较大,$M=1$ 时的面雨量相对误差偏小,$M=49$ 时面雨量相对误差达到最小。

(8)对比 2 套格点资料,气候态年降水量方面,APHRO 格点资料在刻画长江以南降水偏多地区空间场时与台站观测比较一致,但对于我国大地形附近的降水空间特征描述与台站观测仍有一定的差距;CP 格点资料刻画的长江以南地区年降水量偏弱,但对于我国青藏高原、天山山脉和塔里木盆地等大地形附近的降水空间特征描述比较有优势。江淮梅雨降水日变化方面,CP 和 APHRO 格点资料大体可以刻画降水日变化特征。大雨和中雨日时,2 套网格化降水资料均相同程度地弱化了降水强度,小雨日时,2 套格点化降水均比实测值偏大,其中 CP 格点资料降水与实测降水更为接近。

2 类格点资料各有优势。一方面,CP 格点资料采用的站点密度确实比 APHRO 格点资料高。APHRO 格点资料中采用的台站日降水资料主要有 3 个来源,对于中国地区资料主要来自 GTS 和私人资料收集(Yatagai et al.,2009),具体台站数每年不同,约为 800 个。相比 CP 格点资料,虽然台站数量较少,但是台站分布较为均匀,且中国边界地区插值准确性可能较高(由于 APHRO 是亚洲格点资料,与中国接壤地区有台站资料),由于上述原因,适当弥补了台站数量偏少的不足。另一方面,由于 CP 格点资料在研制过程中考虑了地形的影响,因此对大地形附近的降水特征描述能力较高。

4.3.3 相对湿度资料的网格化

相对湿度是描述空气中水汽含量和潮湿程度的物理量,是气候变化监测中最重要的气象要素之一。相对湿度也是我国气象台站必须进行系统、连续观测的项目之一。相对湿度的高低对春季低温阴雨、夏季闷热程度、冬季低温寒潮的发生和判定影响较大,是受社会关注度日益增加的"雾"和"霾"的重要判别指标。

在均一化相对湿度数据的基础上,利用薄盘样条法,同时引入数字高程资料以尽可能地消除中国区域独特地形条件下高程对空间插值精度的影响,建立了 1951 以来中国区域均一化相对湿度日值和月值 0.5°×0.5°格点数据集,为精确描述中国区域湿度时空变化特征、趋势分析等提供了数据基础。下面将主要针对相对湿度格点月值数据集(简称 CR 数据集)的建立及精度进行评估分析。

4.3.3.1 资料与方法

(1)资料

用于空间插值的基础数据来源包括 2 个部分:1)1951—2014 年 2413 个国家级台站均一化逐月相对湿度资料(中国国家级地面气象站均一化相对湿度数据集(V1.0))。图 4.28 给出了 2014 年全国单位网格内站点数空间分布,可见全国绝大部分地区单位网格内站点数均大于等于 1,我国东南部地区单位网格内站数较多;2)为了尽量消除中国独特地形条件下高程对相对湿度空间插值精度的影响,利用 GTOP030 数据(分辨率为 30″×30″)重采样生成的中国范围 0.5°×0.5°数字高程模型数据 DEM(每个网格内地形曲面的平均海拔高度值)。

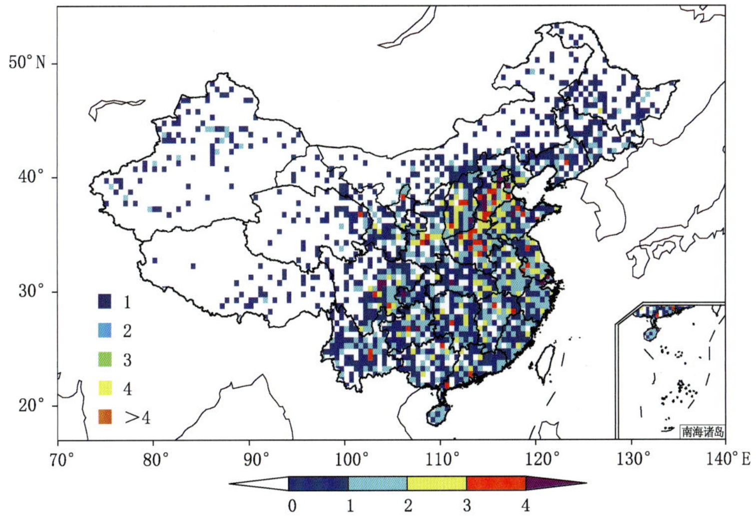

图 4.28　全国单位网格(0.5°×0.5°)内站点数

共设计了4组插值模型(表4.10),并根据广义交叉验证GCV的最小化确定了自变量为3个、高程数据DEM作为协变量、样条次数为3次的插值方案。对2413站相对湿度进行曲面拟合的过程,是把不同经纬度、海拔高度的相对湿度值,以误差最小的标准,光滑订正到固定经纬度以及固定经纬度对应的平均海拔高度的"盒子"(0.5°×0.5°)中来。

表 4.10 各插值模型方案及其广义交叉验证(GCV值)

编号	变量	协变量	样条次数	GCV值
1	经度、纬度		2	15.07
2	经度、纬度、高度	DEM	2	14.46
3	经度、纬度	DEM	3	14.32
4	经度、纬度、高度	DEM	3	14.21

(2)检验方法与评估指标

样条函数法实际上是采用 *M* 次多项式对采样曲线进行分段修匀,其拟合过程相当于用灵曲板绘制分段连续的曲线。TPS是对样条函数法的曲面扩展,利用光滑参数达到数据逼真度和拟合曲面光滑度之间的优化平衡。因此,与基于统计插值技术Kriging等方法不同,TPS方法插值结果(采用ANUSPLIN软件)中不仅包括空间内插后的格点值,还同时计算出原始序列(台站实测值)的曲面拟合值(分析值),便于直接计算插值过程造成的误差。

为了检验评估效果,选取分析值与台站原始实测值之间的偏差(MBE)、相对误差(RBE)、均方根误差(RMSE)、广义交叉验证平方根(RTGCV)以及相关系数作为评估插值效果的指标。

4.3.3.2　数据集质量评估

(1)广义交叉验证

为了检验插值方法和插值模型对实际相对湿度场的插值效果,采用广义交叉验证的方法进行评估。其原理是假设某个站点的气象要素值未知,用周围站点的值来估算,然后根据所有站点实测值与估算值的误差大小评判插值方法的优劣。广义交叉验证误差 GCV 由输入数据误差和预计误差组成。图 4.29 给出了 RTGCV(GCV 的平方根)的逐月变化曲线。可以看到,1961 年 1 月至 2014 年 12 月,RTGCV 波动具有一定的规律,基本在 3.2%～5.5%范围内变化。20 世纪 60 年代,RTGCV 有逐渐降低趋势,70 年代 RTGCV 为最低,80 年代之后 RTGCV 呈逐渐上升趋势。RTGCV 变化不仅具有年代际变化特征,同时具有周期为 1 年的年际变化特征。7 月全国平均 RTGCV 最低,为 3.58%;1 月全国平均 RTGCV 最高,为 4.20%;4 月、10 月介于 1 月和 7 月之间,分别为 3.86%和 3.94%,这与相对湿度的季节变化有关。通过分析冬、春、夏、秋 4 个季节相对湿度的空间分布(图 4.30)得出,夏季全国平均相对湿度为 73.3%,有 77.3%的台站平均相对湿度大于等于 70.0%,有 0.2%的台站平均相对湿度小于等于 30.0%,全国各台站相对湿度普遍较高,空间差异不明显;冬季全国平均相对湿度为 64.9%,有 43.0%的台站平均相对湿度大于等于 70.0%,有 0.8%的台站平均相对湿度小于等于 30.0%,相对湿度西北低、东南高的空间特征较为突出,具有一定的空间差异。薄盘样条插值对空间差异较小拟合效果更好,因此冬季插值误差相对夏季偏高。

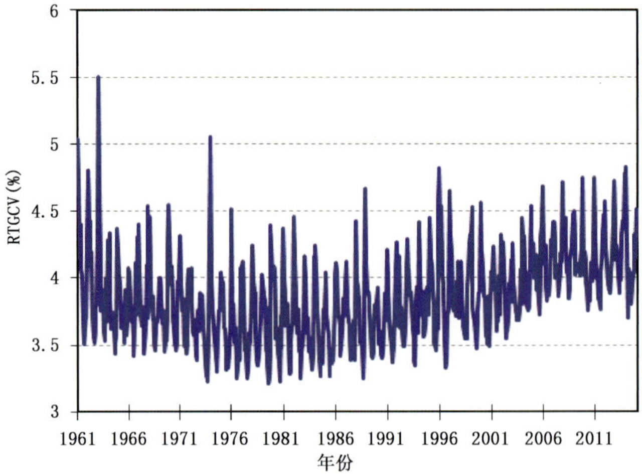

图 4.29 1961 年 1 月至 2014 年 12 月 RTGCV 逐月变化

(2)误差分析

均方根误差(RMSE)也是常用的评估插值效果的指标之一。均方根误差是所有样本除去输入误差后的预计误差,相当于插值过程的真实误差。由 RMSE 的逐月变化曲线(图 4.31)可以看到,RMSE 基本在 1.2%～2.0%之间变化。其中,1961—1965 年均方根误差相对较大。受相对湿度季节变化影响,RMSE 也呈现出以 1 年为周期的变化,一般在夏季 7 月、8 月最小,冬季 12 月、1 月达到最大,这与冬季相对湿度空间差异较大有关。经统计,1961 年以来相对湿度格点月值平均 RMSE 为 1.62%,表明格点数据具有比较好的精度和较为理想的插值效果。

图 4.32 为各季节插值平均偏差(MBE)空间分布。可以看出,无论哪个季节,MBE 无显著的区域特征,即在我国各个地区均可能出现偏差较大和偏差较小的台站,并且各种偏差频率分布特征比较相近。全国范围内,冬、春、夏、秋 4 个季节分别有 36.3%、38.4%、38.3%、34.1%台站 MBE 在±1%/月以内,95.2%、94.8%、96.8%、95.8%台站 MBE 在±5%/月以内;平均偏差分别为 0.002%/月、0.013%/月、0.008%/月、0.007%/月。分析值与站点实测

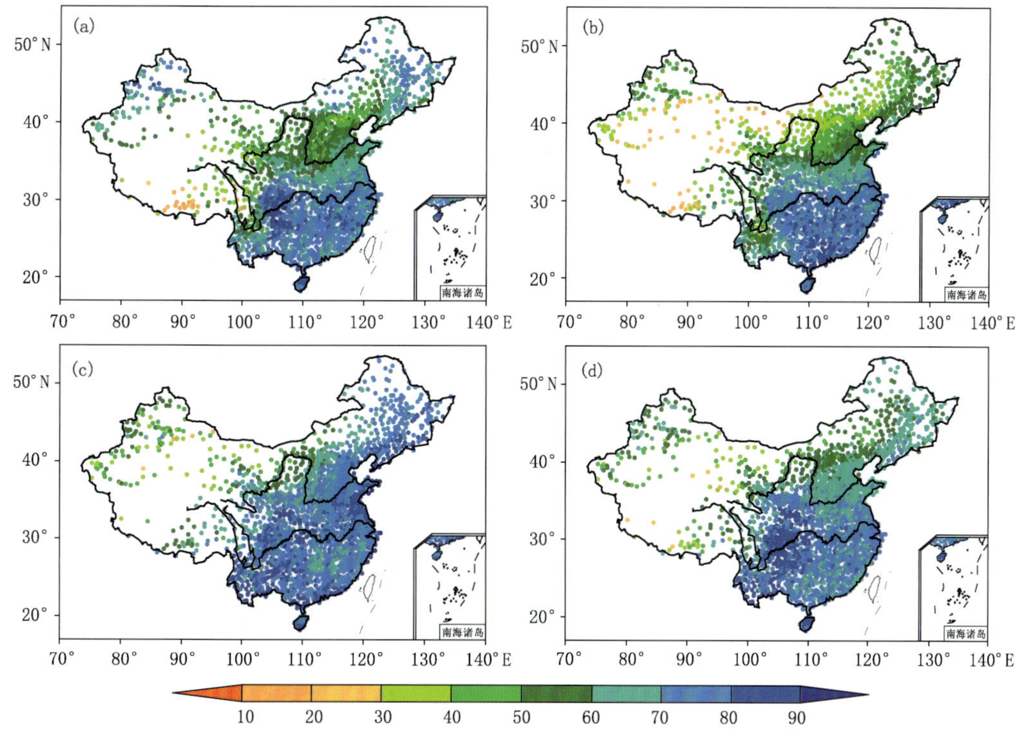

图 4.30　冬(a)、春(b)、夏(c)、秋(d)4 个季节平均相对湿度空间分布(单位:%)

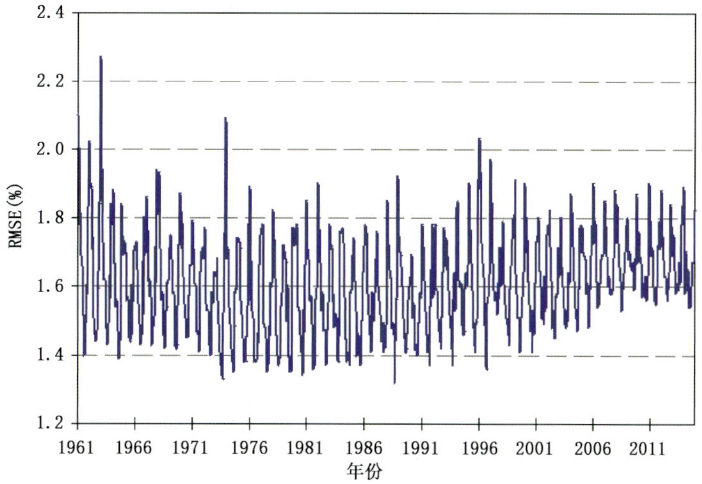

图 4.31　1961 年 1 月至 2014 年 12 月 RMSE 逐月变化

值间的相关系数平均达 0.89(通过 $\alpha=0.01$ 的显著性检验)。

分别统计出不同偏差区间内样本的频率分布(图 4.33)。29.5%的样本,其分析值与站点实测值间的偏差在±1%/月以内;62.1%的样本,其分析值与站点实测值间的偏差在±2%/月以内;90.5%的样本,其分析值与站点实测值间的偏差在±5%/月以内。

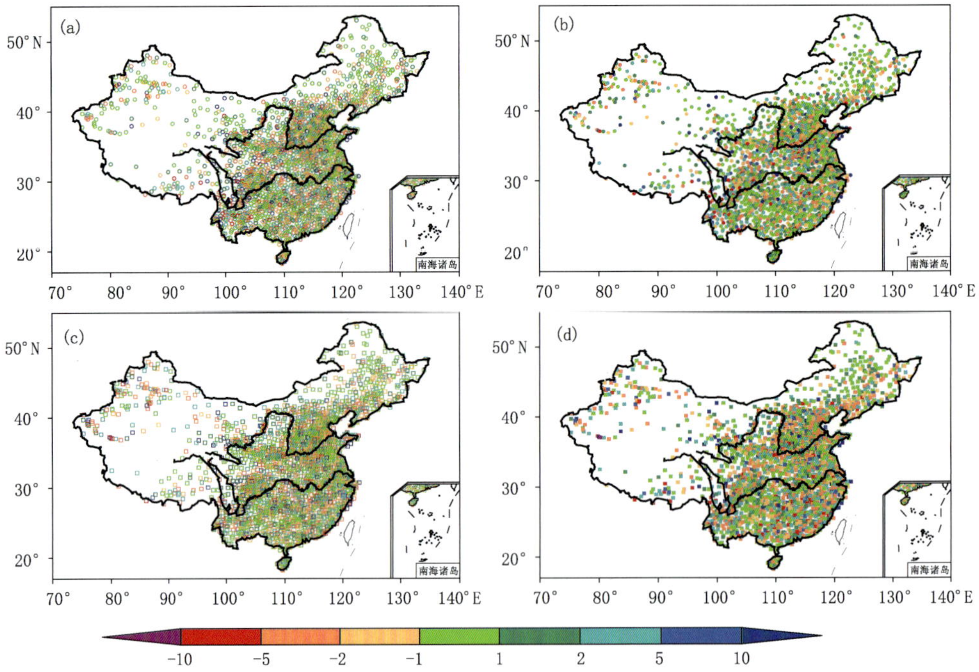

图 4.32　冬(a)、春(b)、夏(c)、秋(d)4 个季节 MBE 空间分布(单位:%/月)

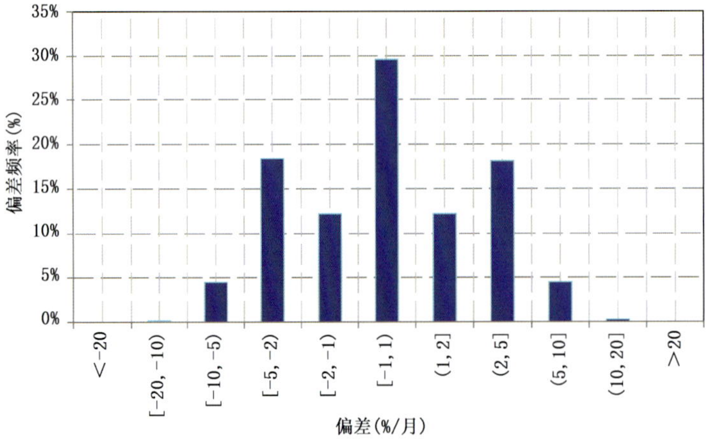

图 4.33　MBE 频率分布

相对误差(RBE)为偏差与实测值间的比值,可以体现出误差相对于原始观测的量值。图 4.34 给出的是 1961—2014 年各台站平均相对误差空间分布。可以看出,不同季节相对湿度插值误差空间特征差异较小。我国西北地区、西南地区,以及台站稀疏地区相对误差偏大。这与插值过程中曲面的拟合效果有关,台站较少的地区曲面拟合效果较差,RBE 偏大。经统计,2400 余站中,冬、春、夏、秋 4 个季节分别有 23.8%、23.6%、26.5%、21.5%台站 RBE 在 ±1%/月以内,79.0%、76.9%、84.6%、77.6%台站 RBE 在±5%/月以内;平均 RBE 分别为 0.431%/月、0.439%/月、0.286%/月、0.382%/月。

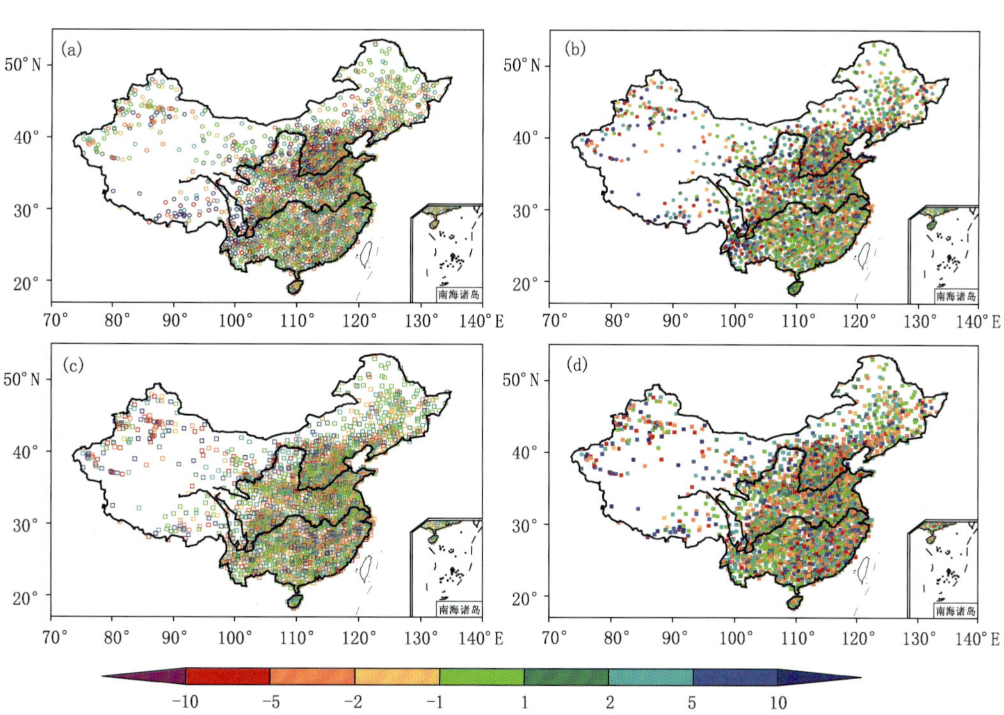

图 4.34　冬(a)、春(b)、夏(c)、秋(d)4 个季节 RBE 空间分布(单位:%)

(3)累年空间分布

图 4.35 给出了 1961—2014 年累年平均站点及格点年相对湿度分布。对比二者发现,CR 数据集能够较好地刻画出基于站点观测得到的我国相对湿度主要空间特征,较好反映出我国自东南地区向西北地区相对湿度逐渐减小的大趋势。长江以南地区,格点数据集可以反映福建、贵州省内部分地区相对湿度较周围偏高的区域特征;黄河以南长江以北地区,格点数据集可以反映出我国南湿北干的纬度特征;西北地区,数据集客观地反映了天山南北麓、塔里木盆地等大地形附近相对湿度的变化特征。但是,格点数据集也平滑掉了范围很小的相对湿度极值中心。由于我国西部台站稀少,尤其在青藏高原有大片区域只有零星的几个台站,格点数据集对该地区空气相对湿度特征的刻画是否合理很难给出定性和定量的判断。

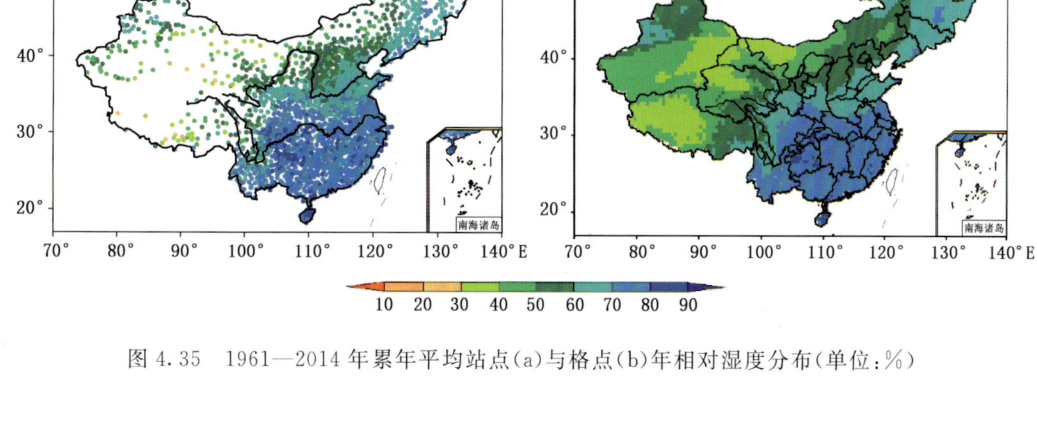

图 4.35　1961—2014 年累年平均站点(a)与格点(b)年相对湿度分布(单位:%)

(4)气候趋势分析

能否正确地反映气候变化趋势也是评估格点数据集质量的重要指标。由 CR 数据集得到的中国相对湿度长时间序列及其变化趋势(图略)可知,近 64 年来中国年平均相对湿度略微减小。王遵娅等(2004)分析了 50 年来中国年平均相对湿度变化趋势,认为 1954—2000 年中国年平均相对湿度呈略减小趋势。沈艳等(2008)分析了近 50 年中国年平均水汽压的线性趋势,表明水汽压有显著升高的趋势。

我国地形复杂,起伏较大,因此进一步分析了不同海拔高度台站实测相对湿度与对应网格值的关系。选取玉门、峨眉山、嘉黎 3 个台站,验证 CR 数据集对高海拔台站气候变化趋势的描述水平。表 4.11 给出了 3 个代表性台站海拔高度、台站实测值与台站所在网格值的相关系数及实测值序列与网格值序列的趋势方程。图 4.36 给出了代表性台站的实测和对应网格相对湿度的年序列变化曲线及其线性趋势。分析可知,玉门、峨眉山、嘉黎 3 个台站实测值序列与对应网格值序列相关系数均通过 0.01 显著性检验,分别为 0.94、0.99、0.85,并且 3 个台站实测值与网格值均具有一致的气候变化特征,即相对湿度呈升高趋势,说明在不同海拔高度地区,得到的相对湿度格点值在变化趋势上能较准确代表实测值。玉门站多年实测平均相对湿度为 41.8%,对应网格多年平均相对湿度为 41.1%,二者非常接近;峨眉山站分别为 85.5% 和 78.1%,网格值偏低 7.4%;嘉黎站分别为 56.6% 和 54.0%,网格值稍偏低 2.6%。由于 DEM 值为每个网格内地形曲面的平均值,峨眉山和嘉黎站海拔高度较该网格内平均地形偏高,因此 2 个台站平均相对湿度实测值与网格值的差异可能与 DEM 与台站海拔高度的差异有关。

表 4.11　代表性台站海拔高度及台站实测值(Obs)和对应网格值(Grid)的相关关系

站名	省/区	海拔高度(m)	相关系数	DEM(m)	趋势方程(Obs)	趋势方程(Grid)
玉门	甘肃	1526	0.94	1474	$y=0.045x+40.41$	$y=0.038x+39.93$
峨眉山	四川	3047	0.99	604	$y=0.0053x+85.36$	$y=0.0379x+76.83$
嘉黎	西藏	4489	0.85	4900	$y=0.0378x+55.53$	$y=0.0867x+51.58$

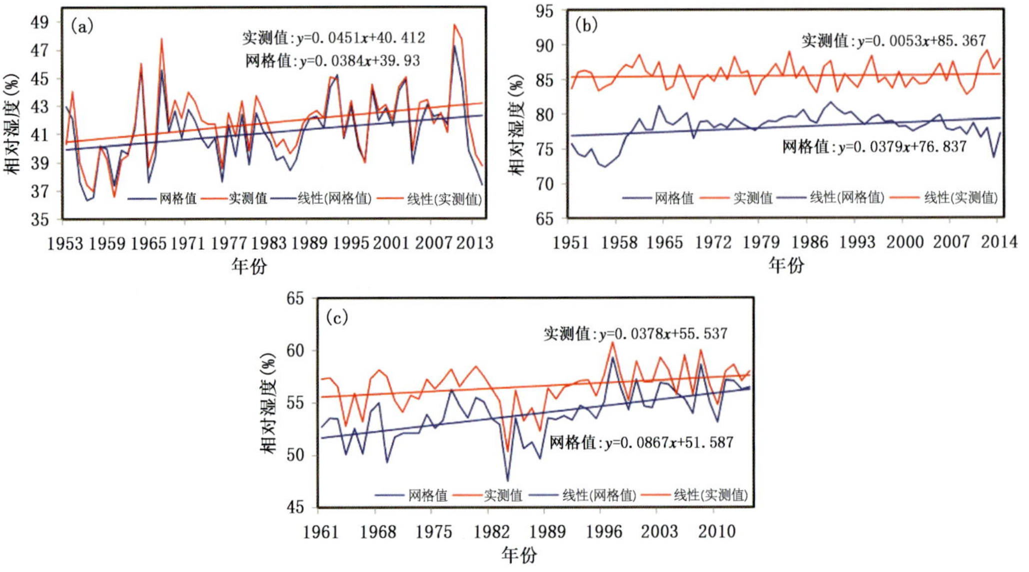

图 4.36　代表性台站的实测和对应网格相对湿度的年序列变化曲线及其线性趋势

(a)玉门;(b)峨眉山;(c)嘉黎

4.3.3.3 与国际同类数据产品的比较

目前，国际上的相对湿度格点数据集主要是 HadCRU 的全球湿度数据集——HadCRUH。HadCRUH 数据集在网站（http://www.metoffice.gov.uk/hadobs/hadcruh）公开发布，但序列长度为 1973—2003 年，2004 年至今的数据没有更新。CR 数据集在中国气象数据网（http://data.cma.cn）发布，定时更新。从空间范围来看，HadCRUH 数据集覆盖全球，但只在 60°N～40°S 有完整数据，格点分辨率为 5°×5°；CR 数据集采用的站点数为 2413 个。就元数据使用而言，HadCRUH 数据集未使用，CR 数据集均一化过程利用了元数据信息。从时间尺度上来说，HadCRUH 数据集是在候平均上做的订正；CR 数据集是在月尺度上做的订正（表 4.12）。

表 4.12 CR 与 HadCRUH 数据集基本情况对比

数据集	起止时间	时间尺度	空间分布	要素	元数据	发布	更新
HadCRUH	1973—2003	候平均	全球 5°×5°	比湿 相对湿度	否	是	否
CR	1951—2013	月	中国 0.5°×0.5°	相对湿度	是	是	是

为了对比 CR 数据集与 HadCRUH 数据集在中国地区的可用性，分别计算了 2 个数据集 1973—2003 年中国区域平均的相对湿度距平值（气候平均值为 1974—2003 年的平均值）（图 4.37）。由图可知，CR 数据集完整性较好，HadCRUH 数据集 1992—1994 年、1999—2001 年中国地区的平均值为缺测，对应着这些时间点 HadCRUH 数据集中国地区大面积缺测，同时 2002 年 7 月至 2003 年 12 月期间相对湿度距平值持续为 0，与台站观测值差异较大。另外，HadCRUH 数据集序列在 1984 年开始出现一个明显的下降，初步分析是由于从 1984 年开始中国区域缺测值开始增多，导致参与计算的有效格点数下降造成的。这些分析说明，CR 数据集在中国区域显著优于 HadCRUH 数据集。

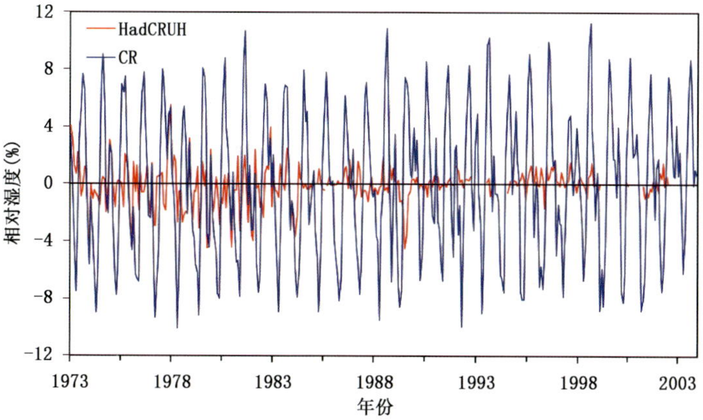

图 4.37 1973—2003 年 HadCRUH 数据集与 CR 数据集中国逐月平均相对湿度距平序列

4.3.3.4 小结

通过对中国地面均一化相对湿度 0.5°×0.5°格点数据集（V1.0）的研制和插值误差分析，主要得到以下结论：

（1）在广义交叉验证中，RTGCV 波动具有一定的规律，在 1.0%～2.0%范围内变化，且具有显著的周期特征。由于夏季相对湿度空间差异较冬季不明显，因此冬季插值误差相对夏季偏高。1961 年以来相对湿度格点月值平均均方根误差为 1.62%，表明格点数据具有比较好的精度和较为理想的插值效果。

(2)全国范围内，冬、春、夏、秋 4 个季节分别有 36.3%、38.4%、38.3%、34.1%台站偏差在±1%/月以内，95.2、94.8%、96.8%、95.8%台站偏差在±5%/月以内；平均误差分别为 0.002%/月、0.013%/月、0.008%/月、0.007%/月。分析值与站点实测值间的相关系数平均达 0.89(通过 0.01 的显著性检验)。29.5%的样本，其分析值与站点实测值间的偏差在±1%/月以内；62.1%的样本，其分析值与站点实测值间的偏差在±2%/月以内；90.5%的样本，其分析值与站点实测值间的偏差在±5%/月以内。

(3)各个季节，相对湿度插值误差没有显著空间特征。我国西北地区、西南地区，以及台站稀疏地区相对误差偏大。冬、春、夏、秋 4 个季节分别有 23.8%、23.6%、26.5%、21.5%台站相对误差在±1%/月以内，79.0%、76.9%、84.6%、77.6%台站相对误差在±5%/月以内；平均相对误差分别为 0.431%/月、0.439%/月、0.286%/月、0.382%/月。

(4)CR 数据集能够比较细致、准确地反映我国相对湿度场的主要空间特征，能够较好地展现长江以南地区、黄河以南长江以北地区、西北地区、天山南北麓、塔里木盆地等大地形的相对湿度变化特征。由于青藏高原台站稀少，格点数据集对该地区空气相对湿度特征的刻画是否合理很难给出定性和定量的判断。无论针对全国平均相对湿度序列，还是不同海拔高度代表站年平均相对湿度序列，CR 数据集均能反映出与台站实测值基本一致的气候变化趋势。

4.3.4 风速资料的网格化

风是空气相对于地面的水平运动，它改变了各地的温度、湿度等，影响天气的变化，因此对于地球上的热量和水汽的水平输送起着很重要的作用。风既是气候模式的重要输入参数，也是大气污染物扩散模型中的必要参量。风同时也是一种资源，近年来我国风电建设快速发展，风场分析对风力发电厂的选址至关重要。此外，在桥梁、高层建筑等设计中，需要考虑当地的风场和风频次分布等，作为设计依据以保证建筑安全。因此，长序列的风速观测资料，不仅是气候分析和大气环境研究中不可缺少的要素，也为其他行业如风电、光电和建筑设计等提供了重要的科学数据支撑。

国家气象信息中心基于基础资料专项成果最新整编的中国国家级地面气象站均一化平均风速要素资料，利用薄盘样条法 (TPS)结合三维地理空间信息进行空间插值，建立了 1951 年至今的中国地面水平分辨率 0.5°×0.5°的月值风速格点数据。在此基础上，从交叉验证、误差分析和气候学检验角度对格点数据进行评估分析。评估结果表明，1951—2015 年累年平均的平均风速分析值(插值结果)相对于观测值的广义交叉验证值(RTGCV)为 0.15～0.2 m/s，均方根误差(RMSE)为 0.09 m/s，所用的插值模型对实际风速场的插值效果较好，且插值精度较高。

4.3.4.1　资料与方法

(1)资料

格点化所用资料是基于基础资料专项最新整编的中国国家级地面气象站均一化气象要素资料。由图 4.38 中国国家级地面观测站的台站历史演变情况可见，从 20 世纪 50 年代初开始至 60 年代初的大约 10 年间，随着气象台站的陆续建立，台站数据的完整性不断提高，数据的网格覆盖率(有数据的网格数占整个区域网格总数的百分比)也迅速提高。气象观测站从 50 年代初的不足 200 站迅速增加至 2000 站，全国网格覆盖率由低于 10%提升至 35%以上，东部地区提升至 70%以上。60 年代后的台站数目、数据完整性、网格覆盖率都优于 60 年代前，因此选取 1961 年后的观测数据进行格点化。

为了尽可能地保留台站观测数据的信息，格点数据分辨率的选取需考虑参与格点化的台站空间密度(Sinha et al.,2006)。统计台站与周围邻近站点的最短距离可知，90%以上的台站与周围站间的最短距离集中在 5～70 km，并且主要分布在中国东部地区(100°E 以东)。2 台站间的平均距离为 33.4 km，最远距离为 366.4 km(位于西藏)，最短距离为 2.2 km(位于陕西)。综合考虑，选取 0.5°×0.5°的网格水平分辨率是合理的。

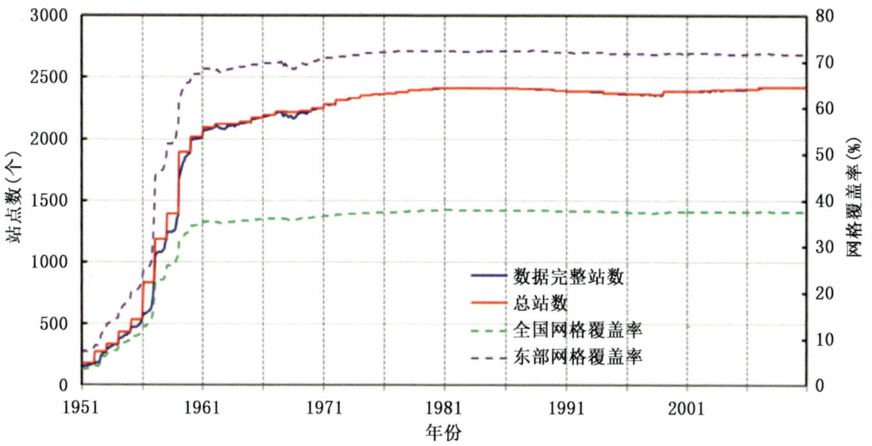

图 4.38　1951—2010 年中国国家级地面观测站的台站历史演变情况

(2)TPS 空间插值方法

局部薄盘光滑样条方法，除普通的样条自变量外，可引入线性协变量子模型，如温度和海拔之间、降水和海岸线的关系等，其理论统计模型见公式(4.7)。

澳大利亚科学家 Hutchinson 基于薄盘样条理论编写了针对气候数据曲面拟合的专用软件 ANUSPLIN，软件提供了一系列统计参数：平均值、方差、标准差、拟合曲面参数的信号自由度(signal)、光顺参数(RHO)、广义交叉验证(GCV)和均方误差(MSE)的平方根。signal 指示了拟合曲面的复杂程度，被用于判断曲面拟合的质量。RHO 平衡了拟合曲面的精确度与平滑度。RHO 非常小，和 signal 达到最大(等于节点数)或者相反都预示着拟合过程找不到光顺参数的优化值，说明数据点可能过于稀疏。在以月为单位拟合曲面时，signal 的值应有平稳的月间过渡，明显地背离过渡趋势意味着该月插值曲面可能存在系统误差。最佳模型的判别标准：GCV 最小和信噪比 SNR(信号自由度与剩余自由度之比)最小。一般 signal 应小于站点的一半，即 SNR<1。

制作平均风速格点产品时，选择三变量局部薄盘光滑样条函数(经度、纬度和海拔高度为自变量)，样条次数设置为 2。

4.3.4.2　数据质量检验与评估指标

ANUSPLIN 中提供了一系列用于判读误差和插值精度的统计参数。这里采用广义交叉验证 RTGCV(GCV 的开方值)、平均偏差(MBE)、绝对偏差(MAE)、均方根误差(RMSE)等统计指标评估格点数据的误差。交叉验证方法是先逐个移去数据样点，然后对该数据样点进行拟合,通过比较数据样点的拟合值与观测值之间的差异,评估插值模型的拟合效果。这种方法相比通过采用站点观测值与最近格点拟合值的比较评估插值模型效果的方法更为准确和可信。

4.3.4.3 评估结果与分析

(1)交叉验证分析结果

根据所有站点广义交叉验证值的平方根(RTGCV)评判插值模型的优劣。图 4.39 给出了 1951 年 1 月至 2015 年 12 月平均风速的 RTGCV 随时间演变情况。可以看出,总体上平均风速的 RTGCV 呈逐渐减少趋势,且存在明显的季节变化特征。以 2010 年 1 月至 2015 年 12 月平均风速的 RTGCV 为例,RTGCV 变化范围为 0.15～0.2 m/s,冬季最大,春秋次之,夏季最小。这主要是由不同季节的风速变率不同导致的,冬季风速变化幅度最大,春秋次之,夏季最小。这与平均风速的均方差变化一致(图略)。

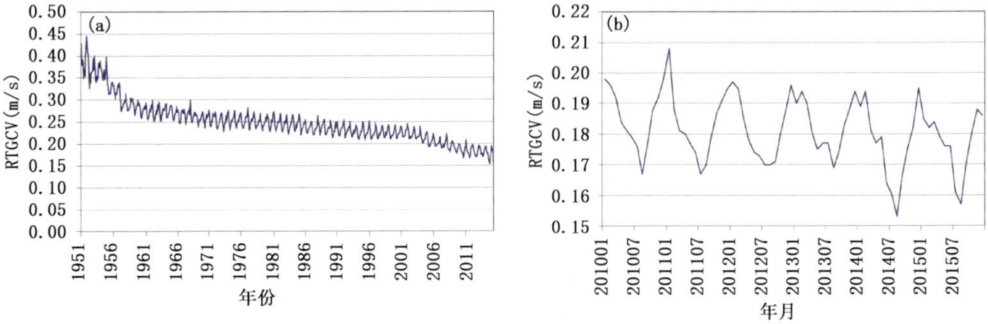

图 4.39 月平均风速 RTGCV 的逐月变化

(a)1951 年 1 月至 2015 年 12 月;(b)2007 年 1 月至 2015 年 12 月

(2)误差分布

为反映格点数据的平均误差,图 4.40 给出了 1951—2015 年累年平均的平均风速分析值与观测值的平均偏差分布。总体上,全国风速的平均偏差主要集中在±0.6 m/s 间。平均风速的平均偏差在部分地区较大,主要分布在我国的云南北部、新疆北部、黄河河套和东北的东

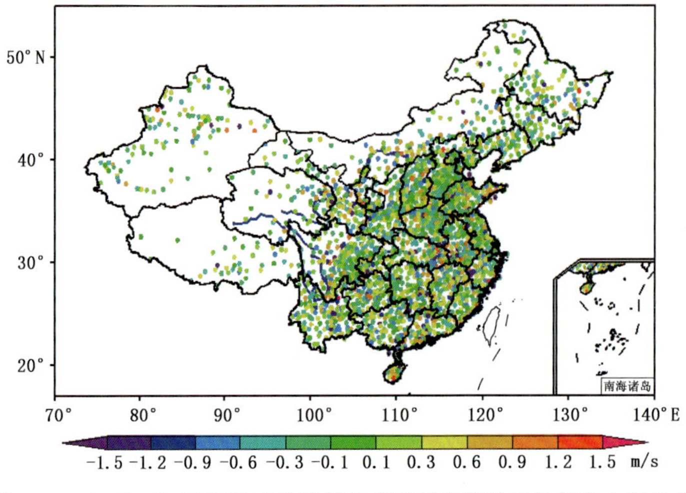

图 4.40 1951—2015 年风速分析值相对于观测值的平均偏差空间分布

部等地区。此外，统计分析了 1951—2015 年平均风速的分析值与观测值的平均偏差频率（图 4.41）。可以看出，平均偏差的频率基本呈正偏态分布，且 80%以上的平均偏差集中在±0.6 m/s 间，与空间分布情况一致。

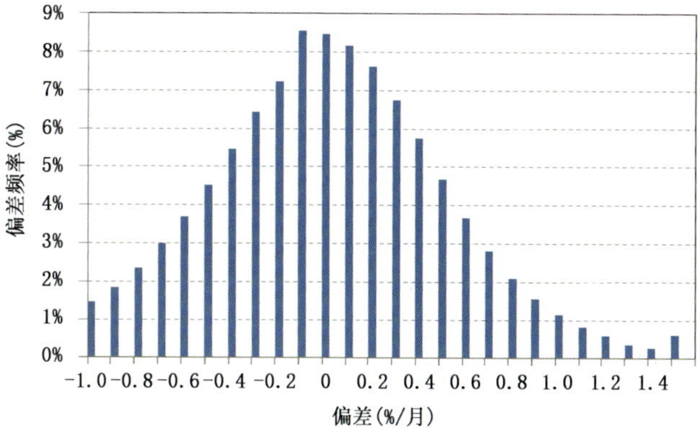

图 4.41　平均风速月值偏差频率分布

（3）误差季节差异

表 4.13 统计了平均风速在不同季节的广义交叉验证值（RTGCV）、均方根误差（RMSE）。从统计结果看，RMSE 随季节的变化差异不明显，RTGCV 值在冬季相对最大，其他季节相对较小。

表 4.13　各季节/年平均风速的误差统计表（单位：m/s）

时段	RTGCV	RMSE
春季	0.23	0.09
夏季	0.24	0.09
秋季	0.25	0.09
冬季	0.26	0.10
年	0.25	0.09

4.3.4.4　气候学检验

（1）气候态空间分布

统计 1961—2015 年多年气候平均的年平均风速，比较格点风速与站点风速空间分布的差异。从中国地区多年平均地面风速的空间分布（图 4.42）可以看出，格点风速与站点风速空间

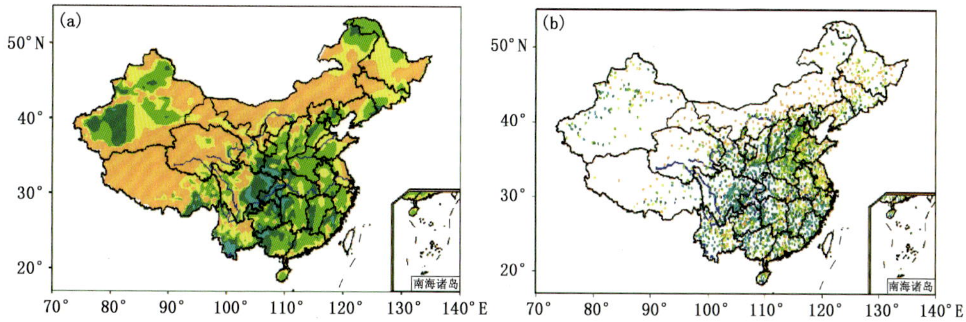

图 4.42　1961—2015 年中国年平均风速空间分布（a 图为格点数据，b 图为站点数据，单位：m/s）

分布比较一致。格点风速值较大的地区主要在青藏高原、东北、内蒙古的东北部以及渤海湾、东部狭长的海岸线上，新疆西部、四川盆地、贵州以及湖南西部等地的平均风速较弱。格点数据很好地反映了中国几个大风区（风能），且与站点风速的分布比较一致。

我国属季风性气候区，季节性不仅表现在风向上也体现在风速值上。从格点数据多年平均的各季节代表月份的（1 月、4 月、7 月、10 月）月平均风速的空间分布图（图 4.43）可以看出，

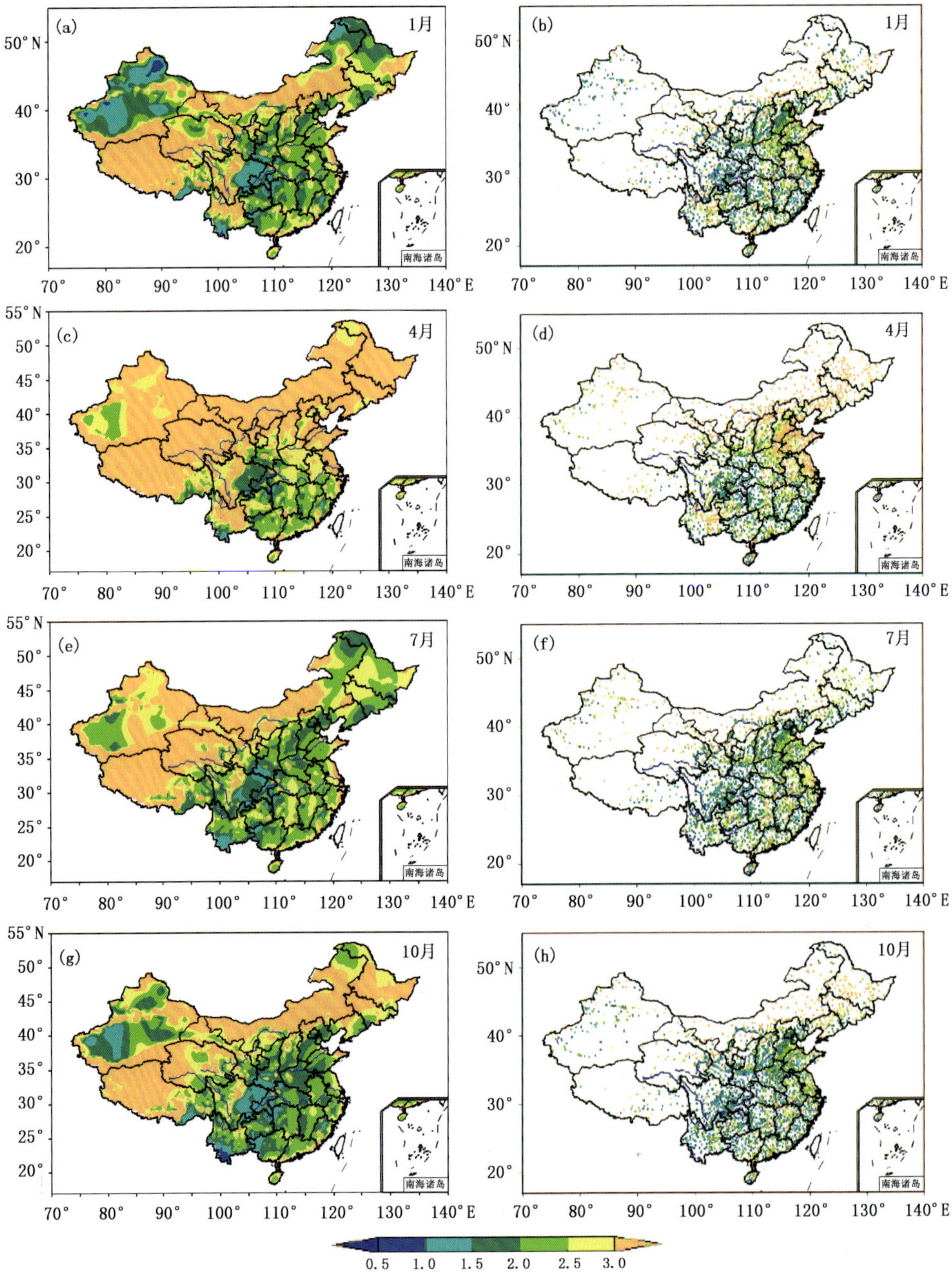

图 4.43　1961—2015 年中国各季节风速空间分布（以 1 月、4 月、7 月、10 月代表）
（左图为格点数据，右图为站点数据，单位：m/s）

各季节代表月份平均风速的空间分布与站点风速的空间分布非常相似，风速较大区的分布与年平均风速基本一致，春季风速较大的地区相对其他季节范围更大。

(2)年际变化差异

利用格点数据和站点资料计算了 1961—2015 年我国年平均风速距平。从图 4.44 可以看出，格点数据和站点资料反映出的平均风速逐年演变趋势基本一致，两者在近 60 年的相关为 0.93。可以认为格点数据具有相当高的可信度。格点数据清晰地表现了中国近 60 年风速的变化特征：近 60 年来风速呈不断下降趋势，1970 年代以后风速下降更为明显。

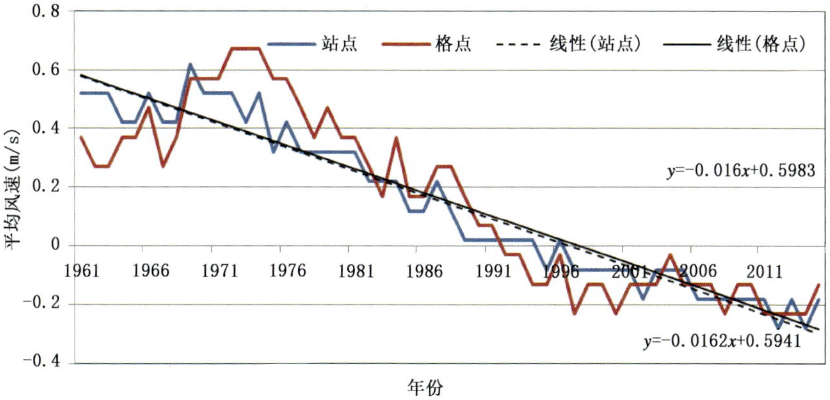

图 4.44　1961—2015 年年平均风速距平序列的时间演变

(3)气候变化趋势

图 4.45 给出了格点数据和站点资料的 1961—2015 年全国年平均风速变化趋势的空间分布。从图中可以看出，与站点资料变化趋势的空间分布基本一致，格点数据反映出了全国近 60 年来风速变化总体上呈下降的趋势，我国北方风速下降趋势相比南方更加明显，部分地区风速下降趋势超过 0.3 (m/s)/10a。

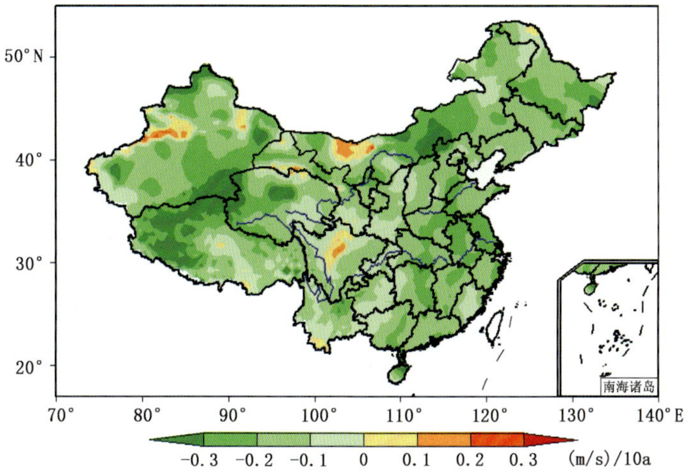

图 4.45　1961—2015 年我国平均风速变化趋势的空间分布

4.3.4.5　主要结论

利用 1951 年至 2015 年的中国国家级地面气象站均一化风速资料进行空间插值，建立 60 多年中国地面 0.5°×0.5°的均一化风速格点数据集。从数据的误差分析、气候态风速空间分布、年际变化和气候变化趋势等角度对格点数据进行检验，评估其可信度。主要结论如下：

(1)根据交叉验证结果，平均风速的 RTGCV 主要在 0.15～0.2 m/s 间波动。说明所用的插值模型对实际风速场的插值效果较好。

(2)1951—2015 年累年平均的平均风速的预测值(插值结果)与观测值的平均偏差主要集中在±0.6 m/s 间，平均风速的 RMSE 为 0.09 m/s。可以认为，格点风速数据的插值精度较高。

(3)风速格点数据所反映的气候态空间分布合理，能反映中国的风场分布特征。说明风速格点数据的可信度较高，能够应用于中国区域的气候变化研究。

第 5 章　气象站站址变动对观测资料的影响评估

本章首先综述气象站站址变动影响研究进展，介绍气象站站址变动影响评估方法、指标，站址变动对比观测数据集和站址变动对观测资料的影响。最后详细介绍分别位于华北、华中以及西北地区的河北、湖北、甘肃和新疆等省(区)的站址变动对观测资料的影响分析评估方法和结果。

5.1　气象站站址变动影响研究综述

5.1.1　气象站站址变动影响研究进展

气象台站站址变动是引起气候资料非均一性的主要原因之一。从事气候资料处理和均一性研究的专家、学者对气象台站站址变动情况非常关注。较早在国家“八五”气象攻关项目中，就已开展了中国气象台站历史沿革数据库的建设工作，建立了 400 站的“中国地面气象台站历史沿革数据库”，分析了 1950 年以来的迁站情况。吴增祥(2005)研究了气象台站历史沿革信息及其对观测资料序列均一性影响，指出 1949 年后全国有 81%的地面基准气候站，在其确定为基准站之前曾迁移过站址，有 70%的地面基本气象站有过 1 次以上的迁站记录。

近年来，由于城镇化等原因造成地面气象台站周围环境发生较大变化，迁站行为较为频繁。从中国气象局到各省(区、市)气象局，气象观测站网管理人员和气象资料处理工作者对迁站行为加强了管理和资料分析。2006 年起，新疆、广西、山东等省(区)气象局先后针对某些迁站过程，研究分析了新旧站址主要气象要素的差异，结果表明，一般情况下，新址的气温比旧址偏低、新址的相对湿度比旧址偏大、新址风速比旧址偏大；风向上，旧址静风频率比新址偏高。引起这些变化的主要原因是城市热岛效应和站址周围环境差异。

美国加利福尼亚州立大学的 W. C. Patzert(2007)在第 16 届气象应用大会(16th Conference on Applied Climatology)上发表了“Impacts of a weather station′s relocation on climatic records”论文，他的研究结论是，1999 年 8 月美国国家气象局将位于市中心的洛杉矶气象站迁到 6 km 以外的南加州大学校园，该站气象记录变得更冷、更干，并且极端记录也减少了。

2009—2012 年，中国气象局综合观测司对全国气象站的迁站行为进行规范和约束。根据中国气象局要求，各省(区、市)气象局申请台站迁移时，需编制“站址变动分析报告”报国家气象信息中心和中国气象局气象探测中心审查，审查通过后方可迁站。“站址变动分析报告”要求既要对拟迁台站进行资料序列完整性、区域一致性和均一性分析(即三性分析)，又要对拟迁站新旧站址的观测资料进行对比评估分析。

已有研究表明，迁站行为的发生，对气象资料长序列代表性、准确性和连续性影响非常大。

在当前快速城市化的情况下，迁站已无法避免，因此加强站址变动对气象资料的影响分析，建立气象台站新旧站址的差异评估指标，为迁站工作提供科学、合理的建议，尽量减少迁站对气象资料序列的影响，是一项重要而紧迫的工作。

5.1.2　我国地面气象站站址变动概况

基于国家气象信息中心基础气象资料建设(2010—2013)成果之一的全国国家级地面台站元数据文件，统计整理了全国 2487 个国家级台站(含撤销站)1951—2011 年的迁站情况。从统计结果看，2487 个国家级地面站中，1951—2011 年间有 3935 站次的迁站行为，迁移率为 74.4%，平均每个台站迁站 1.58 次；有 637 个站未迁移过，占总站数的 25.6%。迁站次数最多的为扬州站，1951—2011 年迁过 11 次站址。全国的迁站次数情况见表 5.1。

表 5.1　国家级台站 1951—2011 年迁站次数统计

迁站次数(次)	0	1	2	3	4	5	6	7	8	9～11 次	12 次及以上
台站数量(个)	637	735	543	311	159	66	21	5	6	1	0

图 5.1 显示了 2487 个国家级台站 1951—2011 年逐年的迁站情况。从图中可以明显看出，60 余年来经历了 3 波较大规模的迁站，第一波是 1956—1966 年，第二波是 1980 年前后，第三波是 2001 年以来的 10 年。

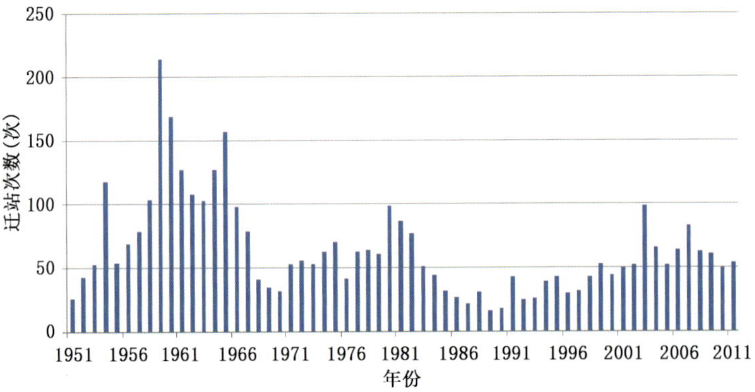

图 5.1　1951—2011 年逐年迁站次数

另外，中国气象局统计了截至 2013 年 10 月全国业务运行的 212 个基准站、630 个基本站和 1576 个一般站的站址迁移情况，见表 5.2。

表 5.2　地面气象观测站站址迁移情况统计表

站类	站数	建站至今未迁移(包括新建站)		1983 年前迁(建)站(30≤站址年限<50)		1963 年前迁(建)站(站址年限>50)		2007 年后迁(建)	
		站数	百分比	站数	百分比	站数	百分比	站数	百分比
所有站	2418	618	25.6%	613	25.4%	704	29.1%	418	17.3%
基准站	212	68	32.1%	43	20.3%	101	47.6%	24	11.3%
基本站	630	153	24.3%	142	22.5%	218	34.6%	100	15.9%
一般站	1576	397	25.2%	428	27.2%	385	24.4%	294	18.7%

来源：《全国国家级地面气象观测站和高空气象观测站探测环境调查评估报告》，2013 年。

根据中国气象局的统计结果，2007 年以来全国上报的迁站材料中 90％以上的迁站原因为探测环境破坏和城镇建设规划，这与近年来的经济建设大潮密切相关。

由于站址周围的建筑物越来越多、人口越来越密集，旧址的观测环境不符合中国气象局关于站址环境的要求。中国气象局第 7 号令《气象探测环境和设施保护办法》和国务院第 623 号令《气象设施和气象探测环境保护条例》规定了观测场围栏周围各类障碍物和设施的保护标准（表 5.3）。

表 5.3　各类气象站气象观测场围栏与周围障碍物边缘和各种影响源体边缘之间距离的保护标准

<table>
<tr><th colspan="2">站类或项目
名　称</th><th>国家基准气候站</th><th>国家基本气象站</th><th>国家一般站</th><th>太阳辐射
和日照等</th></tr>
<tr><td rowspan="2">与障碍物距离</td><td>成　排</td><td>≥障碍物高度的 10 倍或障碍物遮挡仰角≤5.71°</td><td>≥障碍物高度的 10 倍或障碍物遮挡仰角≤5.71°</td><td>≥障碍物高度的 8 倍或障碍物遮挡仰角≤7.13°</td><td rowspan="6">在日出、日落方向障碍物的高度角≤5°；四周障碍物不得遮挡仪器感应面</td></tr>
<tr><td>孤　立</td><td>≥障碍物高度的 10 倍或障碍物遮挡仰角≤5.71°</td><td>≥障碍物高度的 8 倍或障碍物遮挡仰角≤7.13°</td><td>≥障碍物高度的 3 倍或障碍物遮挡仰角≤18.44°</td></tr>
<tr><td colspan="2">与铁路路基距离</td><td>>200 m</td><td>>200 m</td><td>>200 m</td></tr>
<tr><td colspan="2">与公路路基距离</td><td>>30 m</td><td>>30 m</td><td>>30 m</td></tr>
<tr><td colspan="2">与大型水体距离</td><td>>100 m</td><td>>100 m</td><td>>50 m</td></tr>
<tr><td colspan="2"></td><td></td><td></td><td></td></tr>
<tr><td colspan="2">与作物、树木距离</td><td colspan="4">观测场四周 10 m 范围内不得种植高于 1 m 的作物、树木</td></tr>
<tr><td colspan="6">生态气象监测站（含农业气象站）、酸雨监测站参照执行</td></tr>
</table>

（来源：中国气象局第 7 号令）

近年来，随着社会经济的快速发展，城市化对气象观测的影响日益严重。一方面，20 世纪 70 年代前的郊区、旷野，现已成为市区、集镇，台站周围的环境发生了巨大的变化，影响了气象资料的代表性，因此不得不迁站。另一方面，由于经济建设需要，近年来因城市建设规划被迫迁站的情况也较多。

2007 年，中国气象局组织制定了《气象台站观测环境综合调查评估方法（试行）》，随后对全国国家级气象台站的探测环境展开综合调查评估。2013 年中国气象局再次组织修订了探测环境评估方法，对全国气象台站的探测环境进行新一轮调查评估。全部地面气象观测站评估结果为优的占 18.3％，良占 45.2％，中占 25.9％，差占 10.6％（表 5.4），其中中以下等级达到 36.5％，可见探测环境状况不容乐观。

当台站周围环境不符合气象观测所要求的标准时，气象观测记录的代表性、准确性受到破坏；迁站以后，新站址的探测环境符合观测标准，气象观测记录的代表性、准确性得到保证，但是使用同一区站号的台站长时间资料序列的连续性和均一性受到影响。如何在迁站与不迁站、新址与旧址以及资料序列的代表性、准确性和连续性之间找到恰当的平衡，是当前快速城市化背景下气象观测工作面临的难点问题之一。

表 5.4　国家级地面站探测环境现状评估结果统计表

站类	站数	环境现状评估								
		平均得分	优(≥89.0)		良(75.0～88.9)		中(65.0～74.9)		差(≤64.9)	
			站数	百分率	站数	百分率	站数	百分率	站数	百分率
所有站	2418	78.6	443	18.3%	1093	45.2%	625	25.9%	257	10.6%
基准站	212	82.5	51	24.1%	125	59.0%	30	14.1%	6	2.8%
基本站	630	78.3	110	17.5%	271	43.0%	184	29.2%	65	10.3%
一般站	1576	78.1	282	17.9%	697	44.2%	411	26.1%	186	11.8%

来源:《全国国家级地面气象观测站和高空气象观测站探测环境调查评估报告》,2013 年。

5.1.3　迁站对比观测及资料

《地面气象观测规范(1979)》对迁站及对比观测提出了要求,为取得全年完整的观测资料,在旧址的观测记录应持续到 12 月 31 日,新址的正式观测记录应从 1 月 1 日开始;为了解因迁站产生的资料序列的非均一性程度,提供正确使用迁站前后资料的依据,凡新旧两地地形有明显差异者,须在新旧站址同时进行对比观测;对比观测可在迁站前进行,也可在迁站后进行;对比观测的期限为 1 月、4 月、7 月 3 个月或者 7 月、10 月、1 月 3 个月;每天进行对比观测的时间为 08 时、14 时、20 时,02 时用自记记录代替;对比观测的项目为气温(包括最高气温、最低气温)、湿度、风向、风速;对比观测资料应进行统计整理,附在当月报表后面,存档备用。

2003 年版《地面气象观测规范》(中国气象局,2003)对迁站及对比观测要求进行了修订,为了解站址迁移前后观测资料序列的差异,为正确使用迁站前后观测资料提供依据,凡新旧两地水平距离超过 2000 m,或海拔高度差在 100 m 以上或地形环境有明显差异时,迁站时须在新旧站址同时进行对比观测;对比观测的项目为气温(包括最高气温、最低气温)、湿度、风向风速、深层地温;对比观测的时间,基准站为 1 年(1—12 月),基本站和一般站为 1 月、4 月、7 月或 7 月、10 月、1 月 3 个月;对比观测的时次为 02 时、08 时、14 时、20 时 4 个时次,夜间不守班的观测站可用自记记录代替;对比观测资料应统计整理成月报表,并存档上报。

由于 1979 版《地面气象观测规范》没有要求将对比观测资料统计整理成月报表,也没有要求上报国家级资料业务单位,因此 2007 年之前的新旧站址对比观测资料只保存在省级业务单位,且以纸质档案为主,在一定程度上限制了新旧站址对比观测资料的利用和分析研究。2007 年,根据中国气象局的规定,国家一般气象站的资料业务转到国家级资料业务单位,一般站的月报资料开始上报国家气象信息中心,并且当时全国绝大多数的地面台站都实行了自动化观测。从这年开始,国家气象信息中心开始收集省级业务单位上报的国家基准站、基本站和一般站迁站时的新旧站址对比观测月报资料(简称 A—9 文件)。但是,由于早期缺乏明确、严格的业务规定和业务流程,国家级资料业务单位收集的对比观测月报资料尚难以完整,也没有经过全面的质量控制。例如,2007—2009 年,全国共有 207 个台站进行迁站,但是国家气象信息中心只收到了 55 个台站的 A—9 文件,远远少于应上报数量。部分台站存在未按规范要求完整观测的情况。

2012 年以后,中国气象局加强了对省级迁站以及对比观测资料的管理,除了要求省级业务单位上报新旧站址对比观测资料外，还要对新旧站址对比观测资料的差异进行分析、评估。同时，中国气象局要求国家气象信息中心要及时收集省级业务单位上报的新旧站址对比观测资料，并对分析报告进行审查。在此背景下，2012 年行业专项“中国近 60 年地面关键气候要素均一性检验与订正技术及站址变动影响研究”于当年启动，其中的 03 课题旨在利用典型站的新旧站址对比观测资料开展更深入的研究。

5.1.4　新旧站址对比观测差异初步分析

2011 年国家气象信息中心对 2007—2010 年有迁站对比观测的 44 个国家级地面台站(台站详情见表 5.5)进行新旧站址气温、湿度、风向风速等要素的差异分析，分别统计了对比差值的频率分布、平均差值以及标准差，新旧站址风向频率的差异以及强风的变化，新旧站址与邻近站相关性的变化等，根据不同迁站类型，具体分析了各种迁站事件中新旧站址不同要素的差异情况。

表 5.5　2007—2010 年开展了迁站对比观测的台站信息

序号	省份	站名	台站类别	迁站时间	迁站距离(m)	高度变化	周围环境(旧)	周围环境(新)	对比时期
1	河南	博爱	一般站	2008 年	3200	降低	郊外	郊外	2007 年 7 月、10 月，2008 年 1 月
2	河南	浚县	一般站	2007 年	3800	降低	乡村	乡村	2007 年 1 月、4 月、7 月
3	山东	临邑	一般站	2007 年	5000	升高	乡村	乡村	2007 年 1 月、4 月、7 月
4	山东	牟平	一般站	未迁	/	升高↑	市区	/	2009 年 1 月、4 月、7 月
5	山东	临清	一般站	2010 年	2800	未变	郊外	/	2008 年 7 月、10 月，2009 年 1 月
6	山东	东阿	一般站	2008 年	2300	降低	市区	郊外	2008 年 1 月、4 月、7 月
7	山东	长清	一般站	2010 年	6000	升高↑	农村	山顶	2009 年 7 月、10 月，2010 年 1 月
8	山东	平阴	一般站	2009 年	2570	升高↑	郊外	郊外	2008 年 1 月、4 月、7 月
9	山东	肥城	一般站	2007 年	2100	升高	郊外	市区	2007 年 1 月、4 月、7 月
10	山东	邹平	一般站	2008 年	3200	升高↑	平原	平原	2008 年 1 月、4 月、7 月
11	山东	淄博	一般站	2009 年	8600	升高	市区	乡村	2008 年 7 月、10 月，2009 年 1 月
12	山东	青州	一般站	2010 年	4500	降低	郊外	郊外	2009 年 7 月、10 月，2010 年 1 月
13	山东	临淄	一般站	2008 年	5000	降低	郊外	平原	2007 年 7 月、10 月，2008 年 1 月
14	山东	昌乐	一般站	未迁	/	升高	乡村	/	2009 年 1 月、4 月、7 月
15	山东	诸城	一般站	2010 年	2000	降低↓	郊外	郊外	2009 年 1 月、4 月、7 月
16	山东	石岛	一般站	2009 年	5000	升高	滨海	滨海	2008 年 7 月、10 月，2009 年 1 月
17	山东	汶上	一般站	未迁	/	降低	乡村	/	2009 年 7 月、10 月，2010 年 1 月
18	河南	汝州	一般站	2007 年	5000	降低	市区	郊外	2007 年 1 月、4 月、7 月
19	河南	偃师	一般站	2009 年	2300	升高↑	东郊	郊外	2009 年 7 月、10 月，2010 年 1 月
20	河南	新密	一般站	2010 年	2900	降低↓	市区	城区	2008 年 7 月、10 月，2009 年 1 月
21	河南	淅川	一般站	2009 年	7000	升高↑	乡村	郊外	2007 年 7 月、10 月，2008 年 1 月
22	广西	天峨	一般站	2008 年	4000	升高↑	集镇	山坡	2007 年 7 月、10 月，2008 年 1 月
23	江苏	沛县	一般站	2009 年	3300	升高	市区	郊外	2008 年 7 月、10 月，2009 年 1 月

续表

序号	省份	站名	台站类别	迁站时间	迁站距离(m)	高度变化	周围环境(旧)	周围环境(新)	对比时期
24	江苏	沭阳	基本站	2009 年	2000	降低	乡村	乡村	2009 年 1 月、4 月、7 月
25	江苏	连云港	一般站	2009 年	5770	降低	市区	郊外	2009 年 1 月、4 月、7 月
26	江苏	泗阳	一般站	2009 年	2200	降低	市区	市区	2008 年 1 月、4 月、7 月
27	江苏	泗洪	基本站	2007 年	3500	降低	市区	郊外	2007 年 1 月、4 月、7 月
28	安徽	颍上	一般站	2007 年	7000	升高	郊外	郊外	2007 年 1 月、4 月、7 月
29	江苏	江都	一般站	2010 年	3000	降低	郊外	郊外	2007 年 1 月、4 月、7 月
30	江苏	泰兴	一般站	未迁	/	升高	郊外	/	2008 年 7 月、10 月，2009 年 1 月
31	江苏	靖江	一般站	2008 年	5000	升高	城区	城郊	2007 年 7 月、10 月，2008 年 1 月
32	安徽	霍山	基本站	2007 年	1000	升高↑	郊外	山顶	2007 年 1—12 月
33	安徽	无为	一般站	2008 年	3000	降低	城郊	郊外	2007 年 1 月、4 月、7 月
34	江苏	句容	一般站	2009 年	4500	升高	郊外	郊外	2008 年 1 月、4 月、7 月
35	江苏	无锡	基本站	2007 年	3500	降低	市区	郊外	2007 年 1 月、4 月、7 月
36	浙江	绍兴	一般站	2007 年	14910	升高	郊外	城区	2007 年 1 月、4 月、7 月
37	浙江	平阳	一般站	2008 年	/	降低	乡村	乡村	2007 年 7 月、10 月，2008 年 1 月
38	福建	龙岩	基本站	2007 年	3700	升高↑	市郊	市郊山顶	2007 年 1 月、4 月、7 月
39	广西	田林	一般站	2008 年	/	升高	集镇	郊区	2007 年 1 月、4 月、7 月
40	广东	韶关	基本站	2009 年	/	升高↑	郊区	郊区	2009 年 1—12 月
41	广东	佛冈	基本站	2009 年	/	升高↑	郊外	郊外	2009 年 1—12 月
42	广东	五华	基本站	未迁	/	升高↑	市区	/	2009 年 1—12 月
43	广西	南宁城区	一般站	2007 年	6100	升高↑	市区	市区山顶	2007 年 1 月、4 月、7 月
44	广东	电白	基准站	2007 年	4000	升高↑	郊区	郊外	2007 年 1—12 月

注："/"表示无相关信息；"↑"表示降低或升高超过 10 m；"周围环境"信息摘自 A 文件或 A－9 文件。

5.1.4.1　对比差值差异(对比差值＝新址数据－旧址数据)

从气温、相对湿度和风速等主要要素迁站前后对比差值的频率分布情况可以看出，新旧站址气温的对比差值多数在－0.2～0.4 ℃，新旧站址相对湿度的对比差值多数在 3%左右，新旧站址风速的对比差值多数在－0.1～1.0 m/s。因此从总体看，新址的气温偏低、湿度和风速偏大。

迁站前后各要素的变化幅度表明了迁站对气象要素观测影响的程度。依据 WMO CIMO《气象仪器和观测方法》(第 4 版)规定的各气象要素观测的准确度(气温：－0.2～0.2 ℃；相对湿度：－3%～3%；风速：－0.5～0.5 m/s)统计了迁站前后各要素变化范围是否超过了规定的准确度(图 5.2)。由图可见，无论气温、相对湿度还是风速迁站前后均有 50%以上的差值超过了规定的准确度，日最低气温超过规定准确度的比例最高，为 78.4%。

从各要素的平均对比差值看，日平均气温和日最高气温的对比差值在－0.5 ℃左右，日最低气温的对比差值更低，达到－0.66 ℃，表明新址的气温普遍比旧址低，且最低气温更为敏感。相对湿度的平均对比差值为 2.6%；风速的平均对比差值为 0.58 m/s，最大风速的平均对

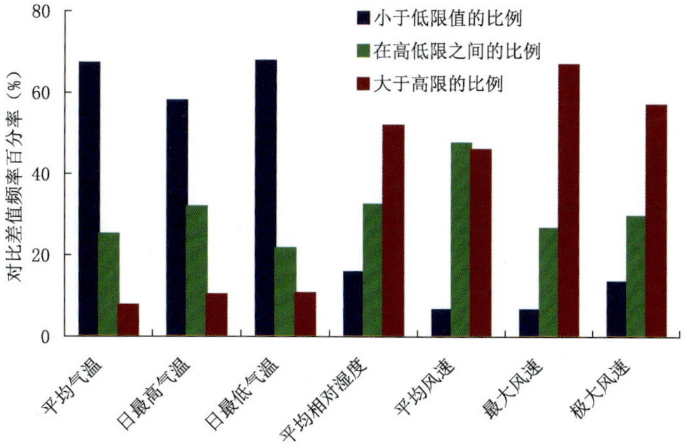

图 5.2　各要素对比差值是否超过业务准确度的分布

比差值更大一些。从各要素的标准差来看，气温要素中的日最低气温和风速中的极大风速稍大，其他要素不大。标准差的大小反映了对比差值的稳定程度，标准差大说明该要素新旧址的差异不稳定或者是新旧址的变化趋势不一致。

为比较新旧站址风向的变化，统计了定时风向。统计发现，44 个台站对比观测期间最多风向频率一致的台站只有 10 个，只占总站数的 23%。可见，迁站对风向的影响是很大的。图 5.3 是广东电白站（国家基准站）2007 年 1—12 月迁站对比观测期间的风向玫瑰图。可以看出，旧址的风向更加集中在 ESE 方向，新址在 NE、ENE、E、ESE、SE、SSE 等几个方向上的频率差不多。旧址风向的集中很可能是受某个方位高大建筑物的影响。

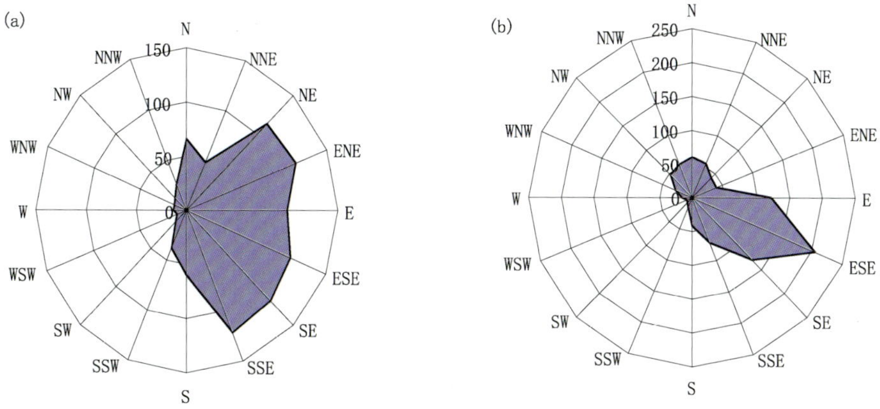

图 5.3　电白站新（a）、旧（b）站址的风向玫瑰图

另外，对比每个台站定时风速≥10 m/s 时强风的数量。新旧站址强风数量一致的台站有 22 个，占 50%；数量相差 5 个及以上的有 7 个站；新址的数量更多一些，表明新址观测的强风更多。新、旧站址最多风向和强风数量的差异，再次证明了旧址周围建筑物会降低风速、影响风向。

5.1.4.2　相关性差异

通过统计 44 个台站迁站前后与周围参考站的相关系数发现，有 24 个台站新旧站址风速(包括 3 个台站的相对湿度)的相关系数差异达到 5%以上(表 5.6)。新旧站址风速的相关差别最大，气温的相关差异最小，相对湿度的相关差异居中。绝大多数新址的风速与邻近站的相关性比旧址减小。

表 5.6　新旧站址与邻近站相关差异大的台站

台站序号	旧址			新址		
	平均气温	相对湿度	平均风速	平均气温	相对湿度	平均风速
1	0.999	0.961	0.543	0.999	0.968	0.416
2	1.000	0.987	0.958	0.999	0.976	0.903
3	0.999	0.984	0.920	0.999	0.988	0.859
4	0.998	0.966	0.858	0.999	0.983	0.801
5	1.000	0.985	0.889	0.999	0.959	0.790
6	0.998	0.952	0.813	0.996	0.919	0.760
7	0.999	0.981	0.862	0.999	0.874	0.720
8	0.998	0.978	0.800	0.998	0.976	0.697
9	0.997	0.961	0.616	0.998	0.954	0.455
10	0.980	0.976	0.836	0.999	0.988	0.675
11	0.999	0.904	0.643	0.999	0.959	0.584
12	0.998	0.823	0.450	0.998	0.906	0.305
13	0.999	0.973	0.896	1.000	0.992	0.835
14	0.999	0.990	0.853	0.999	0.982	0.724
15	0.998	0.981	0.867	0.998	0.980	0.799
16	1.000	0.979	0.830	0.999	−1.000	0.681
17	1.000	0.985	0.854	0.999	0.980	0.798
18	0.996	0.879	0.652	0.998	0.924	0.586
19	0.999	0.955	0.767	0.999	0.968	0.818
20	0.995	0.944	0.596	0.995	0.953	0.430
21	0.997	0.923	0.446	0.998	0.928	0.606
22	0.997	0.967	0.861	0.997	0.969	0.689
23	0.995	0.958	0.695	0.996	0.954	0.559
24	0.997	0.941	0.855	0.995	0.953	0.785

注：绝大多数台站计算相关的样本数是 92 或 93 个，极个别站的样本数是 365 个。

5.1.4.3　差异原因分析

(1)气温差异的影响因素

影响新旧站址气温差异最主要的原因是海拔高度和热岛效应。从海拔低的地方迁到海拔高的地方，气温会降低，反之则升高。从人口密集、建筑物多的城区迁到人口和建筑物都少的郊区或乡村，气温也会降低。

(2)湿度差异的影响因素

影响新旧站址湿度差异最主要的原因是周围环境和下垫面性质。站址周围是城区，建筑物多、植被少，湿度就小；站址周围是乡村，植被多，湿度就大。站址靠近湖泊、水库等水域，也会影响到湿度大小。

(3)风向风速的影响因素

影响新旧站址风向、风速差异最主要的原因是海拔高度和站址环境。海拔越高的地方，风速越大；站址周围建筑物越多、越高，风速越小。建筑物的多少、高低和方位还会影响风向，使得新旧站址的最多风向出现差异。

5.1.5　我国地面气象站迁站审核

根据 2011 年 6 月中国气象局综合观测司下发的《关于印发国家级地面气象观测站迁址申请材料审查办法的函》的规定和分工，国家气象信息中心负责审查“站址变动分析报告”中资料分析的相关内容，具体工作是审查观测资料序列完整性、区域一致性和均一性分析是否符合要求、方法是否正确、过程是否严谨、结论是否可信。一般要求在收到迁址申请材料后 10 个工作日内完成审查，将审查意见填写在“地面气象观测站站址迁移申请材料审查情况登记表”，并反馈至观测司。另外，还要对在申请迁址时已经完成 1 年以上(含 1 年)对比观测的台站，审查对比评估内容是否完整、统计计算是否正确、结论是否可信。2011—2012 年国家气象信息中心负责审查国家基准站、基本站和一般站的“站址变动分析报告”；2013 年以后，只负责审查国家基准站、基本站的“站址变动分析报告”，一般站的审查工作由省级业务单位负责。自 2011 年至 2015 年底，国家气象信息中心已经审查了 282 站的“站址变动分析报告”(表 5.7)。

表 5.7　2011—2015 年“站址变动分析报告”审查数量

年份	2011 年	2012 年	2013 年	2014 年	2015 年	合计
审查站数	122	85	18	40	17	282

国家气象信息中心进行“站址变动分析报告”审查工作的流程是：

(1)中国气象局观测司向国家气象信息中心下发便函，同时发送拟迁台站的迁站申请材料。

(2)国家气象信息中心组织对拟迁站的“站址变动分析报告”进行审查，根据审查结果填写“地面气象观测站站址迁移申请材料审查情况登记表”。

(3)国家气象信息中心将“地面气象观测站站址迁移申请材料审查情况登记表”上报中国气象局观测司；如果审查不通过，需要省级业务单位根据审查意见修改后重报国家气象信息中心审查。

通过地面气象观测站迁址申请材料审查，一方面加强了中国气象局对省级业务单位迁站工作的指导，另一方面提高了省级业务单位和台站人员对资料气候序列代表性、准确性和连续性的重视程度，将迁址对观测资料的影响降到最低。

5.2　气象站站址变动影响评估方法及指标

5.2.1　站址变动影响评估的思路和方法

进行气象站站址变动影响评估时，一般进行 3 个方面的统计分析工作，一是对旧址进行观测资料序列完整性、区域一致性和均一性分析(即三性分析)，二是对新旧站址相同气象要素进行差异性分析，三是建立站址变动影响定量评估指标，进行量化评估。

5.2.1.1　拟迁台站观测资料序列完整性、区域一致性和均一性分析

对拟迁台站观测资料序列的完整性、区域一致性和均一性进行分析，主要针对以下要素的月值和年值：气温(平均气温、最高气温、最低气温)、降水量、平均相对湿度、平均风速(2 分钟)。

完整性主要是根据观测资料序列月值缺测情况进行分类评估。

区域一致性分析主要是结合参考站，对年值序列采用差值比较和趋势比较 2 种方法进行分析，用到的具体统计方法如下：

(1)参考站选择。在拟迁站址邻近台站中选择与拟迁台站序列平行年代长、环境变化少、海拔高度相差较小、长年代没有迁址或其迁址时间与分析时段没有重合的 2～3 个台站，求取其平均值并截取与现址气象台站时段一致的资料序列作为参考站序列。

(2)差值比较。拟迁站与参考站年值差值＝拟迁站年值－参考站年值。

(3)一元线性回归趋势法。在估计某要素的变化趋势时，以一元线性方程对现址观测资料序列 y 进行拟合，即 $y = a + bt$，其回归系数 b 反映了趋势变化。

均一性分析主要是对拟迁台站建站以来观测的平均气温、降水量、平均相对湿度和平均风速(2 分钟)等要素的年值序列应用 t 检验方法(显著性水平 0.05)进行分析。具体分析时，以台站已知可能引起序列非均一的时间点为假设的断点，应用滑动 t 检验方法进行该时间点前后时段的显著性检验，选取与测站环境相似、距离较近、高度相差较小、序列资料平行年代长且相关系数大的站点为参考站，取其均值作为参考序列，气温和湿度资料采用差值序列进行检验，降水和风速资料采用比值序列进行检验。

5.2.1.2　拟迁新址与现址观测资料的对比评估

拟迁新址与现址观测资料的对比评估主要针对气温(平均气温、最高气温、最低气温)、降水量、相对湿度、平均风速(2 分钟)的日值、月值和年值以及定时观测的 2 分钟风向。对比评估的主要指标有日平均气温、日最高气温、日最低气温、日降水量、日平均相对湿度、日平均风速的平均差值、差值标准差；降水量对比期累计相对差值；2 分钟风向对比期相符率；平均气温、平均相对湿度、平均风速、降水量月平均值和年平均值的显著性检验。

5.2.1.3　统计方法

(1)缺测率

$$缺测率 = \frac{缺测数据量}{应有数据量} \times 100\% \tag{5.1}$$

(2)趋势计算方法

在估计某要素的变化趋势时，以一元线性方程对现址观测资料序列 y 进行拟合，即：$y=a+bt$，其回归系数 b 反映了趋势变化，即

$$b = \mathrm{d}y/\mathrm{d}t \tag{5.2}$$

(3)滑动 t 检验方法

以可能引起序列非均一的时间点为假设的断点，应用 t 检验方法进行该时间点前后时段的显著性检验。

$$t = \frac{\bar{x}_2 - \bar{x}_1}{s}\left(\frac{1}{n_1}+\frac{1}{n_2}\right)^{\frac{1}{2}}, \tag{5.3}$$

$$s = \sqrt{\frac{(n_1-1)s_1^2+(n_2-1)s_2^2}{n_1+n_2-2}} \tag{5.4}$$

式中，n_1 、n_2 为断点前后的样本长度(年数)；$\bar{x}_1$ 、$\bar{x}_2$ 为断点前后的均值；s_1 、s_2 为断点前后的方差。

(4)差值

设 A_i 为现址某要素第 i 次观测值，B_i 为相应时间拟迁新址自动站仪器观测值，则第 i 次的差值为：

$$x_i = B_i - A_i \tag{5.5}$$

(5)差值平均值

设对比观测次数为 n，则差值的平均值 $\bar{x}$ 为

$$\bar{x} = \frac{\sum_{i=1}^{n} x_i}{n} \tag{5.6}$$

(6)差值标准差

差值的标准差 σ 为

$$\sigma = \left[\frac{1}{n-1}\sum_{i=1}^{n}(x_i-\bar{x})^2\right]^{\frac{1}{2}} \tag{5.7}$$

(7)降水量累计相对差值

$$\text{相对差值} = \frac{\sum_{i=1}^{n} x_i}{\sum_{i=1}^{n} A_i} \times 100\% \tag{5.8}$$

(8)风向相符率

只有观测风速大于 0.2 m/s 时，才统计风向相符率。拟迁新址与现址风向角度差小于 22.5°，即认为两者相符。

$$\text{相符率} = \frac{\text{相符次数}}{\text{对比总次数}} \times 100\% \tag{5.9}$$

(9)现址与拟迁新址观测数据差异的显著性检验

利用现址近 20 年的观测要素数据月(年)平均值序列，对拟迁新址平行观测期的月(年)平均值进行显著性检验。

假设 x_0 为平行观测期的某要素月(年)平均值，样本容量为 n 月(年)，这 n 月(年)人工观测的相应要素月(年)平均值的样本序列为 $x_1, x_2, \cdots, x_i, \cdots, x_n$，统计量

$$t=\frac{x_0-\overline{x}_n}{s_n}\left(\frac{n-1}{n+1}\right)^{\frac{1}{2}},\tag{5.10}$$

$$\overline{x}_n=\frac{1}{n}\sum_{i=1}^{n}x_i,\tag{5.11}$$

$$s_n=\sqrt{\frac{1}{n}\sum_{i=1,}^{n}(x_i-\overline{x}_n)^2}\tag{5.12}$$

在显著性水平 α 为 0.05(0.01)、自由度为 n 时，当 $|t|>t_\alpha$，则表示平均值 x_0 与其他年份平均值差异显著。

5.2.2 站址变动分析报告技术要求中的资料分析

5.2.2.1 拟迁台站观测资料序列完整性、区域一致性和均一性分析

对拟迁台站观测资料序列的完整性、区域一致性和均一性进行分析，主要针对以下要素的月值和年值：气温（平均气温、最高气温、最低气温）、降水量、平均相对湿度、平均风速（2 分钟）。

(1)拟迁台站观测资料序列完整性分析

对建站以来观测资料各要素按照月值统计缺测率及数据缺测年月分布状况（表 5.8），缺测率计算方法见 5.2.1.3 节。

表 5.8 某站(区站号)观测资料序列月值缺测情况统计表

要素	缺测率(%)	缺测年月
平均气温		
最高气温		
最低气温		
降水量		
平均相对湿度		
平均风速(2 分钟)		

根据观测资料序列月值缺测情况统计表（表 5.8）给出的缺测统计结果，对气温（平均气温、最高气温、最低气温）、降水量、平均相对湿度和平均风速（2 分钟）等要素的完整性进行分类评估，按某要素缺测率大小将完整性分为 4 类（表 5.9）。

表 5.9 现址观测资料完整性分类标准

分类	1 类	2 类	3 类	4 类
总缺测率(%)	0	<0.5%	0.5%～3%	>3%
完整性评估	序列完整	完整性较好	完整性一般	完整性较差

拟迁台站观测资料序列完整性的总体状况按气温（平均气温、最高气温、最低气温）、降水量、平均相对湿度和平均风速（2 分钟）等要素的分类情况进行综合分析，若 2 个要素达到 3 类或 4 类标准，则认为该台站观测资料序列完整性较差；反之，完整性较好。

(2)拟迁台站观测资料序列区域一致性分析

对建站以来观测的平均气温、降水量、平均相对湿度和平均风速（2 分钟）等要素的年值序

列，采用差值比较和趋势比较 2 种方法结合参考站进行拟迁台站观测资料序列区域一致性分析。

差值比较。计算拟迁台站观测资料序列与参考站序列的差值，并绘制逐年差值随时间变化的曲线图；分段计算拟迁台站观测资料序列和参考站资料序列每 5 年和 10 年的平均差值，绘制分段平均差值随时间变化的曲线图。基于上述对比结果的直观显示分析拟迁台站观测资料序列与参考站序列的差异。

趋势比较。对拟迁台站观测资料序列和参考站序列分别求取线性趋势，并绘制拟迁台站观测资料序列与参考站序列趋势变化曲线图，分析拟迁台站资料序列与参考站序列的趋势变化差异。趋势计算方法见 5.2.1.3 节。

参考站选择。拟迁台站观测资料序列区域一致性分析需选取合适的参考台站，首先在拟迁站址邻近台站中选择与拟迁台站序列平行年代长、环境变化少、海拔高度相差较小、长年代没有迁址或其迁址时间与分析时段没有重合的 2～3 个台站，求取其平均值并截取与现址气象台站时段一致的资料序列作为参考站序列。为保证参考站序列受城市化效应影响较小，应尽量选取乡村站或小城镇站作为参考站。同时，参考站序列应进行完整性分析，尽可能选用序列完整性较好的资料序列(参见“拟迁台站观测资料完整性分析”)。

根据对差值比较和趋势比较 2 种方法计算的平均气温、降水量、平均相对湿度和平均风速(2 分钟)等要素的计算分析结果，如果有 3 种以上要素差异较小，则认为该台站观测资料序列的区域一致性较好；反之，区域一致性较差。

(3)拟迁台站观测资料序列均一性分析

对拟迁台站建站以来观测的平均气温、降水量、平均相对湿度和平均风速(2 分钟)等要素的年值序列进行均一性分析。

基于台站翔实的历史沿革记录，对存在迁站、仪器变更、观测时间或统计方法变更、台站环境变化等有记录的时间点进行针对性的统计检验，判断在该时间是否存在不连续点。

以台站已知可能引起序列非均一的时间点为假设的断点，应用 t 检验方法(显著性水平 0.05)进行该时间点前后时段的显著性检验，如检验结果显著，则认为该点是不连续点。对于不符合正态分布的要素，需先进行正态化处理。

对每个待检的序列，在待检站周围气象台站中选择 20 个邻近站点，按距离由近及远排列，选取与测站环境相似、距离较近、高度相差较小、序列资料平行年代长且相关系数大的站点为参考站(原则上不少于 3 个)，取其均值作为参考序列。气温和湿度资料采用差值序列进行检验，降水和风速资料采用比值序列进行检验。

绘制拟迁台站历史观测资料序列均一性检验结果示意图(图 5.4)。

以断点个数的多少反映该站历史观测资料均一性的总体状况。对每个台站最终保留的不连续点进行统计，按不连续点数量将均一性分为 4 类(表 5.10)。

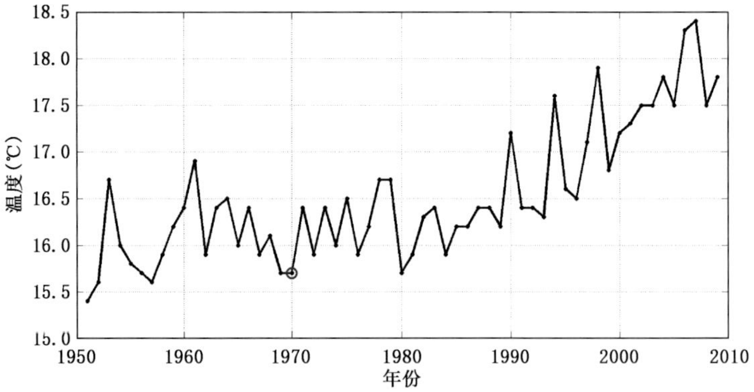

图 5.4 某站(区站号)年平均气温检验结果
不连续点(A 类):1970 年,台站迁移

表 5.10　现址观测资料均一性分类标准

	分类			
	1 类	2 类	3 类	4 类
断点数(个)	0	1～2	3～4	≥5
均一性评估	序列连续	连续性较好	连续性较差	连续性差

某台站均一性的总体状况按平均气温、降水量、平均相对湿度、平均风速(2 分钟)4 个要素的分类情况进行综合分析,若 2 个要素达到 3 类或 4 类标准,则认为该台站序列均一性较差;反之,均一性较好。

5.2.2.2　拟迁新址与现址观测资料的对比评估

对于申请迁址时已经完成 1 年以上(含 1 年)对比观测的台站,需在申请迁址时完成对比评估,并随“站址变动分析报告”一同上报;对于申请迁址时未完成 1 年以上(含 1 年)对比观测的台站,应当在对比观测满一年后 3 个月内完成对比评估,并报中国气象局观测司。对比评估完成前,不得停止新旧站址的对比观测。

拟迁新址与现址观测资料的对比评估主要针对气温(平均气温、最高气温、最低气温)、降水量、相对湿度、平均风速(2 分钟)的日值、月值、年值和定时观测的 2 分钟风向。

(1)对比观测

对比观测时间至少为 1 年,观测项目应包括气温、降水量、湿度、风向风速等主要要素。为取得完整的年气候观测资料,对比观测正式开始时间为当年的 12 月 31 日北京时 20 时。对比观测期间应加强对探测环境的保护、仪器的日常维护,减少人为因素对观测数据产生影响并能及时纠正。

(2)新址与现址观测资料对比评估

分别计算日平均气温、日最高气温、日最低气温、日降水量、日平均相对湿度、日平均风速的差值,并统计求取月和年差值平均值及差值标准差,降水量对比期累计相对差值,定时观测的 2 分钟风向对比期相符率,平均气温、平均相对湿度、平均风速、降水量月平均值和年平均值的显著性检验。

5.2.3　站址变动影响的定量评估指标

5.2.3.1　基于历史观测资料的站址变动综合评估指数

使用衡量台站资料序列完整程度的迁移度、区域气候一致性、对比资料分析结果等指标，配以权重，建立站址变动综合评估指数，可以定量评估站址变动对气象观测资料的影响。

站址变动综合评估指数的建立既考虑了站址变动因素对观测资料的影响，又结合了对比观测资料的分析评估，充分考虑了台站资料序列完整性、区域气候一致性、对比资料分析结果等影响因子，客观地综合多数专家经验与主观判断，使评价结果更加科学、合理。同时，指标等级划分源自大量资料的统计分析，并针对单个台站评价，因此该指标还具备普适性、可操作性等特点。

5.2.3.2　基于对比观测资料的站址变动综合评估指数

基于对比平行观测资料的评估分析结果，采用加权平均法确定出不同区域一个台站站址变动对气象观测资料单要素或多要素综合的定量影响评估指标。

采用评分法对逐月和年的平均气温、平均气压、平均相对湿度的 t 检验结果进行分级，将分级结果与定量评估结果相比，从台站迁址对观测资料序列的一致性角度说明定量评估指标的可行性。

5.3　气象站站址变动对比观测数据集

选取河北、湖北、甘肃和新疆 4 省（区）作为典型区域，收集整理了 4 省（区）站址变动对比观测原始数据文件，提取重点气象要素的定时观测数据，对数据进行基本的质量控制后，建立了站址变动对比观测数据集。

5.3.1　数据集台站基本信息

河北、湖北、甘肃和新疆 4 省（区）分别提供了部分迁站站点新旧站址同期原始观测月报数据文件（A 文件），依据以下原则选取了 55 个站点：

（1）有明确的迁站时间以及对比观测时间。

（2）对比观测时间至少有 1 月、4 月、7 月或 7 月、10 月、1 月 3 个月以上的时间。

（3）对比观测期间有正确格式的新旧站址 A 文件。

55 个站点的迁站信息见表 5.11，观测要素信息见表 5.12。

表 5.11　新旧址对比观测数据集台站信息

序号	省份	站名	迁站时间	对比观测时间	业务数据
1	河北	蔚县	1967-01-01	1967 年 1 月、4 月、7 月	新址
2	河北	顺平	2009-07-01	2009 年 7 月、10 月，2010 年 1 月	新址
3	河北	行唐	2013-01-01	2012 年 1—12 月	旧址
4	河北	石家庄	2013-01-01	2012 年 1—12 月	旧址
5	河北	元氏	2007-01-01	2006 年 7 月、10 月，2007 年 1 月	旧址
6	河北	临城	1995-01-01	1995 年 1 月、4 月、7 月	新址

续表

序号	省份	站名	迁站时间	对比观测时间	业务数据
7	河北	巨鹿	2008-10-1	2008 年 1 月、4 月、7 月	旧址
8	河北	武安	2012-01-01	2012 年 1—12 月	新址
9	河北	峰峰	2011-01-01	2011 年 1—12 月	新址
10	河北	永年	2009-01-01	2009 年 1 月、4 月、7 月	新址
11	河北	成安	2008-01-01	2008 年 1 月、4 月、7 月	新址
12	河北	崇礼	2013-01-01	2012 年 1—12 月	旧址
13	河北	丰宁	2009-01-01	2008 年 7 月至 2009 年 6 月	2008 年旧址，2009 年新址
14	河北	围场	2009-07-01	2008 年 7 月至 2009 年 6 月	旧址
15	河北	张家口	2012-01-01	2009 年 1 月至 2011 年 12 月	旧址
16	河北	承德	2011-01-01	2010 年 1—12 月	旧址
17	河北	兴隆	2010-01-01	2010 年 1—11 月	新址
18	河北	迁西	2012-01-01	2010 年 7 月至 2011 年 6 月	旧址
19	河北	秦皇岛	1999-01-01	1998 年 7 月、10 月，1999 年 1 月	旧址
20	河北	高碑店	2010-01-01	2010 年 1 月、4 月、7 月	新址
21	河北	易县	2012-01-01	2012 年 1—12 月	新址
22	河北	霸州	2012-01-01	2012 年 1—12 月	新址
23	河北	丰南	2009-07-01	2009 年 7 月至 2010 年 6 月	新址
24	河北	唐山	1982-01-01	1982 年 1 月、4 月、7 月	新址
25	河北	乐亭	1994-01-01	1993 年 7 月、10 月，1994 年 1 月	旧址
26	河北	保定	2011-01-01	2011 年 1-12 月	新址
27	河北	饶阳	1981-01-01	1980 年 1 月、4 月、7 月	旧址
28	河北	河间	2012-01-01	2012 年 1—12 月	新址
29	河北	青县	2011-01-01	2011 年 1—12 月	新址
30	河北	泊头	1994-01-01	1993 年 7 月、10 月，1994 年 1 月	旧址
31	河北	黄骅	1960-01-01	1960 年 1—12 月	新址
32	河北	肃宁	2009-01-01	2008 年 7 月、10 月，2009 年 1 月	旧址
33	河北	盐山	1980-01-01	1980 年 1 月、4 月、7 月	新址
34	河北	武强	2009-01-01	2009 年 1 月、4 月、7 月	新址
35	河北	冀县	2012-01-01	2011 年 7 月至 2012 年 6 月	旧址
36	河北	威县	2011-01-01	2011 年 1—12 月	新址
37	甘肃	张掖	2011-01-01	2011 年 1—12 月	新址
38	甘肃	夏河	2015-01-01	2014 年 1—12 月	旧址
39	甘肃	康乐	2013-01-01	2012 年 1—12 月	旧址
40	甘肃	灵台	2000-01-01	2000 年 1 月、4 月、7 月	新址
41	甘肃	合水	2013-01-01	2013 年 1—12 月	新址

续表

序号	省份	站名	迁站时间	对比观测时间	业务数据
42	甘肃	正宁	2013-01-01	2012 年 4 月至 2013 年 12 月	旧址
43	甘肃	碌曲	2015-01-01	2014 年 1—12 月	旧址
44	甘肃	秦安	2007-01-01	2007 年 1 月、4 月、7 月	新址
45	湖北	罗田	2011-01-01	2011 年 1—12 月	新址
46	湖北	黄梅	2011-01-01	2011 年 1—12 月	新址
47	新疆	福海	2015-01-01	2013 年 1—12 月	旧址
48	新疆	和布克赛尔	2015-01-01	2013 年 1—12 月	旧址
49	新疆	精河	2014-01-01	2013 年 1—12 月	旧址
50	新疆	呼图壁	2014-01-01	2013 年 1—12 月	旧址
51	新疆	昌吉	2009-01-01	2008 年 1—12 月	旧址
52	新疆	巴仑台	2012-01-01	2012 年 1—12 月	新址
53	新疆	新和	2011-01-01	2011 年 1—12 月	新址
54	新疆	轮台	2011-01-01	2011 年 1—12 月	新址
55	新疆	喀什	2014-01-01	2012 年 1—12 月	旧址

表 5.12　新旧址对比观测数据各要素站数

气象要素	风向风速	降水量	气温	水汽压	相对湿度	露点温度	气压
站数	55	38	55	49	55	43	41

5.3.2　数据提取和处理

1979 年版和 2003 年版《地面气象观测规范》都规定了站址迁移对比观测的必观测项目为气温(包括最高气温、最低气温)、湿度、风向、风速 4 大类,降水量和气压不是必观测项目,但考虑到这两个要素的重要性,而且多数台站都对这两个要素进行了观测,因此基于以上 6 大类观测项目制作了站址变动对比观测定时数据和日值数据。

定时数据集的要素项目包括:定时气压、定时气温、定时水汽压、定时相对湿度、定时露点温度、定时风速、定时风向。日值数据集的要素项目包括日平均气压、日平均气温、日最高气温、日最低气温、日平均水汽压、日平均相对湿度、日平均露点温度、日平均风速、日降水量。

观测项目时次为北京时 02 时、08 时、14 时、20 时。02 时数据在自动站观测以前用自记记录代替,无自记记录按缺测处理。

新旧站址同期的气象要素观测数据,一个是当时次的正式业务数据,用于业务和科研服务,另一个是对比观测数据。如果是迁站前进行对比观测,则旧址是业务数据,新址是对比数据;如果是迁站后进行对比观测,则反之。在拟迁站的对比观测期间,省级业务单位向国家气象信息中心同时报送 2 份观测数据。为了区分业务数据和对比观测数据,规定对对比观测数据加以标识。在本数据集中,为了区分业务数据和对比观测数据,也增加了标识。本数据集 55 个台站中,有 25 个是迁站前进行对比观测,29 个是迁站后进行对比观测,1 个迁站前后均进行了对比观测。

本数据集由 2 个数据实体文件组成:定时数据和日值数据。定时数据文件每行包含的内容从左至右依次是区站号,旧址经纬度和海拔高度,新址经纬度和海拔高度,年、月、日,旧址 02 时、08 时、14 时、20 时气压,旧址 02 时、08 时、14 时、20 气温,旧址 02 时、08 时、14 时、20 时水汽压,旧址 02 时、08 时、14 时、20 时露点温度,旧址 02 时、08 时、14 时、20 时相对湿度,旧址 02 时、08 时、14 时、20 时风向,旧址 02 时、08 时、14 时、20 时风速,新址 02 时、08 时、14 时、20 时气压,新址 02 时、08 时、14 时、20 时气温,新址 02 时、08 时、14 时、20 时水汽压,新址 02 时、08 时、14 时、20 时露点温度,新址 02 时、08 时、14 时、20 时相对湿度,新址 02 时、08 时、14 时、20 时风向,新址 02 时、08 时、14 时、20 时风速,以及业务数据标识(00 表示新址为业务数据;11 表示旧址为业务数据)、质量控制码。

日值数据文件每行包含的内容从左至右依次是区站号,旧址经纬度和海拔高度,新址经纬度和海拔高度,年、月、日,旧址日平均气压、日平均气温、日最高气温、日最低气温、日平均相对湿度、日平均风速、20—08 时降水量、08—20 时降水量、20—20 时降水量,新址日平均气压、日平均气温、日最高气温、日最低气温、日平均相对湿度、日平均风速、20—08 时降水量、08—20 时降水量、20—20 时降水量,以及业务数据标识(00 表示新址为业务数据;11 表示旧址为业务数据)、质量控制码。

5.3.3 数据质量控制

本数据集气温、相对湿度、风向风速等气象要素采用的质量控制方法有界限值检查和内部一致性检查。

(1)界限值检查

本数据集对对比观测的风向、风速、气温、相对湿度、露点温度、气压和地温进行了界限值检查。各个要素的界限值范围参考了气象行业标准《地面气象观测资料质量控制》(QX/T 118—2010),界限值范围如下:

风向:0°～360°或者 16 方位和静风。

风速:0～75 m/s。

气温:−80～60 ℃。

相对湿度:0～100%。

露点温度:−80～35 ℃。

气压:300～1100 hPa。

(2)内部一致性检查

定时气温≥定时露点温度。

日最低气温≤定时气温≤日最高气温。

5.3.4 数据集应用

本数据集第一次建立了同一站号、站名,但不同观测地址和观测环境的同期观测数据。本数据集的站点分布在我国华北、西北、华中等典型区域,基本上代表了我国的大气候区。本数据集公开发布后可以供从事迁站管理的管理人员和迁站分析的技术人员使用,为进一步分析迁站影响奠定基础。

5.4　站址变动对观测资料的影响分析

5.4.1　河北省站址变动对气象资料的影响

5.4.1.1　背景、目的和意义

随着人口增长和城市化的不断发展，气象台站的观测环境不断遭到破坏，原有站址的观测环境已经不能满足观测要求，加上城镇规划以及大型工程等建设需求，近几十年来气象观测站址不断迁移，尤其 20 世纪 90 年代后出现成批迁移的情况。站址变动后，由于新旧站址观测环境的差异，可能造成长期观测序列出现不连续。为解决此问题，研究迁址对观测资料造成的影响，并为今后开展研究和服务提供科学依据。

河北省位于华北地区中南部，处于中温带—暖温带半干旱半湿润气候区，地形呈多样化，有高原、山地、平原、沿海和盆地，几乎包含了华北地区各类气候特点。选择河北省代表华北区域研究台站迁移的影响具有代表性、客观性和科学性。

5.4.1.2　典型代表站的选取

(1)台站建站和迁移情况

河北省有国家级气象观测站 142 个，建站或开始观测时间在 1951—1974 年之间，主要集中在 1954—1965 年、1970—1974 年 2 个时段。1957—1960 年、1964 年和 1972 年建站较多。

20 世纪 50 年代以来，河北省几乎每年都有台站迁址。70 年代前迁址次数占 45.2%，多数因工作及生活不便、临时站等原因迁址；80 年代后，观测环境不断恶化，迁址频率不断增加，80 年代迁址 18 个站次，90 年代 29 站次，21 世纪前 10 年上升到 58 站次(占 26.2%)，2011 年至 2013 年 1 月 16 站次，此时期迁址原因多为观测环境受到破坏或城镇规划。截至 2014 年 1 月，河北省共迁址 221 站次，118 站有迁址史，占 83.1%；24 站未迁址，占 16.9%。73 站迁址 2 次以上，占 51.4%。68 站水平迁距为 2 km 及以上，占 47.9%，18 站在 5～10 km 之间，占 12.7%，18 站超过 10 km，占 12.7%；1 站海拔高差超过 100 m。

迁站主要原因有环境破坏、城市规划、生活艰苦、重大工程及其他。涉及环境遭到破坏迁站次数最多，占 43.0%，城镇规划占 25.3%，解决工作或生活不便、原站址硬件较差、解决临时用地、自然灾害致原址遭到破坏等原因占 28.1%，为配合国家或省重点工程建设占 3.6%。

(2)气象资料对比观测情况

20 世纪 90 年代前，台站迁址时大多没有进行对比观测，仅部分站有 3～4 个月对比资料。截至 2014 年初，河北省共收集到 50 站次(涉及 48 站)对比观测资料，唐山 2008 年的对比资料丢失，还剩 49 站次(涉及 48 台站)。站点分布见图 5.5。

对 49 站次(涉及 48 台站)迁址情况进行统计(表 5.13)。按台站类别划分，基准站 4 站次，基本站 10 站次、一般站 35 站次；按迁移时间划分，90 年代前 5 站次，90 年代后 44 站次；按迁站次数划分，迁移 1 次的 16 站，迁移 2 次的 16 站，3 次的 14 站，4 次的 2 站。从迁移距离看，水平迁移距离在 0.5 km 以下的 2 站次，0.5～1 km 之间的 3 站次，1～2 km 之间的 11 站次，2～3 km 之间的 11 站次，3～5 km 之间的 8 站次，5～10 km 之间的 9 站次，10～20 km 间的 3 站次，大于 20 km 的 2 站次；垂直迁移上，大部分高度变化都在 10 m 之内，超过 20 m 的有

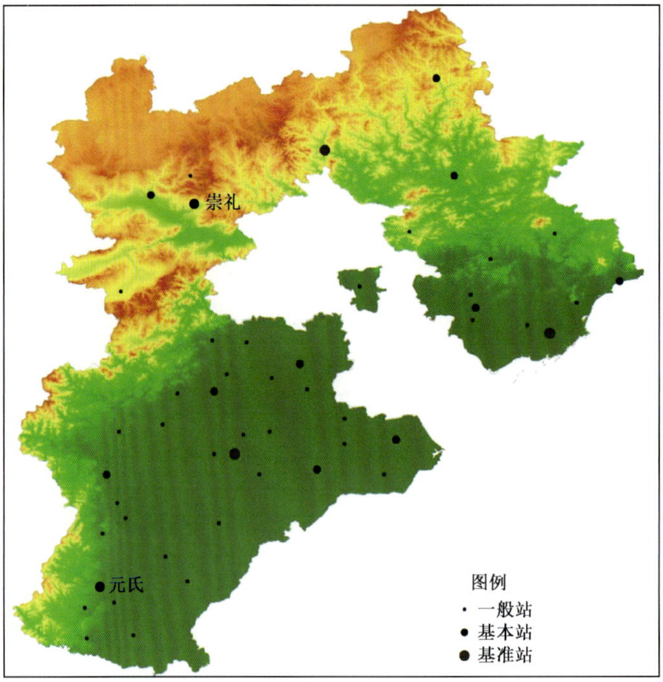

图 5.5　河北省 48 个有对比观测资料的站点分布

10 站次，仅兴隆和丰宁超过 50 m。

目前，49 站次对比观测资料均已信息化。各站对比观测时段和观测要素见表 5.14。

表 5.13　迁移时间、迁站次数、台站类别分布

项目	分布明细						
迁移时间	时间	1960 年代	1970 年代	1980 年代	1990 年代	2001—2010 年	2011—2013 年
	站数	2	1	2	5	17	21
分类台站数	类别	基准站		基本站		一般站	
	市级站数	0		6		1	
	县级站数	3		5		33	
迁站次数	次数	1 次	2 次	3 次	4 次	5 次	6 次
	站数	16	16	14	2	0	0

表 5.14　有对比观测的站点一览表

站名	迁站次数	迁站时间	水平距离（m）	垂直距离（m）	对比观测时间	有否以下对比观测要素（“√”表示有）										
						风向风速	降水量	干球温度	湿球温度	水汽压	相对湿度	露点温度	气压	地温	蒸发	日照
临城	1	1995-01-01	9500	−9.4	1995 年 1 月、4 月、7 月	√		√	√	√	√					
易县	3	2012-01-01	1506	−5.7	2012 年 1—12 月	√	√	√		√	√	√	√	√		
行唐	1	2013-01-01	2900	−4.1	2012 年 1—12 月	√	√	√		√	√	√	√	√		

续表

站名	迁站次数	迁站时间	水平距离（m）	垂直距离（m）	对比观测时间	有否以下对比观测要素（“√”表示有）										
						风向风速	降水量	干球温度	湿球温度	水汽压	相对湿度	露点温度	气压	地温	蒸发	日照
巨鹿	2	2008-10-01	6000	−3.9	2008 年 1 月、4 月、7 月	√		√	√	√	√	√				
徐水	4	2009-07-01	2000	−3.0	2009 年 6 月	√	√	√	√	√	√	√	√	√	√	√
沧州	3	2000-03-01	2355	−2.3	1999 年 8—12 月		√	√	√	√	√	√		√		
饶阳	1	1981-01-01	465	−1.9	1980 年 1 月、4 月、7 月	√		√		√	√					
泊头	3	1994-01-01	30000	−1.3	1993 年 7 月、10 月，1994 年 1 月	√		√		√	√					
武强	1	2009-01-01	4800	−1.3	2009 年 1 月、4 月、7 月	√		√			√					
盐山	2	1980-01-01	8000	−0.6	1980 年 1 月、4 月、7 月	√		√		√	√	√				
保定	2	2011-01-01	12900	−0.4	2011 年 1—12 月	√	√	√		√	√	√	√	√		
威县	3	2011-01-01	1600	−0.4	2011 年 1—12 月	√	√	√		√	√	√	√	√		√
河间	3	2012-01-01	2100	−0.3	2012 年 1—12 月	√	√	√		√	√	√	√	√		
秦皇岛	2	1999-01-01	12000	−0.2	1998 年 7 月、10 月，1999 年 1 月	√		√		√	√					
乐亭	2	1994-01-01	2500	0.0	1993 年 7 月、10 月，1994 年 1 月	√		√		√	√					
青县	1	2011-01-01	1300	0.0	2011 年 1—12 月	√	√	√		√	√	√	√	√		
霸州	1	2012-01-01	6390	0.2	2012 年 1—12 月	√		√		√	√	√	√	√		
肃宁	2	2009-01-01	1390	0.3	2008 年 7 月、10 月，2009 年 1 月	√		√		√	√	√				
高碑店	4	2010-01-01	1000	0.4	2010 年 1 月、4 月、7 月	√	√	√		√	√	√	√	√		
永年	1	2009-01-01	3500	0.7	2009 年 1 月、4 月、7 月	√	√	√	√	√	√	√	√	√	√	√
雄县	1	2007-01-01	5000	0.9	2007 年 1 月	√		√	√		√					
顺平	1	2009-07-01	1940	1.2	2009 年 7 月、10 月，2010 年 1 月	√	√	√		√	√	√	√	√		
成安	1	2008-01-01	5300	1.2	2008 年 1 月、4 月、7 月	√		√	√	√	√	√	√			
唐山	3	1982-01-01	3700	1.9	1982 年 1 月、4 月、7 月	√		√		√	√					

续表

站名	迁站次数	迁站时间	水平距离(m)	垂直距离(m)	对比观测时间	有否以下对比观测要素（"√"表示有）										
						风向风速	降水量	干球温度	湿球温度	水汽压	相对湿度	露点温度	气压	地温	蒸发	日照
黄骅	3	1960-01-01	31680	2.6	1960 年 1—12 月	√	√	√	√	√	√	√	√		√	
冀县	3	2012-01-01	4000	2.7	2011 年 7 月—2012 年 6 月	√	√	√		√	√	√	√	√		
蔚县	1	1967-01-01	20000	3.3	1967 年 1 月、4 月、7 月	√		√			√					
昌黎	2	2011-01-01	1630	3.9	2010 年 10—12 月	√	√	√		√	√	√	√	√	√	√
丰南	1	2009-07-01	3000	4.5	2009 年 7 月—2010 年 6 月	√	√	√		√	√	√	√	√		
石家庄	1	2013-01-01	6730	21.9	2012 年 1—12 月	√	√	√		√	√	√	√	√		
峰峰	1	2011-01-01	1000	22.9	2011 年 1—12 月，1 月大量缺测	√	√	√		√	√	√	√	√		
青龙	1	2010-01-01	400	27.1	2009 年 7—12 月	√	√	√		√	√	√	√	√		
迁西	3	2012-01-01	2861	28.2	2010 年 7 月—2011 年 6 月	√	√	√			√		√			
承德	3	2000-01-01	4500	−8.7	1992 年 1 月、4 月、7 月	√	√	√		√	√	√	√	√		
承德	3	2011-01-01	5000	36.4	2010 年 1—12 月	√	√	√		√	√	√	√	√		
武安	2	2012-01-01	5880	46.4	2012 年 1—12 月	√	√	√		√	√	√	√	√		
张家口	2	2012-01-01	2400	48.6	2009 年 1 月—2011 年 12 月	√	√	√		√	√	√	√	√		
围场	2	2009-07-01	1900	49.9	2008 年 7 月—2009 年 6 月	√	√	√		√	√	√	√	√		
兴隆	2	2010-01-01	1800	50.0	2010 年 1—11 月	√	√	√		√	√	√	√	√		
丰宁	1	2009-01-01	920	73.9	2008 年 7 月—2009 年 6 月	√	√	√		√	√	√	√	√		
崇礼	2	2013-01-01	2280	−8.2	2012 年 1—12 月	√	√	√		√	√	√	√	√		
元氏	3	2007-01-01	6000	25.7	2006 年 7 月、10 月，2007 年 1 月	√		√			√					
文安	3	2014-01-01	2830	2	2013 年 1—12 月	√	√	√		√	√	√	√	√		
安平	2	2014-01-01	7100	3.1	2013 年 1—12 月	√	√	√		√	√	√	√	√		
定州	3	2014-01-01	2560	13.4	2013 年 1—12 月	√	√	√		√	√	√	√	√		
高邑	2	2014-01-01	4100	4.4	2013 年 1—12 月	√	√	√		√	√	√	√	√		
丰润	3	2014-01-01	1700	1.7	2013 年 1—12 月	√	√	√		√	√	√	√	√		
大厂	2	2014-01-01	2500	−1.4	2013 年 1—12 月	√	√	√		√	√	√	√	√		
滦南	2	2014-01-01	1980	−0.4	2013 年 1—12 月	√	√	√		√	√	√	√	√		

(3)代表站的选取

48 个对比序列中,26 站有 1—12 月的资料、1 站有 1—11 月资料,威县对比资料差异原因不清舍弃不用,最后选择 26 站(图 5.6)的资料对年变化分区域进行评估。将 26 站划分为 3 个区域:平原区、高原山区、沿海区(表 5.15)。

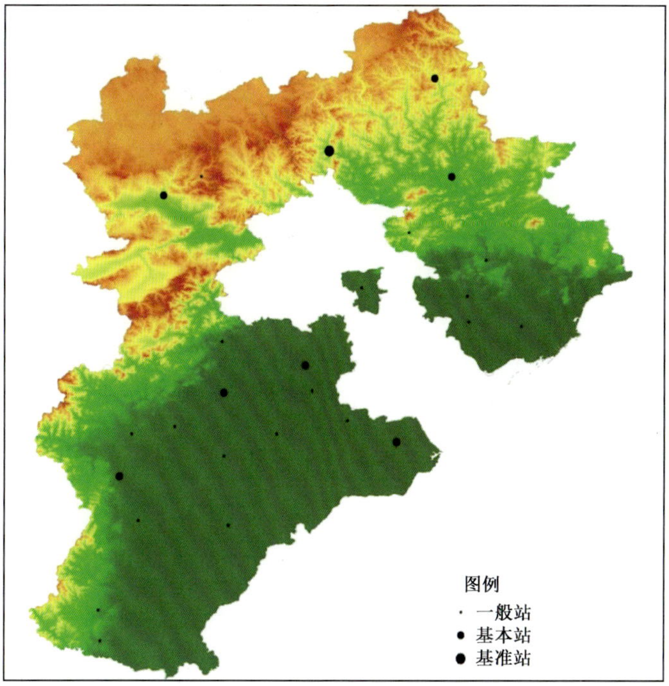

图 5.6　26 个对比评估分析站点分布

选择迁站前后同一站址观测时段满 20 年,且有 11～12 个月对比观测资料的 17 站开展 t 检验(图 5.7),并舍弃威县。因此,t 检验站为 16 个(行唐、霸州、黄骅、丰南、石家庄、张家口、围场、兴隆、丰宁、峰峰、保定、青县、冀县、定州、文安、高邑)。16 站分属于平原、高原山区、沿海 3 个区域(表 5.15)。

表 5.15　参加 t 检验或对比评估的站点分区情况

研究方法	分　区	站　　名
对比评估法	高原山区	张家口、围场、兴隆、丰宁、峰峰、易县、崇礼、迁安、承德、武安
	平原区	行唐、霸州、丰南、石家庄、保定、青县、冀县、定州、文安、高邑、丰润、滦南、河间、大厂、安平
	沿海区	黄骅
t 检验法	高原山区	张家口、围场、兴隆、丰宁、峰峰
	平原区	行唐、霸州、丰南、石家庄、保定、青县、冀县、定州、文安、高邑
	沿海区	黄骅

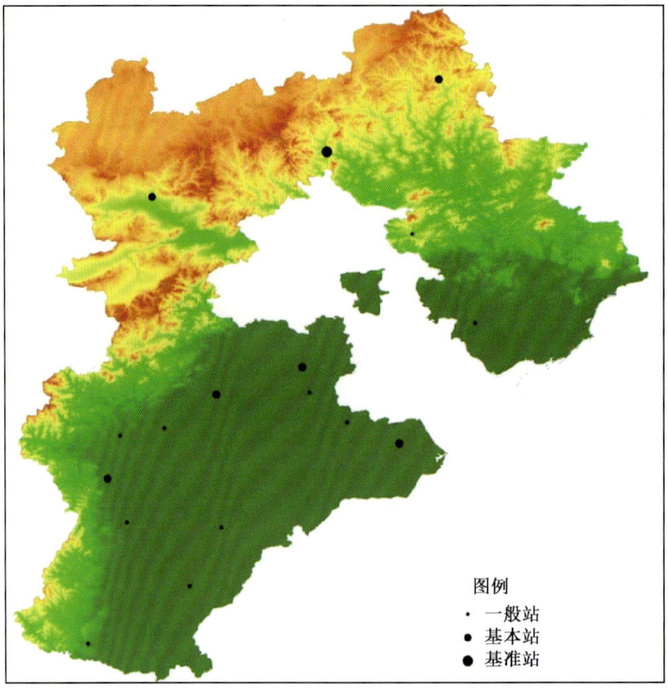

图 5.7 16 个对比前后连续 20 年无迁址记录的站点

5.4.1.3 思路和方法

通过调查收集河北省地面台站迁移历史信息，建立详细的迁址信息表和台站迁址前后对比观测资料数据集。分析挑选因台站迁址造成资料非均一的典型台站，采用 2 种方法对平行观测资料进行研究，利用 t 检验方法对主要气象要素对比年的逐月(年)值进行检验，判断其是否属同一观测序列；基于中国气象局综合观测司下发的《站址变动分析报告技术要求(试行稿)》，利用台站迁移对比评估方法对主要气象要素分别用差值、比值、方差、相对误差、相符率等开展河北省站址变动因素对资料的影响分析，研究迁址距离造成的变化特点。之后，对台站迁移对比评估结果采用加权平均法进行定量影响评估。采用评分法对 t 检验结果评分并进行分级，初步验证定量评估指标的可行性后，给出华北地区气象观测站站址变动对气象观测资料影响的定量评估指标。

5.4.1.4 影响分析

(1) 迁址资料的突变检验

利用迁址前后近 20 年的观测要素数据月(年)平均值序列，与对比年平行观测期的月(年)平均值进行显著性 t 检验($\alpha=0.05$)。待检序列需服从正态化分布。计算方法见公式(5.10)～(5.12)，取 $n=20$。

对典型站迁址前后 20 年及对比年的逐月(年)平均气温、平均气压、平均相对湿度进行正态化检验，平均气温、平均相对湿度、平均气压通过正态检验率分别为 91.6%、93.6%、84.3%。因此，将 3 要素看作近似符合正态分布规律，并进行 t 检验。

A. 年值 t 检验

由表5.16可见，影响年平均气温一致性的迁移距离主要是水平距离，水平迁距≤4 km时，各站年平均气温一致性较好；超过4 km时，年均气温可发生突变。垂直迁距对年平均气温影响不明显。

相对湿度的显著性变化与水平和垂直迁距关系都不大，平原站相对湿度更易受迁址影响，站址周边环境的影响应是突变的主要因子。气压受迁址影响最明显，多数站发生突变，即使平原站，迁址也可使年平均气压序列不连续。

表5.16　年值 t 检验结果

站名	水平迁距(m)	高度差(m)	气温	相对湿度	气压
丰宁	920	73.9	0	0	1
峰峰	1000	22.9	0	0	1
兴隆	1800	50.0	1	0	1
围场	1900	49.9	0	0	1
张家口	2400	48.6	0	0	1
青县	1300	0.0	0	1	1
定州	2560	13.4	0	1	1
文安	2830	2.0	1	1	0
行唐	2900	4.1	0	0	1
丰南	3000	4.5	0	0	1
冀县	4000	2.7	0	0	0
高邑	4100	4.4	1	1	0
霸州	6390	0.2	1	1	0
石家庄	6730	21.9	0	0	1
保定	12900	0.4	1	0	1
黄骅	31680	2.6	0	0	0

注:0为不显著,1为显著。

B. 月值 t 检验

表5.17列出了月值突变检验显著的个数。可见，大部分站平均气温在不同月份有断点，出现断点月的个数与水平或垂直迁距关系不大，平原水平迁移1 km以上、山区不足1 km都可使月平均气温发生突变，秋冬季出现最多。

迁址对气压影响很大，部分站几乎各月气压都发生突变。迁址对相对湿度也有些影响，大部分站相对湿度有1～2个月不连续，夏季月份出现较多。

表5.17　月值 t 检验突变个数

站名	水平迁距(m)	高度差(m)	气温	相对湿度	气压
丰宁	920	73.9	1	1	12
峰峰	1000	22.9	1	1	3
兴隆	1800	50.0	2	0	10
围场	1900	49.9	0	0	11
张家口	2400	48.6	2	1	12
青县	1300	0.0	0	2	1

续表

站名	水平迁距(m)	高度差(m)	气温	相对湿度	气压
定州	2560	13.4	0	2	0
文安	2830	2.0	1	4	2
行唐	2900	4.1	1	0	0
丰南	3000	4.5	1	1	1
冀县	4000	2.7	2	0	0
高邑	4100	4.4	1	2	1
霸州	6390	0.2	3	2	0
石家庄	6730	21.9	1	0	4
保定	12900	0.4	2	0	1
黄骅	31680	2.6	1	0	0

(2)新旧站址对比观测资料差异分析

新旧站址对比观测资料差异分析的要素包括逐月和年平均最高气温、平均最低气温、气压、风速、风向、相对湿度和夏季降水量。

不同要素采用不同方法进行分析,气温、气压和相对湿度采用差值平均值和差值标准差,夏季降水量采用累计相对差值,平均风速采用比值平均值,风向采用平均相符率。计算方法见公式(5.6)～(5.9)。

A. 平原区

迁址使平原站年平均气温差 0.64 ℃。年和各月差值大小与水平迁距显著正相关,与垂直迁距关系不明显。对比序列中,98.2%日平均气温差小于 0.5 ℃,99.8%小于 1.0 ℃(图 5.8)。年差值标准差平均 0.53,各站年差值标准差大小与水平迁距呈显著正相关,与垂直迁距关系不明显。

年平均最高气温差 0.33 ℃。年和各月差值大小与水平迁距呈正相关,但大多不显著,与垂直迁距关系不明显。对比序列中,94.1%日平均最高气温差小于 0.5 ℃,98.9%小于 1.0 ℃。年差值标准差 0.52,其大小与平均气温相近,与迁距关系不明显。

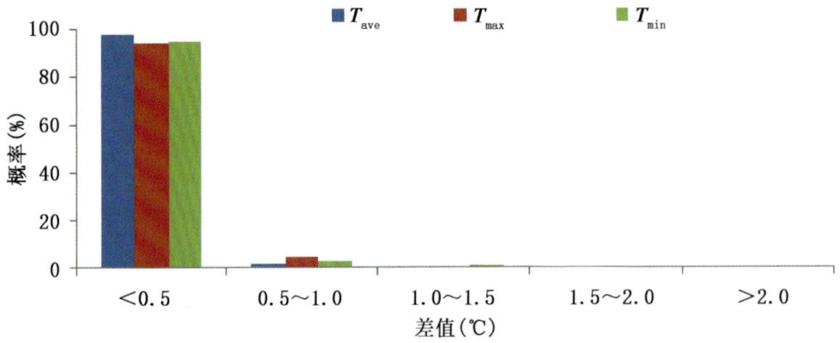

图 5.8　平原站平均气温、最高气温、最低气温差值出现在不同区间的概率

年平均最低气温差 1.05 ℃。年和各月差值大小与水平迁距显著正相关,与垂直迁距关系不大。对比序列中,95.0%日平均气温差小于 0.5 ℃,98.3%小于 1.0 ℃。年差值标准差

1.08,年和大多月份标准差大小与水平迁距显著正相关,即水平迁距越大,差值越大。

迁址使平原站年平均气压差 0.4 hPa。年和各月差值与垂直迁距显著正相关。年差值标准差 0.61,年和各月的差值标准差大小与迁距关系不明显(图 5.9)。

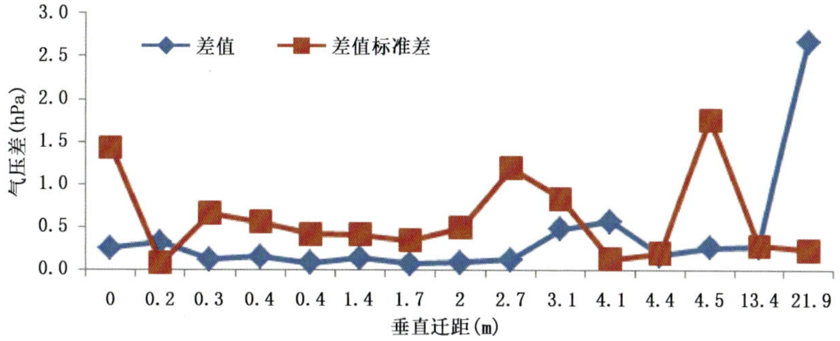

图 5.9　平原站平均气压差值和差值标准差随垂直迁距的变化

平原站年风速比值 1.24,比值大小与水平迁距和垂直迁距都呈正相关,与水平迁距通过 $\alpha=0.1$ 显著性水平检验,与垂直迁距通过 $\alpha=0.05$ 显著性水平检验(图 5.10)。各月风速比值与年值相似,均与水平迁距和垂直迁距正相关,迁距越大,比值越大,5—11 月的比值大小与水平迁距和垂直迁距显著正相关。年比值标准差 0.41,比值标准差与迁距显著相关,迁移水平距离或垂直距离越大,风速比值越不稳定;各月比值标准差也与迁距正相关,部分月份显著相关。

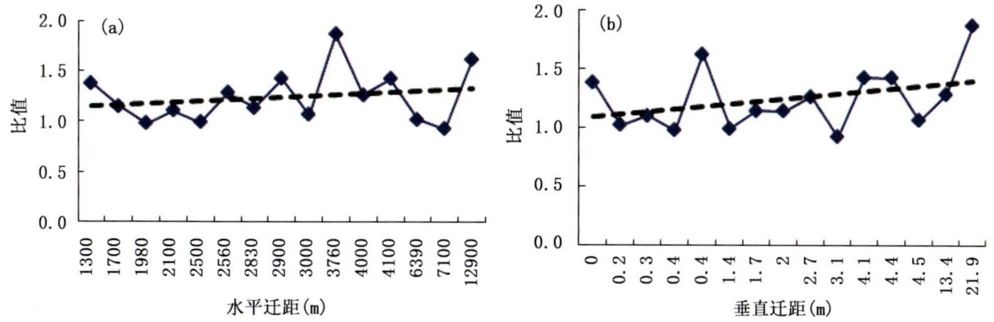

图 5.10　平原站平均风速比值随水平迁距(a)和垂直迁距(b)的变化

平原站风向相符率 60.4%,春季相符率最高。年和各月风向相符率与水平迁距都呈负相关,年和冬春季大多月份都相关显著,水平迁距超过 4 km 时,相符率低于 56.7%(图 5.11)。年相符率与垂直迁距负相关通过 $\alpha=0.1$ 水平显著性检验,大部分月份与年值相似,也呈负相关关系,2 月、6—7 月、11 月通过 $\alpha=0.1$ 水平显著性检验,8—9 月通过 $\alpha=0.05$ 水平显著性检验。

对 4 次定时观测的年各风向频率统计表明,平原站迁址前后风向频率相关性较好,大多数站相关显著(表 5.18)。在山前地区,水平迁移 3 km 以上、垂直变化 4 m 以上,可使风向频率相关性较差。风向频率相关性与垂直迁距负相关,与水平迁距关系不大。

平原迁址对静风频率影响比较明显,随着水平迁距或垂直迁距的增加,静风频率变化加大,且与垂直迁距通过 $\alpha=0.1$ 显著性水平相关性检验。水平迁距 10 km 以内、垂直变化 4 m

以下，静风频率变化在3%以下；水平迁移超过10 km或垂直变化4 m以上，静风频率可变化5%以上，甚至超过10%(表5.18)。

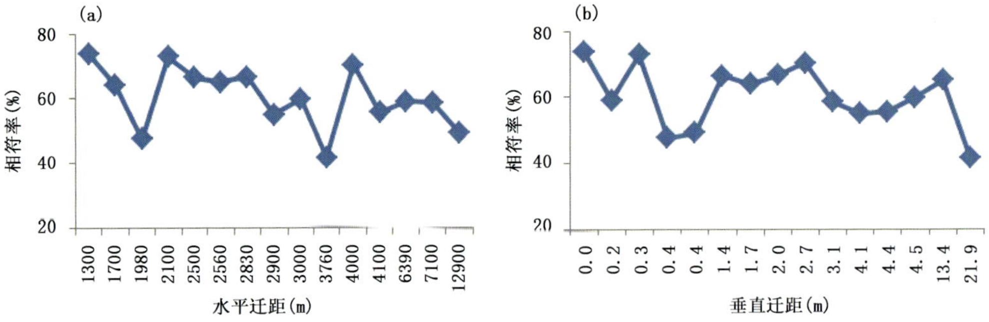

图5.11 平原站年风向相符率随水平迁距(a)和垂直迁距(b)的变化

表5.18 平原站迁址对年风频的影响一览表

站号	年风频相关系数	静风频率变化(%)	主导风向变化角度(°)	主导风向频率变化(%)	水平迁距(m)	垂直迁距(m)
青县	0.4552	1	1	6	1300	0.0
丰润	0.4846	0	6	2	1700	1.7
滦南	0.5466	0	1	4	1980	0.4
河间	0.7422	0	1	2	2100	0.3
大厂	0.8565	0	0	2	2500	1.4
定县	0.8139	0	0	2	2560	13.4
文安	0.7004	0	1	3	2830	2.0
行唐	0.7552	1	1	2	2900	4.1
丰南	0.3180	11	7	3	3000	4.5
石家庄	0.3013	9	1	6	3760	21.9
冀县	0.9000	2	1	1	4000	2.7
高邑	0.4242	0	1	2	4100	4.4
霸州	0.6722	3	0	0	6390	0.2
安平	0.8412	0	0	6	7100	3.1
保定	0.6438	5	0	3	12900	0.4

从主导风向变化看(图5.12)，燕山山前平原迁址使主导风向变化较明显，迁址前后主导风向变化超过100°，其他平原地区主导风向变化不明显，新旧站址主导风向相近(±22.5°)。

从主导风向频率看(图5.12、表5.18)，大部分平原站迁址可使主导风向频率变化2%～6%，变化大小与水平迁距关系不大，与垂直迁距呈正相关，但不显著。

平原站年平均相对湿度差值4.6%。年(图5.13)和各月差值大小大多与水平迁距正相关，冬春季相关明显，2—5月相关显著；与垂直迁距负相关，但不显著。年平均差值标准差4.1，标准差大小与水平迁距明显正相关，大多月份相关显著；与垂直迁距关系不明显。对比序列中，73.7%日平均相对湿度差小于5%，92.3%小于10%；年差值小于5%或10%的概率大

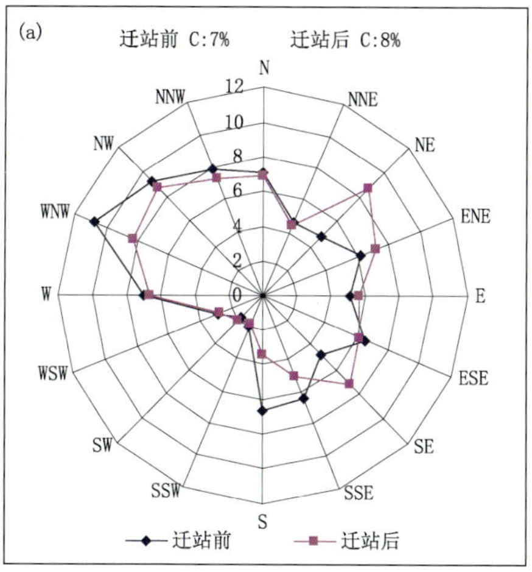

行唐

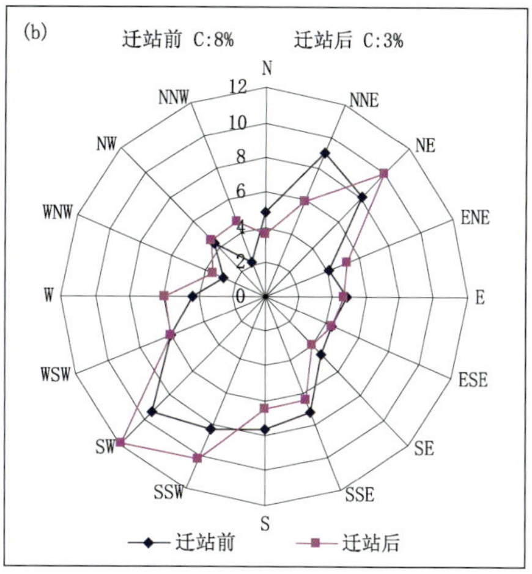

保定

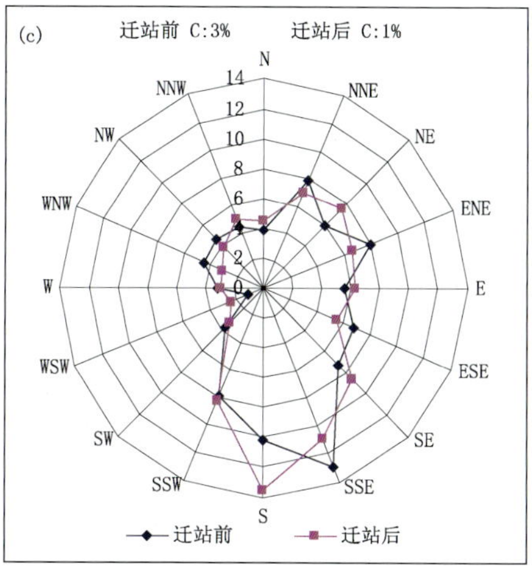

冀县

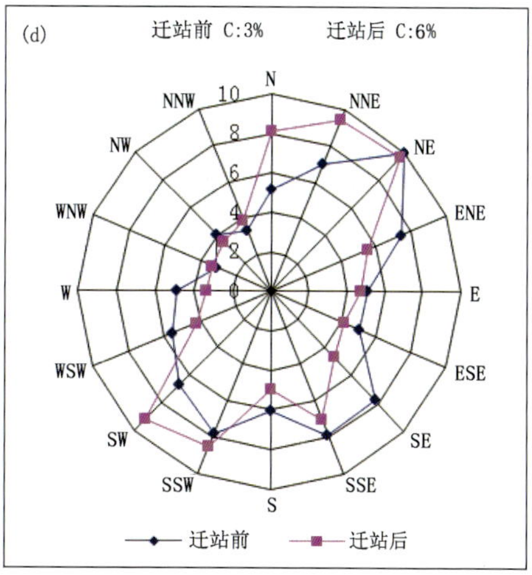

霸州

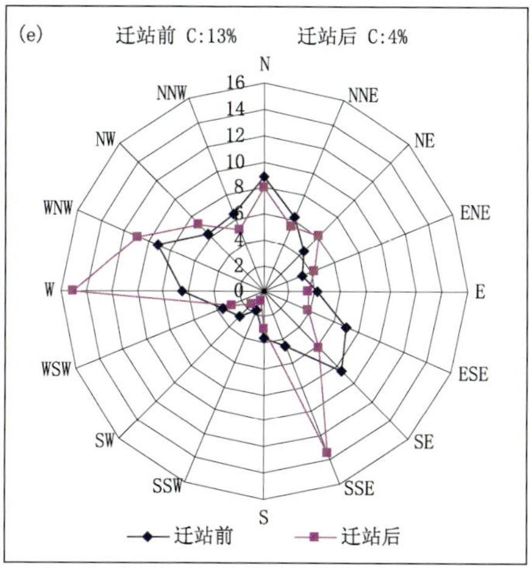

石家庄

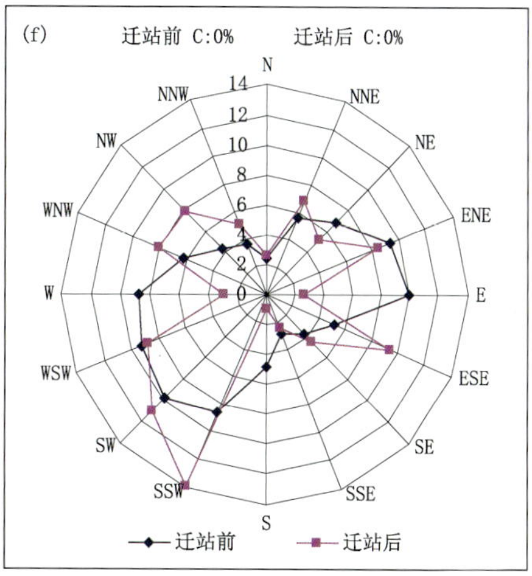

滦南

图 5.12　平原站迁址前后风玫瑰图

小与垂直迁距关系不大，但随水平迁距增加而明显减小。

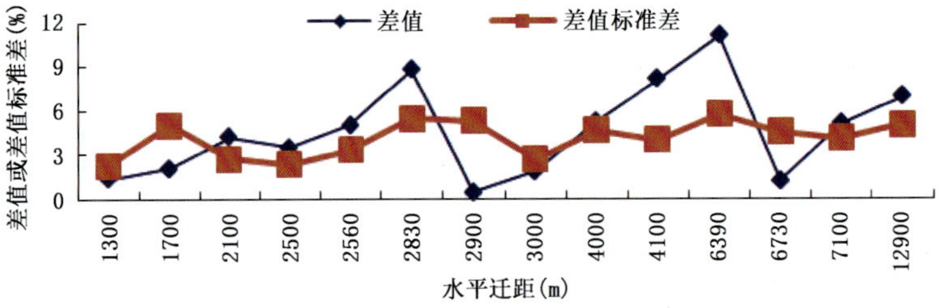

图 5.13　平原站年平均相对湿度差值和差值标准差随水平迁距的变化

平原站迁址造成夏季降水累计相对差值 11.7%。水平迁距对夏季降水影响较明显，累计相对差值随水平迁距加大显著增加，垂直迁距对平原站夏季降水的影响不明显(图 5.14)。

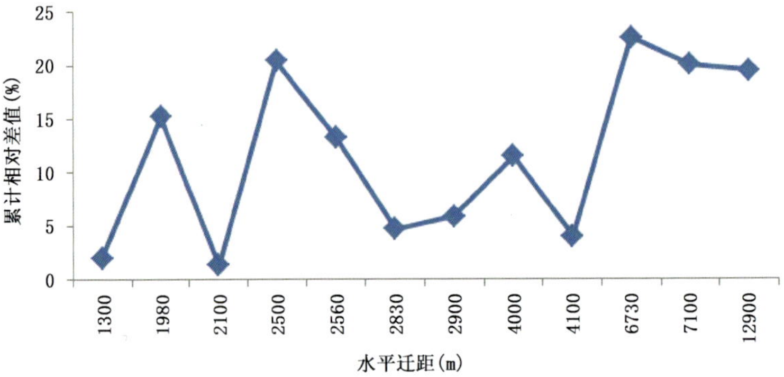

图 5.14　平原站降水累计相对差值(%)随水平迁距的变化

B. 山区

迁址使山区站年平均气温差 0.5 ℃。年和各月平均气温差值与水平迁距和垂直迁距关系均不明显。对比序列中，86.5%日平均气温差小于 0.5 ℃，93.8%小于 1.0 ℃，出现概率低于平原站，概率大小与迁距负相关，与水平迁距显著负相关(图 5.15)。年差值标准差平均 0.59，各站标准差大小与迁距关系不大，冬季月份与迁距负相关，其他月份大多与迁距正相关，部分月份相关明显。

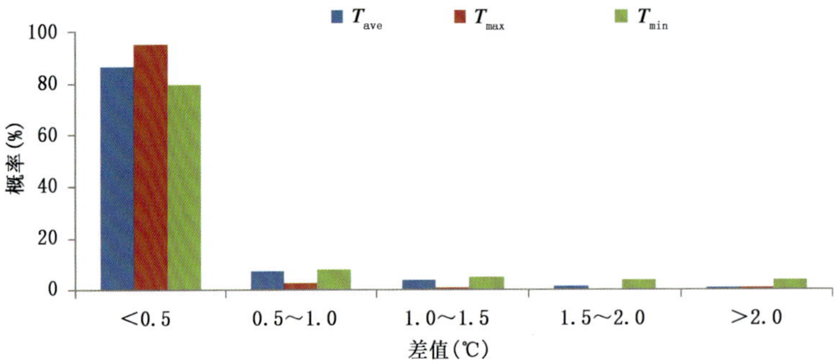

图 5.15　平均气温、最高气温、最低气温差值出现在不同区间的概率

年平均最高气温差 0.44 ℃。年和多数月平均最高气温差值与水平迁距负相关，与垂直迁距正相关，大多不显著。对比序列中，95.3%日平均最高气温差小于 0.5 ℃，98.0%小于 1.0 ℃。年差值标准差 0.76，其大小大于平均气温，与迁距关系不明显。

年平均最低气温差 0.65 ℃，远小于平原站，差值大小与迁距关系不大。对比序列中，79.8%日平均最低气温差小于 0.5 ℃，87.6%小于 1.0 ℃，明显低于平原站。年差值标准差 0.97，年和大多月份标准差大小与迁距关系不大。

迁址使山区站年平均气压差 4.7 hPa，影响明显。年和各月差值与垂直迁距显著正相关。年差值标准差达 1.53，年和多数月份的差值标准差大小与台站垂直迁距显著正相关（图 5.16）。

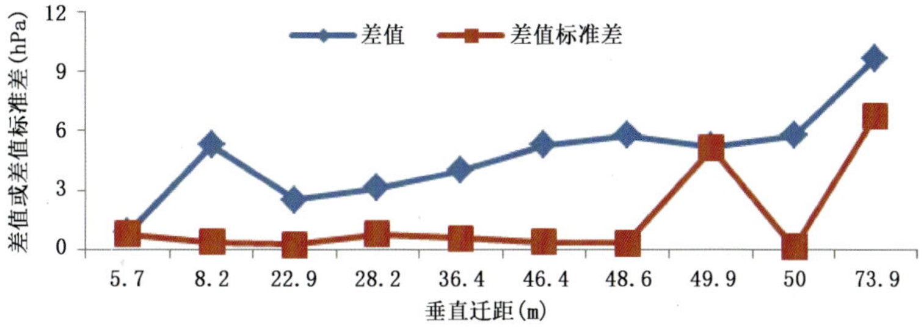

图 5.16　山区站平均气压差值和差值标准差随垂直迁距的变化

山区站年风速比值 1.48，大于平原站。年和大多数月份风速比值大小与水平迁距关系不大，与垂直迁距显著正相关（图 5.17）。年比值标准差 0.72，大于平原站。年和各月比值标准差与水平迁距关系不大，与垂直迁距正相关，且大多数相关显著。

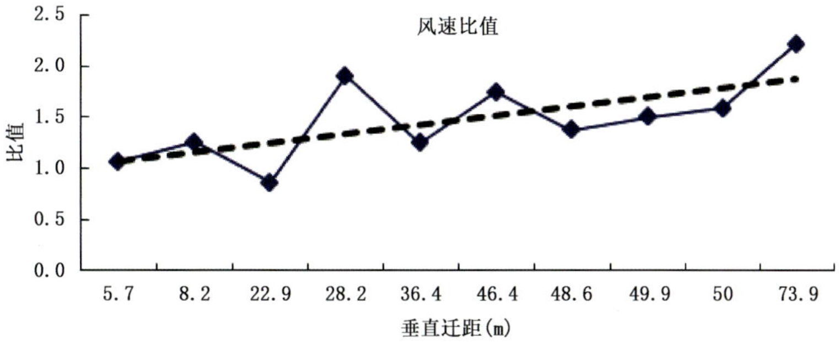

图 5.17　山区站平均风速比值随垂直迁距的变化

山区站迁址前后风向相符率、各风向频率及主导风向一致性都较差，且大多与迁距关系不大（表 5.19），主要是迁址前后地形地势差异的影响。风向相符率平均 38.9%，最低达 23.5%，相符率大小与迁距关系不大。山区站迁址前后风向频率相关性各地差异很大，仅部分站相关显著。主导风向频率变化大于平原站，变化程度与垂直迁距正相关。山区站迁址对静风频率影响较大，部分站静风频率可变化 10%以上，甚至达 60%。山区站迁址可使主导风向发生很大变化（>70°），甚至相反（图 5.18），影响大小与水平迁距关系较明显，与垂直迁距关系不大。

表 5.19　山区站迁址对年风频的影响一览表

站号	年风频相关系数	静风频率变化（%）	主导风向变化角度（°）	主导风向频率变化（%）	水平距离（m）	垂直距离（m）
丰宁	0.4813	4	1	12	920	73.9
峰峰	0.1519	14	1	4	1000	22.9
易县	0.2237	6	3	7	1506	5.7
兴隆	0.2013	1	5	3	1800	50.0
围场	0.9136	1	0	2	1900	49.9
崇礼	0.0838	4	2	7	2280	8.2
张家口	0.0757	61	1	17	2400	48.6
迁西	0.6990	3	2	1	2861	28.2
承德	0.8302	4	0	0	5000	36.4
武安	0.0207	0	7	1	5880	46.4

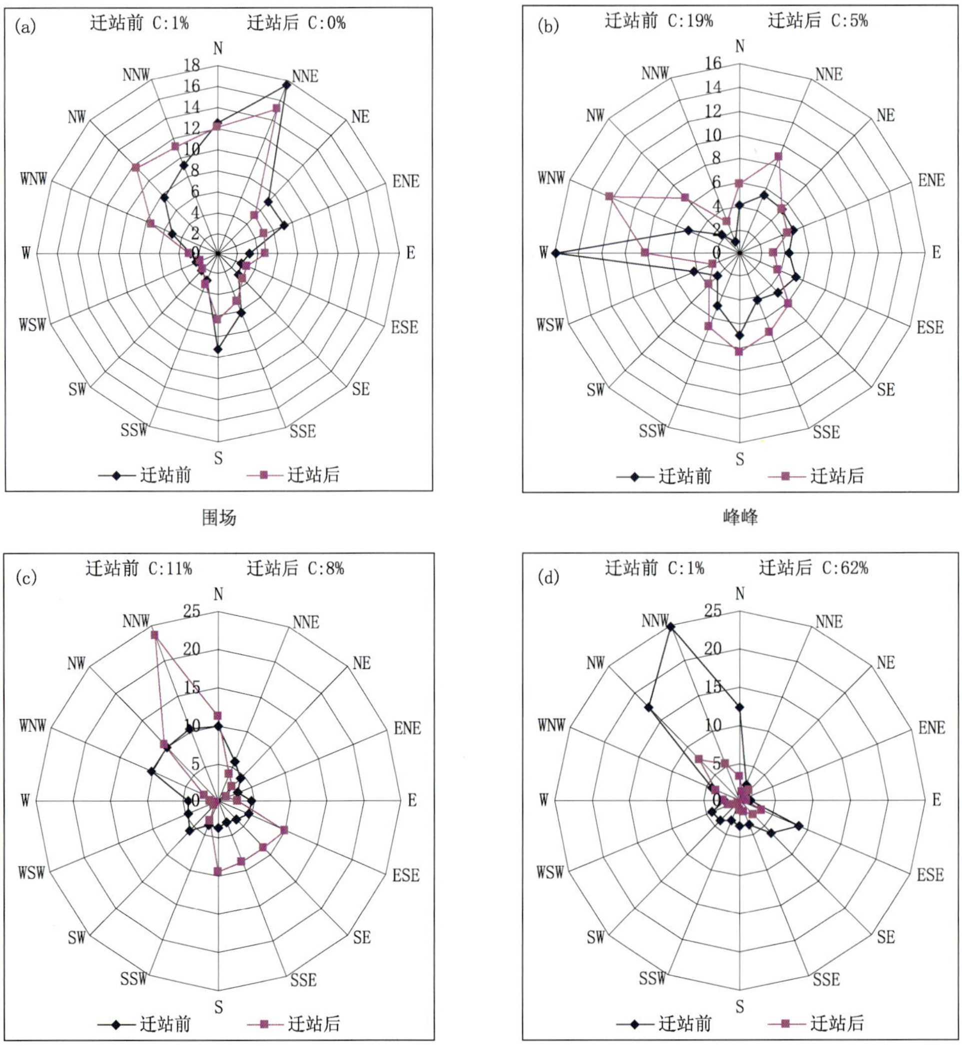

图 5.18　山区站迁址前后风玫瑰图

山区站年平均相对湿度差值 2.8，小于平原站。年和各月差值大小与水平迁距关系不大，与垂直迁距负相关，冬春季相关较好，1 月相关显著。年平均差值标准差 3.6，标准差大小与水平迁距正相关，与垂直迁距负相关，但都不显著。对比序列中，86.9％日平均相对湿度差小于 5％，95.1％小于 10％；年差值小于 5％或 10％的概率当垂直迁距超过 8 m 时较大(图 5.19)。

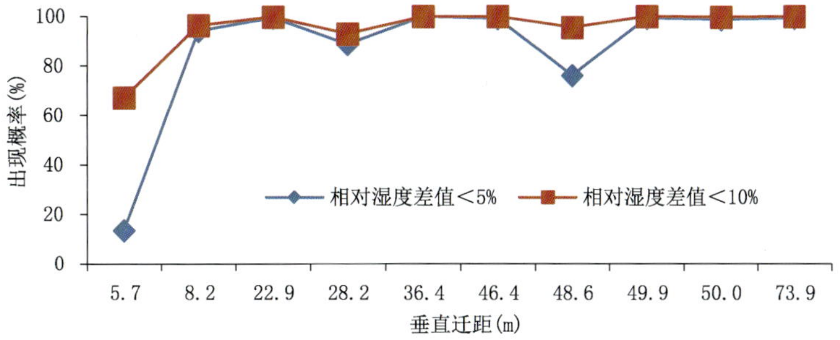

图 5.19　山区站年平均相对湿度差值＜5％和＜10％出现概率随垂直迁距的变化

山区站迁址造成夏季降水累计相对差值 7.5％。迁距大小对夏季降水影响不明显，9 站中有 2 站累计相对差值超过 10％，其他在 6％以内。

C. 沿海

迁址使年平均气温变化 0.05 ℃。对比序列中，75.1％日平均气温差小于 0.5 ℃，87.5％小于 1.0 ℃(图 5.20)。年差值标准差 0.94，日差值变率较大，应是受沿海气候的影响。

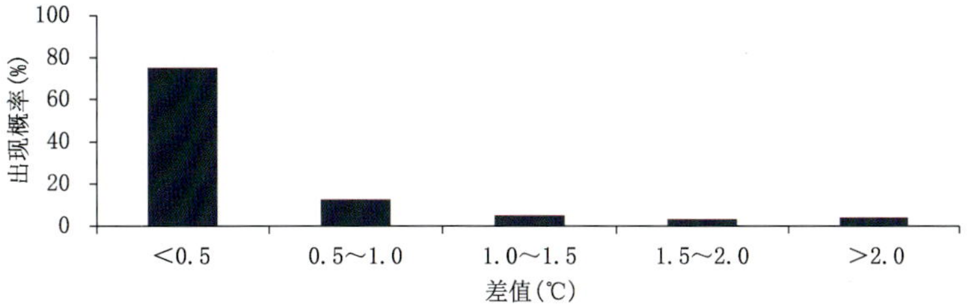

图 5.20　沿海站平均气温差值出现在不同区间的概率

迁址使沿海站年平均气压差 0.44 hPa。对比序列中，85％差值在 1 hPa 之内，年差值标准差 0.88(图 5.21)。

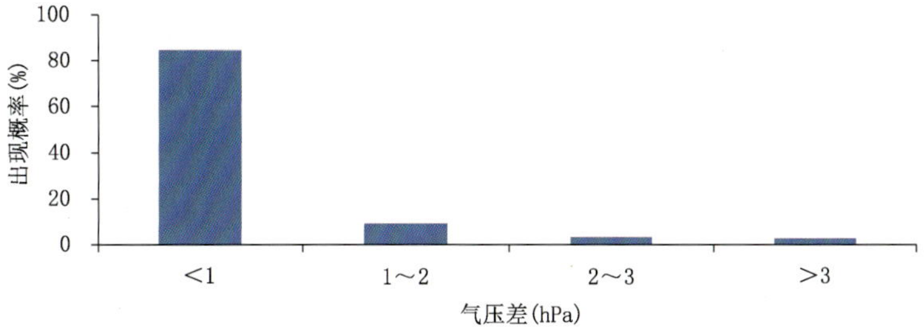

图 5.21　沿海站平均气压差值出现在不同区间的概率

沿海站年风速比值 8.24，迁址使风观测资料变化很大。比值标准差 0.41，与平原站平均值相同，日差值变化比较平稳。

年风向相符率 80.2%，相符率很好。各月相符率均较高，1 月最高。

沿海站迁址前后年风向频率相关性较好，通过 0.05 水平显著性检验。迁址前后静风频率变化较大，主导风向频率也差异较大，但主导风向不变（图 5.22）。

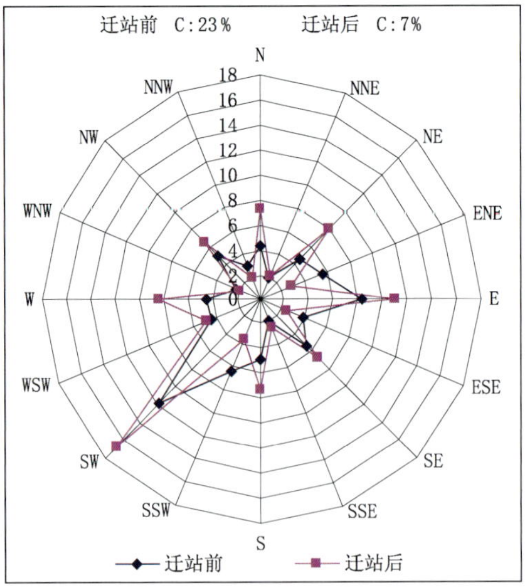

图 5.22　黄骅站迁址前后年风向玫瑰图

沿海站年平均相对湿度差值 0.12%，迁址前后变化不大。对比序列中，79.3%日平均相对湿度差小于 5%，94.9%小于 10%。年差值标准差 7.0，说明沿海站迁址前后日平均相对湿度差值不稳定，应与沿海气候有关。

沿海站迁址对夏季降水影响很大，累计相对差值近 50%。

(3)站址变动定量评估指标分析

A. 定量评估指标的建立

根据平行对比观测资料的气温（气压、相对湿度）年平均差值、风速年平均比值、年风向相符率和夏季降水累计相对差值确定单要素定量评估指标（表 5.20）。

表 5.20　单要素定量评估指标

要　素	影响程度（级别）			
	无影响（Ⅰ）	略有影响（Ⅱ）	有一定影响（Ⅲ）	影响明显（Ⅳ）
平均气温差（T_{ave}）	Δ<0.8	0.8≤Δ<1.2	1.2≤Δ<1.5	1.5≤Δ
平均最高气温差（T_{max}）	Δ<0.5	0.5≤Δ<1.0	1.0≤Δ<1.3	1.3≤Δ
平均最低气温差（T_{min}）	Δ<1.0	1.0≤Δ<1.5	1.5≤Δ<2.0	2.0≤Δ
平均相对湿度差（U）	Δ<5	5≤Δ<10	10≤Δ<15	15≤Δ
平均气压差（P）	Δ<1	1≤Δ<2	2≤Δ<3	3≤Δ
风速比值（R）	R<1.1	1.1≤R<1.3	1.3≤R<1.5	1.5≤R
风向相符率（C）	C≥70%	70%>C≥60%	60%>C≥50%	50%>C
夏季降水累计相对差值（F）	F<20%	20%≤F<40%	40%≤F<50%	50%≤F

根据表 5.20 分别对不同区域台站迁址可能对观测资料造成的影响进行分析。结果显示，山区站迁址对各要素都可造成影响，对风速、风向、气压影响较重（表 5.21）。对气温可略有影响，垂直迁距影响大于水平迁距，对最低气温影响大于最高气温。对相对湿度可略有影响。对风速的影响大小与水平迁距无关，与垂直迁距有关，垂直迁距 5～20 m 可略有影响，超过 20 m 可影响明显。山区任意迁距均可对风向和气压产生明显影响。夏季降水受水平迁距影响较小，水平迁距 2 km 以上可略有影响，受垂直迁距影响较大，垂直差超过 40 m 可略有影响。

表 5.21　不同迁距对高原山区站观测资料的可能影响

	$L<1$ km	1 km$\leqslant L<2$ km	$L\geqslant 2$ km	5 m$\leqslant H<20$ m	20 m$\leqslant H<40$ m	40 m$\leqslant H<50$ m	$H\geqslant 50$ m
T_{ave}	Ⅰ	Ⅱ	Ⅱ	Ⅱ	Ⅱ	Ⅱ	Ⅱ
T_{max}	Ⅰ	Ⅱ	Ⅱ	Ⅱ	Ⅱ	Ⅱ	Ⅱ
T_{min}	Ⅰ	Ⅲ	Ⅲ	Ⅲ	Ⅲ	Ⅲ	Ⅲ
U	Ⅰ	Ⅱ	Ⅱ	Ⅱ	Ⅱ	Ⅱ	Ⅱ
WS	Ⅳ	Ⅳ	Ⅳ	Ⅱ	Ⅳ	Ⅳ	Ⅳ
P	Ⅳ	Ⅳ	Ⅳ	Ⅳ	Ⅳ	Ⅳ	Ⅳ
WD	Ⅳ	Ⅳ	Ⅳ	Ⅳ	Ⅳ	Ⅳ	Ⅳ
$R_{夏季}$	Ⅰ	Ⅰ	Ⅱ	Ⅰ	Ⅰ	Ⅱ	Ⅱ

注：①L：水平迁距；H：垂直迁距，下同。

②表中 T_{ave}、T_{max}、T_{min}、U、WS、P、WD、$R_{夏季}$ 分别表示平均气温、最高气温、最低气温、相对湿度、风速、气压、风向和夏季降水量，下同。

平原站迁址对最高气温、相对湿度、气压和夏季降水影响较小，最多略有影响。对平均气温和最低气温影响较大，水平迁距超过 5 km 可影响明显。对平均风速可有一定程度影响，水平迁距 5 km 以上可影响明显；任何迁距都可能对风向影响明显（表 5.22）。

沿海站迁址对平均风速影响明显，对夏季降水有一定影响，对其他要素无影响（表 5.23）。

表 5.22　不同迁距对平原站观测资料的可能影响

	1 km$\leqslant L<2$ km	2 km$\leqslant L<5$ km	$L\geqslant 5$ km	$H<5$ m	5 m$\leqslant H<20$ m	$H\geqslant 20$ m
T_{ave}	Ⅰ	Ⅱ	Ⅳ	Ⅳ	Ⅳ	Ⅳ
T_{max}	Ⅰ	Ⅱ	Ⅱ	Ⅱ	Ⅱ	Ⅱ
T_{min}	Ⅰ	Ⅲ	Ⅳ	Ⅳ	Ⅳ	Ⅳ
U	Ⅰ	Ⅱ	Ⅲ	Ⅲ	Ⅲ	Ⅲ
WS	Ⅲ	Ⅲ	Ⅳ	Ⅳ	Ⅳ	Ⅳ
P	Ⅰ	Ⅰ	Ⅲ	Ⅰ	Ⅰ	Ⅲ
WD	Ⅳ	Ⅳ	Ⅳ	Ⅳ	Ⅳ	Ⅳ
$R_{夏季}$	Ⅰ	Ⅱ	Ⅱ	Ⅱ	Ⅱ	Ⅱ

表 5.23　迁距对沿海站观测资料的可能影响

沿海	$L\geqslant 10$ km
T_{ave}	Ⅰ
U	Ⅰ
WS	Ⅳ
P	Ⅰ
WD	Ⅰ
$R_{夏季}$	Ⅲ

根据单要素的定量评估结果，研究综合影响定量指标。将 8 项单要素定量评估结果加权平均，若某要素无对比资料，则用其他要素加权计算。综合影响定量评估指标计算公式为

$$K = AVG(K_{T_{ave}} + 0.5 * K_{T_{max}} + 0.5K_{T_{min}} + K_U + K_{WS} + K_P + K_{WD} + K_{R夏季}) \quad (5.13)$$

式中，K_i（i 为 T_{ave}、T_{max}、T_{min}、U、P、WS、WD、$R_{夏季}$）值见表 5.24。

表 5.24　单要素定量评估级别与 K_i 值对应表

级　别	K_i
Ⅰ	0
Ⅱ	1
Ⅲ	2
Ⅳ	3

然后，根据 K 值进行综合定量影响评估（表 5.25）。

表 5.25　综合定量影响评估指标

级　别	影响程度	指标（K）
Ⅰ	无	$K<0.5$
Ⅱ	略有影响	$0.5\leqslant K<1.0$
Ⅲ	有一定影响	$1.0\leqslant K<1.3$
Ⅳ	影响明显	$K\geqslant 1.3$

表 5.26 给出了综合定量影响评估结果。可见，山区站迁址对资料的影响较大，垂直迁距增加，影响程度加重，垂直迁距 20 m 以下略有影响，20～40 m 可有一定影响，超过 40 m 可影响明显。平原站迁址主要受水平迁距影响，迁距 2 km 以上可略有影响，超过 5 km 可影响明显。沿海站迁址对资料略有影响。

表 5.26　不同迁距对观测资料的可能影响

山区	迁距	$L<1$ km	1 km$\leqslant L<$2 km	$L\geqslant$ 2 km	5 m$\leqslant H<$20 m	20 m$\leqslant H<$40 m	$H\geqslant$40 m
	级别	Ⅲ	Ⅳ	Ⅳ	Ⅱ	Ⅲ	Ⅳ
平原	迁距	1 km$\leqslant L$ $<$2 km	2 km$\leqslant L<$5 km	5 km$\leqslant L$	$H<$5 m	5 m$\leqslant H<$20 m	20 m$\leqslant H$
	级别	Ⅰ	Ⅱ	Ⅳ	Ⅳ	Ⅳ	Ⅳ
沿海	级别	Ⅱ					

B. 代表站定量评估指标的可行性分析

采用定量评估指标，对代表站进行单要素和综合影响定量评估，结果如表 5.27。

表 5.27　采用定量评估指标对代表站的影响进行评估的结果

台站	水平距离(m)	垂直距离(m)	T_{ave}	T_{max}	T_{min}	U	WS	P	WD	$R_{夏季}$	综合
丰宁	920	73.9	Ⅰ	Ⅰ	Ⅰ	Ⅰ	Ⅳ	Ⅳ	Ⅳ	Ⅰ	Ⅲ
峰峰	1000	22.9	Ⅰ	Ⅰ	Ⅰ	Ⅰ	Ⅰ	Ⅲ	Ⅲ	Ⅰ	Ⅱ
易县	1506	5.7	Ⅱ	Ⅱ	Ⅲ	Ⅱ	Ⅰ	Ⅰ	Ⅳ	Ⅰ	Ⅱ

续表

台站	水平距离(m)	垂直距离(m)	T_{ave}	T_{max}	T_{min}	U	WS	P	WD	$R_{夏季}$	综合
兴隆	1800	50.0	Ⅱ	Ⅱ	Ⅰ	Ⅰ	Ⅳ	Ⅳ	Ⅳ	—	Ⅳ
围场	1900	49.9	Ⅰ	Ⅰ	Ⅰ	Ⅰ	Ⅳ	Ⅳ	Ⅳ	Ⅰ	Ⅲ
崇礼	2280	8.2	Ⅰ	Ⅰ	Ⅰ	Ⅰ	Ⅱ	Ⅳ	Ⅳ	Ⅰ	Ⅱ
张家口	2400	48.6	Ⅰ	Ⅱ	Ⅱ	Ⅰ	Ⅲ	Ⅳ	Ⅳ	Ⅱ	Ⅳ
迁安	2861	28.2	Ⅰ	Ⅰ	Ⅰ	Ⅰ	Ⅳ	Ⅳ	Ⅳ	Ⅰ	Ⅲ
承德	5000	36.4	Ⅱ	Ⅰ	Ⅱ	Ⅱ	Ⅱ	Ⅳ	Ⅳ	Ⅰ	Ⅲ
武安	5880	46.4	Ⅰ	Ⅰ	Ⅰ	Ⅰ	Ⅳ	Ⅳ	Ⅳ	Ⅰ	Ⅲ
青县	1300	0.0	Ⅰ	Ⅰ	Ⅰ	Ⅰ	Ⅲ	Ⅰ	Ⅰ	Ⅰ	Ⅰ
丰润	1700	1.7	Ⅰ	Ⅰ	Ⅰ	Ⅰ	Ⅱ	Ⅰ	Ⅱ	—	Ⅰ
滦南	1980	0.4	Ⅰ	Ⅰ	Ⅰ	—	Ⅰ	Ⅰ	Ⅳ	Ⅰ	Ⅰ
河间	2100	0.3	Ⅰ	Ⅰ	Ⅰ	Ⅰ	Ⅱ	Ⅰ	Ⅰ	Ⅰ	Ⅰ
大厂	2500	1.4	Ⅰ	Ⅰ	Ⅰ	Ⅰ	Ⅰ	Ⅰ	Ⅱ	Ⅱ	Ⅰ
定州	2560	13.4	Ⅰ	Ⅰ	Ⅰ	Ⅱ	Ⅱ	Ⅰ	Ⅱ	Ⅰ	Ⅰ
固安	2830	2.0	Ⅱ	Ⅰ	Ⅲ	Ⅱ	Ⅱ	Ⅰ	Ⅱ	Ⅰ	Ⅱ
行唐	2900	4.1	Ⅰ	Ⅱ	Ⅰ	Ⅰ	Ⅲ	Ⅰ	Ⅲ	Ⅰ	Ⅱ
丰南	3000	4.5	Ⅰ	Ⅱ	Ⅰ	Ⅰ	Ⅰ	Ⅰ	Ⅲ	—	Ⅰ
冀县	4000	2.7	Ⅱ	Ⅰ	Ⅲ	Ⅱ	Ⅲ	Ⅰ	Ⅰ	Ⅰ	Ⅱ
高邑	4100	4.4	Ⅱ	Ⅱ	Ⅲ	Ⅱ	Ⅰ	Ⅰ	Ⅲ	Ⅰ	Ⅱ
霸州	6390	0.2	Ⅳ	Ⅱ	Ⅳ	Ⅲ	Ⅳ	Ⅰ	Ⅲ	—	Ⅳ
石家庄	6730	21.9	Ⅰ	Ⅰ	Ⅰ	Ⅰ	Ⅱ	Ⅲ	Ⅳ	Ⅱ	Ⅱ
安平	7100	3.1	Ⅰ	Ⅰ	Ⅰ	Ⅱ	Ⅰ	Ⅰ	Ⅲ	Ⅱ	Ⅱ
保定	12900	0.4	Ⅳ	Ⅰ	Ⅳ	Ⅱ	Ⅳ	Ⅰ	Ⅳ	Ⅰ	Ⅳ
黄骅	31680	2.6	Ⅰ	—	—	Ⅰ	Ⅳ	Ⅰ	Ⅰ	Ⅲ	Ⅱ

为了检验定量评估指标的可行性，采用前文中平均气温(气压、相对湿度)t 检验结果对其进行对比检验。方法如下：

采用对比资料月值和年值 t 检验突变的个数确定单要素定量检验指标。设总分为 100 分，12 个月共占 80 分，一个月有突变占 80/12 分(若有一个月缺测，则每月占 80/11 分)。根据分值确定指标(表 5.28)。

表 5.28　单要素 t 检验结果定量检验指标

级别	影响程度	单要素指标(I_x)	含　意
Ⅰ	无影响	$I_x<20$	影响 1～2 个月
Ⅱ	略有影响	$20\leqslant I_x<40$	影响 3～5 个月；或影响年值和 1～2 个月
Ⅲ	有一定影响	$40\leqslant I_x<80$	影响 6～11 个月；或影响年值和 3～8 个月
Ⅳ	影响明显	$80\leqslant I_x<100$	影响各月，或影响年值和 9～12 个月

根据表 5.28 的检验指标，计算得到 16 个典型站单要素检验结果（表 5.29）。比较表 5.27 和表 5.29 可见，平均气温、平均相对湿度和平均气压定量评估结果与 t 检验定量评估检验结果为相同等级的概率分别为 81%、69% 和 69%，为相同或相邻等级的概率分别为 94%、100% 和 100%。定量评估指标具有一定的可行性。

表 5.29　单要素 t 检验结果定量检验指标

台站	水平(m)	垂直(m)	T_{ave}	U	P
丰宁	920	73.9	Ⅰ	Ⅰ	Ⅳ
峰峰	1000	22.9	Ⅰ	Ⅰ	Ⅲ
兴隆	1800	50.0	Ⅱ	Ⅰ	Ⅳ
围场	1900	49.9	Ⅰ	Ⅰ	Ⅳ
张家口	2400	48.6	Ⅰ	Ⅰ	Ⅳ
霸州	6390	0.2	Ⅲ	Ⅱ	Ⅰ
保定	12900	0.4	Ⅱ	Ⅰ	Ⅱ
定州	2560	13.4	Ⅰ	Ⅱ	Ⅱ
丰南	3000	4.5	Ⅰ	Ⅰ	Ⅱ
高邑	4100	4.4	Ⅱ	Ⅱ	Ⅰ
行唐	2900	4.1	Ⅰ	Ⅰ	Ⅱ
冀县	4000	2.7	Ⅰ	Ⅰ	Ⅰ
青县	1300	0.0	Ⅰ	Ⅱ	Ⅱ
文安	2830	2.0	Ⅱ	Ⅲ	Ⅰ
石家庄	6730	21.9	Ⅰ	Ⅰ	Ⅲ
黄骅	31680	2.6	Ⅰ	Ⅰ	Ⅰ

C. 代表站定量评估指标的适用性

定量评估指标是根据河北省典型气象站一次迁站过程对观测资料造成的影响研究所得，典型台站涉及高原山区站、平原站和沿海站。由于河北省在华北地区的特殊地理位置以及其具有的地形地貌的多样性，基本能代表华北区域。根据指标，可实现华北地区某个台站一次迁站对某一个气象要素的定量影响评估，也可实现某个台站一次迁站对观测要素的综合影响评估。

5.4.2　湖北省站址变动对气象资料的影响

5.4.2.1　背景和目的、意义

经过几十年的发展，我国气象部门已经建立了三维立体综合气象观测网，地面气象观测网是其最重要的组成部分之一。同时，我国已经积累了丰富的地面基本气象资料，这些气象资料是国家基础信息资源的重要组成部分，在国家宏观决策、科技创新、经济建设和国防安全等方面有着重要作用，尤其在气候变化的研究中，均一的长序列资料是研究的基础。但在长时期观测所形成的气候资料序列中，台站迁移、仪器变更、观测时次变化、人口密集程度等因素都会导致长序列资料的非均一。湖北省在新中国成立后的 70 年气象观测中，地面台站迁移和环境变化的现象是比较普遍的。地面台站观测场周围障碍物变化、人口密集程度等因素都会导致长

序列资料的非均一,因此环境变化对资料序列的影响分析工作是至关重要和紧迫的。

国内外研究表明,台站迁移是产生气象资料序列非均一的主要原因之一。在实际的气象观测资料运用中,存在如何根据短期的对比观测资料评估资料序列的差异、以及评估迁站对气象观测资料如何影响等问题。针对上述问题,通过选取典型代表站点、对比观测资料定量评估、建立定量评估指标等,开展台站迁移和环境变化对气象观测资料影响的研究,为气象台站站址变动评估工作科学化、定量化提供依据,进一步拓宽气象资料应用领域,提升使用的科学性。

5.4.2.2　典型代表站的选取

(1)环境变化典型台站

满足下列5个条件之一的台站,定义为环境变化典型台站。1)台站迁移后,新旧站址水平距离超过2000 m;2)台站迁移后,海拔高度差在100 m以上;3)台站迁移后,地形环境有明显差异;4)迁站次数3次或以上;5)没有进行台站迁移,但台站周围环境变化明显,即与原环境比较,以2007年《气象台站观测环境综合调查评估报告》为评定依据,若符合评分低、障碍物角度大、在目前站址观测的时间长等条件,则认为台站环境变化大。

(2)典型台站的选取流程

该处不考虑由于城市化(地面台站观测场周围障碍物变化、人口密集程度)等因素引起的资料非均一性问题。

A. 台站迁移分类统计

制作湖北省台站迁移统计一览表,表中包括所有观测台站建站日期、经度、纬度、海拔高度、有无迁站史、迁站次数以及各次迁站日期、迁站主要原因,以及新站的经度、纬度、海拔高度和有无对比观测等详细信息。

分类提取相关信息,建立新旧站址水平距离差异统计表、新旧站址海拔高度差值统计表、台站迁移次数统计表。

统计表分类提取信息如下:

新旧站址水平距离100 m、500 m、1000 m、2000 m、3000 m、5000 m、10000 m以上的台站;

新旧站址海拔高度差在100 m以上台站;

新旧站址地形环境有明显差异台站;

站址迁移不同次数的台站。

B. 台站气温序列均一性检验

利用多元线性回归方法对湖北省气象台站的气温资料进行均一性检查,提取出资料非均一的台站,建立湖北省可能存在资料非均一性的台站信息表。

多元线性回归方程如下:

$$y_i = a_0 + a_1 x_l + a_2 x_{2i} + a_3 x_{3i} + a_4 x_{4i} + a_5 x_{5i} + e_i \tag{5.14}$$

式中,y_i 为待检站的数据;x_{1i}、x_{2i}、x_{3i}、x_{4i}、x_{5i} 为邻近参考站的数据;e_i 为回归模型的残差。

采用DW(durbin-watson)检验,当 D 小于(或大于)某一个值时,说明回归模型的残差存在正(负)的自相关,则待检站序列可能存在不均一性。

$$D = \frac{\sum_{i=2}^{n}(e_i - e_{i-1})^2}{\sum_{i=2}^{n} e_i^2} \tag{5.15}$$

C. 对比分析

将台站资料均一性检查表与台站迁移表进行对照，分析资料非均一产生的主要原因是由于台站迁移还是观测环境的破坏(包括其他原因)。

D. 典型台站的选取

根据上述分析方法，按照环境变化典型台站的 5 个条件选择出 5 类典型台站(图 5.23)。

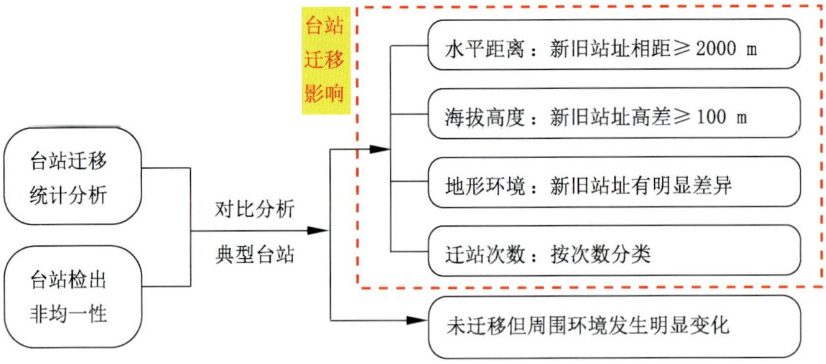

图 5.23　典型台站选取流程

(3)典型台站的确定

湖北省目前共有国家基准气候站、国家基本气象站和一般气象站 89 个。这些站多数始建于 20 世纪 50 年代初至 60 年代初，气候资料累计 30 年或超过 30 年的站有 77 个，建站最早的是老河口和恩施，建站时间为 1950 年，最晚为 2007 年的团风，建站时间主要集中在 1955—1959 年间。湖北省有迁站史的站点数近 60 个，迁站 2 次及以上的站点为 37 个，迁站 2000 m 及以上的站点为 22 个，迁站海拔高差 100 m 及以上的站点为 5 个。迁站的主要原因为观测环境破坏、生活艰苦(或不便)、城市规划和重大工程建设等。通过综合比较分析，考虑台站迁移、湖北省气候与地理区划的影响，选取以下 10 个典型台站：老河口、宜昌、五峰、来凤、红安、蕲春、武汉、黄石、黄冈和仙桃(表 5.30、图 5.24)。

表 5.30　湖北省典型台站信息表

台站	台站迁移后，新旧站址水平距离超过 2000 m	台站迁移后，海拔高度差在 100 m 以上	台站迁移后，地形环境有明显差异	迁站次数 3 次或以上
老河口	√			
宜昌			√	√
五峰		√	√	
来凤		√		
红安	√			
蕲春	√			√
武汉	√			
黄石	√			√
黄冈				√
仙桃	√			

注："√"表示满足相应的条件。

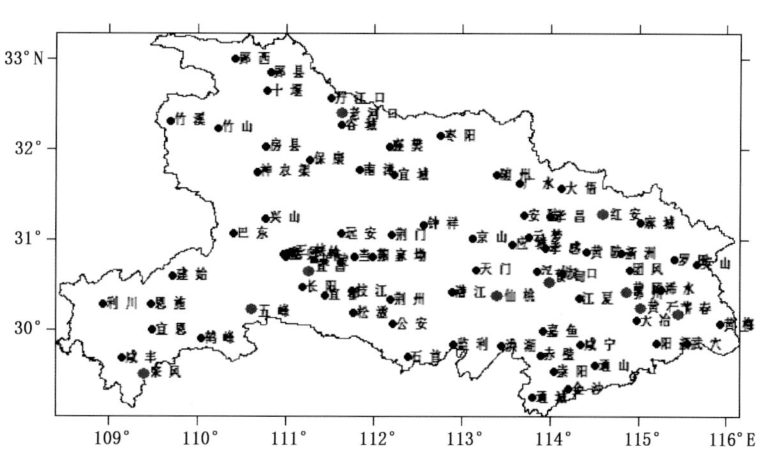

图 5.24　湖北省典型台站地理分布

5.4.2.3　思路和方法

建立湖北省台站迁移详细信息表，分析挑选由于台站迁移造成资料出现非均一的典型台站（排除由于台站观测环境破坏的影响），建立典型台站迁移前后对比观测资料数据集，作为站址变动影响分析的基础数据。采用参考站检验法，建立待检序列与参考序列的差值和比值序列，重点开展站址变动因素对资料的影响分析，构建基于参考站的台站迁移定量评估方法，用于定量评估台站迁移对观测资料的影响。利用定量评估方法对典型站对比观测要素迁站前后进行定量分析评估，通过典型台站各要素时间序列突变检验，分析台站迁移对台站主要要素的影响并建立各台站要素定量分析结果，在综合定量分析结果基础上，建立国家级气象观测站站址变动对气象观测资料影响状况的定量评估指标。

5.4.2.4　影响分析

（1）新旧站址对比观测资料差异分析

收集对比观测资料台站共 17 个，选取观测要素有日平均气温、日最高气温、日最低气温、日降水量、日平均相对湿度、日平均风速（表 5.31）。

表 5.31　湖北省气象站对比观测数据统计一览表

站名	对比观测时间	干球温度	相对湿度	降水量	风向风速
汉川	1965 年 1—7 月	√	√	√	
通城	1964 年 11 月，1965 年 1 月、7 月	√	√	√	√
当阳	1965 年 1 月、4 月、7 月	√	√	√	√
崇阳	1966 年 1 月、4 月、7 月	√	√		√
巴东	2000 年 1 月、4 月、7 月	√	√		√
武穴	2002 年 7 月、10 月，2003 年 1 月、4 月、7 月	√	√		√
黄石	2005 年 7 月、10 月，2006 年 1 月	√	√	√	√
江夏	2006 年 1 月、4 月、7 月	√	√		√
黄冈	2006 年 7 月、10 月，2007 年 1 月	√	√		√
武汉	2009 年 1—12 月	√	√	√	√

续表

站名	对比观测时间	干球温度	相对湿度	降水量	风向风速
黄梅	2011年1—12月	√	√		√
嘉鱼	2011年1—12月	√	√		√
来凤	2011年1—12月	√	√	√	√
罗田	2011年1—12月	√	√	√	√
浠水	2011年1—12月	√	√	√	√
远安	2011年1—12月	√	√		√
天门	2011年1—12月	√	√		√

分别计算各要素差值，统计月、年差值平均值和差值标准差，以及降水量累计相对差值、风向相符率，并对迁站前后对比观测数据差异进行显著性检验。具体方法见公式(5.5)～(5.10)。

按年代和对比观测时间长度对上述17个气象站进行分类，A类气象站为汉川、通城、当阳、崇阳、巴东、武穴、黄石、江夏、黄冈9站，对比观测时间在3～6个月以下且迁站前旧址观测时间不足20年，对比观测资料不进行显著性检验；B类气象站为武汉、黄梅、嘉鱼、来凤、罗田、浠水、远安、天门8站，对比观测时间满1年且迁站前旧址观测时间在20年以上，对比观测资料进行显著性检验。

A. 差值频次分布

日平均气温：平行观测期间各站差值在－4～3 ℃之间，大部分站点最高频次的差值在－0.5 ℃以下，出现频率在11%～20%之间，表明日平均气温新址普遍低于旧址。

日最高气温：平行观测期间各站差值在－4～10 ℃之间，绝大部分站点最高频次的差值在－0.3 ℃以下，出现频率在7%～17%之间，表明日最高气温新址普遍明显低于旧址。

日最低气温：平行观测期间各站差值在－6～10 ℃之间，绝大部分站点最高频次的差值在－0.4 ℃以下，出现频率在12%～24%之间，表明日最低气温新址普遍明显低于旧址。

日平均相对湿度：平行观测期间各站差值在－21%～25%之间，大部分站点最高频次的差值在1%以上，出现频率在11%～21%之间，表明日平均相对湿度新址普遍略高于旧址。

日平均风速：平行观测期间各站差值在－3～5 m/s之间，大部分站点最高频次的差值在0.5 m/s以上，出现频率在10%～37%之间，表明日平均风速新址普遍高于旧址。

日降水量：平行观测期间各站差值在－120～140 mm之间，大部分站点最高频次的差值在0 mm以上，出现频率在25%～70%之间，表明日降水量新旧址之间无明显差异。

B. 差值及标准差

A类气象站：

气温差值汉川、当阳、崇阳、黄石、黄冈为正，表明新址气温高于旧址，偏高0.1～0.3 ℃，最高气温差值－0.2～0.1 ℃，最低气温差值－0.1～0.4 ℃，总体差异不明显。通城、巴东、武穴、江夏气温差值为负，表明新址气温低于旧址，偏低0～0.5 ℃，最高气温差值－0.3～0.1 ℃，最低气温差值－0.5～0.0 ℃，巴东、江夏年平均气温、最高气温、最低气温差值均为负值。平均气温差值标准差较其他要素最低，数据最稳定；最高气温和最低气温差值标准差略高，武穴、黄石、江夏较为明显，数据有明显波动。

降水差值汉川为正，通城、当阳、黄石为负，差值－0.5～0.5 mm，差异不大。降水标准差相对其他要素最大，数据相对最不稳定，集中出现在雨季，特别是 7 月，体现了降水的局地性特点。

相对湿度差值汉川、巴东、武穴为正，通城、当阳、崇阳、黄石、江夏、黄冈为负，差值－4%～1%。相对湿度差值标准差较大，仅次于降水，主要受局地降水和风速的影响。

风速差值黄石、黄冈为负，其余各站为正，差值－0.1～2.0 m/s，江夏差值最大，偏大 2.0 m/s。风速偏大的主要原因是新旧站址观测环境差异，旧址四周建筑物较多，新址周边空旷。风速差值标准差相对于其他要素较小，数据相对稳定。

B 类气象站：

气温差值各站均为负，表明新址气温低于旧址，平均气温差值－0.8～－0.3 ℃，最高气温差值－0.7～－0.1 ℃，最低气温差值－0.2～－1.4 ℃，年平均气温、最高气温、最低气温差值均为负值，总体平均情况一致。武汉、黄梅、嘉鱼平均气温差值低于－0.8 ℃，且最低气温差值低于－1.0 ℃。气温差值季节变化规律不明显，冬半年(10 月至次年 3 月)气温差值略高于夏半年(4—9 月)。平均气温差值标准差较其他要素最低，数据最稳定；武汉、黄梅、浠水最低气温差值标准差较高，主要受城市热岛效应及观测环境风速影响，其他台站平均气温、最高气温、最低气温标准差接近，数据相对稳定。

降水差值来凤、罗田为正，武汉、浠水为负，差值－0.5～2.3 mm，差异不大。降水标准差相对其他要素最大，数据相对最不稳定，集中出现在雨季(5 月～10 月)，体现了降水的局地性特点。

相对湿度差值来凤、远安为负，其余各站为正，差值－1%～9%，冬春季的差异尤为明显。相对湿度差值标准差较大，仅次于降水，主要受局地降水和风速的影响。

风速差值各站均为正，差值 0.3～1.1 m/s，嘉鱼差值最大，偏大 1.1 m/s；风速差值季节变化规律不明显，冬季略高。风速偏大的主要原因是新旧站址观测环境差异，旧址四周建筑物较多，新址周边空旷。风速差值标准差相对于其他要素较小，数据相对稳定。

湖北省各对比观测台站各要素月(年)差值平均值与标准差统计见表 5.32～5.48。

表 5.32　汉川站新址与旧址各要素月(年)差值平均值与标准差统计

时段		差值平均值						差值标准差					
		T_{ave} (℃)	T_{max} (℃)	T_{min} (℃)	U (%)	WS (m/s)	R (mm)	T_{ave} (℃)	T_{max} (℃)	T_{min} (℃)	U (%)	WS (m/s)	R (mm)
1964	01	0.3	0.3	—	1	/	2.4	0.79	0.30	0.00	4.54	/	5.67
	02	0.3	0.4	0.6	0	/	0.1	0.30	0.55	0.81	5.39	/	1.55
	03	0.1	0.2	0.2	0	/	0.0	0.54	0.65	1.09	2.84	/	0.69
	04	0.1	0.4	0.1	0	/	0.4	0.20	0.34	0.37	1.50	/	4.69
	05	0.1	0.4	0.3	0	/	1.7	0.28	0.51	0.63	2.95	/	5.29
	06	0.1	0.3	0.3	0	/	3.3	0.22	0.63	0.67	2.21	/	7.04
	07	0.2	0.2	0.1	1	/	3.5	0.36	0.63	0.50	2.16	/	9.12
合计		0.1	0.2	0.0	0	/	0.5	0.46	0.57	0.71	3.32	/	3.51

注：① T_{ave}、T_{max}、T_{min}、U、WS、R 分别为平均气温、最高气温、最低气温、相对湿度、风速、降水量，下同。

②数字黑色为正值，红色为负值，下同。

③“—”为缺测，“/”为无观测。

表 5.33　通城站新址与旧址各要素月(年)差值平均值与标准差统计

时段		差值平均值						差值标准差					
		T_{ave} (℃)	T_{max} (℃)	T_{min} (℃)	U (%)	WS (m/s)	R (mm)	T_{ave} (℃)	T_{max} (℃)	T_{min} (℃)	U (%)	WS (m/s)	R (mm)
1964	11	0.1	—	—	1.5	0.2	0.0	0.26	—	—	2.61	0.70	0.32
1965	01	0.0	0.5	0.0	0.5	0.8	0.1	0.29	0.45	0.25	3.45	0.93	0.40
	07	0.8	—	—	0.5	0.2	0.9	0.55	—	—	3.49	0.78	14.60
合计		0.2	0.5	0.0	0.5	0.1	0.4	0.56	0.26	0.14	3.27	0.93	5.08

表 5.34　当阳站新址与旧址各要素月(年)差值平均值与标准差统计

时段		差值平均值						差值标准差					
		T_{ave} (℃)	T_{max} (℃)	T_{min} (℃)	U (%)	WS (m/s)	R (mm)	T_{ave} (℃)	T_{max} (℃)	T_{min} (℃)	U (%)	WS (m/s)	R (mm)
1965	01	0.2	0.1	0.2	5.7	0.5	0.1	0.48	0.28	0.56	4.28	0.67	0.15
	04	0.0	0.0	0.0	3.3	0.4	0.2	0.22	0.45	0.36	2.41	0.64	0.68
	07	0.1	0.4	0.0	2.5	0.6	0.5	0.24	0.41	0.33	2.03	0.71	5.45
合计		0.1	0.1	0.1	3.8	0.5	0.1	0.35	0.44	0.43	3.34	0.67	2.17

表 5.35　崇阳站新址与旧址各要素月(年)差值平均值与标准差统计

时段		差值平均值						差值标准差					
		T_{ave} (℃)	T_{max} (℃)	T_{min} (℃)	U (%)	WS (m/s)	R (mm)	T_{ave} (℃)	T_{max} (℃)	T_{min} (℃)	U (%)	WS (m/s)	R (mm)
1966	01	0.3	0.3	0.2	1.8	0.0	/	0.47	0.39	0.43	3.17	0.57	/
	04	0.1	0.3	0.3	0.1	0.2	/	0.34	0.30	0.28	1.33	0.48	/
	07	0.3	0.0	0.4	3.2	0.2	/	0.30	0.57	0.42	3.02	0.52	/
合计		0.2	0.2	0.1	1.7	0.0	/	0.43	0.45	0.50	2.90	0.54	/

表 5.36　巴东站新址与旧址各要素月(年)差值平均值与标准差统计

时段		差值平均值						差值标准差					
		T_{ave} (℃)	T_{max} (℃)	T_{min} (℃)	U (%)	WS (m/s)	R (mm)	T_{ave} (℃)	T_{max} (℃)	T_{min} (℃)	U (%)	WS (m/s)	R (mm)
2000	01	0.4	0.6	0.5	0.5	0.6	/	0.32	0.40	0.25	2.78	0.95	/
	04	0.2	0.3	0.3	0.4	1.2	/	0.29	0.44	0.39	2.40	0.94	/
	07	0.5	0.1	0.5	1.6	0.3	/	0.27	0.43	0.26	2.55	0.64	/
合计		0.4	0.3	0.4	0.3	0.7	/	0.31	0.45	0.31	2.74	0.92	/

表 5.37　武穴站新址与旧址各要素月(年)差值平均值与标准差统计

时段		差值平均值						差值标准差					
		T_{ave} (℃)	T_{max} (℃)	T_{min} (℃)	U (%)	WS (m/s)	R (mm)	T_{ave} (℃)	T_{max} (℃)	T_{min} (℃)	U (%)	WS (m/s)	R (mm)
2002	07	0.8	0.8	1.4	2.7	0.3	/	0.43	0.70	0.69	3.23	0.45	/
	10	1.0	0.2	2.3	0.2	0.0	/	0.51	0.54	1.50	2.97	0.46	/
2003	01	0.7	0.1	1.4	2.0	0.3	/	0.64	0.52	0.92	3.05	0.42	/
	04	0.5	0.4	0.9	2.9	0.2	/	0.36	0.33	0.86	2.57	0.47	/
	07	0.6	0.4	1.3	2.3	0.0	/	1.52	1.39	2.86	6.05	0.52	/
合计		0.0	0.1	0.0	0.8	0.2	/	0.88	0.69	1.83	3.55	0.46	/

表 5.38　黄石站新址与旧址各要素月(年)差值平均值与标准差统计

时段		差值平均值						差值标准差					
		T_{ave} (℃)	T_{max} (℃)	T_{min} (℃)	U (%)	WS (m/s)	R (mm)	T_{ave} (℃)	T_{max} (℃)	T_{min} (℃)	U (%)	WS (m/s)	R (mm)
2005	07	0.5	0.0	0.7	3.0	0.1	0.8	0.27	0.54	0.50	2.07	0.51	2.34
	10	0.2	0.0	0.4	2.0	0.5	0.0	0.49	0.41	0.66	2.05	0.57	0.31
2006	01	0.3	0.4	0.1	1.8	0.2	—	0.31	1.00	0.22	4.37	0.77	—
合计		0.1	0.1	0.4	2.2	0.1	0.5	0.49	0.70	0.54	3.02	0.67	0.90

表 5.39　江夏站新址与旧址各要素月(年)差值平均值与标准差统计

时段		差值平均值						差值标准差					
		T_{ave} (℃)	T_{max} (℃)	T_{min} (℃)	U (%)	WS (m/s)	R (mm)	T_{ave} (℃)	T_{max} (℃)	T_{min} (℃)	U (%)	WS (m/s)	R (mm)
2006	01	0.2	0.4	0.3	3.2	2.5	/	0.45	0.68	0.65	5.29	0.95	/
	04	0.3	0.1	0.3	0.3	1.8	/	0.36	0.48	0.88	2.90	0.82	/
	07	0.9	0.6	0.9	1.9	1.8	/	0.28	0.71	0.72	1.45	0.65	/
合计		0.5	0.4	0.5	0.5	2.0	/	0.46	0.64	0.80	4.12	0.87	/

表 5.40　黄冈站新址与旧址各要素月(年)差值平均值与标准差统计

时段		差值平均值						差值标准差					
		T_{ave} (℃)	T_{max} (℃)	T_{min} (℃)	U (%)	WS (m/s)	R (mm)	T_{ave} (℃)	T_{max} (℃)	T_{min} (℃)	U (%)	WS (m/s)	R (mm)
2005	07	0.7	0.5	0.4	3.6	0.3	/	0.73	0.43	0.56	3.08	0.59	/
	10	0.4	0.2	0.2	0.2	0.2	/	0.38	0.44	0.51	2.28	0.51	/
2006	01	0.3	0.5	0.4	2.5	0.4	/	0.43	0.53	0.57	4.22	0.45	/
合计		0.3	0.1	0.1	0.4	0.1	/	0.67	0.60	0.63	4.12	0.60	/

表 5.41　武汉站新址与旧址各要素月(年)差值平均值与标准差统计

时段		差值平均值						差值标准差					
		T_{ave} (℃)	T_{max} (℃)	T_{min} (℃)	U (%)	WS (m/s)	R (mm)	T_{ave} (℃)	T_{max} (℃)	T_{min} (℃)	U (%)	WS (m/s)	R (mm)
2009	01	1.0	0.3	1.6	8	0.5	0.0	0.80	0.36	1.34	4.66	0.50	0.80
	02	0.3	0.1	0.7	2	0.9	0.1	0.33	0.38	0.88	3.07	0.68	0.66
	03	0.6	0.3	1.2	5	0.8	0.0	0.46	0.29	1.08	3.84	0.82	0.32
	04	0.8	0.4	1.2	9	0.3	0.6	0.57	0.37	1.07	6.64	0.49	4.58
	05	1.0	0.5	1.4	12	0.1	0.6	0.72	0.38	1.21	4.98	0.36	1.32
	06	1.1	0.3	1.7	11	0.1	0.2	0.58	0.64	1.08	3.60	0.37	4.73
	07	0.8	0.5	1.1	8	0.3	0.6	0.44	0.40	0.61	4.12	0.70	5.53
	08	0.7	0.1	1.0	6	0.2	0.4	0.54	0.40	0.68	3.18	0.70	1.76
	09	0.7	0.1	1.2	6	0.0	0.0	0.51	0.74	0.87	4.38	0.68	0.28
	10	1.4	0.0	2.3	12	0.3	0.1	0.74	0.44	1.25	6.39	0.31	0.71
	11	0.7	0.0	1.3	7	0.5	0.2	0.65	0.35	1.18	5.00	0.64	1.56
	12	0.8	0.3	1.7	7	0.4	0.2	0.72	1.14	1.13	5.39	0.55	0.43
年		0.8	0.2	1.4	8	0.3	0.1	0.65	0.59	1.11	5.42	0.65	2.61

表 5.42　黄梅站新址与旧址各要素月(年)差值平均值与标准差统计

时段		差值平均值						差值标准差					
		T_{ave} (℃)	T_{max} (℃)	T_{min} (℃)	U (%)	WS (m/s)	R (mm)	T_{ave} (℃)	T_{max} (℃)	T_{min} (℃)	U (%)	WS (m/s)	R (mm)
2011	01	0.8	0.6	0.9	6	0.9	/	0.32	0.22	0.45	2.41	0.74	/
	02	1.0	0.7	1.2	7	1.3	/	0.42	0.31	0.59	2.35	1.03	/
	03	1.0	0.8	1.4	7	0.8	/	0.44	0.34	0.71	3.60	0.60	/
	04	0.9	0.7	1.4	5	0.8	/	0.47	0.47	0.72	3.17	0.75	/
	05	0.8	0.6	1.2	4	0.8	/	0.24	0.48	0.64	2.16	0.77	/
	06	0.5	0.7	0.5	0	0.8	/	0.22	0.39	0.34	1.86	0.56	/
	07	0.8	0.9	0.7	1	0.7	/	0.42	0.42	0.49	2.77	0.38	/
	08	0.7	0.7	0.6	0	0.6	/	0.29	0.43	0.46	2.43	0.58	/
	09	0.8	0.9	0.9	2	1.0	/	0.35	0.49	0.50	2.74	0.84	/
	10	0.9	0.6	1.0	2	0.9	/	0.46	0.44	0.65	3.51	0.89	/
	11	1.0	0.6	1.3	1	1.1	/	0.48	1.30	1.19	3.62	0.68	/
	12	0.9	0.8	1.0	3	1.0	/	0.35	0.30	0.42	2.90	0.74	/
年		0.8	0.7	1.0	3	0.9	/	0.39	0.53	0.68	3.66	0.73	/

表 5.43　嘉鱼站新址与旧址各要素月(年)差值平均值与标准差统计

时段		差值平均值						差值标准差					
		T_{ave} (℃)	T_{max} (℃)	T_{min} (℃)	U (%)	WS (m/s)	R (mm)	T_{ave} (℃)	T_{max} (℃)	T_{min} (℃)	U (%)	WS (m/s)	R (mm)
2011	01	0.7	0.8	0.8	4	0.8	/	0.24	0.29	0.32	3.71	0.50	/
	02	0.3	0.7	0.8	1	1.2	/	0.49	0.41	0.58	4.25	0.49	/
	03	0.6	0.7	1.2	1	1.2	/	0.36	0.42	0.74	4.30	0.44	/
	04	0.6	0.6	0.8	2	1.3	/	0.33	0.42	0.53	3.36	0.72	/
	05	0.7	0.4	1.0	1	1.2	/	0.27	0.46	0.64	3.22	0.61	/
	06	0.8	0.7	0.8	2	1.0	/	0.30	0.39	0.30	2.31	0.59	/
	07	1.1	0.7	1.4	2	1.0	/	0.28	0.42	0.54	2.01	0.53	/
	08	1.1	0.9	1.2	2	1.0	/	0.25	0.41	0.52	2.21	0.58	/
	09	0.9	0.7	1.1	1	1.0	/	0.26	0.34	0.44	1.31	0.44	/
	10	0.9	0.8	1.3	0	1.0	/	0.28	0.28	0.68	3.14	0.44	/
	11	0.7	0.5	1.2	1	1.0	/	0.27	0.44	0.70	2.90	0.40	/
	12	0.7	0.8	1.1	1	1.2	/	0.31	0.35	0.69	3.35	0.43	/
年		0.8	0.7	1.1	1	1.1	/	0.36	0.40	0.60	3.32	0.53	/

表 5.44　来凤站新址与旧址各要素月(年)差值平均值与标准差统计

时段		差值平均值						差值标准差					
		T_{ave} (℃)	T_{max} (℃)	T_{min} (℃)	U (%)	WS (m/s)	R (mm)	T_{ave} (℃)	T_{max} (℃)	T_{min} (℃)	U (%)	WS (m/s)	R (mm)
2011	01	0.2	0.0	0.3	1	0.7	0.1	0.34	0.39	0.32	1.68	0.40	0.93
	02	0.4	0.5	0.1	1	0.8	0.0	0.43	0.59	0.22	2.44	0.52	0.25
	03	0.0	0.3	0.2	2	0.8	0.1	0.28	0.48	0.23	2.93	0.41	0.21
	04	0.0	0.6	0.3	4	0.8	0.0	0.21	0.65	0.18	1.90	0.37	0.49
	05	0.0	0.6	0.5	2	0.8	0.7	0.38	0.58	1.05	2.02	0.42	3.60
	06	0.6	0.0	0.7	1	0.7	0.0	0.21	0.47	0.22	1.16	0.33	1.45
	07	0.7	0.0	0.9	1	0.5	0.8	0.16	0.45	0.35	1.81	0.33	2.58
	08	0.9	0.1	1.1	1	0.8	0.3	0.26	0.55	0.24	1.71	0.32	20.20
	09	1.3	0.9	1.5	2	0.7	0.4	0.33	0.56	0.32	2.72	0.31	2.43
	10	0.9	0.7	1.0	1	0.6	5.4	0.18	0.40	0.15	2.17	0.36	12.96
	11	0.9	0.8	1.0	0	0.7	0.7	0.17	0.28	0.15	2.04	0.36	1.50
	12	0.4	0.1	0.6	1	0.7	0.3	0.24	0.60	0.32	1.64	0.34	0.77
年		0.5	0.1	0.7	1	0.7	0.7	0.55	0.70	0.58	2.43	0.37	7.22

表 5.45　罗田站新址与旧址各要素月(年)差值平均值与标准差统计

时段		差值平均值						差值标准差					
		T_{ave} (℃)	T_{max} (℃)	T_{min} (℃)	U (%)	WS (m/s)	R (mm)	T_{ave} (℃)	T_{max} (℃)	T_{min} (℃)	U (%)	WS (m/s)	R (mm)
2011	01	0.2	0.3	0.1	0	0.8	0.5	0.26	0.30	0.46	3.82	0.47	1.67
	02	0.1	0.1	0.0	1	0.9	0.7	0.54	0.28	0.55	3.43	0.51	2.23
	03	0.0	0.3	0.2	0	0.8	0.8	0.35	0.33	0.74	3.92	0.52	2.78
	04	0.2	0.2	0.0	2	1.3	0.6	0.30	0.42	0.67	3.63	0.82	1.40
	05	0.4	0.4	0.3	5	0.8	2.9	0.34	0.53	0.57	2.90	0.60	7.83
	06	0.4	0.4	0.5	5	0.5	10.9	0.25	0.44	0.31	1.91	0.46	27.71
	07	0.6	0.4	0.5	5	0.5	0.4	0.22	0.40	0.34	1.66	0.52	5.27
	08	0.6	0.3	0.5	3	0.7	7.2	0.24	0.63	0.31	2.29	0.40	14.01
	09	0.4	0.3	0.4	2	0.6	1.1	0.20	0.34	0.30	2.11	0.54	4.88
	10	0.2	0.3	0.2	2	0.7	0.9	0.41	0.41	0.72	2.93	0.47	2.21
	11	0.1	0.3	0.1	1	0.9	0.9	0.45	0.33	0.72	2.95	0.54	3.10
	12	0.1	0.4	0.1	1	0.7	0.3	0.35	0.23	0.74	3.37	0.54	1.35
年		0.3	0.3	0.2	2	0.8	2.3	0.39	0.40	0.61	3.49	0.56	9.97

表 5.46　浠水站新址与旧址各要素月(年)差值平均值与标准差统计

时段		差值平均值						差值标准差					
		T_{ave} (℃)	T_{max} (℃)	T_{min} (℃)	U (%)	WS (m/s)	R (mm)	T_{ave} (℃)	T_{max} (℃)	T_{min} (℃)	U (%)	WS (m/s)	R (mm)
2011	01	0.7	0.7	0.9	1	0.8	0.3	0.20	0.28	0.38	2.74	0.81	2.08
	02	0.5	0.7	0.9	2	0.8	1.4	0.38	0.28	0.35	2.90	0.46	4.01
	03	0.7	0.6	1.0	2	1.0	0.2	0.20	0.30	0.49	2.34	0.75	0.72
	04	0.8	0.8	1.2	1	0.9	0.2	0.25	0.39	0.52	2.33	0.39	0.45
	05	1.1	1.0	1.4	2	0.9	0.2	0.25	0.34	0.74	1.86	0.62	1.67
	06	0.8	0.9	0.4	1	0.8	1.0	0.20	0.42	1.70	2.48	0.60	5.31
	07	1.0	0.9	1.3	4	0.5	3.2	0.35	0.39	0.59	2.86	0.45	20.69
	08	0.9	0.8	0.9	5	0.5	0.3	0.34	0.50	0.33	3.33	0.56	4.93
	09	0.6	0.1	0.9	6	0.5	0.4	0.16	1.22	0.43	1.37	0.60	1.14
	10	0.5	0.4	0.8	4	0.6	0.0	0.23	0.27	0.45	1.95	0.65	0.30
	11	0.5	0.2	0.9	3	0.8	4.0	0.20	1.79	0.68	1.60	0.60	19.89
	12	0.5	0.4	0.8	1	0.8	0.0	0.20	0.24	0.39	2.48	0.67	0.14
年		0.7	0.6	0.9	1	0.7	0.5	0.30	0.74	0.71	3.43	0.60	8.25

表 5.47　远安站新址与旧址各要素月(年)差值平均值与标准差统计

时段		差值平均值						差值标准差					
		T_{ave} (℃)	T_{max} (℃)	T_{min} (℃)	U (%)	WS (m/s)	R (mm)	T_{ave} (℃)	T_{max} (℃)	T_{min} (℃)	U (%)	WS (m/s)	R (mm)
2011	01	0.2	0.5	0.2	4	0.7	/	0.30	0.44	0.31	2.56	0.48	/
	02	0.1	0.7	0.1	3	0.6	/	0.42	0.37	0.46	2.25	0.41	/
	03	0.4	0.8	0.4	1	0.8	/	0.24	0.74	0.28	2.03	0.57	/
	04	0.5	0.9	0.3	0	0.5	/	0.24	0.90	0.34	2.12	0.46	/
	05	0.4	0.7	0.3	0	0.7	/	0.25	0.69	0.26	1.87	0.55	/
	06	0.6	0.7	0.3	1	0.5	/	0.21	0.52	0.19	1.70	0.37	/
	07	0.6	0.9	0.4	1	0.4	/	0.20	0.62	0.20	1.67	0.35	/
	08	0.5	0.6	0.3	1	0.4	/	0.23	0.50	0.24	1.39	0.38	/
	09	0.3	0.4	0.3	1	0.4	/	0.19	0.41	0.15	1.41	0.39	/
	10	0.3	0.6	0.2	2	0.5	/	0.16	0.45	0.28	1.80	0.40	/
	11	0.3	0.4	0.1	1	0.4	/	0.16	0.36	0.25	1.43	0.44	/
	12	0.1	0.4	0.1	4	0.5	/	0.23	0.42	0.37	3.12	0.35	/
年		0.4	0.6	0.2	1	0.5	/	0.29	0.58	0.30	2.60	0.45	/

表 5.48　天门站新址与旧址各要素月(年)差值平均值与标准差统计

时段		差值平均值						差值标准差					
		T_{ave} (℃)	T_{max} (℃)	T_{min} (℃)	U (%)	WS (m/s)	R (mm)	T_{ave} (℃)	T_{max} (℃)	T_{min} (℃)	U (%)	WS (m/s)	R (mm)
2011	01	0.6	0.7	0.8	6	0.8	/	0.21	0.32	0.41	2.43	0.56	/
	02	0.5	0.7	0.7	5	0.9	/	0.23	0.39	0.44	1.80	0.66	/
	03	0.8	0.9	1.0	6	0.6	/	0.38	0.43	0.51	2.54	0.46	/
	04	0.9	0.9	1.1	5	0.8	/	0.36	0.38	0.73	1.95	0.63	/
	05	0.7	0.7	0.8	3	0.7	/	0.27	0.28	0.61	2.48	0.73	/
	06	0.6	0.7	0.7	2	0.8	/	0.25	0.32	0.39	1.89	0.76	/
	07	0.9	0.9	1.0	2	0.4	/	0.18	0.39	0.45	1.64	0.51	/
	08	0.8	0.9	0.9	1	0.4	/	0.27	0.41	0.32	1.71	0.44	/
	09	0.8	0.7	0.8	2	0.4	/	0.33	0.24	0.35	2.94	0.61	/
	10	0.8	0.7	0.9	3	0.5	/	0.33	0.24	0.48	3.41	0.54	/
	11	0.7	0.7	0.9	2	0.6	/	0.26	0.29	0.41	2.72	0.54	/
	12	0.7	0.7	0.9	5	0.7	/	0.23	0.29	0.41	2.61	0.67	/
年		0.7	0.8	0.9	4	0.6	/	0.30	0.35	0.48	2.96	0.61	/

C. 风向相符率

A类气象站：对比观测台站年风向相符率在28.5%～66.9%之间，巴东、黄石、江夏3站低于50%，新旧址风向一致性差；通城、武穴2站为50%～60%，其余3站高于60%。风向相符率各月变化较大(表5.49)。

B类气象站：对比观测台站年风向相符率在51.4%～66.1%之间，武汉、罗田、浠水3站为50%～60%，其余4站高于60%。风向相符率各月变化明显，在34.7%～75.0%之间，大多在45%以上(表5.49)。

风向相符率不高的主要原因是探测环境发生明显变化。风受局地环境影响较大，旧址受城市化影响严重，周边建筑物较多，新址地处城郊，四周相对空旷。

表5.49　湖北省对比观测台站月(年)风向相符率(单位:%)

站名	1月	2月	3月	4月	5月	6月	7月	8月	9月	10月	11月	12月	年
通城	46.9						56.2				65.5		55.9
当阳	59.5			73.2			56.3						62.6
崇阳	70.4			70.0			59.7						66.5
巴东	34.9			32.9			13.9						28.5
武穴	75.5			73.1			43.2	52.2		51.5			56.4
黄石	37.3						31.7			45.5			38.0
江夏	37.7			42.1			52.1						44.1
黄冈	62.1						77.1			60.0			66.9
武汉	56.0	60.6	57.0	58.6	57.5	52.1	46.3	45.2	45.4	34.7	54.9	50.9	51.4
黄梅	65.5	68.5	59.6	62.3	67.3	55.9	64.5	53.5	67.0	64.2	61.9	61.3	62.7
嘉鱼	70.0	65.8	62.3	68.1	63.6	64.7	59.3	66.1	72.4	65.0	69.0	67.2	66.1
罗田	43.7	45.5	45.8	49.6	53.3	50.9	51.7	55.7	55.3	56.8	57.7	53.3	51.5
浠水	60.6	53.4	61.7	62.9	63.8	63.1	59.3	56.0	60.6	61.2	51.9	56.3	59.3
远安	54.2	56.1	59.3	56.1	58.5	59.3	65.0	59.1	70.8	75.0	63.5	67.6	61.9
天门	63.6	65.5	62.1	69.2	69.5	69.6	67.0	70.1	71.3	63.7	59.2	61.3	66.0

D. 显著性检验

采用t检验，显著性水平取0.05，对旧址近20年的观测资料的平均值和新址的平均值进行显著性检验(表5.50～表5.57)。检验要素包括平均气温、平均最高气温、平均最低气温、平均相对湿度、平均风速的月值和年值。

年均值各站平均气温、平均最高气温、平均最低气温、平均相对湿度差异不显著。平均风速差异显著，受城市化加剧的影响，新旧站址观测环境差异明显。

月均值各站平均气温、平均最高气温、平均最低气温、平均相对湿度主要在1月、11月出现显著差异，武汉表现为新址较旧址均偏低，其他各站为新址较旧址1月偏低、11月偏高。平均风速除黄梅、天门、罗田、浠水外，其他各站大部分月份出现显著差异。

综上所述，平均气温、平均最高气温、平均最低气温、平均相对湿度年均值新旧站址观测资料可接续合并使用。

表 5.50　武汉站新址与旧址各要素月(年)t 检验统计

时段	T_{ave}	T_{max}	T_{min}	U	WS
1月	1.13	1.28	3.04	0.64	3.98
2月	2.22	0.87	3.42	0.87	7.29
3月	0.18	0.87	0.56	0.49	4.95
4月	0.46	0.12	0.59	0.33	1.56
5月	2.66	1.38	3.14	0.59	1.56
6月	1.01	3.24	0.81	0.16	0.72
7月	0.02	0.87	0.47	0.08	4.23
8月	0.10	0.94	0.96	0.33	3.93
9月	0.44	0.77	0.77	0.67	1.77
10月	1.87	3.69	0.42	0.50	1.26
11月	5.88	3.59	6.63	0.49	6.27
12月	2.91	1.30	4.22	0.59	4.20
年	0.84	0.64	1.74	1.13	10.38

注:显著性水平 0.05 的临界值为 2.09;单元格底色为黄色,表示差异显著,白色,表示无明显差异,下同。

表 5.51　黄梅站新址与旧址各要素月(年)t 检验统计

时段	T_{ave}	T_{max}	T_{min}	U	WS
1月	5.07	4.22	4.13	1.15	1.03
2月	0.26	0.95	0.33	0.63	0.73
3月	0.05	0.49	0.85	0.99	1.99
4月	1.63	2.15	0.51	0.97	0.12
5月	0.28	1.27	0.69	0.81	0.61
6月	1.85	1.59	0.91	0.46	1.04
7月	0.28	1.04	0.07	0.08	1.05
8月	1.60	1.17	1.03	0.38	1.94
9月	1.67	1.64	0.47	0.08	1.48
10月	0.73	0.97	0.33	0.09	2.08
11月	4.89	4.18	5.48	0.24	0.54
12月	1.42	0.88	1.07	0.98	0.28
年	0.12	0.16	0.04	1.12	1.78

表 5.52　嘉鱼站新址与旧址各要素月(年)t检验统计

时段	T_{ave}	T_{max}	T_{min}	U	WS
1 月	5.06	4.16	4.40	0.86	1.39
2 月	0.29	1.35	0.06	0.30	2.13
3 月	0.54	0.22	1.23	0.64	3.40
4 月	1.59	1.85	0.70	0.72	2.29
5 月	0.54	1.91	1.56	0.89	1.59
6 月	1.72	2.07	0.73	0.55	3.55
7 月	0.78	0.90	0.86	0.33	2.36
8 月	0.17	0.06	0.06	0.16	2.64
9 月	1.20	1.14	0.96	0.08	0.28
10 月	0.02	0.44	0.22	0.16	1.58
11 月	3.61	2.85	3.91	0.32	1.12
12 月	1.11	1.39	0.33	0.74	2.15
年	0.23	0.21	0.24	1.38	7.86

表 5.53　来凤站新址与旧址各要素月(年)t检验统计

时段	T_{ave}	T_{max}	T_{min}	U	WS
1 月	6.84	5.81	4.73	0.73	2.17
2 月	0.74	0.09	0.70	0.22	3.67
3 月	1.52	0.83	1.67	0.60	4.36
4 月	0.72	0.75	0.32	0.23	4.56
5 月	1.29	2.28	1.70	0.68	2.29
6 月	0.35	0.45	1.41	0.30	5.28
7 月	0.84	2.11	0.30	0.29	4.24
8 月	3.37	2.03	2.50	0.45	4.59
9 月	0.58	1.51	2.44	0.00	4.19
10 月	0.26	0.33	0.81	0.15	6.23
11 月	5.34	2.09	6.28	0.51	6.01
12 月	2.34	3.79	0.06	0.15	5.43
年	0.23	0.38	0.25	0.77	13.15

表 5.54 罗田站新址与旧址各要素月(年)t 检验统计

时段	T_{ave}	T_{max}	T_{min}	U	WS
1 月	5.60	4.04	4.63	0.93	2.23
2 月	0.13	1.40	0.78	0.61	1.36
3 月	0.84	0.27	2.31	0.97	1.80
4 月	1.71	2.05	0.16	1.20	2.58
5 月	0.50	1.54	1.85	1.22	0.89
6 月	1.22	2.11	0.67	0.00	1.26
7 月	0.86	1.32	0.99	0.70	0.37
8 月	1.10	1.85	0.45	0.15	1.72
9 月	1.26	2.01	0.36	0.47	2.04
10 月	0.42	1.21	0.19	0.48	0.82
11 月	5.53	4.33	4.83	0.39	1.81
12 月	1.66	1.27	1.49	0.91	2.50
年	0.10	0.09	0.46	2.20	6.47

表 5.55　浠水站新址与旧址各要素月(年)t 检验统计

时段	T_{ave}	T_{max}	T_{min}	U	WS
1 月	4.56	4.01	4.32	0.89	1.94
2 月	0.48	1.67	0.12	0.31	1.56
3 月	0.64	0.19	1.15	0.66	1.35
4 月	1.61	2.29	0.88	0.67	0.94
5 月	0.72	2.24	0.65	0.65	1.77
6 月	1.80	2.00	0.91	0.63	2.80
7 月	0.12	0.75	0.41	0.21	1.62
8 月	1.20	1.23	0.65	0.06	2.86
9 月	1.83	2.51	1.29	0.08	2.62
10 月	1.02	1.33	0.44	0.08	0.93
11 月	3.55	3.55	4.05	0.24	1.78
12 月	2.26	1.64	1.73	0.51	2.08
年	0.53	0.06	0.58	1.07	4.66

表 5.56 远安站新址与旧址各要素月(年) t 检验统计

时段	T_{ave}	T_{max}	T_{min}	U	WS
1 月	6.66	4.09	5.69	0.83	1.46
2 月	0.63	1.03	1.00	0.16	1.74
3 月	0.63	0.55	1.64	0.76	1.47
4 月	1.39	2.48	0.07	0.74	1.34
5 月	1.55	2.54	0.69	0.82	0.12
6 月	0.10	0.51	0.02	0.00	3.09
7 月	1.57	2.69	0.14	0.60	1.84
8 月	1.23	1.14	1.62	0.08	3.54
9 月	3.05	3.76	1.11	0.24	2.75
10 月	1.28	1.09	0.85	0.16	1.24
11 月	4.28	1.37	5.25	0.24	2.32
12 月	1.32	0.82	0.76	0.25	2.47
年	0.44	0.20	0.69	0.84	7.13

表 5.57 天门站新址与旧址各要素月(年) t 检验统计

时段	T_{ave}	T_{max}	T_{min}	U	WS
1 月	4.70	3.38	4.81	1.60	1.48
2 月	0.18	1.04	0.19	0.65	1.82
3 月	0.16	0.86	0.83	1.18	1.80
4 月	1.91	2.53	0.83	0.90	0.21
5 月	1.23	2.35	0.27	1.01	0.56
6 月	0.96	1.72	0.26	0.32	2.69
7 月	1.61	2.15	1.28	0.47	1.46
8 月	1.32	1.47	1.21	0.00	0.66
9 月	2.31	2.85	1.40	0.25	1.17
10 月	0.60	0.80	0.08	0.09	1.54
11 月	3.31	2.31	4.18	0.25	0.88
12 月	0.82	0.59	0.36	0.87	2.09
年	0.11	0.19	0.09	1.72	4.46

E. 气候趋势一致性分析

从趋势上看，大部分台站年平均气温呈上升趋势，年平均相对湿度呈下降趋势，年平均风速呈减小趋势，年降水量变化趋势不明显(表 5.58)。

从一致性上看，年平均气温整体最好，检验站和参考站之间变化速率较为接近；年降水量较好；年平均相对湿度、年平均风速较差，检验站和参考站之间变化速率差异较大，特别在20世纪90年代以后，十分显著(表5.58)。

表5.58 湖北省对比观测台站与参考站各要素趋势分析一览表

站名	年平均气温	年降水量	年平均相对湿度	年平均风速
通城	呈上升趋势，一致性较好	呈增加趋势，一致性好	呈下降趋势，一致性较好	呈减小趋势，一致性较好
当阳	呈上升趋势，一致性好	呈增加趋势，一致性较好	呈下降趋势，20世纪90年代后参考站下降较快	呈减小趋势，一致性较好
崇阳	呈上升趋势，一致性好	无明显异常，趋势相反	呈下降趋势，20世纪90年代末以后崇阳站下降较快	呈减小趋势，参考站趋势更为显著
巴东	趋势相反，巴东站呈弱下降趋势	无明显异常，趋势相反	趋势相反，巴东站呈上升趋势	呈减小趋势，一致性好
武穴	呈上升趋势，一致性较好	呈增加趋势，一致性较好	趋势相反，武穴站呈微弱增加趋势	呈减小趋势，武穴站趋势更为显著
黄石	呈上升趋势，一致性好	呈减少趋势，20世纪90年代后黄石站减小较快	呈下降趋势，20世纪90年代末以后黄石站下降较快	呈减小趋势，一致性较好
江夏	呈上升趋势，一致性好	呈增加趋势，一致性较好	呈下降趋势，一致性较好	呈减小趋势，参考站趋势更为显著
黄冈	呈上升趋势，一致性好	呈增加趋势，一致性较好	呈下降趋势，一致性较好	呈减小趋势，参考站趋势更为显著
武汉	呈上升趋势，一致性较好	呈增加趋势，一致性较好	呈下降趋势，20世纪90年代以后武汉站下降较快	呈减小趋势，一致性较好
黄梅	呈上升趋势，一致性较好	无明显异常，趋势相反	呈下降趋势，20世纪80年代中期后黄梅站下降较快	呈减小趋势，黄梅站趋势更为显著
嘉鱼	呈上升趋势，一致性好	呈弱增加趋势，一致性较好	呈下降趋势，20世纪90年代末以后嘉鱼站下降较快	呈减小趋势，参考站趋势更为显著
罗田	呈上升趋势，一致性较好	无明显异常，趋势相反	趋势相反，罗田站呈下降趋势	呈减小趋势，参考站趋势更为显著
浠水	呈上升趋势，一致性较好	呈减少趋势，一致性较好	呈下降趋势，21世纪以来浠水站下降较快	呈减小趋势，参考站趋势更为显著
远安	呈上升趋势，一致性较好	呈增加趋势，一致性较好	呈下降趋势，20世纪90年代以后参考站下降较快	呈减小趋势，参考站趋势更为显著
天门	呈上升趋势，一致性较好	呈弱增加趋势，一致性较好	呈下降趋势，20世纪80年代末以后天门站下降较快	呈减小趋势，一致性较好

(2)站址变动定量评估指标分析

A. 台站迁移对气象要素的影响分析

从台站水平迁移距离对气象要素的影响来看，随着迁移距离的增加，新旧站址气温差值呈下降趋势，即新址气温较旧址偏低；相对湿度差值、风速差值、降水量累计相对差值呈上升趋势（图 5.25）。

台站水平迁移距离对相对湿度、最低气温和平均气温的影响较为明显，显著性水平分别为 0.01、0.05、0.1。

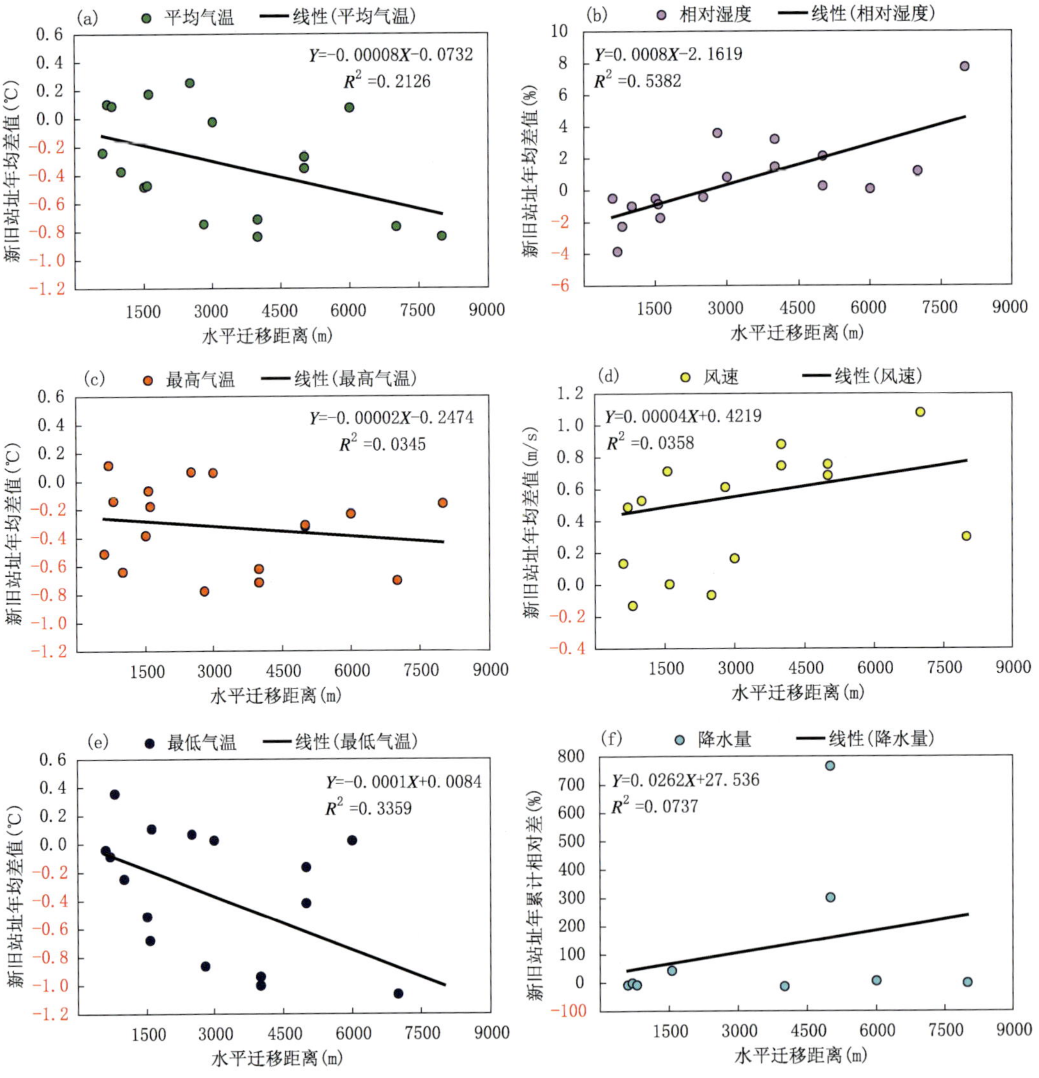

图 5.25　台站水平迁移距离与气象要素的线性相关

从台站迁移垂直高度落差对气象要素的影响来看，随着垂直落差的增加，新旧站址气温差值、相对湿度差值、降水量累计相对差值呈下降趋势，风速差值呈上升趋势（图 5.26）。

台站迁移垂直高度落差对降水量有一定程度的影响，显著性水平为 0.1。

B. 站址变动综合评估指数

根据综合分析结果，选取台站资料序列完整性、区域气候一致性、对比资料分析结果等指标，分配权重，按表 5.59 评分标准，分别计算各指标综合评分并求和，即为台站变动综合评估指数（表 5.60）。

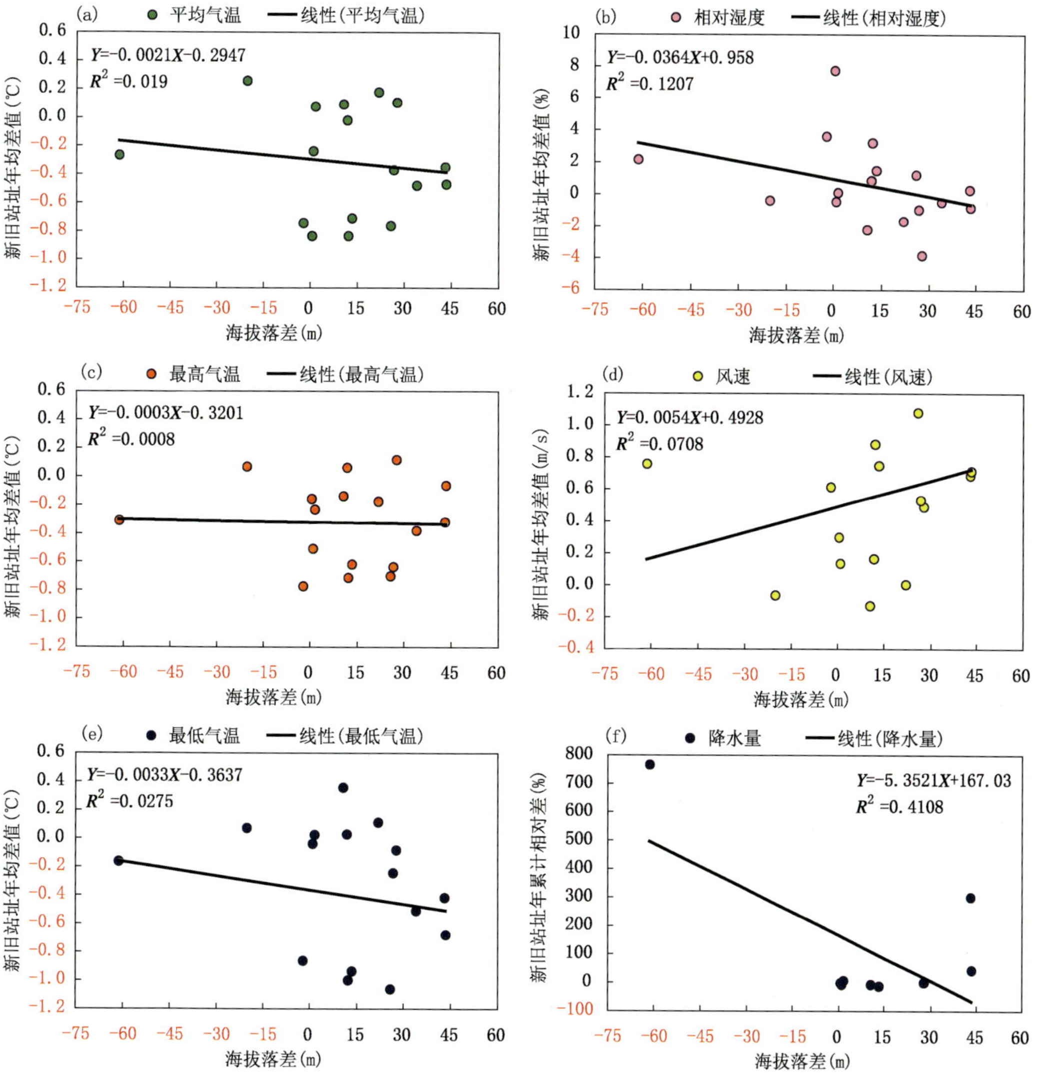

图 5.26　台站迁移垂直高度落差与气象要素的线性相关

表 5.59　站址变动综合评估指数划分标准

迁移度（资料序列完整性）	区域气候一致性	对比观测资料年平均绝对差值				评分
		气温（℃）	相对湿度（%）	风速（m/s）	风向相符率（%）	
≤400	差	>0.5	>5	>1.0	≤30	10
400～800	一般	0.3～0.5	2～5	0.5～1.0	30～60	7
800～1200	较好	0.1～0.3	1～2	0.2～0.5	60～80	3
>1200	好	≤0.1	≤1	≤0.2	>80	0

表 5.60　站址变动综合评估指数等级

分值	<2.0	2.0～3.5	3.5～5.5	5.5～7.5	≥7.5
等级	Ⅰ，无影响	Ⅱ，略有影响	Ⅲ，有一定影响	Ⅳ，影响明显	Ⅴ，影响显著

迁移度、台站变动综合评估指数计算公式如下：

迁移度：

$$MD = \sum (x - \bar{x})^2 \tag{5.16}$$

式中，MD 为迁移度（衡量台站资料序列的完整程度）；x 为台站相邻迁移的时间间隔（年）；$\bar{x}$ 为台站多次迁移时间间隔平均（年）。

台站变动综合评估指数：

$$I_c = \sum_{i=1}^{m} S_i \times W_i \tag{5.17}$$

式中，I_c 为综合评估指数；S_i 为第 i 个参数评分；W_i 为第 i 个参数权重；m 为参数个数。

各指标权重分配如下：资料长度 0.3，区域一致性 0.3，对比观测资料分析 0.4（各要素分别为 0.1，若要素不足 4 个，各要素权重取平均）。

按上述标准，各站站址变动综合评估指数（CAI）计算结果见表 5.61。

结果显示，17 站中汉川、通城、当阳、崇阳、黄石 5 站为Ⅱ级，对观测资料略有影响，巴东、江夏、黄冈、黄梅、罗田、浠水、远安 7 站为Ⅲ级，对观测资料有一定影响，武穴、武汉、嘉鱼、来凤、天门 5 站为Ⅳ级，对观测资料影响明显。

表 5.61　各站站址变动综合评估指数计算结果一览表

站点	CAI		站点	CAI		站点	CAI	
	分值	等级		分值	等级		分值	等级
汉川	2.40	Ⅱ	黄石	3.45	Ⅱ	来凤	5.97	Ⅳ
通城	2.65	Ⅱ	江夏	4.25	Ⅲ	罗田	3.90	Ⅲ
当阳	3.45	Ⅱ	黄冈	4.05	Ⅲ	浠水	3.70	Ⅲ
崇阳	3.30	Ⅱ	武汉	6.60	Ⅳ	远安	3.90	Ⅲ
巴东	5.10	Ⅲ	黄梅	5.25	Ⅲ	天门	6.30	Ⅳ
武穴	5.85	Ⅳ	嘉鱼	6.25	Ⅳ			

5.4.2.5　站址变动对气温的影响在气候评价中的应用

（1）业务中现有问题

1950—2013 年，因城乡规划建设、外部环境遭受破坏、工作环境需要改善或其他原因，湖北省约 67%的台站进行了搬迁。这在一定程度上会造成部分探测数据的不连续，从而影响观测资料的均一性，使得分析结果不能正确反映气候的变化趋势。研究表明，台站迁移对观测资料均一性的影响最大。

由于人类活动的影响，全球气候变暖已是不争的事实。气候变化对生态环境产生多方面的影响，已引起各国政府及科学家的高度关注，气候变化的分析和研究工作显得越来越重要。历史观测数据的代表性和连续性在气象资料的整编、气候变化的业务服务和分析研究等方面影响十分重大。有鉴于此，尝试通过对湖北省气象台站历史沿革进行分析，按条件选取参考台站对订正台站的年平均气温做订正，并对订正前后 30 年基准值进行分析，将分析结果应用于气候评价业务。

(2)资料和方法

A. 资料收集与整理

采用湖北省气象局信息保障中心整编的湖北省 76 个地面观测站的数据。因 20 世纪 60 年代之前台站数较少且变化较大，因此时间选取自 1961 年开始。

针对 1961 年 12 月 1 日至 2014 年 2 月 28 日的逐日气温数据，按照气候统计规范构造每个站点冬季月平均气温序列。序列的长度基本一致，超过 50a 的台站有 73 站。逐年台站数 1961 年最少，为 71 站，1973 年后均为 76 站。

B. 订正台站与参考台站的选取

订正台站的确定原则：1)台站位置是否有迁移，具体根据台站历史沿革确定；2)1981 年 12 月 1 日至 2014 年 2 月 28 日中发生台站迁移且迁站日期距 1981 年 12 月 1 日或 2014 年 2 月 28 日在 1 年以上。

参考台站的确定原则：1)序列通过均一性检验；2)与订正台站同属一个气候分区，相距 200 km 以内；3)观测场海拔高度相差＜100 m；4)1981 年 12 月 1 日至 2011 年 2 月 28 日间未发生台站迁移。

订正台站与参考台站气温序列平行观测时间不少于 3 年，且以距 2014 年 2 月 28 日最近的一次迁站时间开始。

根据上述原则，选取订正站 35 个，参考站 22 个，详见表 5.62。因竹溪、巴东、利川、房县 4 站未找到满足条件的参考站，因此最终确定订正站为 31 个。

表 5.62　参考站与订正站序列基本信息一览表

订正站						参考站		
站名	起止时间	长度	站名	起止时间	长度	站名	起止时间	长度
仙桃	1983—2013	31	黄冈	2007—2013	7	钟祥	1952—2013	62
郧西	1983—2013	31	武穴	2007—2013	7	竹山	1955—2013	59
建始	1983—2013	31	荆门	2008—2013	6	英山	1956—2013	58
蕲春	1983—2013	31	随州	2008—2013	6	枣阳	1957—2013	57
孝感	1984—2013	30	咸宁	2008—2013	6	石首	1959—2013	55
利川	1985—2013	29	荆州	2009—2013	5	安陆	1957—2011	55
襄阳	1986—2011	26	兴山	2009—2013	5	黄陂	1959—2013	55
竹溪	1987—2013	27	南漳	2009—2013	5	当阳	1965—2013	49
大冶	1992—2013	22	京山	2009—2013	5	鹤峰	1966—2013	48
房县	1994—2013	20	武汉	2010—2013	4	崇阳	1966—2013	48
五峰	1994—2013	20	远安	2010—2013	4	咸丰	1968—2013	46
新洲	1995—2013	18	来凤	2010—2013	4	通山	1967—2012	46
鄂州	1997—2013	17	浠水	2010—2013	4	汉川	1970—2013	44
十堰	1998—2013	16				郧县	1971—2013	43
秭归	1998—2013	16				公安	1975—2013	39

续表

订正站						参考站		
站名	起止时间	长度	站名	起止时间	长度	站名	起止时间	长度
巴东	2000—2013	14				黄梅	1974—2010	37
宜城	2001—2013	13				嘉鱼	1975—2010	36
监利	2001—2013	13				大悟	1978—2013	36
洪湖	2005—2013	9				红安	1981—2013	33
潜江	2006—2013	8				恩施	1981—2013	33
黄石	2006—2013	8				宜昌	1980—2012	33
江夏	2006—2013	8				天门	1980—2010	31

C. 订正方法

目前，气温资料序列订正的方法主要有条件温差的两步订正法、逐步回归订正法、比值订正法、差值订正法、一元回归订正法。

各订正台站与参考台站处于大致相同的大气环流背景下，月平均气温之间会存在一定的相关关系，且平行观测大多在连续 4 年以上，根据选用资料少、订正误差小、计算过程简便而精度又能满足要求等原则，本研究采用一元回归订正法。

设 x 站为参考台站，具有 l 年观测资料；y 站为订正台站，有 m 年观测资料且 $m<l$。采用一元回归订正法将订正台站 m 年资料订正到 l 年. 公式如下：

$$\bar{y}_l = \bar{y}_m + r\frac{\sigma_x}{\sigma_y}(\bar{x}_l - \bar{x}_m) \tag{5.18}$$

式中，$\bar{x}_m$、$\bar{y}_m$ 为参考台站与订正台站平行观测 m 年内冬季月平均气温累年平均值；σ_x、σ_y 为参考台站与订正台站 m 年内冬季月平均气温标准差；r 为参考台站与订正台站 m 年内冬季月平均气温相关系数。

(3)结果分析

A. 回归统计分析

回归统计分析结果表明，各订正台站的冬季月平均气温与参考台站的冬季月平均气温之间的相关系数均很高，且通过了信度 99%的 F 检验，相关极显著(表 5.63)。

表 5.63　参考站与订正站冬季月平均气温一元回归关系

订正站	参考站		订正序列与参考序列相关系数
	站数	站名	
郧西	2	郧县、竹山	0.9474～0.9808
十堰	2	郧县、竹山	0.9416～0.9931
襄阳	7	枣阳、钟祥、安陆、大悟、当阳、宜昌、天门	0.9691～0.9929
秭归	3	钟祥、当阳、宜昌	0.9642～0.9900
兴山	2	郧县、竹山	0.9127～0.9703
南漳	7	郧县、枣阳、钟祥、安陆、当阳、宜昌、公安	0.9643～0.9899
远安	6	枣阳、钟祥、当阳、宜昌、公安、石首	0.9377～0.9877

续表

订正站	参考站		订正序列与参考序列相关系数
	站数	站名	
宜城	9	枣阳、钟祥、安陆、大悟、当阳、宜昌、公安、天门、汉川	0.9733～0.9893
荆门	10	枣阳、钟祥、安陆、大悟、当阳、宜昌、公安、天门、汉川、石首	0.9180～0.9878
随州	9	枣阳、钟祥、安陆、大悟、红安、当阳、天门、汉川、黄陂	0.9313～0.9893
京山	12	枣阳、钟祥、安陆、大悟、红安、当阳、宜昌、公安、汉川、黄陂、石首、崇阳	0.9317～0.9978
建始	1	鹤峰	0.9777
五峰	1	鹤峰	0.9771
潜江	14	枣阳、钟祥、安陆、大悟、红安、当阳、公安、天门、汉川、黄陂、石首、嘉鱼、崇阳、通山	0.9674～0.9963
荆州	7	钟祥、安陆、当阳、公安、汉川、石首、崇阳	0.9347～0.9935
孝感	12	钟祥、安陆、大悟、红安、公安、天门、汉川、黄陂、嘉鱼、崇阳、通山、英山	0.9399～0.9951
仙桃	13	钟祥、安陆、大悟、红安、当阳、公安、天门、汉川、黄陂、石首、嘉鱼、崇阳、通山	0.9539～0.9943
新洲	11	安陆、大悟、红安、天门、汉川、黄陂、嘉鱼、崇阳、通山、英山、黄梅	0.9628～0.9945
江夏	12	钟祥、安陆、大悟、红安、天门、汉川、黄陂、嘉鱼、崇阳、通山、英山、黄梅	0.9312～0.9925
武汉	9	钟祥、大悟、红安、公安、汉川、黄陂、石首、崇阳、通山	0.8492～0.9726
鄂州	10	安陆、大悟、红安、天门、汉川、黄陂、嘉鱼、崇阳、通山、黄梅	0.9736～0.9903
黄冈	11	安陆、大悟、红安、天门、汉川、黄陂、嘉鱼、崇阳、通山、英山、黄梅	0.9577～0.9942
大冶	11	安陆、大悟、红安、天门、汉川、黄陂、嘉鱼、崇阳、通山、英山、黄梅	0.9416～0.9861
来凤	2	恩施、鹤峰	0.9142～0.9925
监利	11	钟祥、安陆、当阳、公安、天门、汉川、黄陂、石首、嘉鱼、崇阳、通山	0.9682～0.9934
洪湖	12	钟祥、安陆、红安、当阳、公安、天门、汉川、黄陂、石首、嘉鱼、崇阳、通山	0.9693～0.9914
咸宁	12	安陆、大悟、红安、天门、汉川、黄陂、石首、嘉鱼、崇阳、通山、英山、黄梅	0.9260～0.9941
浠水	7	大悟、红安、汉川、黄陂、崇阳、通山、英山	0.9079～0.9850
黄石	10	安陆、大悟、红安、天门、汉川、黄陂、嘉鱼、崇阳、通山、黄梅	0.9626～0.9942
蕲春	9	大悟、红安、汉川、黄陂、嘉鱼、崇阳、通山、英山、黄梅	0.9468～0.9870
武穴	7	红安、汉川、黄陂、嘉鱼、崇阳、通山、黄梅	0.9640～0.9917

B. 订正误差分析

由表5.64可见，不同参考站对订正站的订正效果不尽相同，绝对误差在0.10～0.69 ℃之间，订正站最小绝对误差在0.10～0.30 ℃之间，南漳、建始、五峰绝对误差小于0.30 ℃。从绝对误差的频率分布上看，大多集中在≤0.2 ℃和>0.2 ℃且≤0.5 ℃两个区间内，频率多在30%以上。兴山、荆门、武汉、监利、咸宁、武穴在>0.5 ℃且≤0.8 ℃区间有大于30%的频率出现，武汉、咸宁、浠水在>0.8 ℃区间有大于30%的频率出现。

表 5.64　订正站不同参考站的订正误差频率分布表

订正站	绝对误差(℃)	绝对误差频率分布(%)			
		≤0.2	>0.2,≤0.5	>0.5,≤0.8	>0.8
郧西	0.23～0.40	31.2～52.7	37.6～38.7	9.7～19.4	0.0～10.8
十堰	0.18～0.52	25.0～60.4	29.2～37.5	2.1～22.9	0.0～22.9
襄阳	0.17～0.36	32.1～70.5	26.9～44.9	1.3～22.7	0.0～10.3
秭归	0.23～0.40	27.1～51.1	43.8～45.8	4.4～22.9	0.0～12.5
兴山	0.25～0.47	20.0～46.7	33.3～46.7	0.0～33.3	6.7～13.3
南漳	0.16～0.29	33.3～60.0	13.3～60.0	0.0～26.7	0.0～ 6.7
远安	0.18～0.43	25.0～58.3	22.2～50.0	8.3～22.2	0.0～16.7
宜城	0.22～0.36	33.3～53.8	35.9～53.3	3.3～25.6	0.0～ 5.1
荆门	0.24～0.54	05.6～46.7	27.8～61.1	0.0～41.7	0.0～27.8
随州	0.18～0.49	11.1～72.2	22.2～88.9	0.0～22.2	0.0～22.2
京山	0.10～0.42	20.0～100.0	0.0～66.7	0.0～20.0	0.0～13.3
建始	0.24～0.24	53.8～53.8	34.4～34.4	11.8～11.8	0.0～ 0.0
五峰	0.29～0.29	45.0～45.0	35.0～35.0	16.7～16.7	3.3～3.3
潜江	0.14～0.35	33.3～75.0	25.0～66.7	0.0～25.0	0.0～ 8.3
荆州	0.15～0.48	20.0～80.0	20.0～46.7	0.0～26.7	0.0～13.3
孝感	0.14～0.48	29.9～83.3	14.4～47.1	1.1～26.7	0.0～20.0
仙桃	0.17～0.48	20.0～ 65.5	24.7～40.9	1.2～26.9	0.0～17.8
新洲	0.16～0.40	33.3～70.4	27.1～53.7	1.9～22.9	0.0～14.8
江夏	0.22～0.63	16.7～60.0	26.7～54.2	0.0～26.7	0.0～29.2
武汉	0.30～0.69	08.3～41.7	8.3～55.6	8.3～33.3	0.0～33.3
鄂州	0.23～0.37	33.3～54.9	31.4～47.1	3.9～28.6	0.0～11.9
黄冈	0.18～0.41	33.3～66.7	16.7～66.7	0.0～19.0	0.0～16.7
大冶	0.23～0.53	27.3～61.4	26.3～51.7	7.0～19.7	1.5～22.7
来凤	0.16～0.53	33.3～83.3	8.3～25.0	8.3～16.7	0.0～25.0
监利	0.21～0.47	22.2～63.3	23.1～53.8	2.6～30.8	0.0～13.9
洪湖	0.21～0.47	22.2～59.3	22.2～59.3	7.4～29.6	0.0～16.7
咸宁	0.19～0.63	13.3～66.7	5.6～55.6	0.0～33.3	0.0～33.3
浠水	0.22～0.60	16.7～66.7	16.7～50.0	8.3～22.2	0.0～41.7
黄石	0.18～0.42	20.0～66.7	23.8～66.7	4.2～26.7	0.0～16.7
蕲春	0.22～0.45	26.9～59.5	33.3～48.4	4.8～24.7	0.0～15.1
武穴	0.23～0.41	33.3～58.3	19.0～44.4	8.3～33.3	0.0～9.5

绝对误差的大小与订正站和参考站间的海拔高差有关。从图 5.27 可知，参考站与订正站海拔高差在±50 m 以内时，80%集中在 0.19～0.42 ℃之间，海拔高度相差越大，订正误差越大。

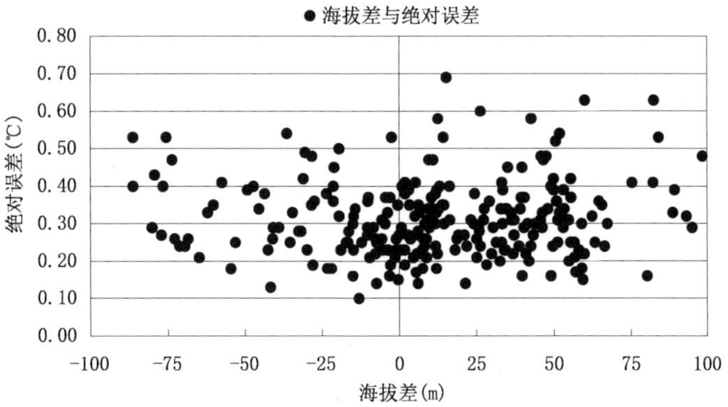

图 5.27　订正站与不同参考站海拔差和绝对误差关系

C. 订正结果均一性检验

通过 t 检验确定台站迁移前后冬季月平均气温的变化特点，因为序列长度不一致，采用完整的 t 检验公式：

$$t = \frac{\bar{x}_1 - \bar{x}_2}{\sqrt{\frac{(n_1-1)s_1^2 + (n_2-1)s_2^2}{n_1+n_2-2}}\sqrt{\frac{1}{n_1}+\frac{1}{n_2}}} \tag{5.19}$$

式中，$\bar{x}_1$、$\bar{x}_2$ 为订正台站迁移前后冬季平均气温多年平均值；s_1、s_2 为订正台站迁移前后冬季平均气温方差；n_1、n_2 为订正台站迁移前后样本长度。

t 检验是对单站检验，实质上是检验某一时点前后平均值的变化。分别对订正台站迁移前后冬季平均气温进行检验(表 5.65)，取显著性水平 $\alpha=0.05$，当 t 值大于临界值，表明台站迁移前后气温差值较大，即序列是非均一性的。

由表 5.65 可见，订正站订正后冬季平均气温共计 27 站通过 t 检验，且台站迁移前后气温差值较订正前明显减小，武汉、秭归、襄阳较为显著。订正站通过 t 检验的参考站从 1 站到 9 站不等。

D. 常年平均值(1981—2010 年)变化分析

订正的 27 站中，20 站冬季气温常年平均值较订正前降低，7 站升高；差值绝对值＜0.2 ℃的有 10 站，0.2～0.5 ℃之间的有 13 站，0.5～1.0 ℃之间的有 2 站，＞1.0 ℃的有 2 站。武汉、秭归、随州和浠水 4 站订正后常年平均值较之前明显降低，降幅分别为 1.15 ℃、1.05 ℃、0.61 ℃和 0.56 ℃。

对于不同参考站的订正站订正后冬季气温常年平均值的最大值和最小值的差值在 0～0.60 ℃之间，＜0.2 ℃的有 10 站，0.2～0.5 ℃之间的有 12 站，＞0.5 ℃的有 5 站(浠水、咸宁、南漳、黄冈和江夏)，浠水差值最大，为 0.60 ℃(表 5.66)。

表 5.65　订正站订正前后 t 检验结果一览表

订正站	参考站	t 检验		t 值	订正站	参考站	t 检验		t 值	订正站	参考站	t 检验		t 值
		订正前	订正后	α=0.05			订正前	订正后	α=0.05			订正前	订正后	α=0.05
郧西	郧县	−1.002	−0.374	2.040	潜江	钟祥	0.710	−0.306	2.040	武汉	钟祥	2.536	0.283	2.040
十堰	郧县	−1.287	−0.782	2.040		当阳	0.710	0.155	2.040		大悟	2.536	0.062	2.040
襄阳	钟祥	−2.130	−1.670	2.040		黄陂	0.710	0.040	2.040		红安	2.536	0.225	2.040
秭归	钟祥	5.033	−1.136	2.040		石首	0.710	−0.556	2.040		公安	2.536	0.101	2.040
	当阳	5.033	−1.078	2.040		通山	0.922	−0.428	2.042		汉川	2.536	0.080	2.040
	宜昌	4.994	−1.225	2.042	荆州	钟祥	0.903	0.140	2.040		黄陂	2.536	1.081	2.040
南漳	枣阳	0.468	−0.251	2.040		安陆	0.767	0.015	2.045		石首	2.536	0.798	2.040
	钟祥	0.468	0.206	2.040		公安	0.903	−0.235	2.040		崇阳	2.536	0.045	2.040
	安陆	0.517	0.093	2.045		汉川	0.903	−0.303	2.040		通山	2.578	0.835	2.042
	公安	0.468	−0.136	2.040		石首	0.903	0.338	2.040	黄冈	安陆	0.986	0.005	2.045
远安	枣阳	1.416	0.085	2.040		崇阳	0.903	−0.143	2.040		大悟	0.766	−0.338	2.040
	钟祥	1.416	0.259	2.040	仙桃	钟祥	−0.668	−0.593	2.040		红安	0.766	−0.023	2.040
	当阳	1.416	1.104	2.040		当阳	−0.668	−0.519	2.040		天门	0.611	−0.345	2.048
	宜昌	1.707	1.309	2.042	新洲	黄陂	−1.319	−1.210	2.040		汉川	0.766	−0.295	2.040
	公安	1.416	0.040	2.040		英山	−1.319	−0.635	2.040		黄陂	0.766	0.736	2.040
	石首	1.416	0.775	2.040	江夏	钟祥	−0.626	−0.250	2.040		嘉鱼	0.611	0.231	2.048
宜城	枣阳	0.858	−0.819	2.040		黄陂	−0.626	0.071	2.040		崇阳	0.766	−0.271	2.040
	钟祥	0.858	−0.436	2.040		嘉鱼	−0.839	−0.540	2.048		通山	1.015	0.328	2.042
	当阳	0.858	−0.045	2.040		英山	−0.626	0.551	2.040		黄梅	0.611	0.281	2.048
	宜昌	1.050	−0.155	2.042		黄梅	−0.839	−0.507	2.048	咸宁	安陆	0.581	−0.542	2.045
	公安	0.858	−0.835	2.040	大冶	黄陂	−2.001	−1.871	2.040		黄陂	0.587	0.057	2.040
孝感	钟祥	−1.417	−1.315	2.040		英山	−2.001	−1.107	2.040		石首	0.587	−0.358	2.040
随州	枣阳	1.291	−0.714	2.040	黄石	黄陂	0.472	0.081	2.040		通山	0.821	−0.209	2.042
	钟祥	1.291	−0.323	2.040		通山	0.632	−0.338	2.042		英山	0.587	0.554	2.040
	安陆	1.027	−0.551	2.045	监利	钟祥	−1.518	−0.365	2.040	浠水	大悟	1.688	0.110	2.040
	大悟	1.291	−0.830	2.040		安陆	−1.386	−0.815	2.045		红安	1.688	0.240	2.040
	红安	1.291	−0.571	2.040		当阳	−1.518	−0.004	2.040		汉川	1.688	0.107	2.040
	当阳	1.291	0.313	2.040		公安	−1.518	−0.815	2.040		黄陂	1.688	1.091	2.040
	汉川	1.291	−0.951	2.040		天门	−1.664	−1.533	2.048		崇阳	1.688	0.089	2.040
	黄陂	1.291	0.057	2.040		汉川	−1.518	−1.019	2.040		通山	1.992	0.797	2.042
京山	枣阳	0.780	−0.323	2.040		黄陂	−1.518	−0.005	2.040		英山	1.688	1.363	2.040
	钟祥	0.780	0.110	2.040		石首	−1.518	−0.695	2.040	蕲春	大悟	−1.223	−0.825	2.040
	安陆	0.709	0.069	2.045		嘉鱼	−1.664	−1.136	2.048		红安	−1.223	−1.142	2.040
	大悟	0.780	−0.208	2.040		崇阳	−1.518	−0.941	2.040		汉川	−1.223	−0.664	2.040
	红安	0.780	−0.057	2.040		通山	−1.260	−0.443	2.042		黄陂	−1.223	−0.664	2.040
	宜昌	1.104	1.020	2.042	荆门	宜昌	0.564	0.307	2.042		嘉鱼	−1.210	−0.749	2.048
	公安	0.780	−0.212	2.040	武穴	红安	1.202	−0.081	2.040		英山	−1.223	−0.743	2.040
	汉川	0.780	−0.317	2.040		汉川	1.202	−0.324	2.040		黄梅	−1.210	−0.980	2.048
	黄陂	0.780	0.649	2.040		黄陂	1.202	0.713	2.040	洪湖	钟祥	0.374	0.014	2.040
	石首	0.780	0.336	2.040		嘉鱼	0.619	0.174	2.048		安陆	0.385	−0.222	2.045
	崇阳	0.780	−0.136	2.040		崇阳	1.202	−0.271	2.040		黄陂	0.374	0.366	2.040
来凤	恩施	1.674	1.282	2.040		通山	1.291	0.299	2.042		石首	0.374	−0.334	2.040
	鹤峰	1.674	1.002	2.040		黄梅	0.619	0.200	2.048		通山	0.614	−0.219	2.042

表 5.66　订正站订正前后常年值变化情况一览表(单位:℃)

站名	订正前	订正后				订正前后	站名	订正前	订正后				订正前后
	常年值	常年值	最小	最大	差值	常年值差值		常年值	常年值	最小	最大	差值	常年值差值
郧西	4.0	4.0	3.9	4.0	0.05	0.01	新洲	5.4	5.3	5.3	5.5	0.19	0.03
十堰	4.5	4.5	4.4	4.6	0.18	0.01	江夏	5.8	5.8	5.7	6.2	0.50	0.04
襄阳	4.7	4.7	4.7	4.7	0.00	0.01	武汉	5.6	4.5	4.4	4.8	0.40	1.15
秭归	7.2	6.2	6.2	6.2	0.05	1.05	黄冈	6.0	5.8	5.6	6.2	0.54	0.23
南漳	4.1	4.1	3.9	4.4	0.54	0.04	大冶	6.3	6.4	6.3	6.4	0.09	0.07
远安	5.4	5.0	4.8	5.3	0.42	0.37	来凤	5.9	5.7	5.7	5.7	0.05	0.23
宜城	4.6	4.2	4.1	4.4	0.28	0.33	监利	5.8	6.0	5.9	6.2	0.34	0.20
荆门	5.3	5.0	4.9	5.3	0.45	0.26	洪湖	6.1	5.9	5.8	6.1	0.37	0.23
随州	4.3	3.7	3.5	3.9	0.42	0.61	咸宁	6.0	5.7	5.4	6.0	0.57	0.36
京山	5.4	5.1	4.9	5.4	0.48	0.28	浠水	6.2	5.6	5.4	6.0	0.60	0.56
潜江	5.5	5.1	5.0	5.3	0.33	0.41	黄石	6.2	5.9	5.7	6.1	0.32	0.32
荆州	5.8	5.5	5.3	5.8	0.47	0.34	蕲春	5.9	5.9	5.9	5.9	0.03	0.01
孝感	4.9	4.9	4.9	4.9	0.02	0.02	武穴	6.0	5.7	5.5	5.8	0.32	0.33
仙桃	5.8	5.7	5.7	5.8	0.04	0.02							

(4)订正结果应用于冬季影响评价的探讨

A. 冷(暖)冬标准与等级

湖北省冷(暖)冬标准与等级见表 5.67。

表 5.67　冷(暖)冬标准与等级

类型	范围	标准		等级
冷冬	单站	冬季平均气温距平	−1.0 ℃<ΔT≤−0.5 ℃	弱冷冬
			ΔT≤−1.0 ℃	强冷冬
	区域	分区范围内冷冬站数	冷冬站数≥总站数×50%	分区冷冬
	全省	全省范围内冷冬站数	冷冬站数≥总站数×50%	全省冷冬
暖冬	单站	冬季平均气温距平	0.5 ℃≤ΔT<1.0 ℃	弱暖冬
			ΔT≥1.0 ℃	强暖冬
	区域	分区范围内暖冬站数	暖冬站数≥总站数×50%	分区暖冬
	全省	全省范围内暖冬站数	暖冬站数≥总站数×50%	全省暖冬

B. 常年平均值的订正对冷(暖)冬监测的影响

利用 27 站常年平均值订正值，按上节中的分级标准，分别进行订正前后湖北省 76 站 1961—2013 年逐年冬季季节评价(表 5.68)。

由图 5.28 可见，湖北省 1961—2013 年冷(暖)冬年站数逐年变化趋势订正前后基本一致，冷冬年站数订正后较订正前略有减少，暖冬反之。主要原因为大多订正站订正后常年平均值较订正前偏低。

表 5.68　湖北省 1961—2013 年逐年冷(暖)冬情况一览表

年份	订正前						订正后				
	总站数	冷冬		暖冬		冬季类型	冷冬		暖冬		冬季类型
		弱	强	弱	强		弱	强	弱	强	
1961/1962	71	7	1	9		正常	4	1	12	1	正常
1962/1963	71	18	3	2	1	正常	16	2	4	2	正常
1963/1964	72	2	70			强冷冬	3	69			强冷冬
1964/1965	72	1		19	2	正常	1		23	5	正常
1965/1966	73			14	4	正常			20	6	正常
1966/1967	73	6	66			强冷冬	7	65	1		强冷冬
1967/1968	73		72			强冷冬		72	1		强冷冬
1968/1969	73	6	62			强冷冬	5	63	1		强冷冬
1969/1970	73	34	3		1	正常	23	2		1	正常
1970/1971	73	37	2	1		弱冷冬	29	2		1	正常
1971/1972	74	7	66			强冷冬	7	66	1		强冷冬
1972/1973	74	5		8	3	正常	5		9	4	正常
1973/1974	75	7	67			强冷冬	13	60		1	强冷冬
1974/1975	75	2	1	5		正常	4	1	8	1	正常
1975/1976	76	54	18			弱冷冬	49	15		1	弱冷冬
1976/1977	76	1	75			强冷冬	1	74			强冷冬
1977/1978	76	4		4	1	正常	3		10	1	正常
1978/1979	76			40	23	弱暖冬			35	30	正常
1979/1980	76	2	1	1		正常	2	1	4	1	正常
1980/1981	76	32	13	1		正常	30	10		1	正常
1981/1982	76	47	1			弱冷冬	37	1		1	正常
1982/1983	76	51	13			弱冷冬	39	12		1	弱冷冬
1983/1984	76	1	74			强冷冬	4	71	1		强冷冬
1984/1985	76	4	71			强冷冬	10	65	1		强冷冬
1985/1986	76	60	10			弱冷冬	56	9		1	弱冷冬
1986/1987	76			21	11	正常			25	15	正常
1987/1988	76	53	2			弱冷冬	42	2	1	1	弱冷冬
1988/1989	76	35	6			正常	28	8	2	1	正常
1989/1990	76	35	8	1		正常	32	7		1	正常
1990/1991	76	1		7	1	正常	1		14	4	正常
1991/1992	76	2		40	1	弱暖冬	2		34	10	正常
1992/1993	76	1		6	1	正常	1		18	2	正常
1993/1994	76	2		2		正常	4		6	1	正常
1994/1995	76			28	1	正常			32	5	正常
1995/1996	76	10	2	1		正常	10	2	5	2	正常
1996/1997	76			62	12	弱暖冬			50	23	弱暖冬
1997/1998	76			8		正常			13	3	正常
1998/1999	76			2	74	强暖冬			2	74	强暖冬
1999/2000	76	18	1			正常	18			1	正常

续表

年份	订正前						订正后					
	总站数	冷冬		暖冬		冬季类型	冷冬		暖冬		冬季类型
		弱	强	弱	强		弱	强	弱	强	
2000/2001	76			42	9	弱暖冬			40	15	弱暖冬
2001/2002	76			3	72	强暖冬			2	73	强暖冬
2002/2003	76	1		3	7	正常			7	8	正常
2003/2004	76			24	48	强暖冬			20	52	强暖冬
2004/2005	76	11	64			强冷冬	16	58			强冷冬
2005/2006	76	45	5	1		弱冷冬	42	2	2		弱冷冬
2006/2007	76			8	67	强暖冬			4	72	强暖冬
2007/2008	76	13	63			强冷冬	17	58			强冷冬
2008/2009	76			27	45	强暖冬			23	52	强暖冬
2009/2010	76		1	22	1	正常			27	2	正常
2010/2011	76	22	5			正常	14	3			正常
2011/2012	76	39	36			弱冷冬	47	28			弱冷冬
2012/2013	76	30	15	2		正常	34	7	2		正常
2013/2014	76	1		30	7	正常			35	10	正常

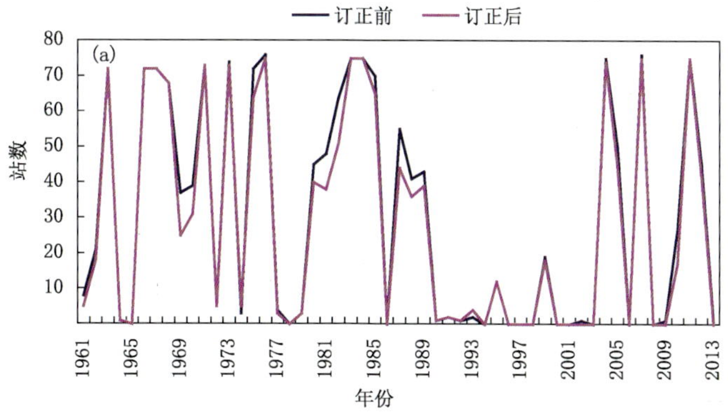

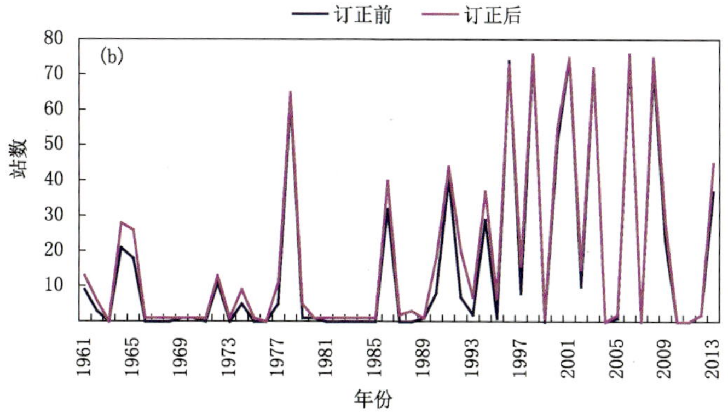

图 5.28　湖北省冷冬年(a)、暖冬年(b)站数订正前后逐年变化

冬季冷(暖)冬监测见表 5.68。1961—2013 年湖北省冬季类型 1970/1971 年、1978/1979 年、1981/1982 年、1991/1992 年 4 次略有不同,订正前分别为弱冷冬、弱暖冬、弱冷冬、弱暖冬,订正后均为正常,其余订正前后完全一致。

从 1961—2013 年湖北省各分区冬季类型来看(图 5.29),订正前后差异不大。值得注意的是,2000 年以后冷(暖)冬的转变频率加快,而且订正前后冬季类型的不一致次数逐渐增多。

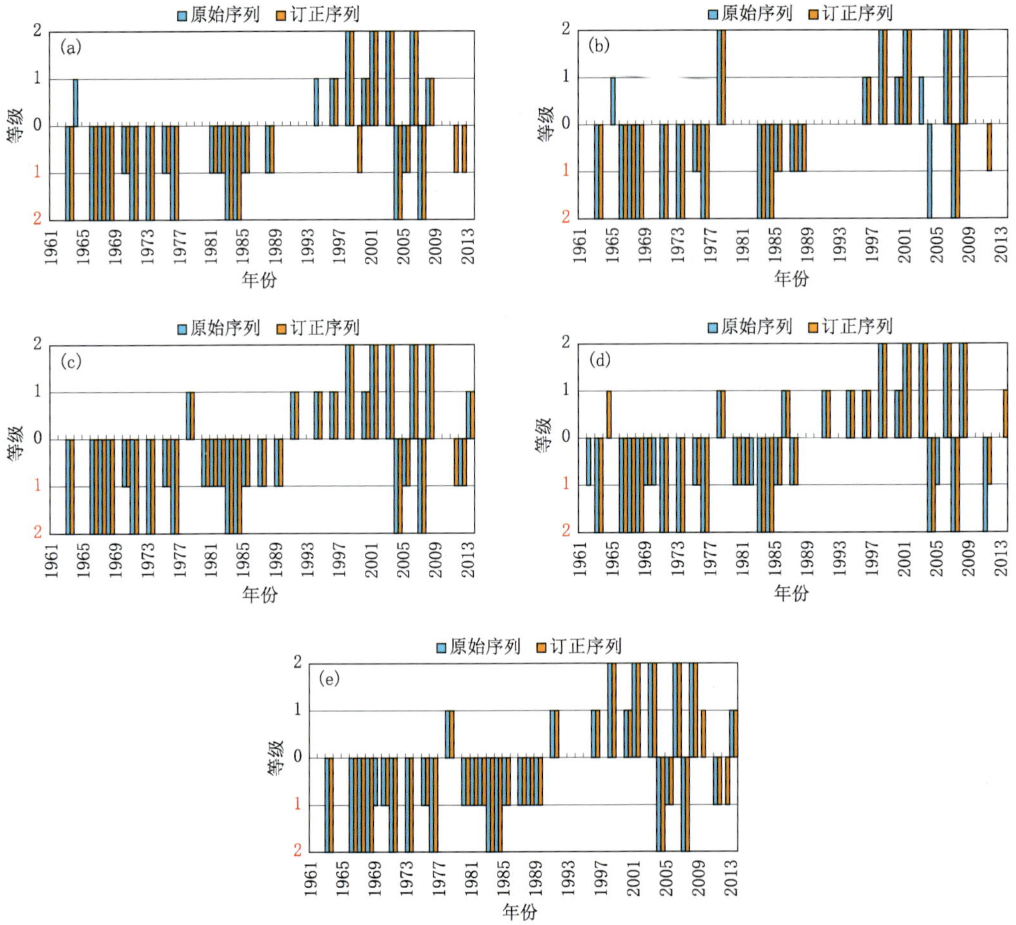

图 5.29　湖北省各分区冬季类型订正前后逐年变化

(a)鄂西北;(b)鄂西南;(c)鄂东北;(d)鄂东南;(e)江汉平原

(注:等级 2、1、0、－1、－2 分别代表强暖冬、弱暖冬、正常、弱冷冬和强暖冬)

选取冬季气温常年平均值订正前后差值在 1 ℃以上的武汉站和秭归站为典型台站(图 5.30、表 5.69),分析单站订正前后冬季类型的变化。由于冬季气温常年平均值订正后较订正前明显偏低,因此 2 站冬季类型的变化十分明显,由冷冬向暖冬转变,冷冬减少变弱,暖冬增加变强。2 站强冷冬减少了 2/3,强暖冬武汉站增加了 2.8 倍、秭归站增加了 1.4 倍。

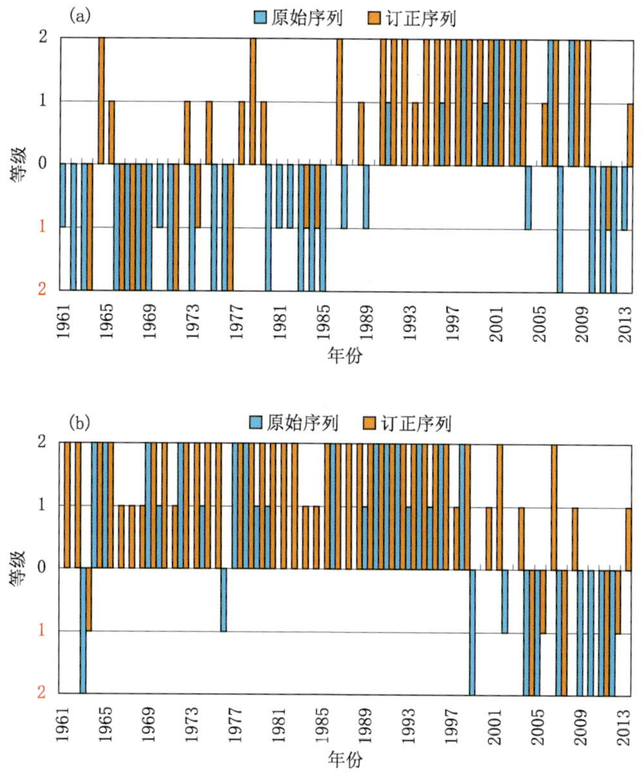

图 5.30　武汉站(a)、秭归站(b)冬季类型订正前后逐年变化

(注:等级 2、1、0、−1、−2 分别代表强暖冬、弱暖冬、正常、弱冷冬和强冷冬)

表 5.69　武汉站、秭归站 1961—2013 年冬季类型出现频次统计

冬季类型	武汉站			秭归站		
	订正前	订正后	差值	订正前	订正后	差值
弱冷冬	8	4	−4	2	3	1
强冷冬	18	6	−12	9	3	−6
弱暖冬	3	9	6	7	11	4
强暖冬	5	19	14	13	31	18
正常	19	15	−4	22	5	−17

(5)结论

1)确定了订正台站与参考台站的选取方法,按此方法筛选出订正站 31 个,参考站 22 个,分别建立了订正站与参考站之间关于冬季月平均气温的一元线性回归方程。

2)冬季月平均气温的订正误差分析表明,订正误差与海拔高度关系密切,订正站与参考站的海拔高度相差越大,订正误差越大。少数站点在>0.5 ℃区间出现频率较高,订正差异较大,对小尺度序列的订正需进一步深入研究。

3)冬季月平均气温的订正结果用于计算台站冬季气温常年平均值。分析订正前后常年值表明,订正结果对单站的影响明显大于分区或全省,但随着迁移站数的增多,对分区和全省的影响也会增加。从全省和分区来看，订正前后基本一致，分区中订正前后冬季类型的不一致次数呈增多趋势；从典型台站来看，受常年平均值订正后明显偏低的影响，冬季类型变化明显，由冷冬向暖冬转变，冷冬减少变弱，暖冬增加变强。

4)由于部分台站城市化、统计检验的不确定性等因素对气温影响的差异，订正结果的应用性有待进一步检验。

5.4.3　甘肃省站址变动对气象资料的影响

5.4.3.1　背景和目的、意义

气象台站的迁移可能直接影响观测记录的比较性和连续性，是导致气候资料序列非均一性的重要因素之一，因此迁站前后资料的对比分析对于气象资料的正确应用具有重要意义。中国气象局明确要求(中国气象局，1979，2003)，迁站前后应做对比观测。国内已有许多文献对迁站前后资料进行分析，指出恰当、合适地使用迁站前后气象资料是减少或避免资料由于城市化、非均一性等因素导致错误结论的必要条件之一，因此，开展站址变动对气象资料的影响分析与研究具有重要意义，将为资料使用者提供相关参考与依据。

甘肃是我国大陆的地理中心，是惟一包含西部干旱区、东部季风区和青藏高寒区三大自然区的省份。气候复杂多样，包括干旱区、半干旱区、半湿润区和湿润区，是气候变化的敏感区和生态环境的脆弱区(图 5.31)。降水稀少、年际波动大、地域差异显著。平均年降水量 300 mm，不足全国平均年降水量(632 mm)的 1/2，其中河西地区 150 mm，不到全国的 1/4，河东地区 470 mm，接近全国平均的 3/4。以兰州市为例，最多年的降水量(547 mm)是最少年(168 mm)的 3.3 倍。日照充足，昼夜温差大。平均年日照时数 2500 小时，高于全国平均水平(2200 小时)。其中，马鬃山最多，达 3300 小时。年平均气温 8.1 ℃，比全国低 1.3 ℃。气温年较差最大34 ℃，昼夜温差最大 16 ℃。甘肃降水变化区域差异明显，极端事件频繁发生，变温幅度高于全国平均水平。1961 年以来，甘肃省年降水量减少 11 mm，其中河东地区减少 19 mm，河西地区增加 31 mm(约 21%)。与 20 世纪 60 年代相比，近 10 年甘肃省极端强降水事件增加了 45%，高温日数平均增加 4 天。20 世纪中叶以来，全球地表平均温度每 10 年升高 0.12 ℃。我国变暖速率明显高于全球，为 0.23 ℃/10a。甘肃省平均气温每 10 年升高 0.26 ℃，高于全国平均水平。河西地区升温高于河东地区，冬季变暖最明显。

甘肃省气象灾害种类多，影响大。除台风灾害外，我国其他气象灾害在甘肃省均有发生，是全国气象灾害种类最多的省份之一。20 世纪 80 年代开始，气象灾害造成的损失呈增加趋势。甘肃省主要气象灾害造成的直接经济损失相当于全省 GDP 的 3%～5%，21 世纪以来平均为 3%，是全国的 3 倍。影响大的灾害主要有干旱、暴雨洪涝及引发的山洪等地质灾害、沙尘暴、冰雹和霜冻等。中东部地区干旱、冰雹多发，东南部地区暴雨洪涝多发，河西地区大风、沙尘暴多发。气象灾害占自然灾害的 88.5%，高出全国平均 17.5%，干旱灾害居首位。干旱频率高、范围广、影响大。甘肃省素有“三年一小旱，十年一大旱”之说，干旱对河东地区影响最大，几乎每年都会出现季节性干旱，春旱和春末夏初旱发生频次最高。特别是 20 世纪 90 年代以来，重大干旱事件发生频繁，出现了以天水为中心的连续 7 年干旱，给农业生产和人民生活造成了严重影响。

此外，甘肃气候资源丰富，风能、太阳能开发潜力大。风功率密度大于 300 W/m^2 的面积

约 6 万 km^2，技术可开发量约 2.37 亿 kW。年太阳总辐射达 700 万亿 kW。如果利用太阳能丰富区 1%的面积发电，每年的发电量可达 3000 亿 kW · h，相当于 3 座三峡水电站发电量。

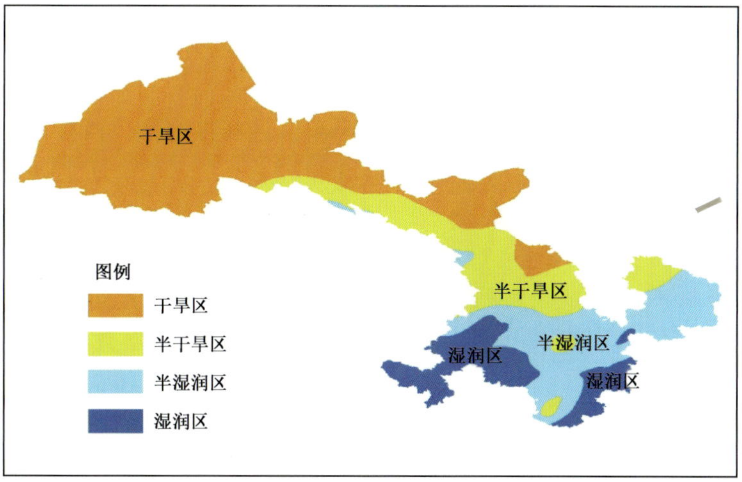

图 5.31　甘肃省气候区划

5.4.3.2　典型代表站的选取

甘肃省现有国家级气象观测台站 81 个(图 5.32)，建站时间或记录开始日期在 1932—2010 年之间，最早的是兰州，最晚为天祝，多数台站建站时间主要集中在 1950—1959 年间。

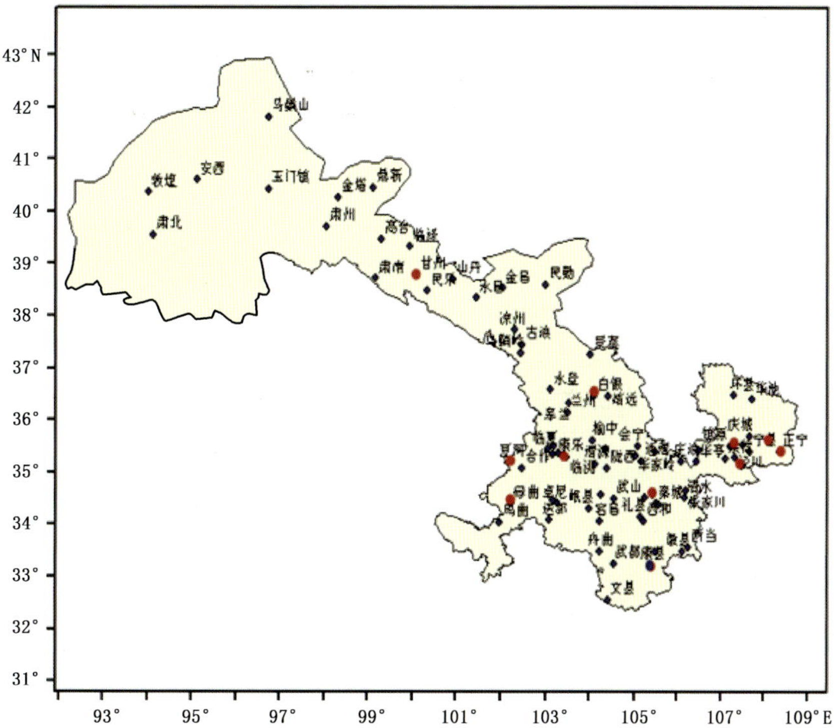

图 5.32　甘肃省典型对比观测台站的地理位置

甘肃省有迁站史的站点数为 64 个，迁站 2 次及以上的站点为 40 个，迁站 2000 m 及以上的站点为 41 个，迁站海拔高差 100 m 及以上的站点为 7 个(图 5.33 和表 5.70)。迁站原因主要包括观测环境破坏、生活艰苦、城市规划、重大工程等。

通过综合比较分析，考虑台站迁移、甘肃省气候与地理区划的影响，选取张掖、白银、康乐、灵台、正宁、合水、秦安、碌曲、夏河和西峰 10 个典型台站(表 5.71)，对其台站站址变动及其影响展开分析，分别代表甘肃省干旱区、半干旱区、半湿润区和湿润区。西峰站由于对比观测资料不全，故不参与具体分析。

按年代和对比观测时间长度对上述 9 个气象站进行分类，分为 A、B 两类气象站点。A 类气象站为白银、灵台、秦安 3 站，对比观测时间在 3～6 个月以下且迁站前旧址观测时间不足 20 年，对比观测资料不进行显著性检验；B 类气象站为张掖、康乐、正宁、合水、碌曲、夏河 6 站，对比观测时间满 1 年且迁站前旧址观测时间在 20 年以上，对比观测资料进行显著性检验。

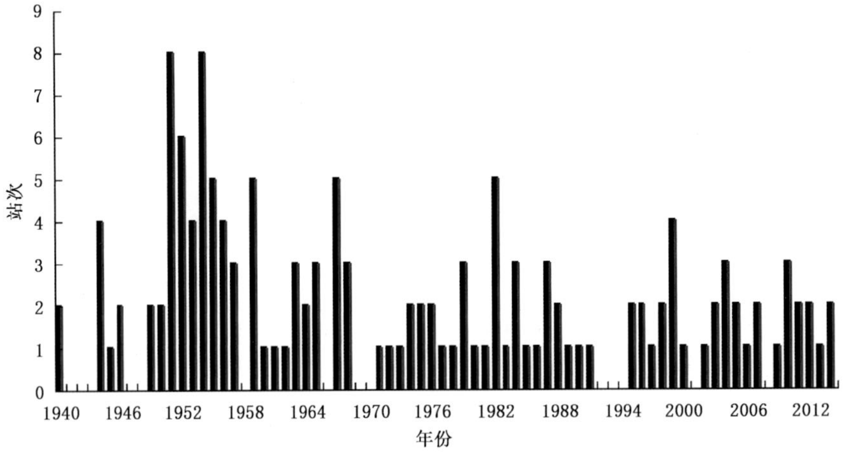

图 5.33　1940—2014 年甘肃省台站迁移次数逐年变化

表 5.70　甘肃省台站迁站情况简表

迁移站次	全省站数	迁移总站次	未迁站数	
	81	156	14	
迁移次数	迁移 1 次 (站数/占比)	迁移 2 次 (站数/占比)	迁移 3 次 (站数/占比)	迁移 3 次以上 (站数/占比)
	24/29.6%	21/25.9%	7/8.6%	15/18.5%
迁移水平距离	1 km 以内 (站次/占比)	1～5 km (站次/占比)	5～10 km (站次/占比)	10 km 以上 (站次/占比)
	68/43.6%	43/27.6%	7/8.6%	10/12.5%

表 5.71　甘肃省典型对比观测台站迁站情况简表

台站	对比观测时间	台站迁移后，新旧站址水平距离超过 2000 m	台站迁移后，海拔高度差在 100 m 以上	台站迁移后，地形环境有明显差异	迁站次数 3 次或以上
张掖	2011 年 1—12 月	√		√	√
白银	2009 年 7 月、10 月，2010 年 1 月	√		√	√
康乐	2012 年 1—12 月				
灵台	2000 年 1 月、4 月、7 月	√	√		
正宁	2012 年 4 月—2013 年 12 月				
合水	2013 年 1—12 月	√			
秦安	2007 年 1 月、4 月、7 月	√			
碌曲	2014 年 1—12 月			√	
夏河	2014 年 1—12 月	√			
西峰	1988 年 1—12 月				√

5.4.3.3　思路和方法

对甘肃省张掖、康乐、正宁、合水、碌曲、夏河、白银、灵台、秦安 9 个典型台站迁站资料的分析主要采用统计学和机器学习方法，从台站对比资料、基于参考站的区域气候一致性、资料序列完整性 3 方面展开，具体如下：

对台站对比资料展开分析，选取观测要素有日平均气温、日最高气温、日最低气温、日降水量、日平均相对湿度、日平均风速及风向，分别计算各要素新旧站址观测资料差值，并统计求取月、年差值平均值和差值标准差；同时，计算月、年降水量累计相对差值和风向相符率。利用旧址近 20 年的观测要素月、年平均值序列，对拟迁新址平行观测期的月、年平均值进行显著性检验。

为了从气候角度分析迁站对台站资料的影响，对典型台站展开基于参考站的对比观测资料区域一致性和趋势分析。主要包括：1)差值比较，计算代表站年平均气温、年降水量、年平均相对湿度和年平均风速(2 分钟)与参考站序列的差值，并分段计算每 5 年的平均值和每 10 年的平均值(差值＝代表站－参考站)；2)趋势比较，对代表站和参考站年平均气温、年降水量、年平均相对湿度和年平均风速序列分别求取线性趋势。其参考站选择标准：1)参考站与旧址距离较近，属于同一气候区。2)参考站观测资料序列与旧站序列平行年代长。3)参考站周边环境较好，多年来探测环境变化小，海拔高度相差较小。

资料序列完整性主要对观测站点的资料完整性展开评价，为使用者提供参考。

5.4.3.4　影响分析

(1)新旧站址对比观测资料差异分析

A. 差值和标准差

A 类气象站

①气温

灵台气温差值为正，表明新址气温高于旧址，偏高 1.2～1.9 ℃，最高气温差值 2.8～3.5

℃，最低气温差值－0.2～1.1 ℃，总体差异明显。白银、秦安气温差值为负，表明新址气温低于旧址，偏低－0.6～0.5 ℃，最高气温差值－1.8～－0.2 ℃，最低气温差值在－4.7～0.9 ℃。白银、秦安年平均气温、最高气温、最低气温差值均为负值。平均气温差值标准差较其他要素低，数据稳定；最高气温和最低气温略高，灵台较为明显，数据有明显波动。

因新址与旧址对比观测时间只有3个月，降水差异比较的意义不大。同时，由于降水集中在多雨月份和降水的局地性特点，降水总量的差异可以忽略不计。

相对湿度差值灵台、秦安为正，白银为负，差值－1.9%～7%。相对湿度差值标准差较大，主要受局地降水和风速的影响。

气压差值白银、灵台、秦安3站为正，差值1.1～43 hPa。灵台站差值最大，偏大43 hPa，主要是由于因新址的海拔比旧址低409.2 m，故新址气压大于旧址。气压差值标准差相对于其他要素最小，数据稳定。

风速差值白银为负、灵台为正，差值－0.3～0.7 m/s，灵台差值最大，偏大0.7 m/s。风速偏大的主要原因是新旧站址观测环境差异，旧址四周建筑物较多，新址周边空旷。风速差值标准差相对于其他要素较小，数据相对稳定。

B类气象站

合水、正宁气温差值为正，表明新址气温高于旧址，偏高0.4～0.6 ℃，最高气温差值0.5～0.8 ℃，最低气温差值0.3～1.0 ℃，总体差异不明显。夏河、碌曲、张掖、康乐气温差值为负，表明新址气温低于旧址，偏低0.5～1.1 ℃，最高气温差值－1.5～－0.1 ℃，最低气温差值－1.2～－0.6 ℃。4站年平均气温、最高气温、最低气温差值均为负值，碌曲年平均气温、最高气温、最低气温差值均低于－1.0 ℃。气温差值季节变化规律不明显，冬半年(10月—次年3月)气温差值略高于夏半年(4—9月)。平均气温差值标准差除气压外较其他要素低，数据稳定，最高气温和最低气温略高。合水站主要受城市热岛效应及观测环境风速影响较为明显，数据有明显波动，其他台站平均气温、最高气温、最低气温标准差接近，数据相对稳定。

降水差值碌曲为正，张掖、康乐、正宁、合水、夏河为负，差值－93.4～20 mm，降水比值0.75～1.03，累计相对差值－0.20487～0.032954，综合来讲差异较大，这是由于上述站点地跨西北区干旱区、半干旱、半湿润区和湿润区。降水标准差相对其他要素最大，数据相对最不稳定，集中出现在雨季(5—10月)，体现了降水的局地性特点。

相对湿度差值张掖、正宁为负，其余各站为正，差值－1%～5%，夏季的差异尤为明显，这体现出西北干旱的气候特点。相对湿度差值标准差较大，仅次于降水，主要受局地降水和风速的影响。

气压差值张掖、正宁为负，碌曲、康乐、合水、夏河为正，差值－7.3～3.8 hPa，张掖站年差值最大，偏大3.8 hPa。气压差值季节变化规律不明显，冬半年(10月至次年3月)气压差值略高于夏半年(4—9月)。气压差值标准差相对于其他要素最小，数据稳定。

风速差值正宁、合水为负值，其余站点为正值，差值－0.4～1.4 m/s，张掖站差值最大，偏大1.4 m/s。风速差值季节变化规律不明显，冬季略高。风速偏大的主要原因是新旧站址观测环境差异明显，旧址四周建筑物较多，新址周边空旷。风速比值0.71～2.0，差异很大。风速差值标准差相对于其他要素较小，数据相对稳定。

B. 风向相符率分析

由表5.72可见，对比观测台站年风向相符率在24.1%～53.0%之间，碌曲、张掖、夏河3

站低于 40%,新旧址风向一致性差;正宁、康乐、合水为 40%~60%。

风向相符率各月变化较大,各站有所不同。主要原因是探测环境发生明显变化,风受局地环境影响较大,旧址受城市化影响严重,周边建筑物较多,新址地处城郊,四周相对空旷。

表 5.72　甘肃省对比观测台站月、年风向相符率一览表

站名	1月	2月	3月	4月	5月	6月	7月	8月	9月	10月	11月	12月	年
夏河	0.3055	0.3363	0.3857	0.3991	0.3145	0.4083	0.3319	0.3346	0.3861	0.2930	0.3018	0.2956	0.3408
碌曲	0.1895	0.2619	0.2743	0.2687	0.2634	0.2888	0.2405	0.2352	0.2527	0.1908	0.2263	0.2056	0.2410
张掖	0.2715	0.3392	0.3803	0.3486	0.3387	0.3111	0.2607	0.2688	0.2444	0.2352	0.2039	0.1720	0.2851
康乐	0.6612	0.3635	0.5134	0.3087	0.9825	0.3305	0.2043	0.4758	0.3236	0.2056	0.3694	0.1935	0.4121
合水	0.4514	0.4761	0.5689	0.5347	0.5618	0.6305	0.5819	0.5819	0.5	0.5376	0.4625	0.4717	0.5303
正宁	0.6261	0.6244	0.6814	0.6722	0.6097	0.3969	0.3924	0.3911	0.4013	0.4368	0.4125	0.4099	0.5037

C. 显著性检验

采用 t 检验,显著性水平取 0.05,对旧址近 20 年的观测资料的平均值和新址的平均值进行显著性检验。检验要素包括平均气温、平均最高气温、平均最低气温、平均相对湿度、降水量、平均风速的月值和年值。

年均值各站平均气温、平均最高气温、平均最低气温、降水量、平均相对湿度差异基本不显著。仅有正宁的年平均最高气温显著,张掖、碌曲、康乐 3 站年平均风速差异显著,这主要是相关站点受城市化加剧的影响,新旧站址观测环境差异明显。

月均值各站平均气温、平均最高气温、平均最低气温主要在 1 月、3 月出现显著差异;平均相对湿度、降水量仅在个别站点个别月份出现显著差异,大部分站点无显著差异。平均风速除合水、正宁外,其他各站大部分月份出现显著差异。

综上所述,平均气温、平均最高气温、平均最低气温、平均相对湿度年均值新旧站址观测资料可接续合并使用。

D. 台站迁移对气象要素的影响分析

从台站水平迁移距离对气象要素的影响来看(图 5.34),随着迁移距离的增加,新旧站址平均气温差值、最低气温差值、降水量累计相对差值呈下降趋势,即新址气温较旧址偏低;最高气温差值、相对湿度差值、气压差值、2 分钟平均风速差值呈上升趋势。

从台站迁移垂直高度落差对气象要素的影响来看(图 5.35),随着垂直落差的增加,新旧站址平均气温差值、最高气温差值、最低气温差值、相对湿度差值、平均气压差值、2 分钟平均风速差值呈下降趋势,降水量累计相对差值呈上升趋势。

台站迁移垂直高度落差对气压、平均气温、最高气温的影响较为明显,显著性水平分别为 0.001、0.05、0.01。

E. 基于参考站的对比观测资料区域一致性和趋势分析

为了从气候角度分析迁站对台站资料的影响,对甘肃省张掖、康乐、正宁、合水、碌曲、夏河、白银、灵台、秦安 9 个典型台站展开基于参考站的对比观测资料区域一致性和趋势分析。

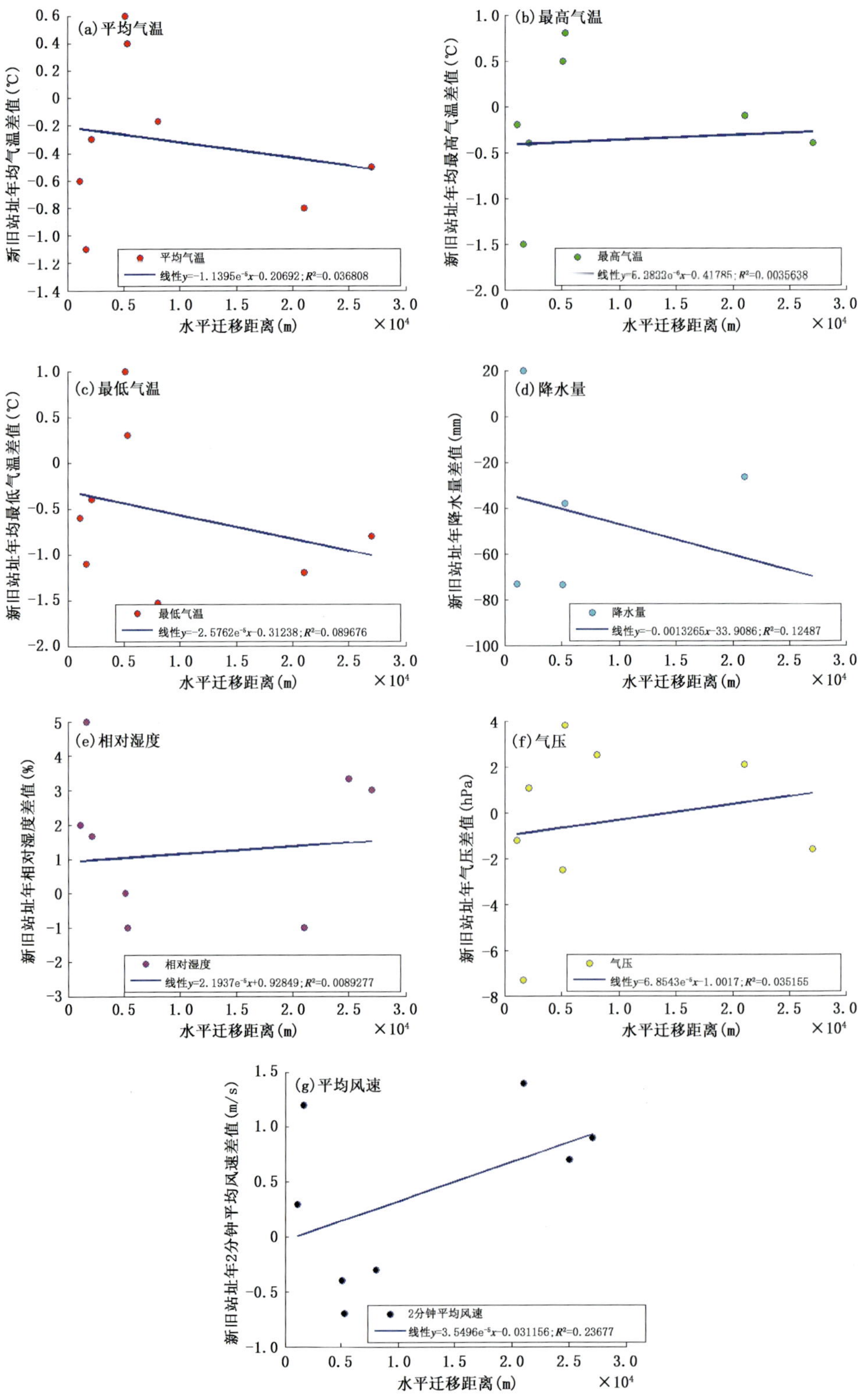

图 5.34　台站水平迁移距离与气象要素的线性相关

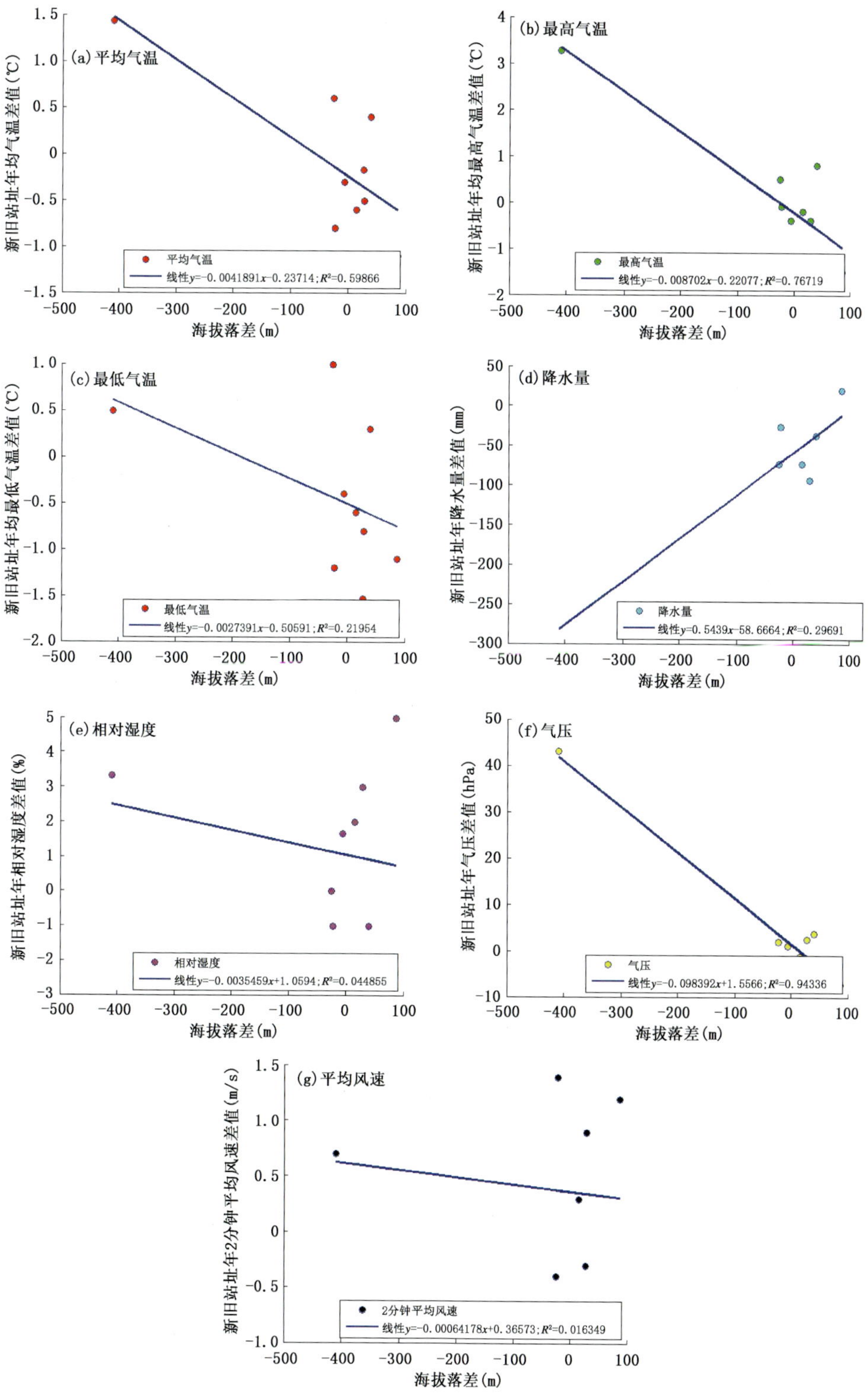

图 5.35　台站迁移垂直高度落差与气象要素的线性相关

从趋势上看(表 5.73),大部分台站年平均气温呈上升趋势,年平均相对湿度呈下降趋势,年平均风速呈减小趋势,年降水量变化趋势不明显。

从一致性上看(表 5.73),年平均气温整体最好,检验站和参考站之间变化速率较为接近;年降水量较好;年平均相对湿度、年平均风速较差,检验站和参考站之间变化速率差异较大,特别在 20 世纪 90 年代以后,十分显著。

表 5.73　甘肃省对比观测台站与参考站各要素趋势与区域一致性分析一览表

站名	年平均气温	年降水量	年平均相对湿度	年平均风速	结论
张掖	呈上升趋势,一致性好	无明显异常,趋势相反	趋势相反,一致性差	呈减小趋势,一致性差	区域一致性一般
白银	呈上升趋势,一致性好,1990 年代后期上升明显	无明显异常,略有减少的趋势	呈下降趋势,区域一致性差	呈减小趋势,一致性差	区域一致性一般
秦安	呈上升趋势,一致性好	无明显异常,呈下降趋势	呈下降趋势,一致性差	呈减小趋势,一致性差	区域一致性一般
合水	呈上升趋势,一致性好	无明显异常,趋势平稳	呈下降趋势,一致性基本一致	呈减小趋势,一致性差	区域一致性较好
正宁	呈上升趋势,一致性好	无明显异常,趋势平稳,略有下降	呈下降趋势,一致性较好	呈减小趋势,一致性差	区域一致性较好
康乐	呈上升趋势,一致性较好	无明显异常,趋势相反	呈下降趋势,一致性较好	趋势相反,一致性差	区域一致性较好
灵台	呈上升趋势,一致性差,2000 年前后有明显异常变化	呈减少趋势,两者明显不一致	趋势相反,区域一致性差	呈减小趋势,一致性差	区域一致性差
夏河	呈上升趋势,一致性好	无明显异常,趋势相反	呈微弱上升趋势,一致性较好	趋势相反,夏河站呈增加趋势,一致性差	区域一致性一般
碌曲	呈上升趋势,一致性好	无明显异常,趋势平稳,略有下降趋势	呈微弱下降趋势,区域一致性基本一致	趋势相反,碌曲站呈减小趋势,一致性差	区域一致性较好

(2)站址变动定量评估指标分析

A. 站址变动定量评估指标计算

根据综合分析结果,计算其站址变动综合评估指数,首先选取对比资料分析结果中平均气温、最高气温、最低气温、降水量、相对湿度、气压、风速、风向相符率等对比观测要素年平均绝对差值进行相关性分析(图 5.36 和图 5.37),确定平均气温、降水量、相对湿度、气压 5 要素作为指标组成因子(各要素权重均为 1),最终形成站址变动综合评估指数。台站变动综合评估指数计算参见公式(5.16)和(5.17)。

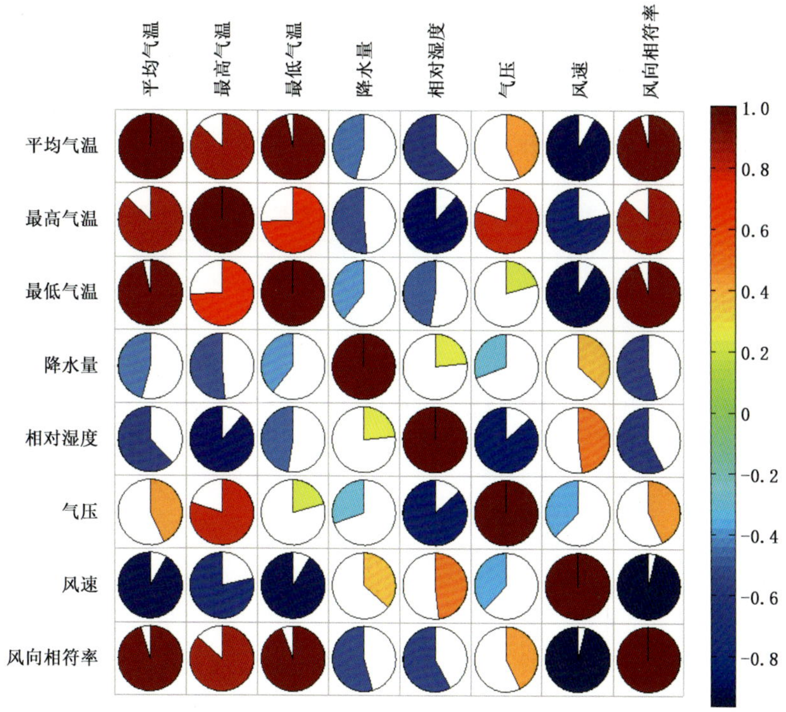

图 5.36　对比观测台站变量间相关性分析图

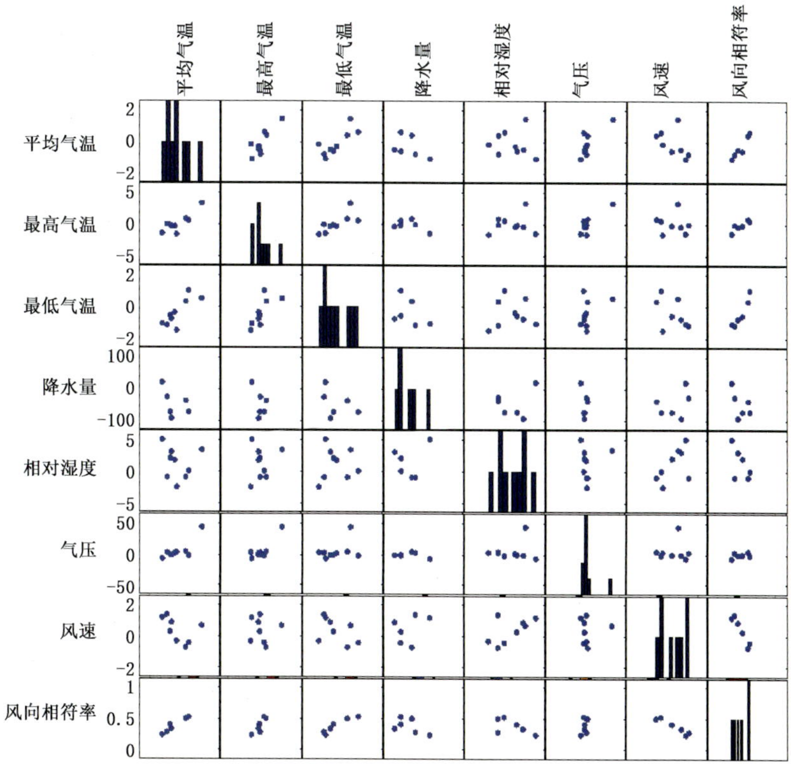

图 5.37　对比观测台站变量间二维散点图

各站站址变动综合评估指数(CAI)计算结果见表 5.74。

台站变动综合评估指数地理位置图(图 5.38)和台站变动综合评估指数地理位置火柴杆图(图 5.39)显示,9 站中康乐、合水、正宁 3 站为Ⅱ级,对观测资料略有影响;秦安、白银、张掖 3 站为Ⅲ级,对观测资料有一定影响;夏河、碌曲 2 站为Ⅳ级,对观测资料影响明显;灵台站为Ⅴ级,对观测资料影响显著。

表 5.74　甘肃各站站址变动综合评估指数计算结果一览表

站点	CAI		站点	CAI	
	分值	等级		分值	等级
夏河	6.50	Ⅳ	正宁	3.50	Ⅱ
碌曲	7.80	Ⅳ	灵台	9.25	Ⅴ
张掖	5.80	Ⅲ	白银	5.50	Ⅲ
康乐	3.80	Ⅱ	秦安	5.00	Ⅲ
合水	3.50	Ⅱ			

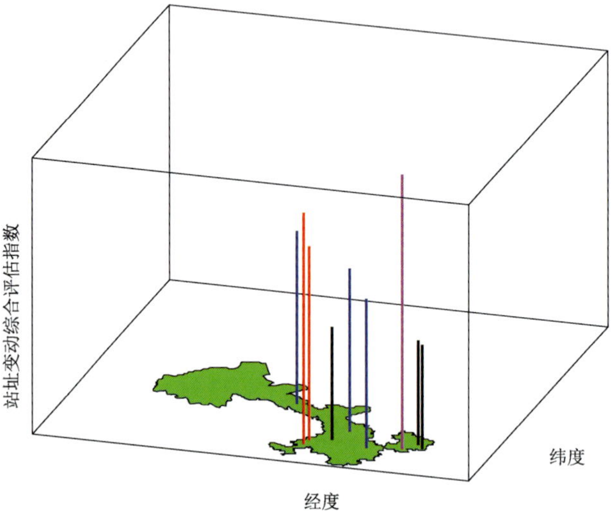

图 5.38　台站变动综合评估指数地理位置图

图 5.39　台站变动综合评估指数地理位置火柴杆图

B. 台站变动综合评估指数验证

为了对站址变动综合评估指数(CAI)进行评价与检验，即测试 CAI 指数是否符合实际，这里采用机器学习的聚类分析方法，对台站变动评估数据开展聚类分析。考虑到灵台、秦安、白银 3 站仅有 3 个月数据，这里仅对康乐、合水、正宁、张掖、夏河、碌曲 6 站进行聚类。其分析结果如下。

这里利用系统聚类法进行聚类，其结果如图 5.40 所示，通过计算其不一致系数和轮廓值可知其最佳分类个数为 3 类。

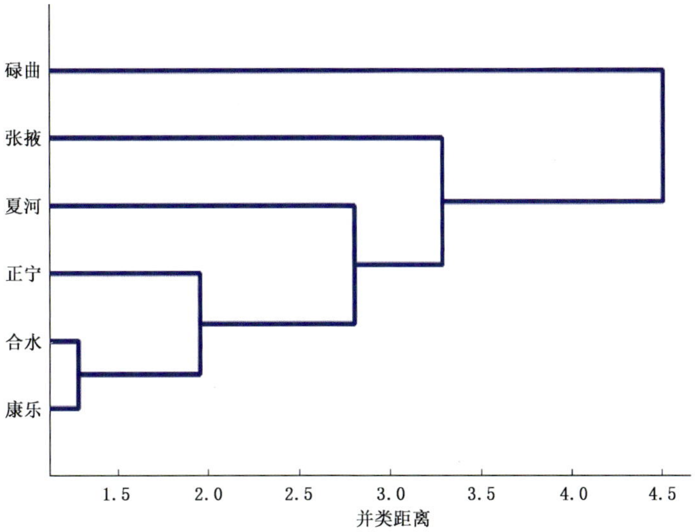

图 5.40　典型台站分层聚类的系统树图

考虑聚类分析的非惟一性，我们采用多种聚类方法进行聚类分析，主要包括系统聚类法、K 均值聚类、K 中心点聚类、模糊 C 均值聚类和自组织特征映射神经网络聚类(SOFM)等方法，以期进行分析和比较，最终获得明确的分析结论。由于自组织特征映射神经网络采用的学习算法为无监督聚类，属于基于模型的聚类方法，通过对输入模式的自组织学习，使得连接权值空间分布密度与输入模式的概率分布趋于一致，将输入模式在竞争层映射成一维或二维离散图形，便于观察与分析。这里仅对自组织特征映射神经网络聚类过程与分析作一简要说明，其余聚类方法与过程参见相关文献。

首先，确定自组织特征映射神经网络的网络结构和网格拓扑图(图 5.41 和图 5.42)。

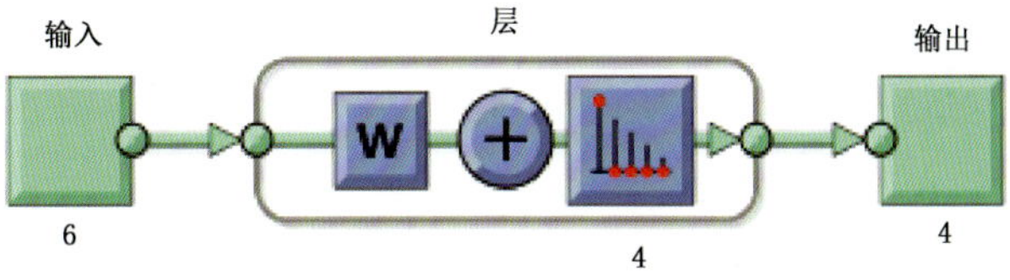

图 5.41　自组织特征映射神经网络的网络结构

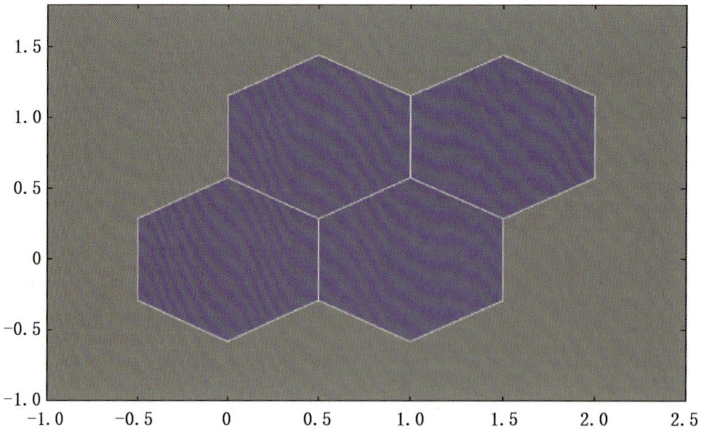

图 5.42　自组织特征映射神经网络的网格拓扑图

自组织特征映射网络经过学习和训练后，可以得到其测试结果。由自组织特征映射神经网络的样本命中情况(图 5.43)可知，虽然将自组织特征映射网络划分为 3 类，但经过学习和训练后，其样本命中仅归为 3 类，这也说明我们系统聚类获得的最佳分类个数为 3 类是合理的(图 5.44～5.46)。

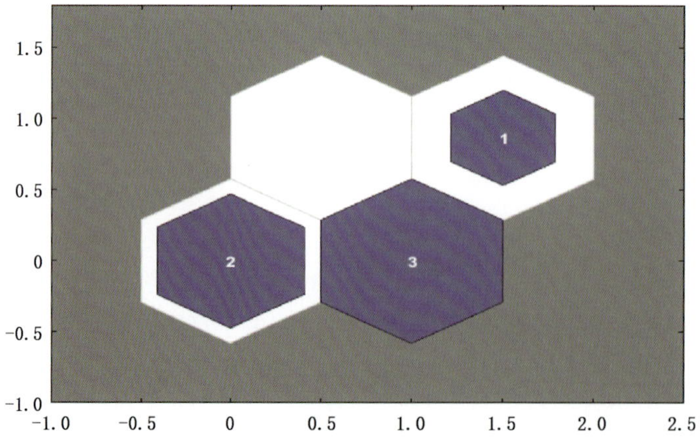

图 5.43　自组织特征映射神经网络的样本命中情况

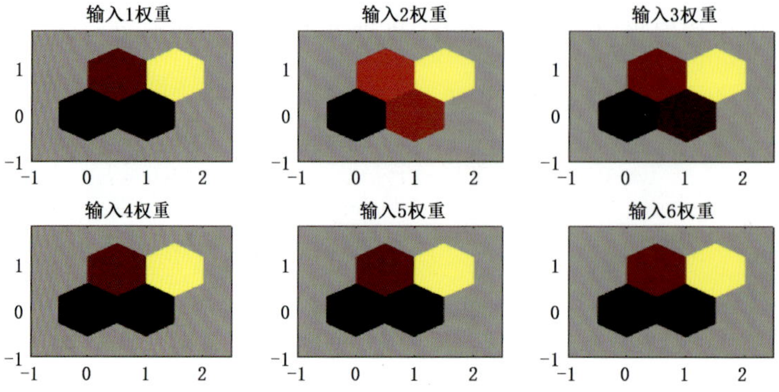

图 5.44　自组织特征映射神经网络的输入平面特征

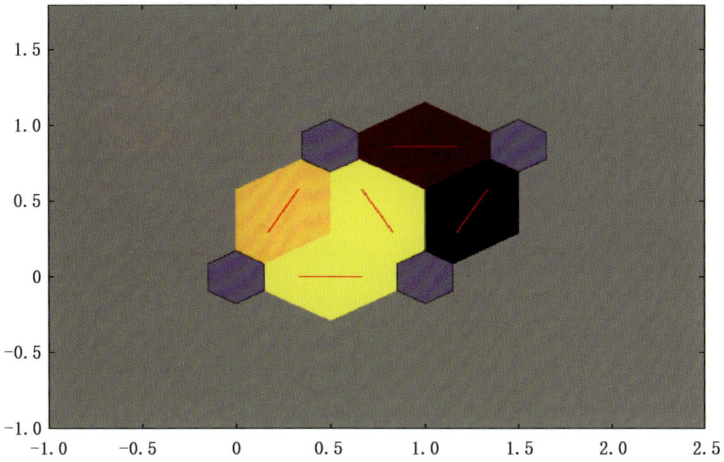

图 5.45　自组织特征映射神经网络的邻近距离

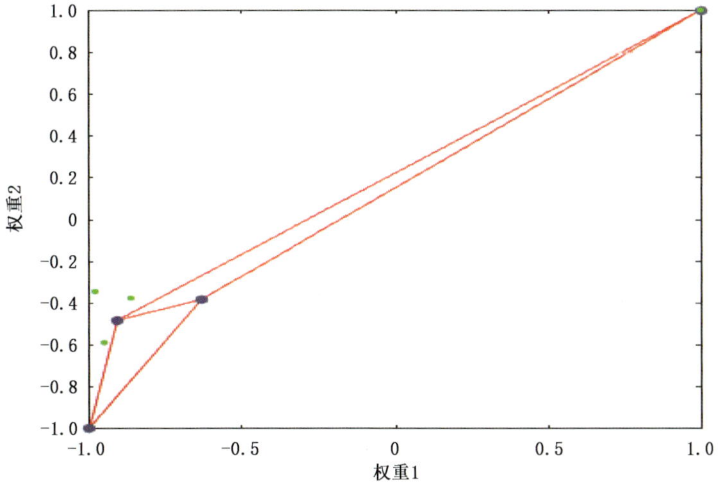

图 5.46　自组织特征映射神经网络的权重位置

系统聚类法、K 均值聚类、K 中心点聚类、模糊 C 均值聚类和自组织特征映射神经网络聚类(SOFM)等方法分类的最终结果见表 5.75。从表中可以看出，康乐、合水、正宁 3 站基本上各种聚类方法均归为一类(除了 SOFM)，碌曲站单独归为一类，夏河、张掖 2 站情况比较复杂，有的聚类方法归为一类，有的聚类方法归为不同类。比较台站变动综合评估指数的类别，结果大同小异，说明计算得到的台站变动综合评估指数与聚类方法获得的结果是类似的，基本符合实际。

表 5.75　甘肃典型站不同聚类方法的聚类结果

方法名称	夏河	碌曲	张掖	康乐	合水	正宁
系统聚类	*	+	/	*	*	*
K 均值	/	+	/	*	*	*
K 中心点	*	+	/	*	*	*
模糊 C 均值	/	+	/	*	*	*
自组织特征映射	/	+	*	*	/	*
综合评估指数分类	+	+	/	*	*	*

注：/、+、* 表示不同的聚类类别

C. 台站变动综合评估指数结果简要分析

利用各站站址变动综合评估指数(CAI)计算结果，画出台站变动综合评估指数与水平迁移距离、海拔落差三维散点图(图 5.47)。由图可以看出，台站变动综合评估指数与水平迁移距离、海拔落差具有一定的关系，特别是灵台站(褐色点)由于海拔落差明显偏大(新旧站址海拔落差达－409.2 m，迁移距离较远，达 25000 m)，导致计算得到的综合指数最大，对观测资料影响显著(Ⅴ级)；夏河、碌曲站(黄色点)为Ⅳ级，对观测资料影响明显，夏河站迁移距离最远，达 27000 m，碌曲站海拔落差较其他站点大；康乐、合水、正宁 3 站(深蓝色点)为Ⅱ级，对观测资料略有影响，3 站海拔落差均较小，康乐水平迁移距离最小，为 1100 m，合水、正宁 2 站水平迁移距离比秦安站(浅蓝色点)大，但从综合指数看对观测资料影响比秦安站小，这说明影响综合指数的因子除了水平迁移距离、海拔落差 2 因子外应还有其他因子对综合指数产生作用；秦安、白银、张掖 3 站(浅蓝色点)为Ⅲ级，对观测资料有一定影响，白银、张掖 2 站海拔落差均较小与Ⅱ级站点类似，但水平迁移距离正好居于Ⅱ级站点与Ⅳ级站点之间，这也正好解释其综合指数为Ⅲ级。

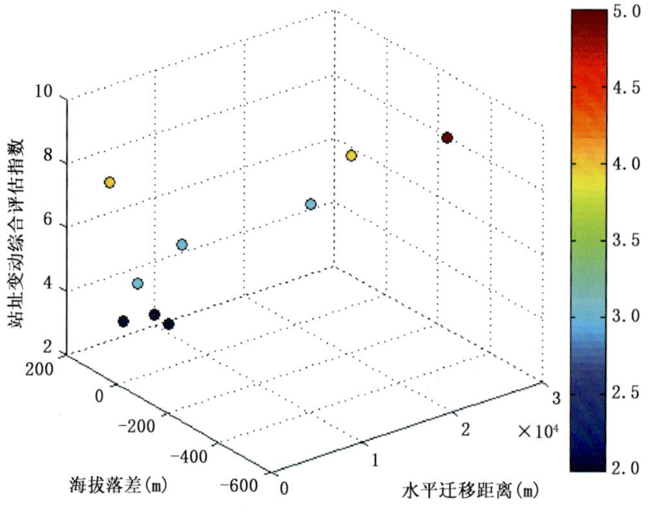

图 5.47　台站变动综合评估指数与水平迁移距离、海拔落差三维散点图

为了进一步分析综合评估指数与水平迁移距离、海拔落差的关系，分别画出其二维散点图（图 5.48）。从图中可以看出，评估指数与水平迁移距离散点图杂乱无章，无明显的线性与非线性关系；评估指数与海拔落差散点图剔除异常点后具有明显的线性关系，即随着海拔落差的增大其评估指数也相应增大。这里所得的初步结论与评估指数的生成是一致的，也就是说综合评估指数不仅与水平迁移距离、海拔落差有关系，还与台站所处的气候区、具体地形等因子具有复杂的非线性关系。

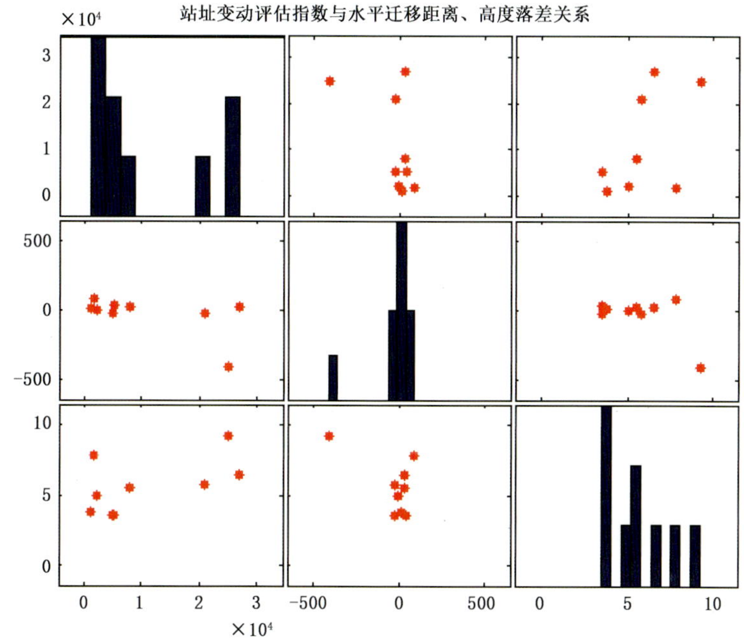

图 5.48　台站变动综合评估指数与水平迁移距离、海拔落差二维散点图

5.4.4　新疆台站稀疏地区及干旱区迁站对气象资料的影响

5.4.4.1　背景和目的、意义

气候资料是进行天气预报、气候变化研究、大型工程项目建设的重要基础，其连续性和准确性一直是人们关注的问题。气候资料除了包含气候自身的自然因素外，同时也携带了许多其他信息，其中包括城市化和土地利用等人为因素的影响，以及台站迁移、仪器变更、资料处理过程中所采用的方式变更等的影响，这些都可使单站气候资料携带有非均一的信息。因此，近年来科学工作者对气候资料的均一性研究投入了越来越多的精力。在仪器变更方面，熊安元等(2006)分析了观测仪器和百叶箱的变化对地面气温观测值的影响；任芝花等(2007)对人工站变成自动站即仪器更换前后降水量观测记录的差异进行了对比分析。关于台站迁移对资料的影响也做了很多工作，林娜等(2013)对比分析了台站迁移前后资料的差异，主要是针对某个迁移单站，利用新旧站 1 年对比观测资料，分析因迁站使探测环境发生改变给资料带来的影响，为资料序列延续和订正提供了依据；还有很多工作是关于台站迁移前后长序列资料均一性检验的。以上研究工作主要为了资料的使用方便而对资料精度进行分析。从 21 世纪开始，由

于中国经济高速发展，大量的台站被城市包围，其观测的气候资料已经不能真实地代表当地的大气状况，为了使气候资料具有代表性，中国气象局对大量已经严重受城市化影响的台站进行了迁移。气象站搬迁会导致观测场环境发生变化，使一部分气候观测资料产生断点而不能连续使用。从 2008 年到现在，尤其是近几年，新疆气象局因城市化对资料的影响问题已经对 13 个站进行了搬迁或者即将进行搬迁，今后几年还将有台站陆续因环境不符合观测规范要求而搬迁。新疆处于中国天气系统的上游，其资料的准确性和代表性关系到整个中国地区的预报准确率。因此，新疆台站迁移过程中迁移距离、海拔高差以及台站环境改变对迁站前后新旧站址资料的差异影响究竟有多大，是业务管理部门和资料使用者非常关心的问题。建立地面气象观测站站址变动对气象观测资料影响的定量评估指标，将为今后的台站迁移工作提供依据，也是迫切需要研究解决的问题。目前新疆只有 13 个站的 1 年对比观测资料。13 个站的资料在做定量评估指标时，台站样本数量的依据不足。另外，新疆地形复杂、地势高差较大，13 个站点分布在南北疆和极端干旱的东疆（图 5.49），分属不同气候区，在做分区定量评估指标时样板数量更小、依据更显不足。利用新疆已经迁移的 13 个站的 1 年对比观测资料，以及台站沿革资料，进行台站迁移距离、海拔高度以及台站环境改变对迁站前后新旧站址资料差异的影响分析。同时对干旱区台站迁移的特殊问题及南疆土地开发给资料带来的影响进行研究，给今后的台站搬迁及定量评估指标研究提供依据。

5.4.4.2 典型代表站的选取

新疆维吾尔自治区气象局从 20 世纪 90 年代开始，对不符合观测规范要求的观测站（气象站）进行搬迁。90 年代迁站且有对比观测资料的有和静和十三间房气象站，但由于当时条件限制，这 2 个站分别进行了 1 个月和 4 个月对比观测。2000—2005 年迁站且有对比观测资料的有巴里坤、阿拉山口、乌鲁木齐和牧试站 4 个观测站，分别进行了 1～4 个月对比观测。2008—2013 年有 13 个气象站迁站或者待迁，并且进行了 1 年对比观测，它们是昌吉（2008 年）、新和（2011 年）、轮台（2011 年）、巴仑台（2012 年）、喀什（2012 年）、精河（2012 年）、阿图什（2013 年）、吉木乃（2013 年）、福海（2013 年）、和布克赛尔（2013 年）、吐鲁番（2013 年）、呼图壁（2013 年）、霍尔果斯（2013 年）。

前期迁移的台站因为对比观测的月份不统一，且时间长短也不统一，因此无法进行细致的台站迁移对比影响分析。这里选择已经有 1 年对比观测资料的 13 个站进行台站迁移对气象资料的影响分析。新疆迁移气象台站分布见图 5.49。

5.4.4.3 思路和方法

为了确保评估工作的准确性，前期完成新疆地面台站迁移前后对比观测资料收集、整理、录入工作，建立新疆地面台站站址变化主要气候要素基础数据集，为后期的评估工作奠定了基础。为了分析台站迁移前后资料的差异，讨论台站迁移距离和海拔高差对资料的影响，选取已经迁移的 13 个气象台站新旧站址的平均气温、最高气温、最低气温、相对湿度、风向风速等 1 年逐时对比观测资料，以及台站沿革资料，并对这些资料进行严格的质量控制，再计算新旧站址资料的年月差值、差值标准差。由于讨论的是台站迁移距离和海拔高差对资料的影响，因此只考虑差值的大小，不考虑差值的正负，用差值绝对值以及差值标准差表示新旧站址资料的差异。分别计算差值绝对值及差值标准差与新旧站址迁移距离和海拔高差的相关系数，分析迁站距离和海拔高差对新旧站址资料差异的影响。新旧站址风向的差异用风向符合率表示。

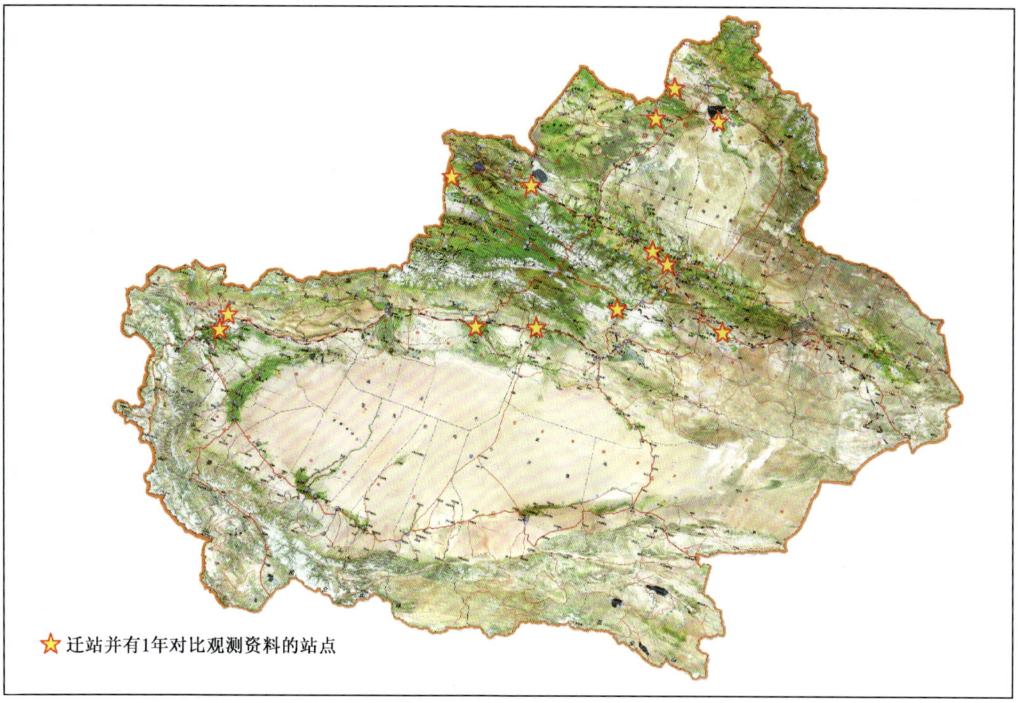

图 5.49　新疆 13 个迁移气象台站分布

一般来说，台站迁移时新旧站址的下垫面状况相差不大，基本都有植物，差距比较大的是周边的建筑物。如果新旧站址地表状况也有差别，会使新旧站址气候资料的差别更大，在干旱地区尤其如此。新疆多沙漠和戈壁，很多台站都处于干旱地区，新旧站址地表状况差别造成的气候资料差别较大。为了充分了解新疆干旱区域台站搬迁前后资料的差异情况，选择位于极干旱地区的已经迁移的吐鲁番站作为典型站之一，由于台站迁移前后下垫面状况差异较大，使新旧站址资料的差异也较大。选择吐鲁番站为研究对象，分析因观测环境不同而形成的新旧站址气象要素差异。为了分析干旱区域与绿洲区域台站迁移对观测资料的影响，选择新疆已经有 1 年对比观测资料的 6 个绿洲平原站（霍尔果斯、福海、精河、吉木乃、呼图壁、和布克赛尔）与吐鲁番站进行对比分析，依此分析干旱区域台站迁移与绿洲区域台站迁移前后资料的特殊差异。

从 20 世纪 50 年代开始，对南疆的土地进行了大规模的开发，为了分析土地开发过程中水资源的再分配给气候资料带来的影响，为此，选取塔里木河流域 44 个气象站作为分析对象，其中：阿克苏地区和塔里木河下游地区各 11 个站，南疆西部自然区 22 个站。利用 1961—2011 年生长季节（3—10 月）平均气温、降水量、相对湿度等资料，进行环境变化对气候资料的影响分析，充分认识南疆尤其是塔里木河流域上下游不均衡截水灌溉对塔里木河流域气候资料的影响，即上游过度截水使流域内上下游水量分配不均，导致上下游气候资料产生差异，为这一地区台站迁移时对比站的选择奠定基础。

5.4.4.4　影响分析

(1)新旧站址对比观测资料差异分析

A. 与台站迁移距离的相关分析

用新旧站址资料的年(月)差值绝对值、差值标准差表示新旧站址资料的差异，分别计算差值绝对值以及差值标准差与新旧站址迁移距离和海拔高差的相关系数，分析迁站距离和海拔高差对新旧站址资料差异的影响。表5.76是新旧站址各要素年差值绝对值和标准差与台站迁移距离及海拔高差的相关系数表。由表可见，就年值来讲，平均气温、最低气温、最高气温新旧站址年差值绝对值和标准差与台站迁移距离呈正相关，说明台站迁移距离越远，平均气温、最低气温、最高气温新旧站址的年差值和标准差越大；年平均气温、最低气温和相对湿度的差值绝对值和标准差与台站迁移距离的相关不显著；年最高气温的差值绝对值与台站迁移距离的相关系数为0.603，通过了信度为95％的显著性检验(显著性水平0.05的临界值为0.514)，说明台站迁移距离对年最高气温的影响最大，不过，年最高气温的差值标准差与台站迁移距离的相关并不显著。由表5.76还可以看出，新旧站址年风向相符率与台站迁移距离呈负相关，说明台站迁移距离越远，新旧站址年风向相符率越低，年风向相符率与台站迁移距离相关系数为－0.71，也通过了信度为95％的显著性检验，同样也说明台站迁移距离对台站的风向影响较大。相对湿度年差值绝对值与迁移距离年相关系数为负，是因为相对湿度年差值绝对值中同时受迁站距离和海拔高差的影响，新旧站址海拔高差对相对湿度年差值绝对值影响更大(表5.76)，而海拔高差与迁站距离并不是正相关的缘故。

表5.76　新旧站址各要素年差值绝对值和标准差与台站迁移距离及海拔高差的相关系数表

项目		平均气温		最低气温		最高气温		相对湿度		平均风速		风向相符率
		差值绝对值	标准差	差值绝对值	标准差	差值绝对值	标准差	差值绝对值	标准差	差值绝对值	标准差	
与海拔高差相关	相关值	0.728	0.44	0.631	0.494	0.416	0.072	0.613	0.597	－0.385	－0.069	－0.529
	p值	0.011	0.176	0.037	0.123	0.204	0.832	0.045	0.052	0.194	0.822	0.094
与迁移距离相关	相关值	0.418	0.502	0.227	0.565	0.603	0.479	－0.123	0.467	0.009	0.074	－0.71
	p值	0.201	0.115	0.502	0.07	0.049	0.136	0.718	0.147	0.976	0.81	0.014

从各月情况看(表5.77)，月最高气温差值绝对值在春秋2个季节(春季3—5月，秋季9—10月)，以及差值标准差在春夏5—7月和秋季11月与台站迁移距离呈现显著的正相关，通过了信度为95％的显著性检验。说明在春夏秋3个季节，新疆地区台站迁移时，迁站距离对最高气温有显著的影响，即春夏秋3个季节台站迁移越远，新旧站最高气温差越大。各月风向相符率，在春秋冬3个季节即1—3月和10—12月，与台站迁移距离的相关显著，通过了信度为95％的显著性检验。说明新疆地区在冷季迁站时，台站迁移距离对台站的风向影响较大，即台站迁移越远，冷季新旧站址的风向相符率越小。

新旧站址平均风速年月绝对差值和标准差与台站迁移距离关系不大。因为风速是对地形和环境最敏感的气象要素，迁站很短的距离都会造成风速较大的改变。本次分析的13个站，迁站距离均超过了1 km，因此风速差值及差值标准差均较大。

表 5.77　新旧站址各月最高气温差值绝对值和标准差及风向相符率与台站迁移距离的相关系数

项目及 p 值		1 月	2 月	3 月	4 月	5 月	6 月	7 月	8 月	9 月	10 月	11 月	12 月
最高气温	差值绝对值	0.190	0.336	0.656	0.767	0.610	0.226	−0.150	0.273	0.749	0.782	0.318	0.343
	p 值	0.576	0.313	0.028	0.006	0.046	0.504	0.659	0.417	0.008	0.004	0.341	0.302
	标准差	0.556	0.136	0.052	0.587	0.815	0.637	0.841	0.499	0.266	0.371	0.796	0.212
	p 值	0.075	0.691	0.879	0.058	0.002	0.035	0.001	0.118	0.429	0.262	0.003	0.531
风向相符率		−0.616	−0.780	−0.839	−0.517	−0.517	−0.497	−0.552	−0.500	−0.538	−0.650	−0.700	−0.689
p 值		0.044	0.005	0.001	0.103	0.104	0.120	0.078	0.117	0.088	0.030	0.016	0.019

B. 与新旧站址海拔高差的相关分析

从表 5.76 可以看出，就年值来讲，平均气温、最低气温、最高气温、相对湿度新旧站址年差值绝对值和标准差与新旧站址海拔高差相关系数为正，说明台站迁移中新旧站址海拔高差越大，平均气温、最低气温、最高气温、相对湿度新旧站址的年差值绝对值和标准差值越大。其中，平均气温、最低气温、相对湿度的年差值与新旧站址海拔高差的相关显著，相关系数分别为 0.728、0.631、0.613，均通过了信度为 95%的显著性检验，年最高气温、平均风速年差值绝对值和标准差与新旧站址海拔高差的相关不显著，说明台站迁移中新旧站址海拔高差对年平均气温、最低气温、相对湿度的影响较大。新旧站址年风向相符率与新旧站址海拔高差相关系数为负，说明台站迁移中新旧站址海拔高差越大，新旧站址年风向相符率越低，不过，年风向相符率与新旧站址海拔高差相关不显著。

从各月情况看（表 5.78），平均气温、最低气温和相对湿度的差值绝对值和标准差与新旧站址海拔高差在多数月份（主要是在暖季）呈现显著的正相关。其中，平均气温差值绝对值在暖季 3—10 月（7 月除外）、差值标准差在暖季 4—11 月与新旧站址海拔高差呈现显著的正相关；最低气温差值绝对值在暖季 3—10 月（4 月除外）、差值标准差在暖季 4—11 月（10 月除外）与新旧站址海拔高差呈现显著的正相关；相对湿度差值绝对值在夏秋季 8—10 月、差值标准差全年各月（除 3 月外）与新旧站址海拔高差呈现显著的正相关。说明在新疆地区迁站时，新旧站址海拔高差在暖季对平均气温、最低气温和相对湿度的差值绝对值和标准差的影响更

表 5.78　新旧站平均及最低气温、相对湿度各月差值绝对值和标准差与海拔高差的相关系数

项目及 p 值		1 月	2 月	3 月	4 月	5 月	6 月	7 月	8 月	9 月	10 月	11 月	12 月
平均气温	差值绝对值	0.469	0.492	0.834	0.753	0.866	0.653	0.580	0.688	0.734	0.615	0.544	0.411
	p 值	0.145	0.124	0.001	0.007	0.001	0.029	0.062	0.019	0.010	0.044	0.084	0.210
	标准差	0.405	0.255	0.426	0.679	0.895	0.828	0.876	0.818	0.746	0.648	0.735	0.475
	p 值	0.216	0.450	0.192	0.022	0.000	0.002	0.000	0.002	0.008	0.031	0.010	0.140
最低气温	差值绝对值	0.479	0.491	0.730	0.576	0.731	0.611	0.609	0.637	0.641	0.749	0.579	0.458
	p 值	0.136	0.125	0.011	0.063	0.011	0.046	0.047	0.035	0.034	0.008	0.062	0.157
	标准差	0.174	0.241	0.535	0.612	0.836	0.890	0.886	0.843	0.617	0.473	0.631	0.505
	p 值	0.609	0.476	0.090	0.045	0.001	0.000	0.000	0.001	0.043	0.141	0.038	0.113
相对湿度	差值绝对值	0.138	0.478	0.398	0.351	0.564	0.407	0.538	0.628	0.660	0.690	0.538	0.450
	p 值	0.686	0.137	0.225	0.290	0.071	0.214	0.088	0.039	0.027	0.019	0.088	0.165
	标准差	0.644	0.686	0.243	0.673	0.764	0.661	0.786	0.591	0.809	0.681	0.793	0.741
	p 值	0.032	0.020	0.472	0.023	0.006	0.027	0.004	0.056	0.003	0.021	0.004	0.009

大,即暖季迁站前后海拔高差越大,平均气温、最低气温和相对湿度的差值绝对值和标准差也越大。

C. 山区迁站对资料的影响

由于地形复杂,山区台站(巴仑台站)迁移时,迁站前后资料差异比较大。图 5.50 是各要素新旧站址差值绝对值分布比较图,由图可以看出,各平原站的年平均气温、年最低气温、年相对湿度的差值绝对值都比迁站只有 2 km、海拔高度相差 6.6 m 的巴仑台站要小,也就是说,在山区迁站,无论海拔高度相差多少,也无论台站迁移距离多远,由于地形复杂、观测环境变化较大,其差值绝对值都比平原站大,其中年平均气温、年最低气温、年相对湿度的差值绝对值山区站比多数平原站大 1 倍以上。

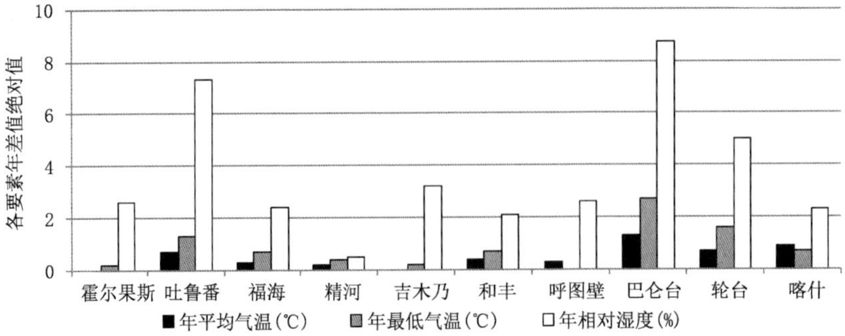

图 5.50 新旧站址各要素差值绝对值分布

图 5.51 是 13 个站新旧站址年、月风向相符率统计值比较图。由图可以看出,山区站迁移前后年月风向相符率远比平原站小一个量级,说明在山区迁站,对风向的影响极大。

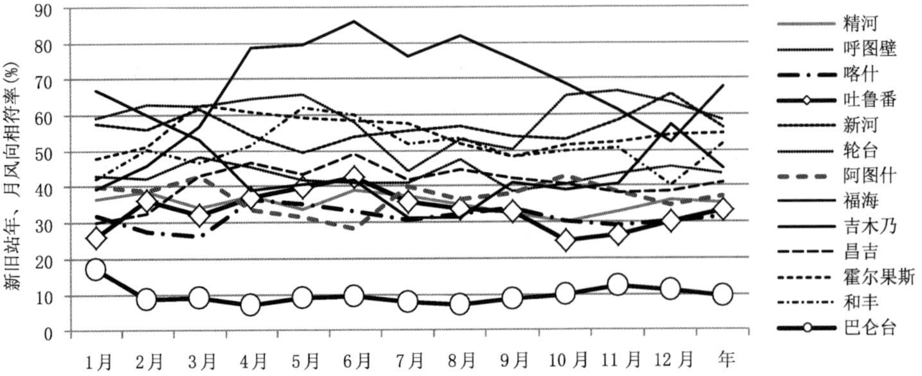

图 5.51 新旧站址年、月风向相符率统计值

(2)干旱区台站迁移对资料的影响分析

新疆位于亚欧大陆腹地,面积约 166 万 km^2,占全国总面积的 1/6,是我国面积最大的省份。新疆自然地貌奇特多样,除了四周高山环绕、天山横贯把全疆分为北疆和南疆两大部分外,在天山以北的准噶尔盆地有古尔班通古特沙漠、天山以南的塔里木盆地有塔克拉玛干沙漠,还有浩瀚的戈壁和辽阔的草原,以及 800 多块星罗棋布的绿洲。新疆气象台站多数分布在

绿洲和戈壁、沙漠交错的南疆塔里木盆地和北疆准噶尔盆地之中。由于城市化发展以及多年的绿化工作，气象站观测环境比大范围环境湿润。一般来说，当台站迁移时，如果新旧站址的下垫面状况相差不大，基本都有植物，新旧站址资料的差异主要是由于旧站址周边有建筑物而新站址空旷造成的；如果新旧站址地表状况也有差别，即从绿洲迁移到戈壁或者地表无植被地区时，就会使新旧站址气候资料的差别更大，在干旱地区尤其如此。位于极干旱地区的吐鲁番站由于台站迁移前后下垫面状况差距较大，新旧站址资料的差异也大。为了更清晰地了解干旱区台站迁移对资料的影响状况，我们以地处干旱区的吐鲁番站为典型站，进行旧站址观测资料序列区域一致性分析、旧站址资料与周边站资料的趋势比较、旧站址资料序列均一性分析，充分了解迁站前资料的状况。在此基础上，进行吐鲁番站新旧站址观测资料差异对比分析。最后，选择新疆已有 1 年对比观测资料的 6 个绿洲平原站(霍尔果斯、福海、精河、吉木乃、呼图壁、和布克赛尔)与吐鲁番站资料的差值进行对比分析，研究极干旱区域台站迁移前后资料的特殊差异。

A. 地处干旱区的吐鲁番站观测环境分析

吐鲁番气象站 1955 年 6 月迁至县城北面，当时台站地处郊区，周边空旷平坦，主要种植棉花，气象探测环境良好。从 20 世纪 80 年代开始气象站周边建筑物逐渐增多，特别是 90 年代以后，随着吐鲁番市社会经济的快速发展，城市化进程加快，吐鲁番国家基本气象站已处在城市的中心区域，观测场周边不断出现高层建筑物，探测环境遭到严重破坏，严重影响了气象观测资料的代表性，为此新疆气象局于 2013 年正式向中国气象局申请迁移吐鲁番站。新站址位于吐鲁番新能源示范区，占地面积 5 hm^2，与现址直线距离 4.364 km，台站迁移前后海拔高差仅 1.5 m。由于新站址位于四周无任何遮挡的戈壁(图 5.52、图 5.53)，下垫面为粗砂土，没有树木和植被，使吐鲁番新旧站址环境的差别较大。

图 5.52　吐鲁番气象站新旧站址位置及托克逊气象站、东坎气象站的位置图

B. 参考站选取及质量状况

为了分析城市化对吐鲁番站资料的影响，选取同在一个气候区的托克逊站、东坎站为参考站，吐鲁番站与托克逊站的资料长度均达到了 55 年，且序列完整性较好，东坎站 1967—1973 年没有观测数据，为了保证资料一致，以 1974 年为初始年，终止年为 2014 年。托克逊站、东坎站 2013 年环境评分分别为 70.2 分和 71.7 分(表 5.79)，均高于吐鲁番站。由于多年来受城

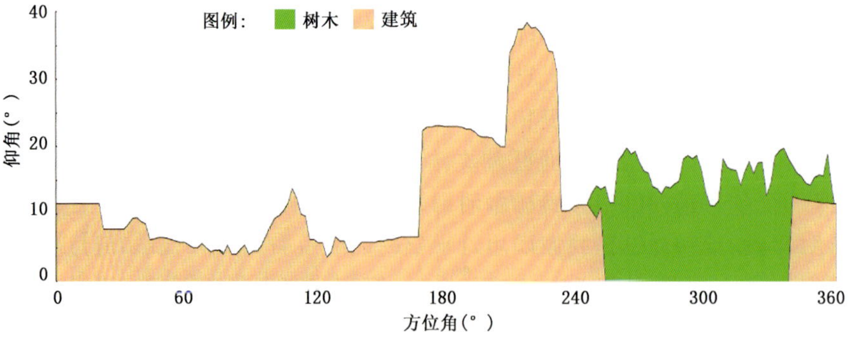

图 5.53　吐鲁番旧站址观测场四周可视范围内遮蔽物仰角图

市化影响小，且在对比分析时间段内无迁站，符合参考站选择的标准。参考站与吐鲁番站距离较近，在 50 km 范围内，且同属于一个气候区，即极干旱暖温带气候区，年平均气温相差不大，年降水量比较接近(图 5.54)。

表 5.79　吐鲁番站与参考站基本信息表

站名	参考站与拟迁站间距离(km)	地面观测环境评分	年平均气温(℃)	年降水量(mm)
托克逊	48.50	70.2	14.3	7.8
东坎	11.84	71.7	14.9	15.5
吐鲁番	60.20	14.6	15.3	

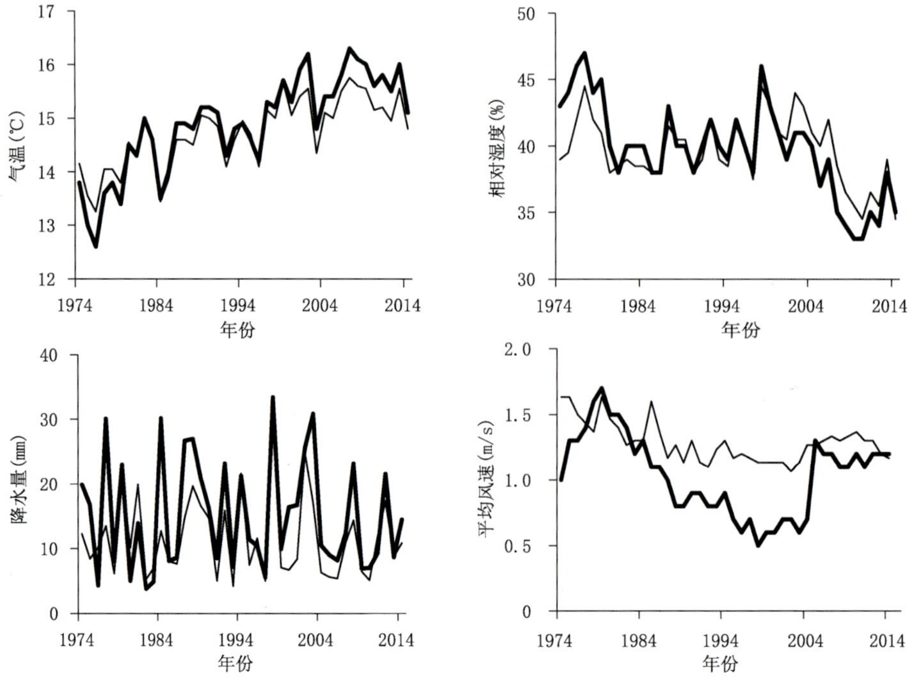

图 5.54　吐鲁番站资料序列(黑线)与参考序列(灰线)的各要素变化曲线对比

C. 吐鲁番站旧站址观测资料序列区域一致性分析

图 5.55a 是吐鲁番站与参考站年平均气温差值及 9 年滑动平均值，可以看出，吐鲁番站与参考站的年平均气温差值序列呈现 2 次波动上升趋势。第一次是从 20 世纪 70 年代中期到 80 年代中期，随着城市的发展，周边楼房逐渐增多，吐鲁番站年平均气温比周边参考站上升速度快；第二次是从 20 世纪 90 年代中后期开始，随着吐鲁番市社会经济的快速发展，吐鲁番站周围高层建筑逐渐增多，城市改扩建快速发展、范围不断扩大，吐鲁番国家基本气象站所在位置成为吐鲁番市的中心区域，吐鲁番站与参考站年平均气温差值从 90 年代中期再次开始出现明显的上升。由此可见，吐鲁番站与参考站的年平均气温序列一致性差。将吐鲁番站旧站址建站以来的观测数据以 1984 年和 1998 年为 2 个节点分成 3 段，即 1974—1984 年、1985—1997 年、1998—2013 年，分别计算与参考站差值平均值，并进行对比分析。结果表明，气温受城市化影响较明显，1984 年后城市化影响所带来的误差可使气温平均升高 0.42 ℃，1998 年后城市化影响所带来的误差可使气温平均升高 0.25 ℃（表 5.80）。

表 5.80　吐鲁番站旧站址与参考站 1984 年、1998 年前后气温差值平均值

时间要素	1984 年前差值	1984—1987 年差值	1998 年后差值	1984 年前后差值增加值	1998 年前后差值增加值
年平均气温差值(℃)	−0.25	0.17	0.42	0.42	0.25

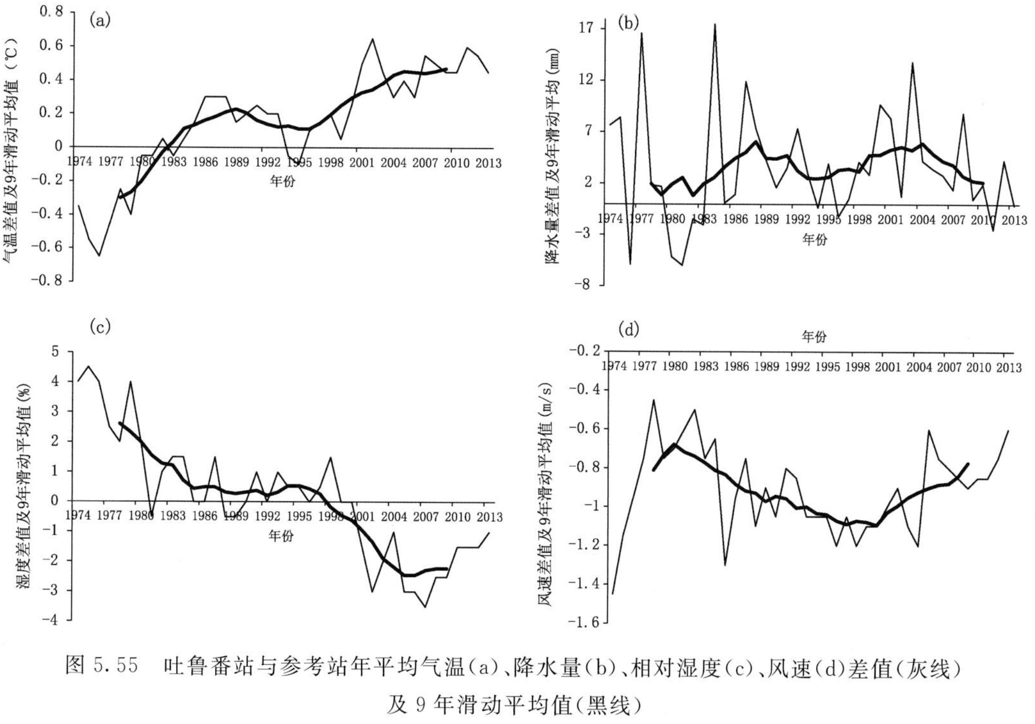

图 5.55　吐鲁番站与参考站年平均气温(a)、降水量(b)、相对湿度(c)、风速(d)差值(灰线)及 9 年滑动平均值(黑线)

图 5.55b 是吐鲁番站与参考站年降水量差值及 9 年滑动平均值，可以看出，20 世纪 80 年代初期到中后期，吐鲁番站与参考站的年降水量差值呈现明显的上升趋势。这是因为 80 年代初，吐鲁番市在气象观测场西北面一墙之隔修建吐鲁番高昌公园，受园内水体、建筑、树木等对观测资料的影响，吐鲁番降水量呈现增加趋势。2004 年后，吐鲁番站与参考站年降水量差值

又呈现减小趋势，这是因为参考站之一的托克逊站所在县，2010 年在县城西南偏西的阿拉沟口处建设了容量 4450 万 m^3 的阿拉沟水库，水库建设使托克逊县降水量近年来上升较快，导致吐鲁番站与参考站年降水量差值呈现减小趋势。另一个参考站东坎站 2010 年后降水量变化趋势与吐鲁番站一致，因此，20 世纪 80 年代高昌公园的建设造成了吐鲁番站与参考站降水量差值序列一致性差。

图 5.55c 是吐鲁番站与参考站年平均相对湿度差值及 9 年滑动平均值，可以看出，吐鲁番站与参考站的年平均相对湿度差值随时间呈现 2 次持续递减趋势。第一次是从 20 世纪 70 年代中期到 80 年代中期；第二次是从 20 世纪 90 年代中后期开始。吐鲁番站与参考站年平均相对湿度差值下降趋势与平均气温差值上升趋势相对应，由于城市化的发展，气温升高，尽管降水量有所增加，但由于干旱区降水总量极少，相对湿度受气温上升的影响出现下降趋势。由此可见，城市化对气候资料的影响，使吐鲁番站与参考站的年平均相对湿度序列一致性差。

图 5.55d 是吐鲁番站与参考站年平均风速差值及 9 年滑动平均值，可以看出，吐鲁番站与参考站的风速差值随时间波动。20 世纪 80 年代初开始，随着城市的发展和高昌公园的修建，园内水体、建筑、树木等对风速观测资料的影响较大，与周边台站相比，吐鲁番站风速一直处于下降趋势。90 年代末开始，风速差值呈现了上升趋势，这是因为参考站之一的东坎站，从 1998 开始在气象站西北方种植了成排树木，树木逐渐长大，导致参考站风速逐步减小。另外，2004 年吐鲁番站开始改为自动站观测，参考站是 2006 年改为自动站，也对风速差值产生了影响，导致吐鲁番站与参考站风速序列一致性较差。

D. 吐鲁番站旧站址观测资料趋势分析

图 5.56a 是吐鲁番站与参考站年平均气温值及趋势，可以看出，吐鲁番站与参考站气温随时间变化均为上升趋势，但气候趋势系数差异较大。吐鲁番站增温速率为 0.66 ℃/10a，参考站气温随时间上升趋势系数为 0.42 ℃/10a，两者趋势不一致且吐鲁番站的增温速率大于参考站。比较吐鲁番站和参考站的增温速率发现，城市化发展造成吐鲁番站气温的升温率为 0.24 ℃/10a。图 5.56c 是吐鲁番站与参考站年平均湿度值及趋势，由图可见，吐鲁番站与参考站相对湿度随时间变化均为减小趋势，减小速率分别为 1.97%/10a 和 0.51%/10a，吐鲁番站减小速率明显大于参考站，表明吐鲁番站现址与参考站区域一致性差。由以上分析可知，吐鲁番站 2004 年观测方式发生改变及 2010 年参考站之一的托克逊县建设大型水库，影响到了风速和降水量的趋势。为了分析城市化给降水量和风速带来的影响，截取 2004 年前的资料进行分析，绘制 1974—2004 年吐鲁番站降水量值及趋势(图 5.56b)。由图可以发现，吐鲁番站和参考站年降水序列线性趋势均为递增趋势，吐鲁番站比参考站递增趋势大，增加速率分别为 1.43 mm/10a 和 0.62 mm/10a，两者趋势不一致。图 5.56d 是吐鲁番站与参考站年平均风速值及趋势，由图可见，吐鲁番站与参考站风速随时间变化均为减小趋势，减小速率分别为 0.32 (m/s)/10a 和 0.22(m/s)/10a，吐鲁番站减小速率大于参考站，表明吐鲁番站与参考站风速区域一致性差。

E. 吐鲁番站新站址与旧站址观测资料差异对比分析

表 5.81 是利用吐鲁番站 2013—2014 年新旧站址平均气温、最高气温、最低气温、降水量、平均相对湿度、平均风速等地面常规资料，分别统计求取 2 年差值平均值(新站址－旧站址)和差值标准差，由表可见，平均气温、最低气温的年差值均为正值，表明新站址年平均气温及最低气温高于旧站址，最高气温为负值，表明新站址低于旧站址。从差值大小看，最高气温差值并

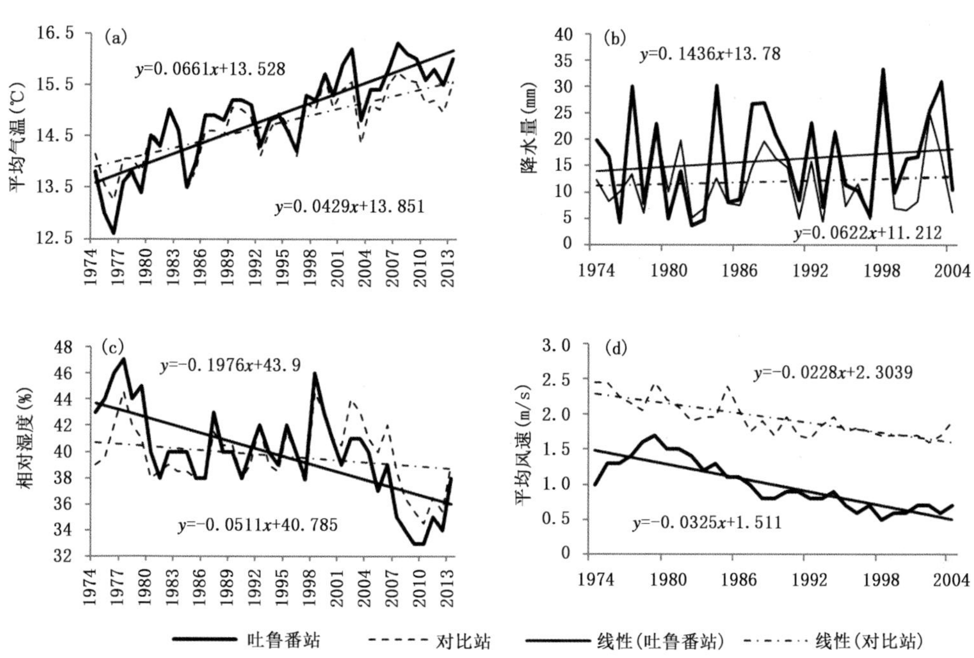

图 5.56　1974—2014 年吐鲁番站与参考站年平均气温(a)、降水量(b)、相对湿度(c)、风速(d)值及趋势值图

不大，偏差仅 0.1 ℃；年平均气温和最低气温差值较大，分别比旧站址偏高 0.9 ℃和 1.5 ℃。从各月情况看，平均气温、最低气温，冬季差值为负，其余各季为正，说明冬季平均气温、最低气温旧站址大于新站址，春夏秋 3 个季节平均气温、最低气温新站址大于旧站址；从绝对数值来说，8—10 月差值最大。这说明在冬季植被稀少时期，由于城市化影响更为显著，使旧站址气温大于新站址；在春夏秋 3 个季节，尤其是 8—10 月树木繁盛期，树木包围的旧站址温度比戈壁阳光直射的新站址要低。平均气温和最高气温标准差接近，且差值不大，最低气温标准差相对较大，说明平均气温和最高气温数据相对稳定，最低气温数据相对不够稳定。

吐鲁番站降水量稀少，全年只有 4—9 月有降水，年降水量差值为 0.0 mm，新旧站址降水量差异不大。相对湿度年差值为－8.1%，表明新站址相对湿度低于旧站址，新站址比旧站址干燥，这与新站址所处环境为干燥的戈壁滩有关；从各月情况看，新旧站址相对湿度差值在树木生长的春末到秋初较大，标准差也是这一时期较大。风速年差值为正值，表明新站址风速大于旧站址，年平均风速偏大 1.4 m/s；从各月来看，春末和整个夏季风速差值略大。旧站址与新站址年风向相符率仅为 32.29%(表 5.81)，比较低；各月情况亦是如此，比较而言春夏季节风向符合率略高，但总体来说全年差别不大。

采用 t 检验对旧站址近 20 年的观测资料的平均值和新站址观测资料的平均值进行显著性检验，结果表明，6 个要素中最低气温和平均风速出现了断点，相对湿度 t 检验值(2.03)接近临界值 2.09；其余要素资料均连续。从断点情况看，吐鲁番站迁址只有 4.364 km，海拔高差也只有 1.5 m，但检测结果最低气温和平均风速出现了断点，这是由于吐鲁番站新旧站址环境差别较大，新站址处于郊区，四周是空旷而干燥的戈壁滩，而旧站址被城市包围的缘故(图 5.52、图 5.53)。

表 5.81 吐鲁番新旧站各要素月(年)差值平均值、差值标准差 σ 及 t 检验表($\alpha_{0.05}=2.09$)

	平均气温(℃)		最高气温(℃)		最低气温(℃)		降水量(mm)		相对湿度(%)		风速(m/s)		风向相符率(%)
	差值	标准差	差值	标准差	差值	标准差	差值	标准差	差值	标准差	差值	标准差	
1月	−1.1	0.26	−0.9	0.42	−1.5	0.59	0.0	0.00	−3.3	1.61	0.6	0.49	26.13%
2月	−0.4	0.34	−0.2	0.43	−0.7	0.71	0.0	0.00	−2.1	1.61	0.9	0.64	36.57%
3月	0.1	0.33	−0.3	0.34	0.2	0.82	0.0	0.00	−3.5	0.97	1.4	0.46	33.51%
4月	0.8	0.77	−0.3	0.60	1.7	1.30	0.1	0.65	−6.6	2.84	1.7	0.52	35.54%
5月	1.2	0.98	0.0	1.09	2.2	1.67	−0.1	0.11	−8.1	3.24	2.0	0.46	37.42%
6月	1.5	0.94	0.1	0.97	2.4	1.53	0.0	0.20	−8.1	3.10	2.1	0.49	38.89%
7月	1.7	0.81	0.4	1.15	3.0	1.34	0.0	0.07	−8.7	2.73	2.0	0.32	33.87%
8月	2.1	1.05	0.1	1.17	3.5	1.50	0.0	0.12	−10.0	3.81	1.9	0.38	31.44%
9月	1.9	0.97	−0.1	1.09	3.0	1.42	0.0	0.03	−11.3	4.52	1.7	0.38	32.42%
10月	2.5	0.83	0.2	0.82	3.3	1.16	0.0	0.00	−17.9	5.81	1.4	0.30	25.13%
11月	0.9	0.74	−0.2	0.31	1.3	0.98	0.0	0.00	−12.5	4.90	1.0	0.23	26.27%
12月	−0.4	0.27	0.1	0.54	−0.6	0.59	0.0	0.00	−5.3	1.74	0.7	0.23	28.23%
年值	0.9	1.32	−0.1	0.89	1.5	2.03	0.0	0.24	−8.1	5.48	1.4	0.67	32.29%
t 值	−0.35		0.32		2.68		−0.34		2.03		6.02		

F. 干旱地区台站迁移前后资料的特殊性差异分析

为了分析极干旱区域台站迁移前后资料的特殊性差异，选择迁站前后自然环境差别不大，即新站址下垫面有草和树木的 6 个平原站霍尔果斯、福海、精河、吉木乃、呼图壁、和布克赛尔站作为对比站，用 1 年对比观测资料计算差值和标准差，为了比较差值和标准差的大小，计算了差值和标准差的比率(即对比站的差值和标准差/吐鲁番站的差值和标准差)，比较结果见表 5.82。由表可见，几乎所有对比站的年平均气温、最低气温、相对湿度的差值绝对值及差值标准差都比吐鲁番站小。其中，年平均气温除了和布克赛尔(简称和丰)站外，吐鲁番站差值绝对值和标准差比其他站大 1 倍以上；吐鲁番站最低气温差值绝对值和标准差比三分之二的站大 1 倍以上；年相对湿度的差值绝对值吐鲁番站比其他站大 1 倍以上，标准差比三分之二的站大 1 倍以上。吐鲁番站旧站址与新站址年风向相符率也较低，由表 5.82 可见，吐鲁番站迁站前后新旧站址年(月)风向相符率是最小的。

吐鲁番站迁站距离仅为 4.364 km，新旧站址海拔高差也只有 1.5 m，在 7 个站中迁站距离和海拔高差都不是最大的，但吐鲁番新旧站址气候资料差距是最大的，原因是吐鲁番新旧站址环境差异巨大。吐鲁番站旧站址位于地级市吐鲁番市内，城市发展较早也较快。20 世纪 80 年代，在观测场西北面一墙之隔修建吐鲁番高昌公园，园内水体、建筑、树木等对观测资料的影响较大，旧站址的观测环境较为湿润；20 世纪 90 年代开始，陆续在观测场四周 200 m 范围内建起了 38 m 高的综合楼及 70 m 高的高层建筑等，将吐鲁番站观测场包围在中间(图 5.53)。随着吐鲁番市城市化发展，吐鲁番站旧站址已处在城市的中心区域，其环境的改变会使观测数据受到较大影响。

吐鲁番站新站址地处城市东北方戈壁地带(图 5.52)，观测场周边地表无植物生长，土壤类型为粗砂土，建筑物均在700 m以外，加之东疆地区极端干旱，新站址空气极为干燥。与已经绿化、被建筑群和公园包围、湿度较大的旧站址相比，位于戈壁滩的新站址空气极为干燥，新旧站址地表环境和周边环境相差均比较大，造成吐鲁番新旧站址气温、风速、湿度的差值较大，尤其是在暖季树木繁盛时，新旧站址的气温、湿度、风向风速差距更大。

表 5.82　吐鲁番站与6站新旧站址资料差值和标准差对比表

站名	统计值	年平均气温		年最低气温		年相对湿度		年风速		风向符合率（%）	海拔高差（m）	迁站距离（m）
		统计值（℃）	比率	统计值（℃）	比率	统计值（%）	比率	统计值（m/s）	比率			
吐鲁番	差值绝对值	0.7	1	1.3	1	7.3	1	1.4	1	33.33	1.5	4364
	标准差	1.25	1	1.91	1	5.26	1	0.74	1			
霍尔果斯	差值绝对值	0	0	0.2	0.154	2.6	0.356	1	0.714	54.83	1.0	1420
	标准差	0.62	0.496	0.9	0.471	2.55	0.485	0.45	0.608			
福海	差值绝对值	0.3	0.429	0.7	0.538	2.4	0.329	0.3	0.214	57.0	5.6	2500
	标准差	0.54	0.432	0.96	0.503	2.47	0.470	0.3	0.405			
精河	差值绝对值	0.2	0.286	0.4	0.308	0.5	0.068	0.8	0.571	35.26	10	7030
	标准差	0.35	0.280	0.81	0.424	3.99	0.759	0.46	0.622			
吉木乃	差值绝对值	0.1	0.143	0.2	0.154	3.2	0.438	1.6	1.143	67.51	21.9	1600
	标准差	0.42	0.336	0.76	0.398	4.06	0.772	0.99	1.338			
和丰	差值绝对值	0.4	0.571	0.7	0.538	2.1	0.288	1.2	0.857	51.79	25.4	4000
	标准差	0.3	0.240	0.68	0.356	1.6	0.304	1.54	2.081			
呼图壁	差值绝对值	0.3	0.429	0	0	2.6	0.356	0.8	0.571	58.46	35.9	2900
	标准差	0.6	0.480	1.44	0.754	0.78	0.148	0.78	1.054			

5.4.4.5　土地开发对塔里木河不同流域气象观测资料影响的差异分析

大规模的土地开发和人工灌溉使干旱区农业迅速发展，由此也引发了一系列的气候和环境问题。有研究表明，在酷热的夏天，灌溉可以有效降温，同时也导致当地降水量增加。大面积灌溉还可引起土壤湿度的变化，使短期气候数据发生异常。近50年来，塔里木河流域进行了大规模的水土开发，初步分析显示，至1993年流域灌溉面积增加了121%，而这之后在塔里木河干流区，新开垦面积更已接近前40年开垦面积的总和。大规模的水土开发和人工灌溉将影响到塔里木河流域的气候和环境，杨青等(2003)研究发现，近40年(1961—2000年)南疆气候具有变湿的趋势，90年代年降水量与60年代、70年代和80年代相比，分别增加了43.4%、29.2%和7.9%。另外，流域内上游过度截水导致各段水量分配严重不均，过度截水灌溉建造绿洲的同时，塔里木河下游的来水量不断减少，造成下游河道断流，尾闾湖泊干涸，地下水位下降，天然植被衰败，沙漠化过程加剧。这将直接导致上下游气候数据的趋势发生改变，且改变的速度不同，这种状况给台站迁移前期分析工作带来一定困难。台站迁移前期分析工作需要待迁站资料与对比台站资料(周边站资料)进行区域一致性分析和均一性分析，不均衡的截留灌溉不同程度地改变了上下游气候数据的变化趋势，将会影响分析结果。因此，有必要认清上游过度截水导致的上下游气候资料差异的大小，提高台站迁移工作的科学性。为此，将塔里木河流域分为 3 个区域，用流域内 44 个气象站资料分析不均衡截水灌溉对塔里木河流域气候资料的影响，为合理开展台站迁移工作奠定基础。

(1)研究区概况

塔里木河是我国第一大内陆河，自西向东绕塔克拉玛干沙漠北缘贯穿塔里木盆地，全长 1321 km(图 5.57)，流域面积 1020 km^2。多年平均地表水天然径流量 398 亿 m^3，主要由高山区冰雪融水和降水补给。从水文学角度讲，塔里木河流域是一个封闭集水区，是一个在空间上靠近中国最大沙漠——塔克拉玛干沙漠的独特的淡水生态系统。目前塔里木河有 3 个主要源流，即和田河、叶尔羌河和阿克苏河，阿克苏河是塔里木河干流水量的主要补给来源，补给量占 73.2%，和田河仅为 23.2%，叶尔羌河只占 3.6%。

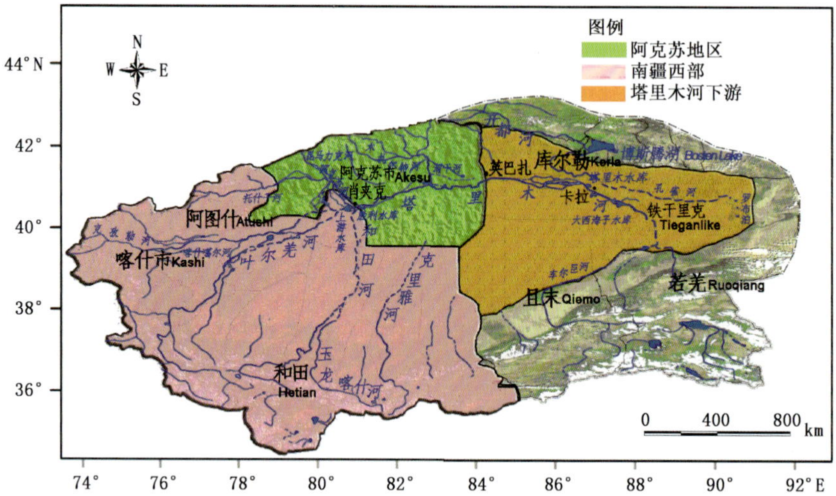

图 5.57　塔里木河流域水系分布及分区

按照水利部门在实际应用中对塔里木河流域的分区，并依据塔里木河流域主要补给来源的实际情况，把塔里木河流域分为 3 个区域。对塔里木河贡献最大的阿克苏河流域，包括已与塔里木河干流失去地表水联系的渭干河流域，以及塔里木河上游水库以东、英巴扎以西的上游地区，称为阿克苏地区(图 5.57 中绿色部分)。塔里木河干流英巴扎以东的区域，称为塔里木河下游地区(图 5.57 中黄色部分)，主要包括巴音郭楞蒙古自治州的部分平原地区。塔里木河上游入口处上游水库以西的地区，包括喀什、克孜勒苏、和田等部分地区在内的区域，称为南疆西部(图 5.57 中粉色部分)，该研究区有山区、沙漠及山前绿洲，可视为自然区域。

(2)各区生长季节(3—10 月)观测数据特征值差异分析

塔里木河流域 3 个区域生长季节气温、降水和相对湿度的长期变化趋势既有相同之处，也有差异(图 5.58 和表 5.83)。由图 5.58 可以看出，3 个区域生长季节平均气温、降水及相对湿度具有一致的线性增长趋势，这从表 5.83 也得以证实，用气候趋势系数计算出的气温、降水及相对湿度趋势均为正值，说明 3 个区域上述 3 个因子均有长期增加趋势。3 个区域平均气温均通过显著性检验，其中塔里木河下游的信度为 99.9%($\alpha=0.001$)，南疆西部信度为 99%($\alpha=0.01$)，阿克苏地区信度为 98%($\alpha=0.02$)。相对湿度的变化趋势，阿克苏地区和南疆西部均通过显著性检验，阿克苏地区信度为 99.9%($\alpha=0.001$)，南疆西部信度为 98%($\alpha=0.02$)，塔里木河下游相对湿度只呈弱的增加趋势。降水量的变化趋势，阿克苏地区呈显著增加趋势，信度达到 99.9%（α=0.001），南疆西部、塔里木河下游的降水量仅有弱的增加趋势。各要素增长速率的差异也可从增长率看出，气温增长率以塔里木河下游最高，为 0.234 ℃/10a，南疆西部次之，为 0.174 ℃/10a，阿克苏地区最少，不到塔里木河下游的一半，为 0.106 ℃/10a；降水量和相对湿度均以阿克苏地区增速最大，分别为 0.839 mm/10a 和 0.916%/10a，南疆西部次之，分别为 0.578 mm/10a 和 0.706%/10a，塔里木河下游增速最小，分别为 0.448 mm/10a 和 0.404%/10a。

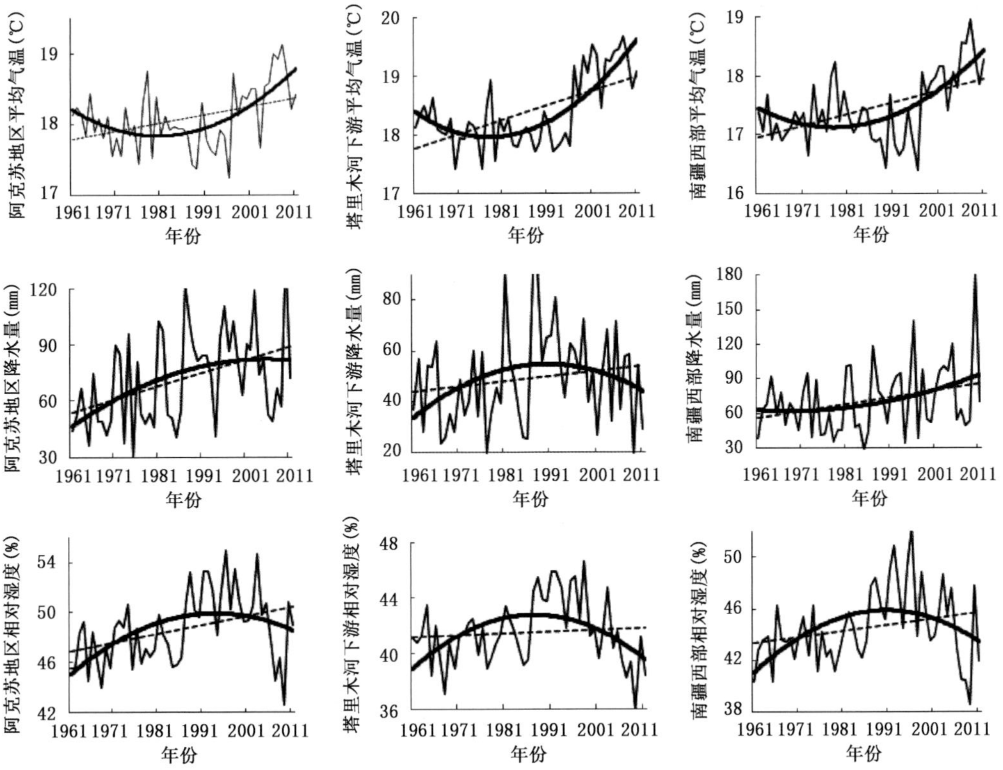

图 5.58　阿克苏（左）、塔里木河下游（中）和南疆西部（右）生长季平均气温（上）、降水量（中）和相对湿度（下）的年际变化（细实线为年变化曲线，粗实线为二阶主值函数，断线为线性趋势）

表 5.83　1961—2011 年塔里木河流域生长季节气候特征值的增长率（每 10 年）及趋势系数

	阿克苏地区			南疆西部			塔里木河下游		
	增长率	趋势系数	二次系数	增长率	趋势系数	二次系数	增长率	趋势系数	二次系数
平均气温	0.1060 ℃	0.3416	0.0029	0.1743 ℃	0.4380	0.0024	0.2344 ℃	0.5545	0.0032
降水量	0.8391 mm	0.4003	−0.0011	0.5779 mm	0.2521	0.0003	0.4479 mm	0.2785	−0.0008
相对湿度	0.9158%	0.4692	−0.0013	0.7062%	0.3596	−0.0017	0.4043%	0.2511	−0.0019

表 5.84 是塔里木河流域各区生长季（3—10 月）平均气温、降水量、相对湿度年代际（10 年）相对差值表，从表中可以看出，3 个区域增温主要发生在 20 世纪 90 年代和 21 世纪前 11 年，不过后者增幅更大。从二阶主值函数趋势可以看出，塔里木河流域各区域生长季平均气温

随时间的演变趋势一致，为抛物线型，80 年代前期有缓慢的下降趋势，80 年代开始增加，1996 以后迅速上升。从各区增长情况来看，其增长幅度并不一致，阿克苏地区最小，南疆西部次之，塔里木河下游最大，3 个区域 20 世纪 90 年代比 80 年代分别增加了 0.54%、0.84%、1.99%，21 世纪前 11 年比 90 年代分别增加了 3.71%、5.57%、5.35%。降水量和相对湿度略显复杂，从表 5.84 可以看出，各区生长季降水量和相对湿度不同时段的变化特征既有相同处，也有差异。相同之处为降水量的增幅主要在 80 年代，尤其是塔里木河下游，80 年代比 70 年代增加了近 41%，阿克苏地区和南疆西部分别增加了 28.49%和 22.29%，这主要是由大气候背景变化引起的；各区的相对湿度从 70 年代开始显著增加，80 年代和 90 年代延续了这种增加趋势，最大增幅在 90 年代，达 4.109%～6.279%。80 年代二者变化趋势较一致，说明降水量和相对湿度的增加主要是受大气候背景的影响。差异之处为 90 年代塔里木河下游降水量略有减少的同时，相对湿度却在增加；阿克苏地区降水增加量并没有 80 年代多，但相对湿度却增加较多，这与新一轮的水土开发热潮有关。但是，从湿度增加的幅度看，90 年代塔里木河下游比阿克苏地区小，这可能与用水的不均衡有关。

进入 21 世纪后，除南疆西部外，近 11 年各区的降水量和空气相对湿度均有下降趋势。

表 5.84　塔里木河流域各区生长季平均气温、降水量和相对湿度年代际(10 年)相对差值表(%)

	平均气温			降水量			相对湿度		
	阿克苏地区	南疆西部	塔里木河下游	阿克苏地区	南疆西部	塔里木河下游	阿克苏地区	南疆西部	塔里木河下游
1960s—1970s	−0.23	1.68	−0.48	19.73	−8.84	2.66	2.90	0.50	1.64
1970s—1980s	−0.67	−2.03	−0.47	28.49	22.29	40.95	1.83	4.41	3.46
1980s—1990s	0.54	0.84	1.99	2.96	10.19	−0.74	6.27	5.37	4.10
1990s—2000s	3.71	5.57	5.35	−5.31	7.48	−13.80	−4.86	−6.62	−7.82

(3)对台站迁移工作的影响分析

从上面数据分析可知，塔里木河流域 3 个区域气温、降水量及相对湿度具有一致的线性增长趋势；由于截留灌溉不均衡，3 个区域的降水量、相对湿度及气温增势的量值存在差异。其中，阿克苏地区降水量的增长率为 0.839 mm/10a；南疆西部和塔里木河下游为 0.5 mm/10a 左右；相对湿度增势也和降水量的增势一样，阿克苏地区最大，为 0.916%/10a，南疆西部次之，为 0.706%/10a，塔里木河下游最弱，不到 0.5%/10a。对比 3 个区域的增温数据，同样存在增速的差异，塔里木河下游最高，为 0.234 ℃/10a，南疆西部次之，为 0.174 ℃/10a，阿克苏地区最少，不到塔里木河下游的一半，为 0.106 ℃/10a。这种与灌溉用水不均衡有关引发的气候数据趋势的差异，将会影响台站迁移评估工作。众所周知，新疆尤其是南疆地区气象台站稀疏，可供选择的对比站较少。在做迁站前期资料评估时，如果需要迁移的台站与对比站分别位于塔里木河不同区域时，可能会给趋势分析和一致性分析带来一定的偏差。因此，在选择站点和具体分析时要多加注意。

第 6 章　气象站站址变动对气候序列区域一致性的影响评估

本章利用中国近 2000 个国家级气象观测站的 50 余年连续气象观测资料，分析统计中国气候变化特征，并采用数理统计方法进行区域一致性分区，分析中国气候区域一致性特征并讨论其形成机制。根据统计试验，给出站址变动对气候序列区域一致性的影响检验评估。

6.1　气候序列区域一致性的概念

6.1.1　气候的规律

一般来说，气候被定义为地球大气的平均状态，即地球大气各个要素（气温、降水、气压、湿度、风等）在相当长一段时间内的平均值。纬度不同、海陆分布不同，造成全球各个地区接收的太阳辐射存在明显的差异，是导致地球上不同气候类型的主要原因。此外，下垫面的地表、植被类型，以及海拔高程、土壤分布、水文特征等都会对当地的气候产生影响。

气候存在着地带性和非地带性规律，如随纬度变化形成的太阳辐射热量条件的东西趋同和南北分异，造成气候的水平带状分布规律为地带性规律，又如海陆差异和大地形对纬度性气候带规律的破坏而形成的气候为非地带性规律。在山地等区域，还会产生山地气候现象，即随高度的变化呈垂直带状分布的规律，为气候的垂直地带性规律。中国幅员辽阔，地形复杂，造就了中国复杂多样的气候特征，从南到北依次跨越了热带、副热带以及温带地区。

6.1.2　气候类型划分方法

气候带与气候型的划分有多种方法，概括起来可分为实验分类法和成因分类法 2 大类。实验分类法是根据大量观测记录，将某些气候要素的长期统计平均值及其季节变化，与自然界的植物分布、土壤水分平衡、水文情况及自然景观等相对照划分气候带和气候型。成因分类法是根据气候形成的辐射因子、环流因子和下垫面因子划分气候带和气候型。一般是先根据辐射和环流划分气候带，然后再就大陆东西岸位置、海陆影响、地形等因子与环流相结合确定气候型。

6.1.3　中国区域气候划分

中国位于亚洲东部、太平洋西岸，西南有被称为“世界屋脊”的青藏高原和最高的山峰——珠穆朗玛峰，地貌分为山地、高原、丘陵、盆地和平原 5 大类型，总轮廓是西高东低，自西向东逐级下降，形成一个层层降低的阶梯状斜面。这样西高东低的地理环境使得中国的气候呈现出明显的大陆性季风气候特征，大部地区四季分明，冬季干冷，夏季湿热，冬季多偏北和西北风，夏季盛行东南风或西南风；冬季是地球上同纬度最冷的国家，夏季则是同纬度平均最热的国家。同时，中国地处欧亚大陆东海岸的地理位置，使得西风带海洋性气候影响微弱，再加上地转偏向力的作用，中国沿岸流及台湾暖流（黑潮）对海陆差异调节作用不显著，因而，即使在中国东部的季风区，大陆性气候特征也较突出，夏季较世界同纬度地区要热，冬季较同纬度地区要冷。因此，中国具有典型的大陆性季风气候。结合所处的不同纬度带和地理位置，中国气候可以划分为 5 种类型，即热带季风气候、亚热带季风气候、温带季风气候、温带大陆性气候、高原山地气候。

中国疆域辽阔，地处北半球中纬度和欧亚大陆的东部，境内地形多种多样，植被类型复杂多样，河流、湖泊、冰川、沼泽等地表水资源丰富，自然历史演变过程复杂，造成气候复杂多样。中国山脉纵横，山脉的两侧气候不同；中国高山高原多，山地垂直带谱丰富，气候垂直变化显著。因此，地形复杂多样，多山、阶梯状的地貌结构深刻地影响着气候，使得中国的气候更加复杂。此外，受强烈季风活动的影响，更增添了中国气候的复杂性和多样性。区划中国气候、识别区域气候特征，是中国气候研究的重要工作之一。

中国区域气候划分工作的发展历程大致可概括为 3 个阶段。1)20 世纪 30—40 年代。这一时期我国的气象观测站点有限，且观测时断时续，气象资料也很不完整，但仍有不少学者关注全国气候区划。这一时期的区划方法多借鉴欧美的气候分类分区法，分类标准根据中国的自然景观状况做了适当的修订。如陶诗言等(1959)根据桑斯威特的气候分类分区方法进行中国气候区划时，根据中国气候的特点修订指标的计算方法，分热量和干湿 2 级对全国气候进行区划，为后来的气候分级区划方案制定提供了重要的方法借鉴。2)20 世纪 50 年代至 80 年代中期。这一时期我国气象观测资料已有了一定的积累，又恰逢当时国家建设，特别是农业生产需要气候区划做参考依据，这一时期的划分思路和方法多借鉴谢梁尼诺夫的分区方法。1966 年，中央气象局为编制《中国气候图集》，在前期气候区划基础上，采用 1951—1960 年全国 600 多个气象站的资料，并根据彭曼公式重新计算可能蒸散量和干燥度，对区划方案进行了充实和修订，同时采用各季干燥度或日平均气温稳定≥10 ℃期间的积温（东北地区）、最热月平均气温（青藏高原地区）等指标划分 3 级气候区的界线。1979 年，这一区划又将原来所用的 1951—1960 年的资料更新为 1951—1970 年，对原来的部分区划界线进行了修订，最终将全国划分为 10 个气候带（其中青藏高原称“高原气候区域”）、22 个气候大区、45 个气候区。3)20 世纪 80 年代初至今。从思路和方法上看，这一阶段的气候区划工作已在一定程度上体现了气候系统的思想，更强调气候地带性与自然地带性的融合、气候区作为一个区域气候系统的相对独立性，以及气候区的气候要素应与自然景观及其他自然地理特征相互吻合；同时在 3 级区划指标选择上，也更注重地形地势及下垫面对气候形成的影响以及我国季风气候的特点。

本章将利用中国近 2000 个国家级气象观测站的 1960—2010 年共 51 年连续气象观测资料，分析统计中国气候变化特征，并采用数理统计方法对观测数据的标准化距平场进行区域一致性分区，根据各气候分量场的载荷向量对总方差贡献率的大小，将中国的气候进行区域一致性划分。根据统计试验，给出站址变动对气候序列区域一致性的影响检验评估。

6.2　中国气候序列区域一致性时空特征及形成机制

6.2.1　中国的气候变化和气候序列区域一致性特征

6.2.1.1 中国气候变化基本特征

(1)中国气温变化特征

在全球变暖背景下，1960—2010 年中国年平均气温呈显著上升趋势，增暖幅度为 0.23 ℃/10a。中国年平均气温经历了冷暖 2 个时期(图 6.1)，以 1987 年为界，前期偏冷，后期偏暖，气温呈明显上升趋势。从增温趋势来看，50 多年来中国年平均气温的增温主要发生在近 30 年，1990—2010 年增温幅度为 0.4 ℃/10a，是 51 年平均增温幅度的 1.7 倍多。从四季中国平均气温的变化来看，增温趋势最大的是冬季，平均增温率为 0.36 ℃/10a，其次是春季、秋季、夏季，增温率分别为 0.23 ℃/10a、0.22 ℃/10a、0.11 ℃/10a。

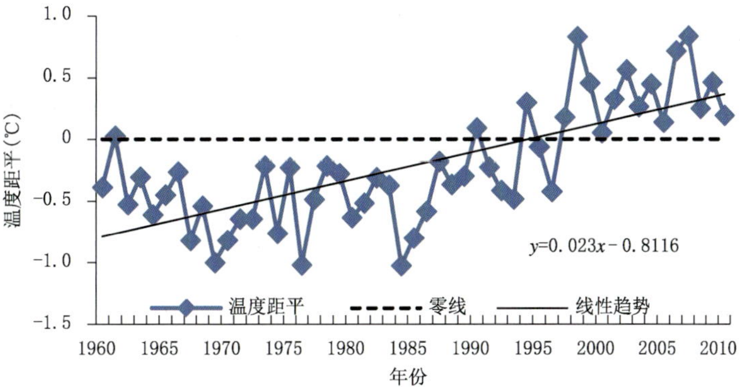

图 6.1　1961—2010 年中国年平均气温距平变化曲线(相对 1981—2010 年平均)

受纬度和地形的影响，中国年平均气温空间分布由北向南逐渐升高(图 6.2a)。我国东部地区年平均气温主要受纬度影响，海南、广西、广东和福建南部等沿海地区年平均气温最高，一般在 20～25 ℃之间；江南、江淮、江汉和西南大部等地年平均气温主要在 15～20 ℃之间；华北平原至秦岭一带年平均气温 10～15 ℃；东北和华北北部等地年平均气温 0～10 ℃；东北北部年平均气温最低，在 0 ℃以下。我国西部地区年平均气温分布受地形影响更为显著，塔里木盆地和吐鲁番盆地年平均气温 10～15 ℃，青藏高原大部、天山山脉及其以北地区、祁连山等高原和山地地区年平均气温 0～10 ℃，青藏高原唐古拉山脉和巴颜喀拉山脉的年平均气温最低，在 0 ℃以下。

从 50 多年中国年平均气温增温趋势来看，全国大部地区年平均气温增温显著，且大部地区增温趋势通过了 $\alpha=0.05$ 显著性检验。中国北方大部地区增温明显，增温率为 0.2～0.4 ℃/10a，局部地区增温率达 0.4～0.6 ℃/10a；江南、华南和西南东部等地增温趋势相对较小，增温率为 0.1～0.2 ℃/10a(图 6.2b)。

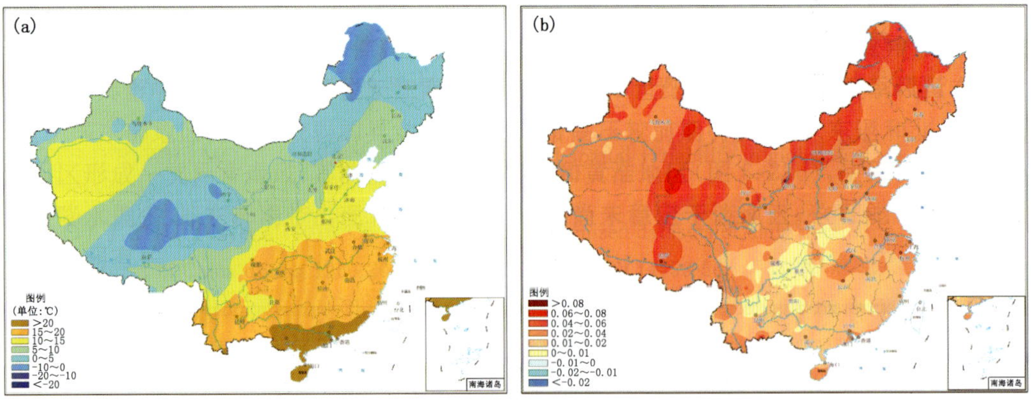

图 6.2　1960—2010 年中国年平均气温(a)和趋势系数(b)空间分布

对于四季而言,冬季全国增温趋势最为显著,北方大部增温明显,增温率为 0.4～0.6 ℃/10a,局部地区增温率达 0.6～0.8 ℃/10a,且增温趋势均通过了 α=0.05 显著性检验,东南大部地区增温率为 0.2～0.4/10a;秋季增温仅次于冬季,北方大部地区增温率为 0.2～0.4 ℃/10a,局部地区达 0.4～0.6 ℃/10a;春季和夏季增温相对于秋季和冬季较小,其中夏季增温率最小,北方大部地区增温率为 0.2～0.4 ℃/10a,江淮、江汉和黄淮等地呈弱的降温趋势,降温率为 0.1～0.2 ℃/10a(图 6.3)。

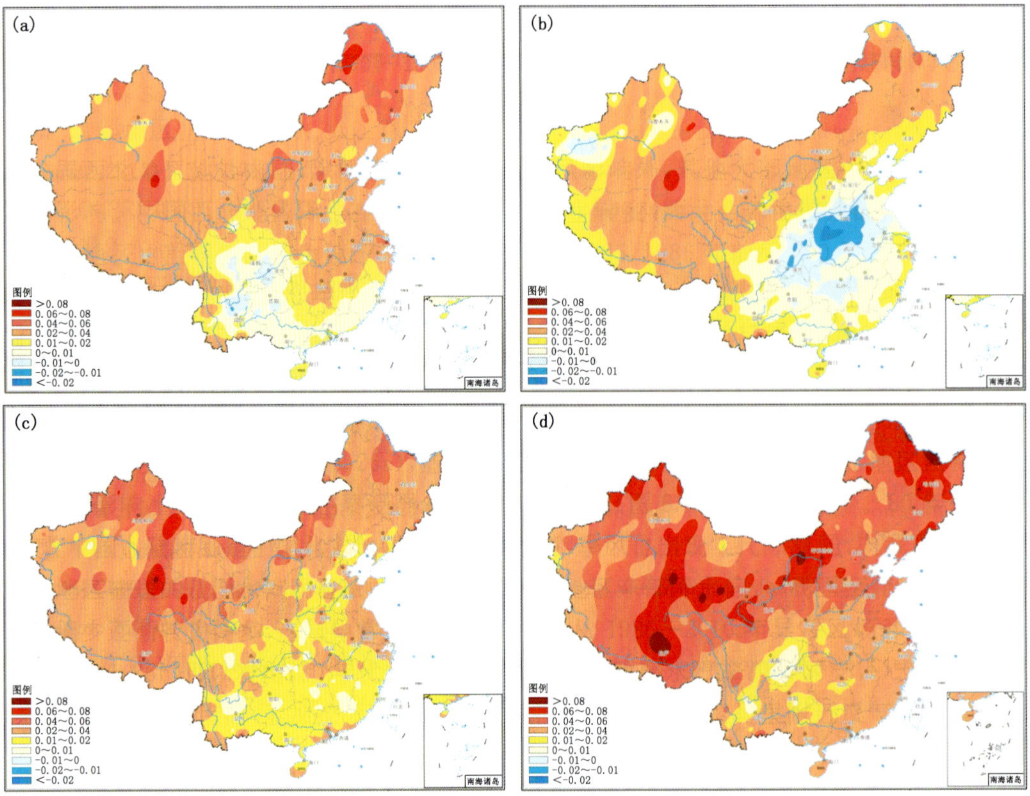

图 6.3　中国春季(a)、夏季(b)、秋季(c)和冬季(d)平均气温趋势系数空间分布

（2）中国降水变化特征

50 多年来中国年降水量呈波动变化，且长期变化趋势不明显（图 6.4）。从 5 年滑动平均曲线来看，20 世纪 60 年代降水呈下降趋势，70—80 年代降水量出现了 2 个准 10 年的周期变化，20 世纪 90 年代至今又出现了降水量从增多到减少的变化。从四季中国降水变化来看，春季趋势不明显，夏季和冬季呈增加趋势，秋季呈显著下降趋势。

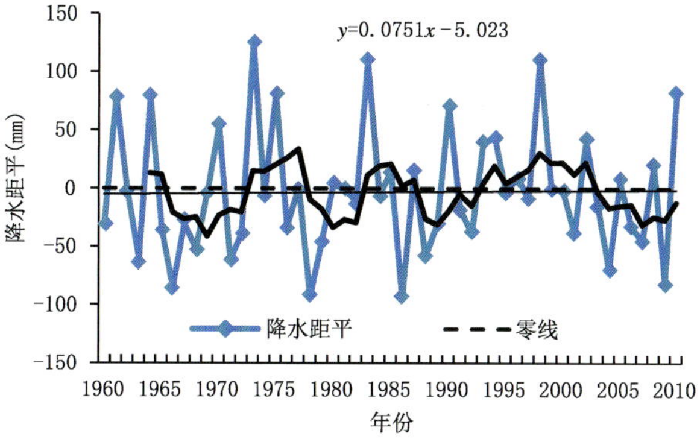

图 6.4　1960—2010 年中国年平均降水量距平变化曲线（相对 1981—2010 年平均）

中国年降水量空间分布从西北至东南逐渐增多（图 6.5a）。新疆南部至西藏西北局部、青海北部及甘肃北部部分地区、内蒙古西部局部地区年降水量为 50～100 mm，其中塔里木盆地降水量不足 50 mm；新疆北部、西藏西北部、青海北部、甘肃北部及内蒙古西部部分地区年降水量为 100～200 mm；西藏中部、青海中部、甘肃中南部及内蒙古中东部大部地区降水量为 200～500 mm；西藏东部至西南地区西北部、青海南部、华北大部、东北大部年降水量为 500～800 mm；西南地区南部及东部、江汉地区、黄淮南部及江淮地区年降水量为 800～1200 mm；云南西南部局地、华南及江南地区年降水量大于 1200 mm。

从 50 多年中国各台站年降水量趋势系数空间分布（图 6.5b）来看，中国西北地区中西部、西南地区西部、内蒙古西部、黄淮西部、江淮、江汉、江南和华南等地区降水呈增加趋势，特别是我国东南部地区（黄淮西部、江淮、江汉、江南和华南）降水增加趋势明显（但未通过 α＝0.05 显著性检验）；我国内蒙古中东部、东北大部、华北、西北地区东部和西南地区东部等地降水呈减少趋势。

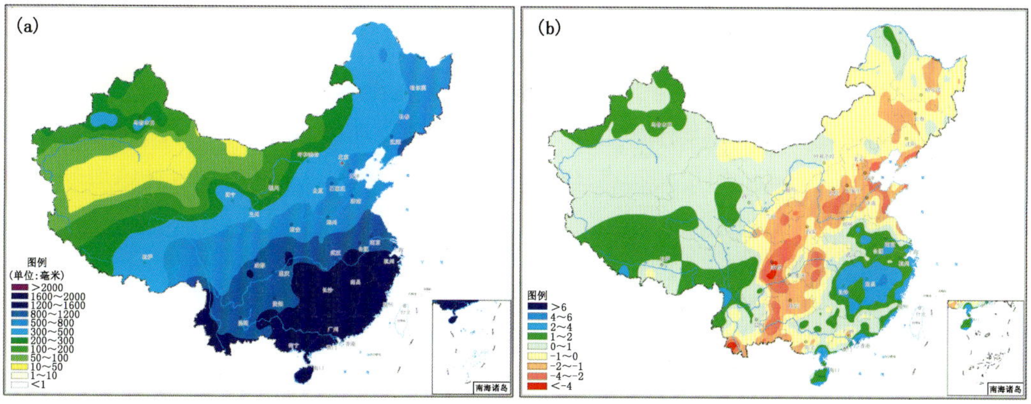

图 6.5　1960—2010 年中国年平均降水量（a）和降水趋势系数（b）空间分布

对于四季而言(图 6.6),夏季降水变化趋势最大,且和年降水趋势变化空间分布相一致,即我国东南部地区(包括黄淮西部、江淮、江汉、江南和华南)降水增加趋势明显,华北和西南地区东部等地降水呈减少趋势。春季、秋季和冬季降水变化趋势相对较小,春季我国东南大部地区降水呈减少趋势,西南地区、东北地区和新疆北部等地降水呈增加趋势;秋季我国西北中西部、内蒙古中西部和西南地区西部等地降水呈增加趋势,东南大部和东北等地降水呈减少趋势;冬季全国大部地区降水呈增加趋势,仅在西南地区东部局部和华北局部地区降水呈减少趋势。

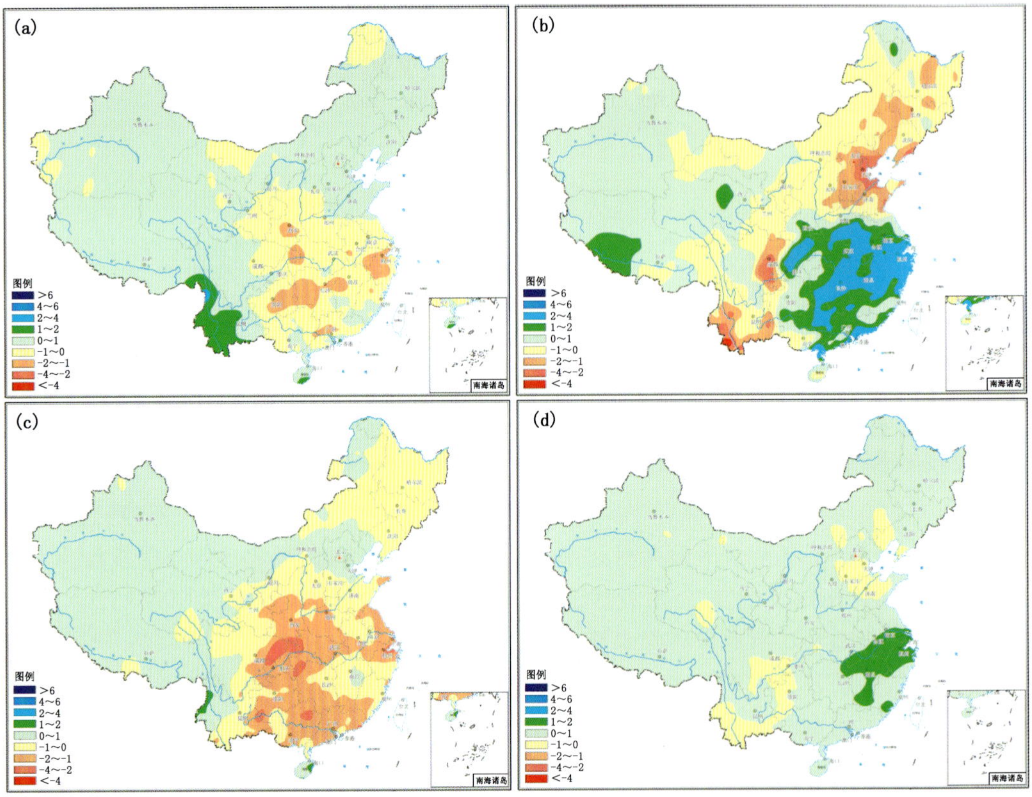

图 6.6 中国春季(a)、夏季(b)、秋季(c)和冬季(d)平均降水量趋势系数空间分布

(3)中国风速变化特征

50 多年来中国年平均风速呈显著下降趋势,下降幅度约为每年 0.017 m/s。从阶段性变化来看,20 世纪 70 年代中期以前中国平均风速较常年同期明显偏大,70 年代中期至 80 年代中国平均风速急剧减小,90 年代至 21 世纪初平均风速转为较常年同期偏小,且风速减小趋缓(图 6.7)。从四季中国平均风速的变化来看(图略),春季和冬季平均风速减小速率较大,平均每年分别减小 0.02 m/s 和 0.018 m/s,夏季和秋季平均风速减小率相对较小,平均每年分别减小 0.014 m/s 和 0.016 m/s,四季平均风速变化趋势和年平均风速变化趋势基本一致。

受纬度和地形的影响,中国年平均风速由北向南逐渐减小。北方地区年平均风速相对较大,其中新疆东部至内蒙古大部、青海西部、东北部分地区、长江以北的东部沿海地区年平均风速在 3～4 m/s 之间;长江流域及其以南地区年平均风速相对较小,普遍在 1～2 m/s 之间(图 6.8a)。

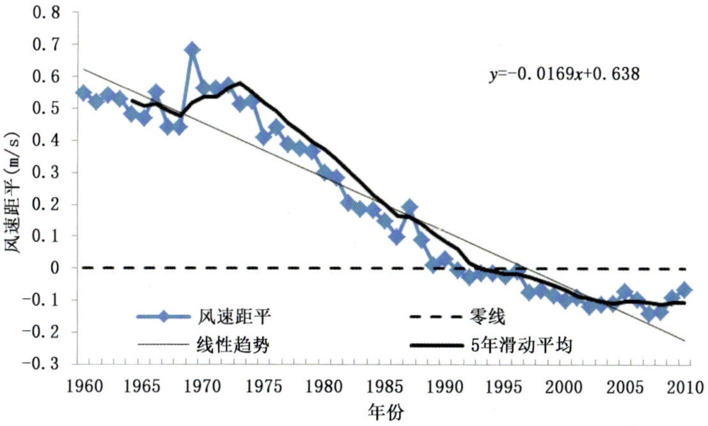

图 6.7　1960—2010 年我国平均风速距平历年变化曲线(相对 1981—2010 年平均)

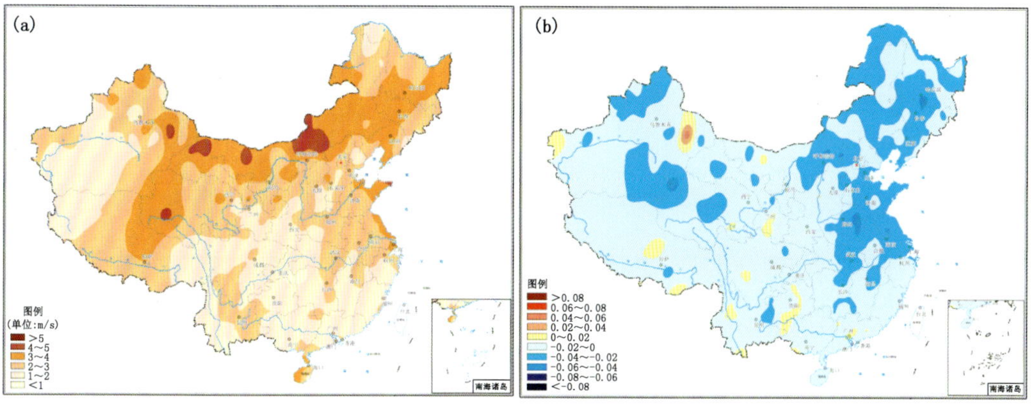

图 6.8　1960—2010 年中国年平均风速(a)和趋势系数(b)空间分布

从各台站趋势系数空间分布(图 6.8b)来看,50 多年来全国大部地区年平均风速呈减小趋势,且大部地区减小趋势均通过了 $\alpha=0.05$ 显著性 F 检验,其中长江以北东部季风区风速减小最显著,减小率为 0.2～0.4 (m/s)/10a;全国其余大部风速减小率为 0～0.2 (m/s)/10a。

对于四季而言(图 6.9),四季全国平均风速均呈减小趋势,且空间分布与年平均风速趋势空间分布相一致,春季和冬季长江以北东部季风区风速减小最为显著,夏季和秋季东部季风区风速减小趋势较春季和冬季弱。

(4)中国相对湿度变化特征

50 多年来中国年平均相对湿度变化呈减小趋势(图 6.10)。从 5 年滑动平均曲线来看,20 世纪 60 年代平均相对湿度呈下降趋势,70 年代至 90 年代中期略呈增加趋势,90 年代中期以后呈显著下降趋势。对于四季而言,春季和秋季平均相对湿度减小趋势最显著,夏季次之,冬季平均相对湿度变化趋势不明显。当然,这里所用资料未经均一化订正,在均一化校订处理之后,全国平均相对湿度并无明显的下降趋势(详见第 3 章)。

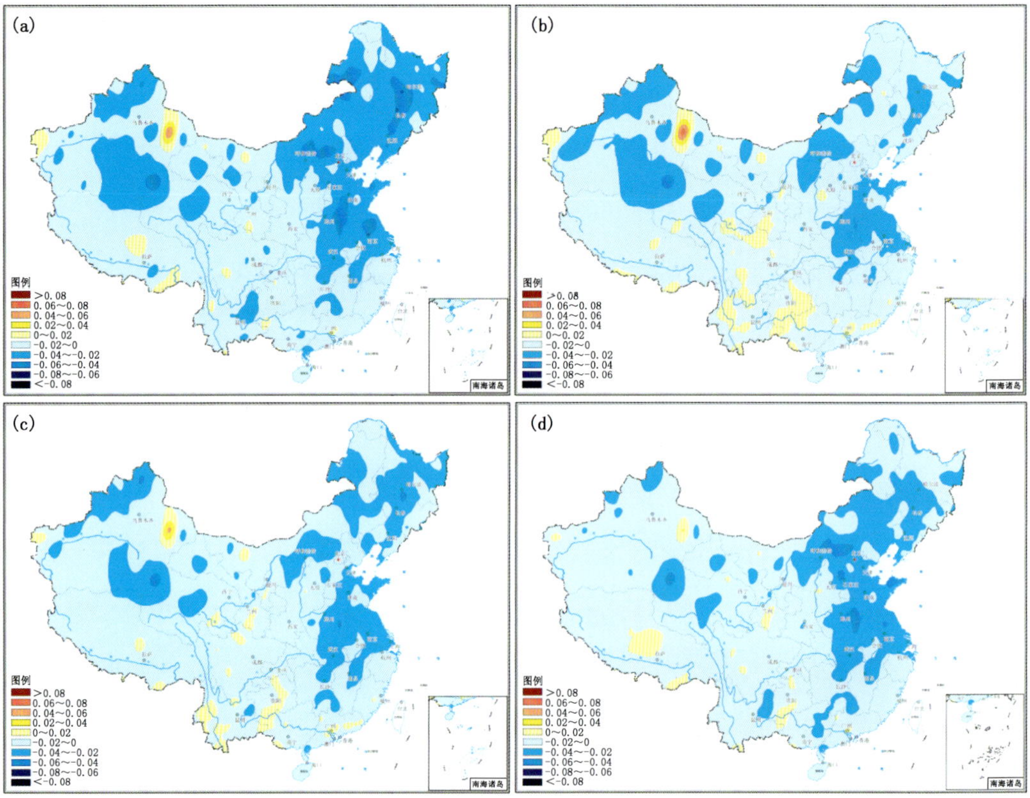

图 6.9　中国春季(a)、夏季(b)、秋季(c)和冬季(d)平均风速趋势系数空间分布

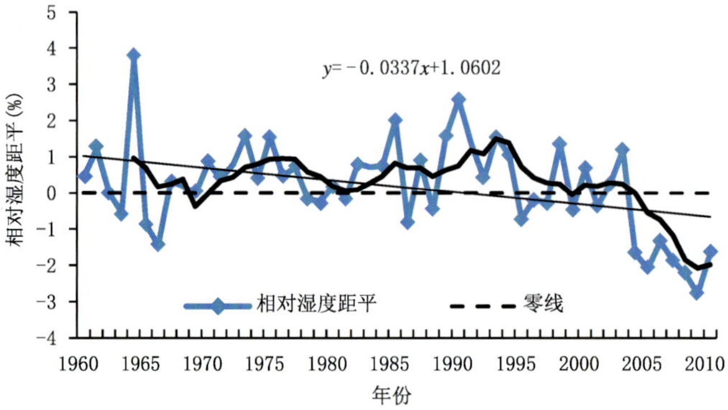

图 6.10　1960—2010 年中国年平均相对湿度距平变化曲线(相对 1981—2010 年平均)

中国年平均相对湿度从西北至东南逐渐增多。中国西北中西部、青藏高原和内蒙古中西部地区地处内陆,年平均相对湿度相对较低,普遍为 20%～60%,我国南方和东部沿海地区年平均相对湿度较高,普遍为 60%～80%,局部地区在 80%以上(图 6.11a)。

从各台站趋势系数空间分布(图 6.11b)来看,50 多年来中国东部大部地区年平均相对湿度呈减小趋势,特别是东部沿海的部分地区减小趋势最显著(通过了 $\alpha=0.05$ 显著性 F 检验),中国西部的新疆和西藏地区年平均相对湿度呈增加趋势,且部分站点通过了 $\alpha=0.05$ 显著性 F 检验。

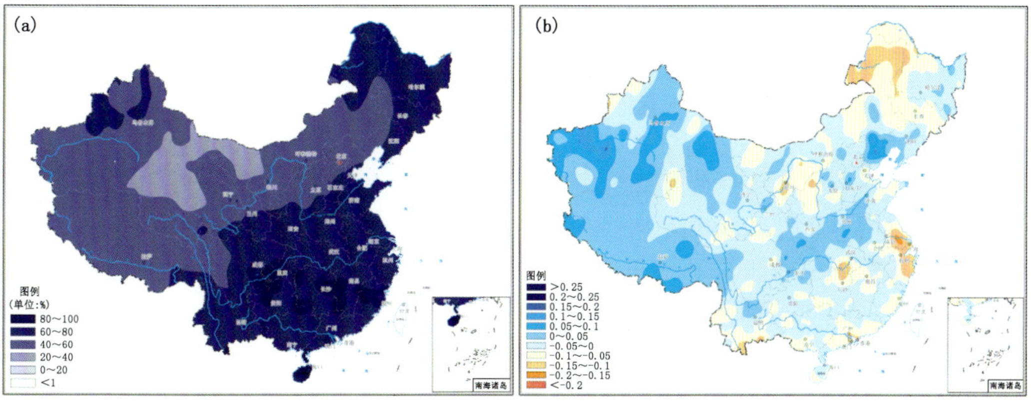

图 6.11　1960—2010 年中国年平均相对湿度(a)和趋势系数(b)空间分布

对于四季而言(图 6.12),春季和秋季中国东部地区平均相对湿度减小趋势最显著,夏季和冬季中国东北部和东南沿海地区平均相对湿度减小显著;中国西部地区,春季(西藏)、夏季(新疆、黄淮和江汉)、秋季(新疆)和冬季(西北地区和西藏)平均相对湿度呈增加趋势。

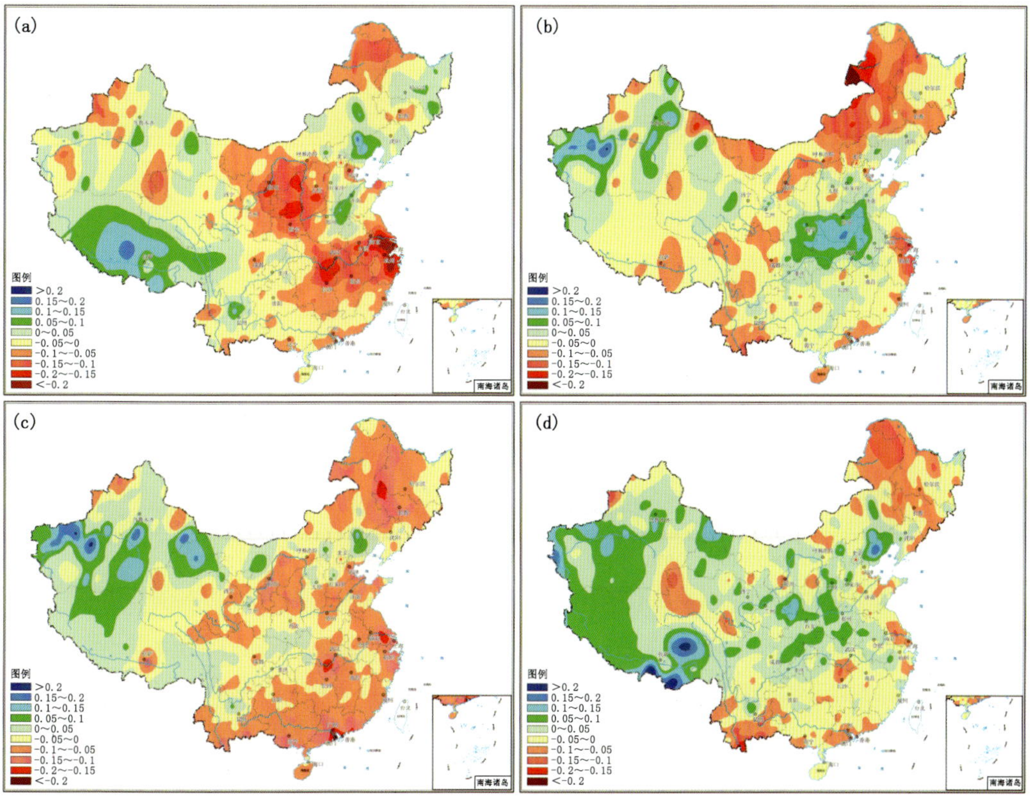

图 6.12　1960—2010 年中国春季(a)、夏季(b)、秋季(c)和冬季(d)平均相对湿度趋势系数空间分布

6.2.1.2　气候序列区域一致性特征

(1)中国年降水区域一致性特征

利用中国 1840 个台站年降水量资料，采用 EOF 和 REOF 方法对中国 1960—2010 年降水标准化距平场区域一致性进行分区，图 6.13 给出了 REOF 前 10 个旋转向量空间分布场分型。根据 EOF 和 REOF 各载荷向量对总方差贡献率的大小，将中国划分为 11 个区，分别为内蒙古中西部区、华北区、江南和华南区、西南东南部区、黄淮和江淮区、西北东部区、长江中下游区、西北西部区、西南西部区、西南东北部区和东北区。根据这 11 个区域的地理位置，又将其归类划分为东部地区(华北、黄淮和江淮、长江中下游、江南和华南 4 个区)、西北地区(西北西部、西北东部和内蒙古中西部)、西南地区(西南西部、西南东南部和西南东北部)和东北地区 4 个区域。

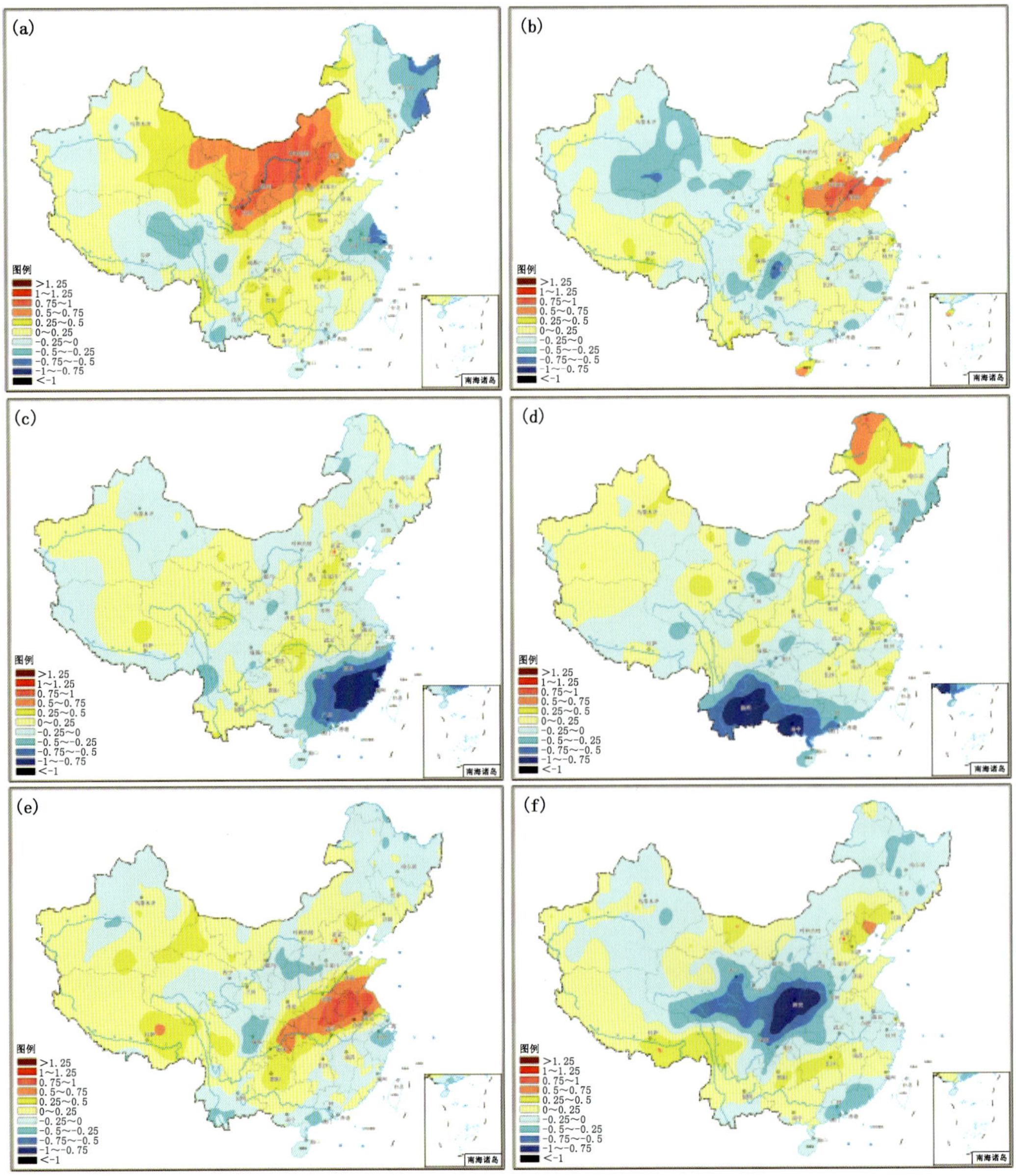

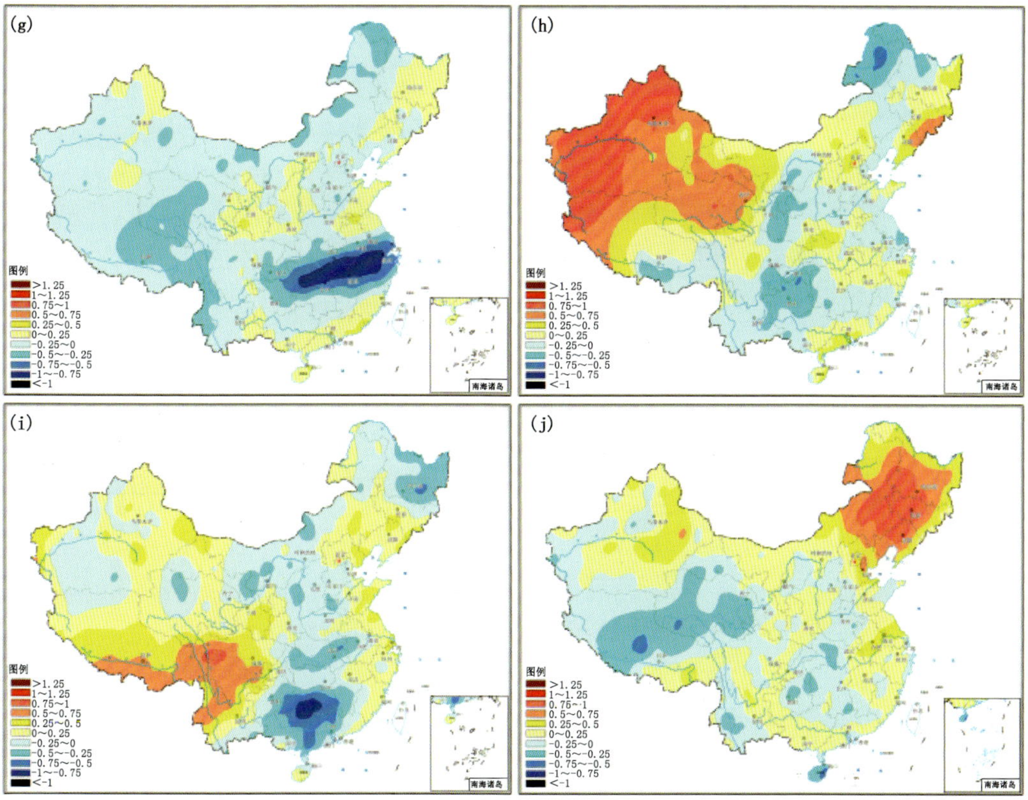

图 6.13　REOF 前 10 个旋转向量空间分布场

(a)内蒙古中西部型;(b)华北型;(c)江南和华南型;(d)西南东南部型;(e)黄淮和江淮型;(f)西北东部型;(g)长江中下游型;(h)西北西部型;(i)西南西部型和西南东北部型;(j)东北型

A. 东部地区

东部地区主要包括华北地区、黄淮和江淮地区、长江中下游地区以及江南和华南地区。东部各地区年降水距平百分率历年变化特征见图 6.14。

华北地区降水呈下降趋势,20 世纪 70 年代末以前降水较常年同期略偏多,特别是 60 年代初期降水明显偏多,70 年代末至 21 世纪初降水较常年同期偏少,21 世纪初以来降水又转为偏多。华北地区降水在 1964 年、1977 年和 2002 年发生突变,1964 年该区降水由明显偏多转为偏多,1977 年降水从前期偏多转为偏少,2002 年降水又由前期偏少转为偏多。

黄淮和江淮地区降水长期变化趋势不明显,在 20 世纪 70 年代中期之前降水较常年略偏多,70 年代中期至 21 世纪初降水转为略偏少,21 世纪初以来降水显著增加,年均降水量较常年偏多。黄淮和江淮地区降水在 1975 年发生突变,降水从前期略偏多转为略偏少。

长江中下游地区降水呈增加趋势,20 世纪 60 年代降水较常年同期明显偏少,70 年代至 80 年代中期降水较前期明显增多,降水总体接近常年同期,80 年代末至 90 年代降水转为偏多,但 21 世纪初以来降水又转为以偏少为主。长江中下游地区降水在 1999 年发生突变,降水从 90 年代的偏多转为偏少。

江南和华南地区降水呈增加趋势,且阶段性变化明显,20 世纪 60 年代降水较常年同期明显偏少,70 年代前期偏多,70 年代中后期至 80 年代持续偏少,90 年代至 21 世纪初降水转为偏多,21世纪初以来又转为以偏少为主。该区降水在1991年和2002年发生突变,1991年降水由偏少转为偏多,2002年又由偏多转为偏少。

中国东部各区降水长期变化趋势差异较大,华北地区呈减小趋势,黄淮和江淮地区无明显长期变化趋势,长江中下游、江南和华南地区降水呈增加趋势,但各区降水长期变化趋势均不显著。从东部各区降水的阶段性变化来看,20世纪70年代末之前,降水偏多区域主要位于中国华北、黄淮和江淮地区,70年代末至90年代降水偏多地区南移至长江中下游、江南和华南地区,21世纪初降水偏多的地区又位于中国华北、黄淮和江淮地区。中国东部各区降水的阶段性变化体现了中国东部雨带的移动特征。

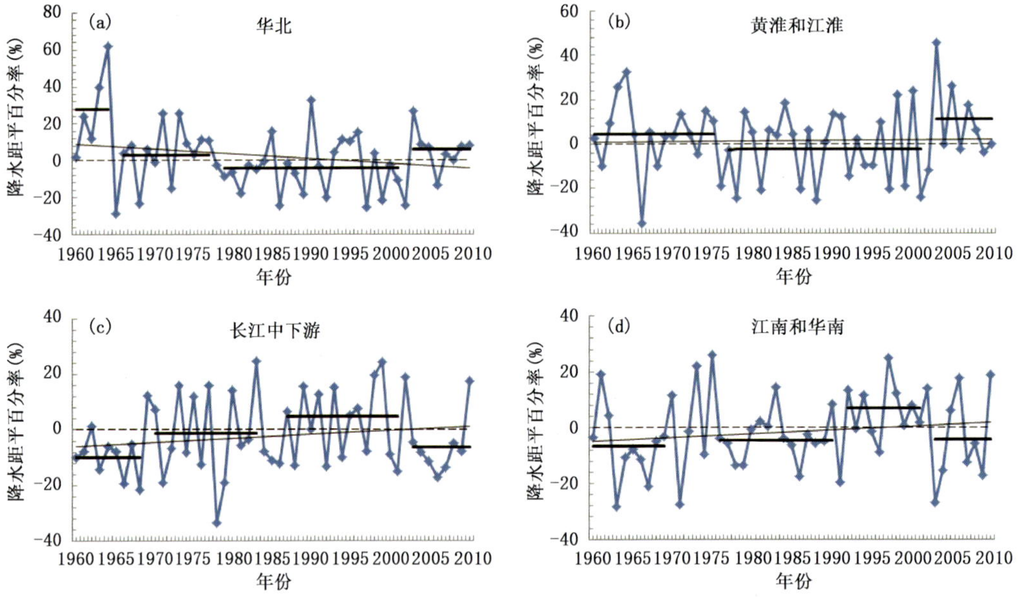

图6.14 1960—2010年中国东部各区年降水距平百分率历年变化

(直线为线性趋势线,虚线为零值,短粗直线为各区降水年代际转折时期降水距平百分率均值线)

B. 西北地区

西北地区主要包括西北西部、西北东部和内蒙古中西部地区。西北地区年降水距平百分率历年变化特征见图6.15。

从长期变化趋势来看,西北东部地区降水呈减少趋势,20世纪80年代中期降水由前期偏多转为偏少,21世纪初以来降水又转为偏多。该区降水在1985/1986年发生突变,降水由前期偏多转为偏少。

内蒙古中西部地区降水呈减少趋势,20世纪70年代末至80年代初降水由前期偏多转为以偏少为主。该区降水在1979年发生突变,降水由前期偏多转为偏少。

西北西部地区降水呈显著的增加趋势,20世纪80年代中期前降水较常年同期偏少,之后降水转为偏多。该区降水同样在1985/1986年发生突变,降水由前期偏少转为偏多。

C. 西南地区

西南地区主要包括西南西部、西南东南部和西南东北部地区。西南地区年降水距平百分率历年变化特征见图6.16。

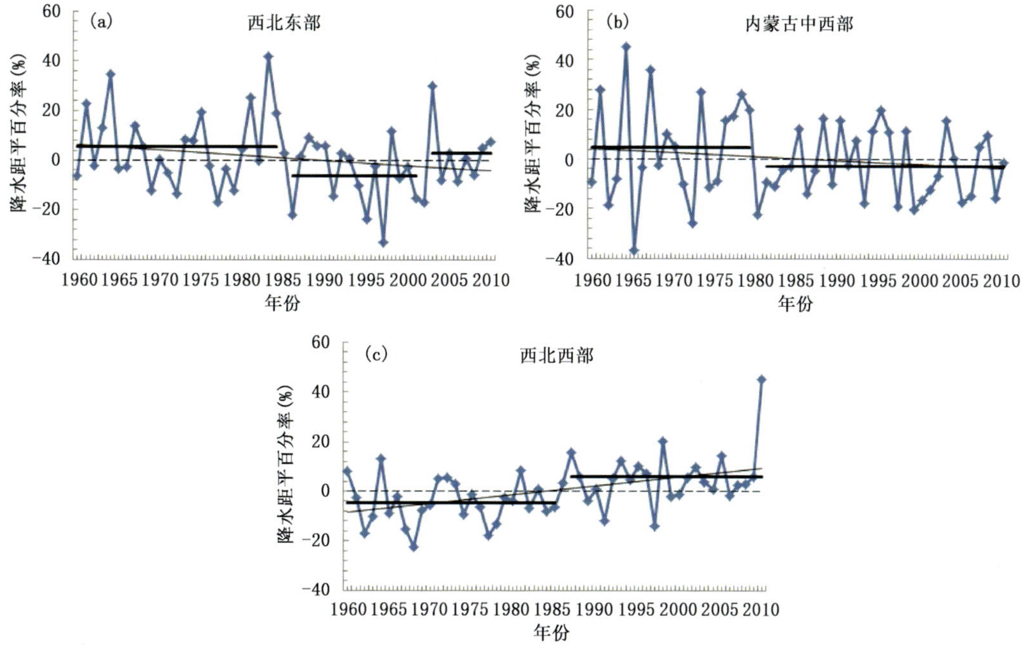

图 6.15　1960—2010 年中国西北部各区降水距平百分率变化

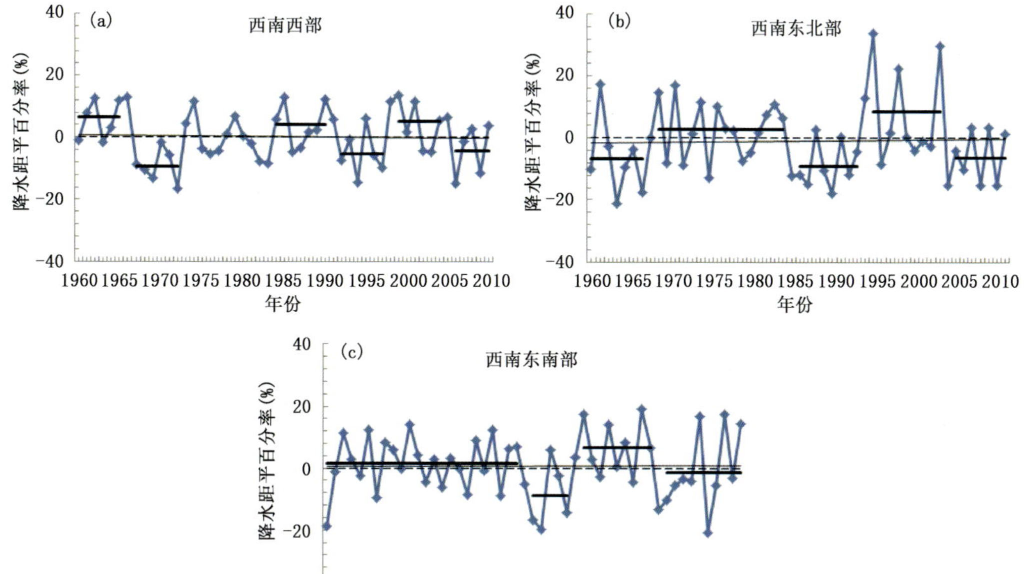

图 6.16　1960—2010 年中国西南部各区降水距平百分率变化

西南西部地区降水长期变化趋势不明显，但存在明显的阶段性变化，20 世纪 60 年代中期、90 年代初期降水由前期偏多转为偏少，70 年代初和 90 年代末降水由前期偏少转为偏多。该区降水在 1966 年、1972 年、1990 年和 1997 年发生突变，1966 年和 1991 年降水由前期偏多转为偏少，1972 年和 1997 年降水由前期偏少转为偏多。

西南东北部地区降水长期变化趋势不明显，20 世纪 60 年代中期和 90 年代初期降水由前期偏少转为偏多，80 年代初和 21 世纪初降水由前期偏多转为偏少，即在 2000 年前基本与西南西部地区降水呈反向变化。该区降水在 1967 年、1983 年、1991 年和 2002 年发生突变，1967 年和 1991 年降水由前期偏少转为偏多，1983 年和 2002 年降水由前期偏多转为偏少。

西南地区东南部降水长期变化趋势也不明显，20 世纪 80 年代中期以前降水接近常年同期，80 年代中后期降水明显偏少，90 年代降水转为偏多，21 世纪初以来降水接近常年同期。该区降水在 1983 年、1989 年和 1999 年发生突变，1983 年由前期接近正常转为偏少，1989 年又转为偏多，1999 年以后再转为接近正常。

D. 东北地区

1960—2010 年中国东北地区降水呈减少趋势(图 6.17)，20 世纪 80 年代初以前降水接近常年同期，80 年代中期至 90 年代末降水转为偏多，21 世纪初又转为偏少。该区降水在 1982 年和 1998 年发生突变，1982 年由前期接近常年转为偏多，1998 年又由前期降水偏多转为偏少。

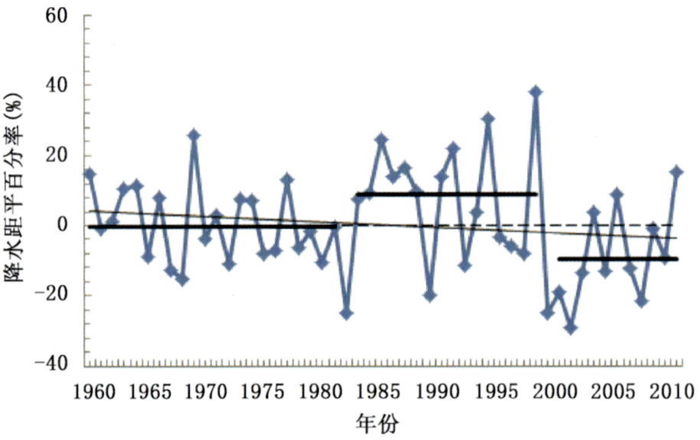

图 6.17 1960—2010 年中国东北地区降水距平百分率变化

(2)中国年气温区域一致性特征

对中国 1960—2010 年台站气温距平场区域一致性进行分区，其 REOF 前 5 个旋转向量空间分布场分型见图 6.18。根据 EOF 和 REOF 各载荷向量对总方差贡献率的大小，将中国划分为 5 个区，分别为长江以南地区、华北至江淮地区、西北地区、西南地区和东北地区。

50 多年来中国各区气温变化特征见图 6.19。

从长期变化趋势来看，50 多年来中国各区气温均呈明显的增加趋势，特别是 20 世纪 90 年代以来增加趋势更为显著，西北地区和东北地区气温增加趋势最为显著，其增加率均为 0.36 ℃/10a，长江以南地区、华北至江淮地区以及西南地区增温趋势相对较小，其增加率分布为 0.14 ℃/10a、0.22 ℃/10a 和 0.24 ℃/10a。说明在全球变暖的背景下，中国气温出现了明显的增加，特别是北方地区增加更为显著。

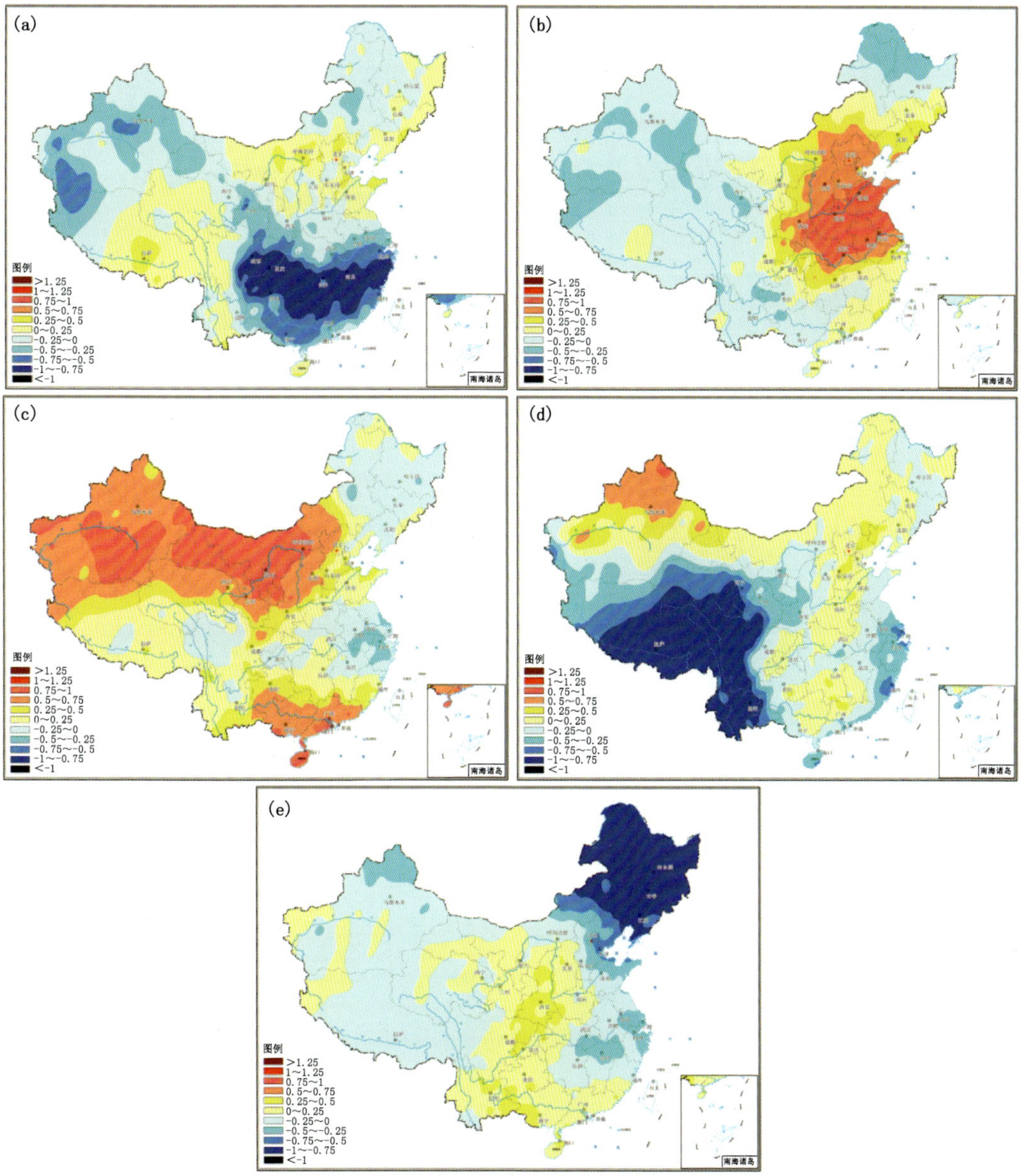

图 6.18　REOF 前 5 个旋转向量空间分布场

(a)长江以南型；(b)华北至江淮型；(c)西北型；(d)西南型；(e)东北型

从年代际变化来看，长江以南地区、华北至黄淮地区气温在 20 世纪 90 年代以前较常年同期偏低，且呈明显下降趋势(华北至黄淮地区气温下降趋势较长江以南地区明显)，90 年代以后气温均呈现明显的增加趋势；西南地区 90 年代前气温也偏低，且无明显变化趋势，90 年代后呈明显的增加趋势；西北地区和东北地区气温自 60 年代以来一直呈明显的增加趋势，特别是 90 年代以来增加趋势更为显著。

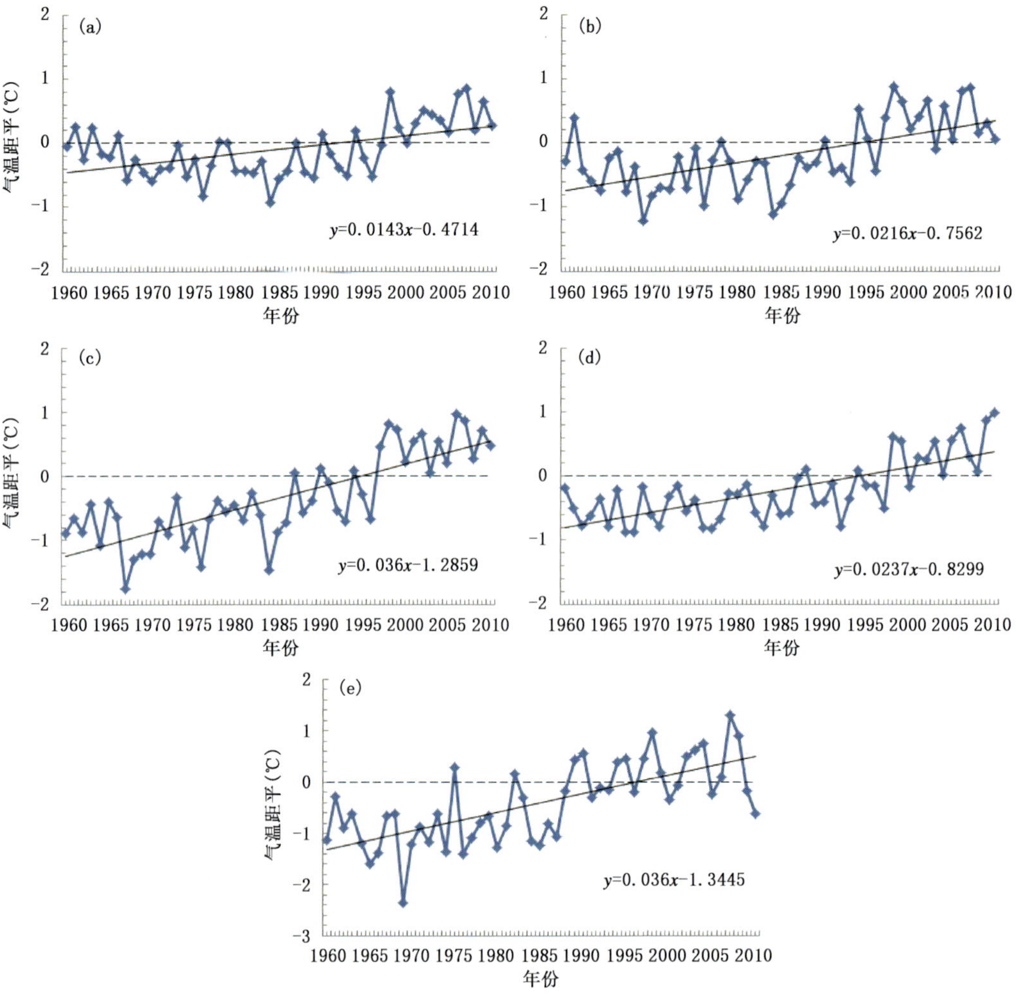

图 6.19　1960—2010 年中国各区年气温距平历年变化(直线为线性趋势线,虚线为零值)
(a)长江以南地区;(b)华北至江淮地区;(c)西北地区;(d)西南地区;(e)东北地区

(3)中国年风速区域一致性特征

采用 EOF 和 REOF 方法对中国 1960—2010 年台站年风速距平场区域一致性进行分区,根据各载荷向量对总方差贡献率的大小,将中国划分为 4 个区,分别为东部季风区、西南区、青藏高原区和西北西部区。由于风速的局地变化比较大,其区域一致性不如气温和降水。

50 多年来中国各区风速距平时间变化特征见图 6.20。从长期变化趋势来看,除中国西南区风速变化趋势不明显外,东部季风区、青藏高原区和西北西部区风速均呈明显的下降趋势。从各区变化来看,东部季风区风速自 20 世纪 60 年代至 90 年代初减小趋势显著,90 年代初以后减小趋势变缓,21 世纪初略有增加趋势;西南区风速阶段性变化显著,70 年代至 80 年代中期呈增加趋势,80 年代中期至 21 世纪初呈减小趋势,其他时段变化趋势不明显;青藏高原区风速在 60 年代中期至 70 年代中期呈显著增加趋势,70 年代中期至 21 世纪初呈明显下降趋势;西北西部区风速 60—80 年代呈显著减小趋势,90 年代至 21 世纪初略呈现增加趋势。

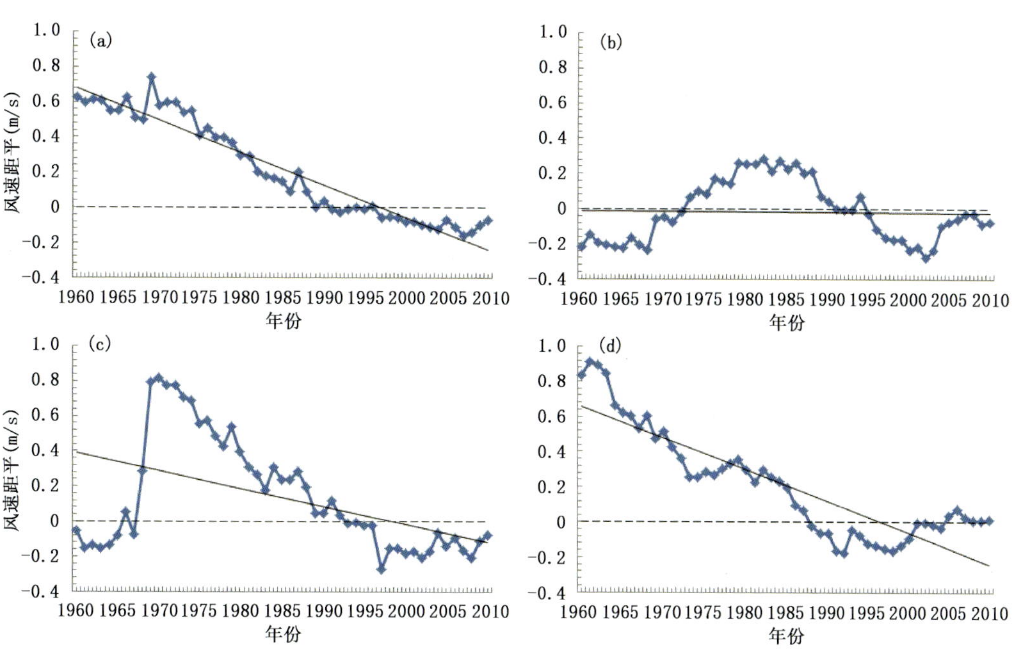

图 6.20　1960—2010 年中国各区年风速距平历年变化(直线为线性趋势线,虚线为零值)
(a)东部季风区;(b)西南区;(c)青藏高原区;(d)西北西部区

(4)中国年相对湿度区域一致性特征

采用 EOF 和 REOF 方法对中国 1960—2010 年台站年平均相对湿度距平场区域一致性进行分区,根据 EOF 和 REOF 各载荷向量对总方差贡献率的大小,将中国划分为 7 个区,分别为江南和华南地区、西南地区、华北地区、黄淮和江淮地区、西部地区、东北地区和内蒙古中西部地区。

1960—2010 年中国各区相对湿度时间变化特征见图 6.21。

从长期趋势来看,50 多年来江南和华南地区平均相对湿度呈明显的下降趋势;从阶段性变化来看,1960—2002 年间呈增加趋势,2003 年以后相对湿度明显减小,即 2003—2010 年呈显著下降趋势。

西南地区相对湿度长期变化趋势不明显,但阶段性变化特征显著,20 世纪 90 年代以前相对湿度较常年同期偏小,90 年代至 2004 年相对湿度明显增加,2005 年以后相对湿度又显著减小。

华北地区相对湿度呈明显的减小趋势,2000 年以前减小趋势显著,2000 年以后减小趋势不明显。

黄淮和江淮地区相对湿度长期变化趋势不明显,20 世纪 80 年代前相对湿度偏小,80 年代至 90 年代中期相对湿度显著增加,90 年代末至 21 世纪初相对湿度以偏小为主要特征。

西部地区相对湿度呈显著的增加趋势,其中 20 世纪 60—80 年代相对湿度异常偏小,90 年代至 21 世纪初,相对湿度显著增加,2007 年以后相对湿度又转为偏小。

东北地区和内蒙古中西部地区相对湿度均呈减小趋势。

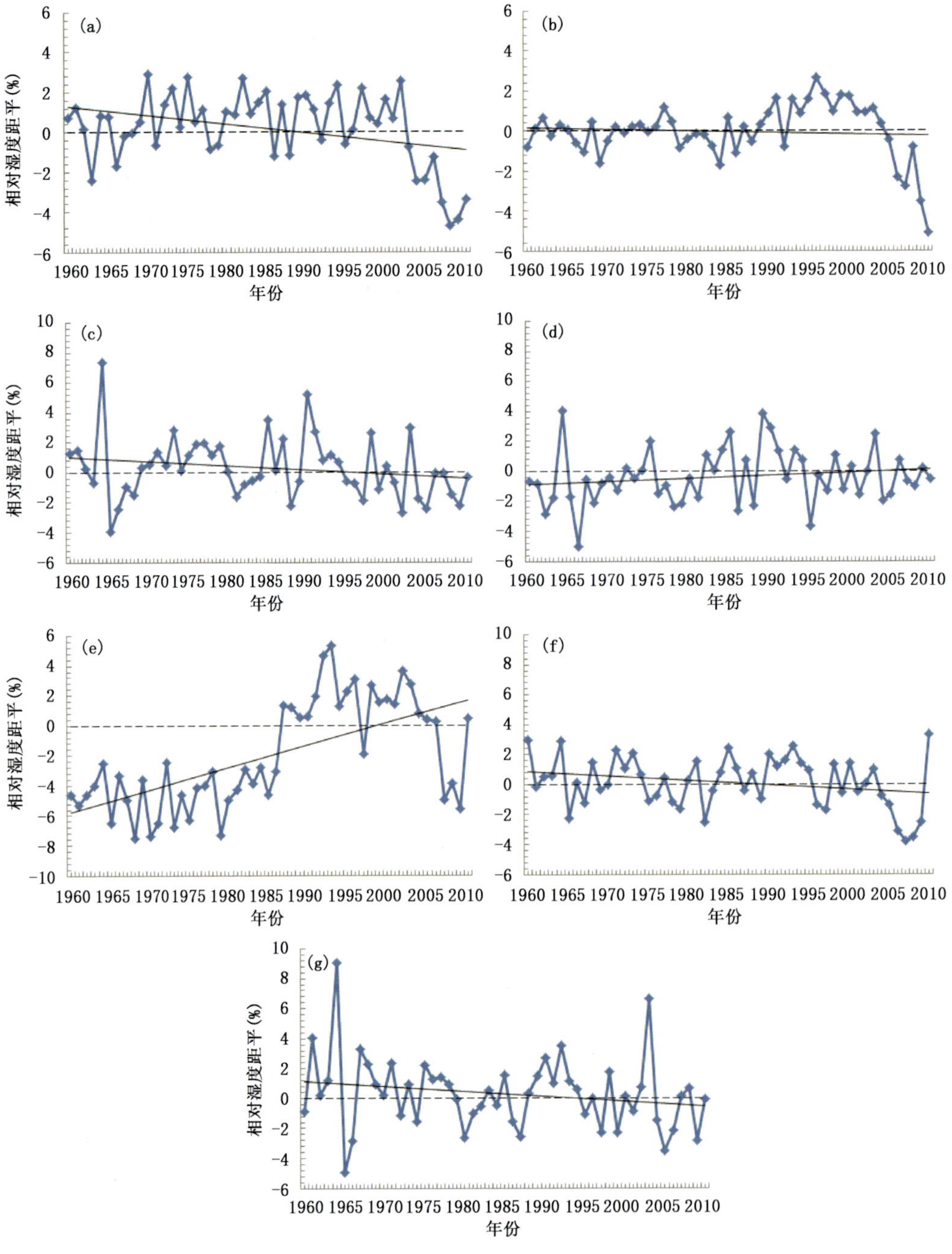

图 6.21　1960—2010 年中国各区年相对湿度距平历年变化(直线为线性趋势线,虚线为零值)
(a)江南和华南地区;(b)西南地区;(c)华北地区;(d)黄淮和江淮地区;
(e)西部地区;(f)东北地区;(g)内蒙古中西部地区

6.2.2　气候序列区域一致性变化的形成机制

6.2.2.1　中国降水区域一致性变化成因

(1)东部地区

中国东部降水主要集中在夏季，夏季降水的年代际变化与东亚季风环流和副热带高压等变化密切相关，东亚夏季季风的南北推进与强弱变化对中国夏季降水及其雨带的位置变化起到重要作用，此外，中国夏季降水量和位置与副热带高压的强度、位置等变化也密切相关(张庆云等，1998；孙颖等，2002；蔡学湛等，2009；申乐琳等，2010)。根据中国东部降水区域分布和变化特征，将中国东部降水划分为 1960—1977 年(华北黄淮多雨期)、1981—1990 年(长江中下游多雨期)、1991—2002 年(江南、华南多雨期)和 2003—2010 年(华北和黄淮多雨期)4 个时段。图 6.22 为这 4 个时段东亚地区夏季 850 hPa 异常风场情况，可以看出，4 个时段我国东部风场和水汽输送存在显著差异，20 世纪 60 年代至 70 年代末，由于东亚季风较强(图 6.23)，中国东部地区出现异常偏强的偏南风(图 6.22a)，将大量暖湿水汽输送到我国北方地区，使得我国华北和黄淮等地区降水偏多，我国东部雨带北推至华北和黄淮地区。随着 20 世纪 70 年代末至 80 年代东亚季风的年代际减弱，异常南风也随之减弱，同时西太平洋至我国江南和华南东部地区呈异常气旋式环流，即副热带高压强度明显偏弱且位置偏东，异常南风前沿仅到达我国西北东部和江汉西部地区(图 6.22b)，中国东部地区夏季雨带南移至长江中下游地区。90

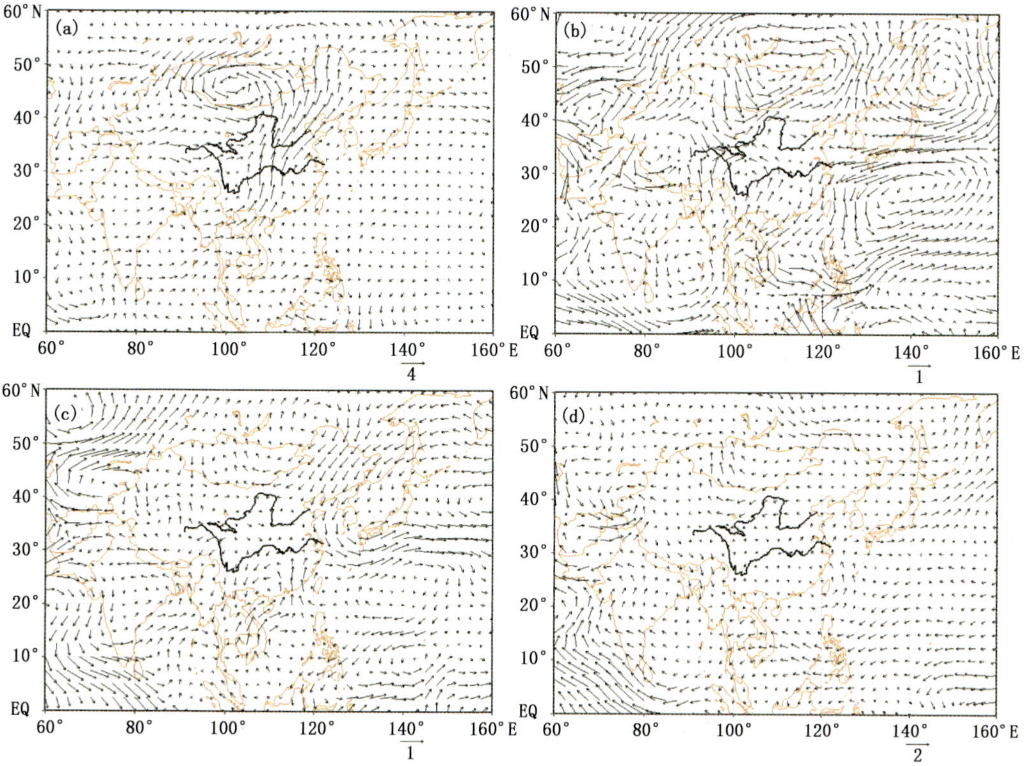

图 6.22　东亚地区 4 个时段夏季 850 hPa 异常风场分布(单位：m/s)
(a)1960—1977 年；(b)1981—1989 年；(c)1991—2002 年；(d)2003—2010 年

年代初至21世纪初东亚夏季风停止减弱，开始恢复增强，但其强度仍处于较弱的水平，此外副热带高压也出现年代际的加强西伸，但位置偏南，使得我国江南、华南地区出现异常偏南风(图6.22c)，受其影响我国雨带主要位于江南、华南地区。21世纪初至今，东亚夏季风虽在逐渐增强，但中国东部地区仍维持较弱的异常南风，副热带高压较前期明显减弱、东退和北抬，在西太平洋地区形成一支异常南风，其前沿到达我国华北和黄淮地区(图6.22d)，使得我国华北和黄淮地区降水偏多，即东部雨带出现北移特征，但目前尚未稳定于该地区，这可能与东亚季风的强度仍较弱有关。

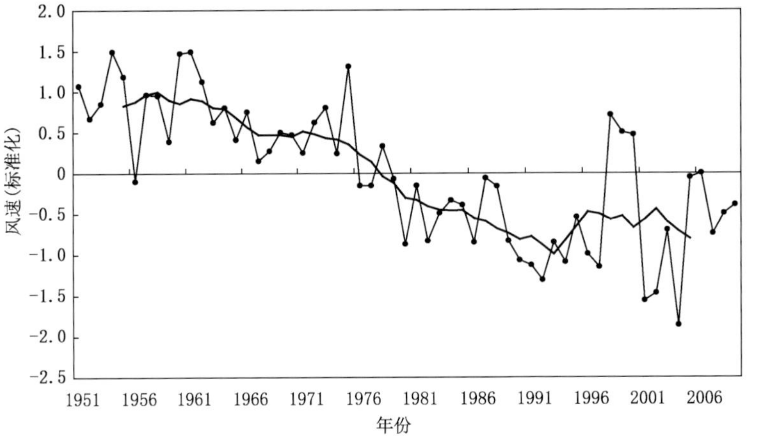

图6.23 1951—2010年东亚季风经圈指数变化

(东亚季风经圈指数：10°～40°N、100°～150°E区域内平均850 hPa和100 hPa标准化经向风风速差)

(2)西部地区

中国西北地区地处内陆，除西北东部地区受季风影响外，其他大部分地区主要受中高纬度环流异常影响。中国西北地区降水在1985/1986年发生转变，西北西部由前期的偏干转为偏湿，西北东部地区由前期偏湿转为偏干。对比欧亚地区1985/1986年前后500 hPa高度场空间分布(图6.24)发现，20世纪80年代中期以后80°N以南欧亚大部地区气压较前期偏高，特别是中国北方和蒙古地区为异常偏高中心。同时，对比1985/1986年前后西北地区850 hPa异常风场和水汽输送情况(图6.25和图6.26)可以看出，80年代中期以前，由于中国大陆特别是我国北方地区气压偏低，季风异常偏强，将南方大量水汽向我国北方地区输送，我国西北东部、华北等地区为水汽辐合区(图6.25a和图6.26a)，造成这些地区降水异常偏多；我国西北地区西部地处内陆，受季风影响小，其大部地区主要受异常偏北气流控制(图6.25a)，降水偏少。80年代中期以后，随着中国大陆特别是中国北方地区气压异常偏高，季风也出现年代际减弱，向我国西北东部、华北等地区输送的暖湿水汽明显减弱，造成我国西北地区东部降水偏少；我国西北地区西部降水由前期偏少逐渐转为偏多，这与异常水汽来源有关。从1986—2010年异常风场和水汽输送(图6.25b和图6.26b)可以看出，80年代中期以后，西北地区西部水汽来源有两支，一支来自阿拉伯海，来自西太平洋经南海、孟加拉湾到达阿拉伯海的气流，与来自索马里附近反气旋西部偏南气流，在阿拉伯海汇合后，从伊朗高原东侧向北，经过中亚到达我国新疆；另一支来自以里海为中心反气旋式环流北侧偏西气流，该气流与来自阿拉伯海的气流汇合向我国西北西部地区输送水汽，暖湿水汽与北方冷空气在西北西部汇合，造成该地区降水的增多。

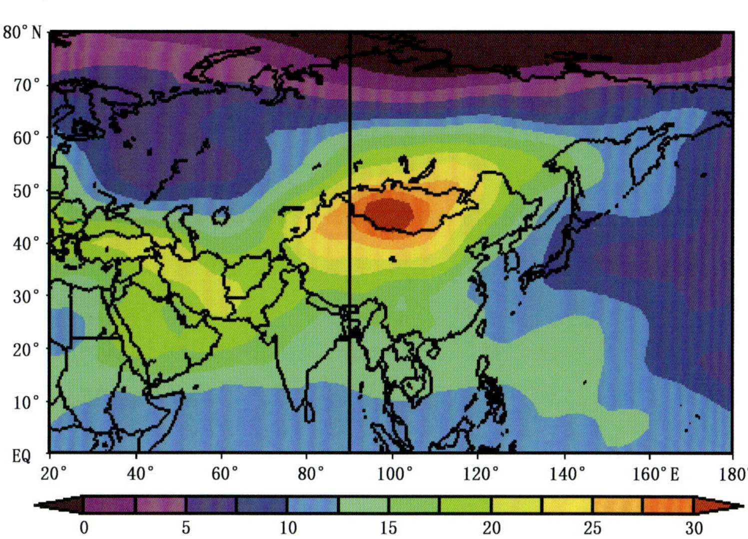

图 6.24　欧亚地区 1986—2010 年与 1960—1985 年 500 hPa 高度差值场空间分布(单位:gpm)

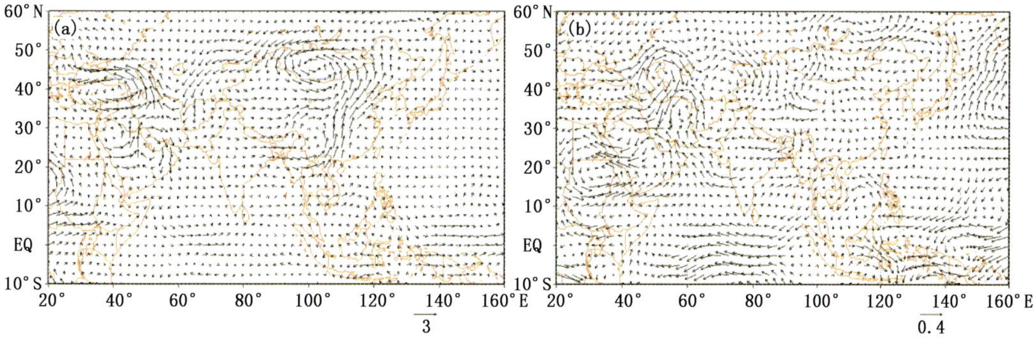

图 6.25　欧亚地区 2 个时段 850 hPa 异常风场分布(单位:m/s)

(a)1960—1985 年;(b)1986—2010 年

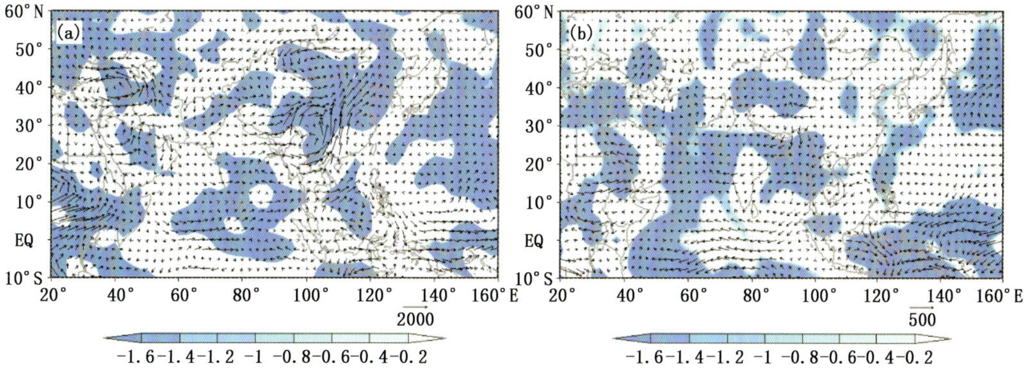

图 6.26　欧亚地区 2 个时段 850 hPa 水汽输送距平[单位:kg/(m · s)]和水汽通量散度距平[单位:10^{-6}kg/(m^2 · s),阴影区表示水汽通量散度辐合]

(a)1960—1985 年;(b)1986—2010 年

（3）东北地区

我国东北地区降水的年代际变化一方面与季风变化有关，另一方面与西北太平洋水汽输送变化有关。20世纪60年代初期，由于季风异常偏强，异常南风将暖湿水汽输送到我国东北地区，造成该区降水偏多，但随着季风的年代际减弱，中国东北地区降水由1967年以前的以偏多为主转为弱的少雨期。进入80年代中期以后，季风虽仍在减弱，但环流形势发生了调整，在500 hPa距平场上北太平洋地区气压由前期的接近正常转为较常年同期异常偏低，贝加尔湖以东地区气压由前期偏低转为偏高（图6.27），对应在850 hPa异常风场上，在北太平洋地区为异常气旋式环流，贝加尔湖以东地区为异常反气旋式环流，气旋西侧的偏东北气流与反气旋南侧的偏东气流汇合，将鄂霍茨克海和西北太平洋的水汽向中国东北地区输送（图6.28a和图6.29a），造成该地区降水偏多。90年代末之后，环流形势再次发生调整，西北太平洋地区气压由前期异常偏低转为异常偏高，对应风场上该区为异常反气旋式环流控制（图6.28b），向中国东北地区的水汽输送明显减弱（图6.29b），造成东北地区降水由前期偏多转为偏少。

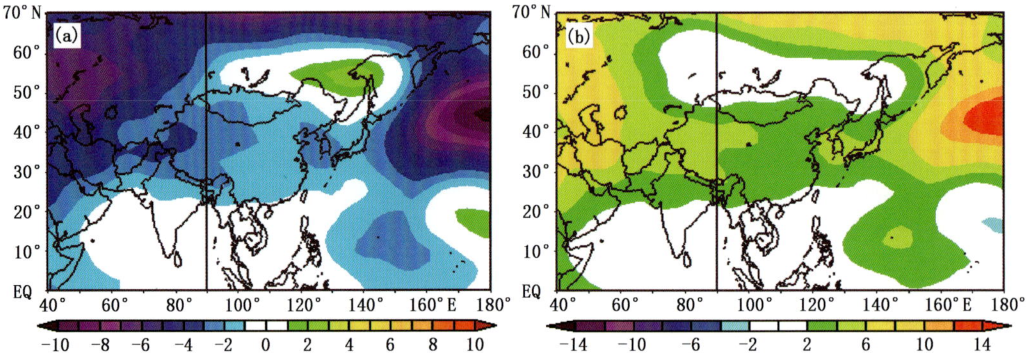

图6.27 欧亚地区2个时段500 hPa高度距平场（单位：gpm）

（a）1983—1998年；（b）1999—2010年

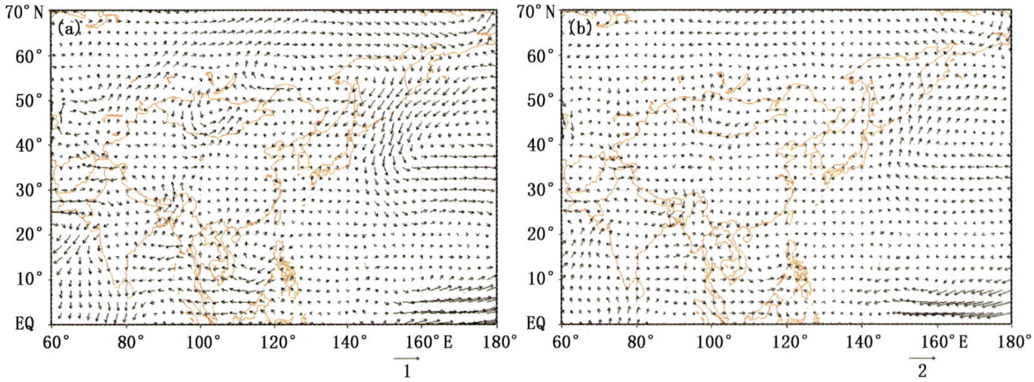

图6.28 欧亚地区2个时段850 hPa异常风场分布（单位：m/s）

（a）1983—1998年；（b）1999—2010年

（4）西南地区

中国西南地区各区降水存在明显的阶段性变化，其中西南地区西部和东北部降水在2000年以前呈现反向变化。影响我国西南地区降水的因子较多，除受青藏高原大地形的影响外，还

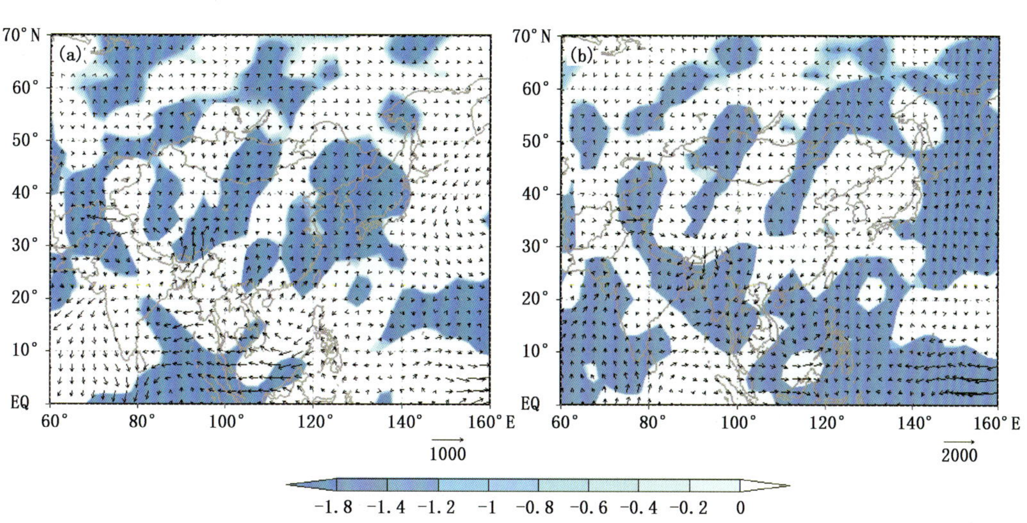

图 6.29　欧亚地区 2 个时段 850 hPa 水汽输送距平[单位:kg/(m·s)]和水汽通量散度距平[单位:10^{-6}kg/(m^2·s),阴影区表示水汽通量散度辐合]
(a)1983—1998 年;(b)1999—2010 年

受东亚季风和副热带高压的影响。青藏高原在对流层内的动力和热力作用,使高原地区产生特殊而复杂的气压场和流场结构,加之东亚季风及夏季副热带高压影响,使得我国西南地区降水年代际变化较大,成因复杂。

6.2.2.2　中国气温区域一致性变化成因

中国气温区域一致性变化一方面是对全球变暖的响应,另一方面还与东亚大气环流异常变化有关。中国各区气温均在 20 世纪 90 年代出现了显著的增温趋势,图 6.30 为欧亚地区 1990—2010 年与 1960—1989 年 500 hPa 高度差值场空间分布,可以看出 90 年代以后东亚地区气压较 90 年代以前明显偏高,特别是中国北方和蒙古地区为异常偏高中心,这是造成 90 年代以后我国北方地区气温增加趋势显著的最直接原因。相对而言,中国南方地区气压增加较北方地区弱,气温增加趋势也比北方地区小。此外,南方地区 90 年代后气温增加与西太平洋副热带高压的年代际变化有关。图 6.31 为 1961—1979 年和 1980—2010 年 2 个时段夏季平均500 hPa 高度场上西太平洋副热带高压 586 dagpm 和 588 dagpm 等值线变化情况,可以看出,80 年代以来西太平洋副热带高压呈现明显的加强西伸特征,受其影响,我国南方地区夏季气温呈现明显增加趋势,这也是造成我国南方地区气温偏高的重要原因之一。

6.2.2.3　中国风速区域一致性变化成因

中国地处东亚季风区,其风速的变化,特别是东部风速变化与季风的年代际变化密切相关。东亚季风在 20 世纪 60—90 年代末呈显著下降趋势,90 年代末东亚季风开始恢复增强,受其影响,我国东部季风区风速变化也呈现与东亚季风变化相似特征。青藏高原地区和新疆北部地区风速变化也与东亚季风变化特征相似,新疆北部地区主要是受东亚冬季风影响较大,青藏高原除了受东亚季风影响外,也受印度季风的影响。相对而言,我国西南地区风速变化成因复杂,除受西南季风和东亚季风影响外还受青藏高原大地形作用影响,因而与其他地区风速变化差异较大。

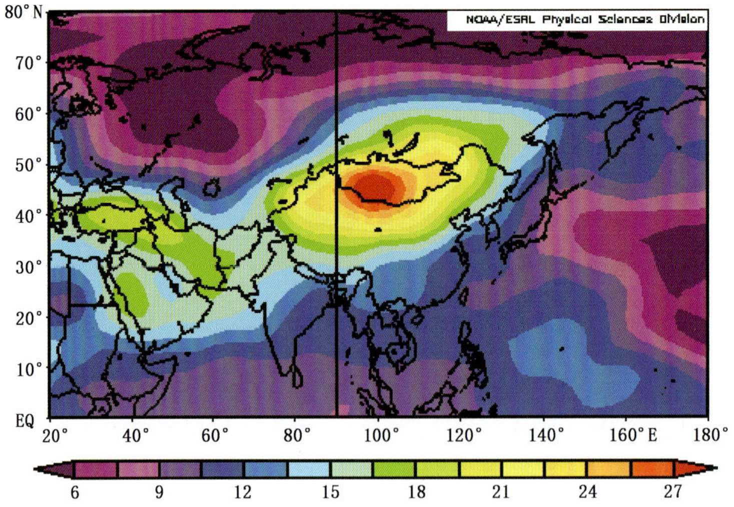

图 6.30　东亚地区 1990—2010 年与 1960—1989 年 500 hPa 高度差值场空间分布(单位:gpm)

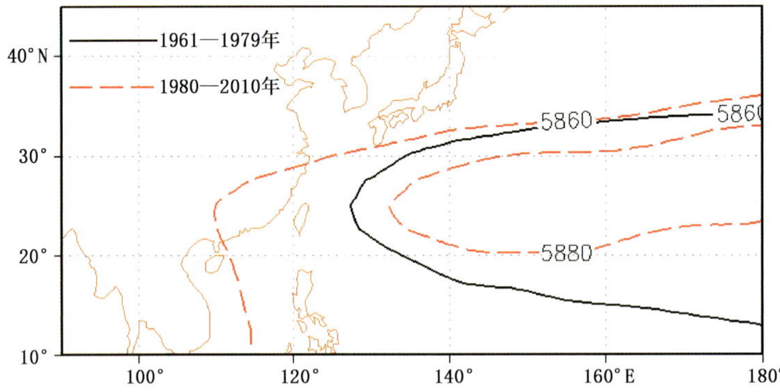

图 6.31　1961—1979 年和 1980—2010 年夏季平均 500 hPa 高度场上西太平洋副热带高压 5860 gpm 和 5880 gpm 等值线

6.2.2.4　中国相对湿度区域一致性变化成因

中国各地区相对湿度区域一致性变化与中国降水的区域分布和变化密切相关。江南和华南地区相对湿度变化与中国东部地区降水变化密切相关,1960—2002 年中国东部地区雨带由华北南移到江南和华南地区,造成江南和华南地区相对湿度明显增加,但 2003 年以后我国雨带出现北移趋势,雨带中心主要位于华北和黄淮地区,江南和华南地区降水偏少,相对湿度减小。西南地区相对湿度阶段性变化与其降水的阶段性变化密切相关,这又与青藏高原大地形、东亚季风、副热带高压以及海温的影响有关。华北地区 2000 年以前相对湿度的显著减小与我国东部雨带南移密切相关,雨带的南移,使得华北地区降水显著减小,相对湿度亦减小。西部地区相对湿度的变化与 20 世纪 80 年代中后期西北西部降水的显著增加有关,降水的增多,使得该区相对湿度亦明显增加。东北地区和内蒙古中西部地区相对湿度均呈减小趋势,这与这 2 个地区降水变化趋势相一致,这 2 个地区降水的年代际减小,使得这 2 个地区相对湿度也出现减小。

6.2.3　气候资料均一化后的气候序列区域一致性特征

6.2.3.1　中国年降水区域一致性特征

利用均一化的降水资料，同样采用 EOF 和 REOF 对中国 1960—2010 年降水距平场进行分解。结果表明，使用均一化资料分析获得的各载荷向量收敛速度较使用非均一化资料快，说明均一化后降水资料的均一性较非均一化资料的均一性有了一定的提高。

对比分析采用均一化资料(图略)和非均一化资料(图 6.13)计算获得的前 10 个旋转向量场空间分布情况表明，采用均一化资料计算的旋转向量顺序较采用非均一化资料计算的旋转向量顺序发生了调整。如第 1 旋转向量与第 4 旋转向量顺序发生了调整，即第 1 旋转向量中大值区(旋转向量值≥0.5 或≤－0.5 的区域，以下同)主要位于西南东南部(方差贡献率为 17.9%)，为采用非均一化资料计算的第 4 旋转特征向量(方差贡献率为 5.2%)；第 2 旋转向量与第 3 旋转向量顺序发生了调整，即第 2 旋转向量中大值区位于江南和华南(方差贡献率为 9.0%)，为采用非均一化资料计算的第 3 旋转特征向量(方差贡献率为 8.6%)，其他旋转向量也有类似的调整。同时，采用均一化降水资料对中国降水的区域一致性分区虽然较采用非均一化资料略有调整，但总体分区结果差别不大。采用均一化资料和非均一化资料计算的相应各区降水序列变化也比较一致，相应各区降水序列相关系数均达到 0.9 以上(表 6.1)，即降水序列无显著的变化。

表 6.1　采用均一化和非均一化资料计算中国各区年降水序列的相关值

东部地区	相关系数	西北地区	相关系数	西南地区	相关系数	东北地区	相关系数
华北地区	0.95	西北东部	0.99	西南西部	0.96	东北地区	0.96
黄淮和江淮	0.97	内蒙古中西部	0.98	西南东北部	0.95		
长江中下游	0.99	西北西部	0.97	西南东南部	0.94		
江南和华南	0.99						

6.2.3.2　中国年气温区域一致性特征

利用均一化的气温资料，同样采用 EOF 和 REOF 对中国 1960—2010 年温度距平场进行分解。结果表明，使用均一化资料分析获得的各载荷向量收敛速度较使用非均一化资料快，仅第 1 个载荷向量的方差贡献率就达到 97.1%，比采用非均一化资料计算获得的前 5 个载荷向量的累计值都大，说明均一化后气温资料的均一性较非均一化资料的均一性有了显著的提高。

对比分析采用均一化资料(图略)和非均一化资料(图 6.18)计算获得的前 5 个旋转向量场空间分布情况表明，采用均一化资料计算的旋转向量顺序较采用非均一化资料计算的旋转向量顺序发生了调整。如第 1 旋转向量与第 2 旋转向量顺序发生了调整，即第 1 旋转向量中大值区(旋转向量值≥0.5 或≤－0.5 的区域，以下同)主要位于华北南部至长江中下游地区(方差贡献率最大为 97.1%)，为采用非均一化资料计算的第 2 旋转特征向量(方差贡献率为 9.1%)，同时第 1 旋转向量和 2 旋转向量表征的均一性空间分布区域也较采用非均一化资料计算的均一性空间分布区域往南进行了调整；第 4 旋转向量与第 5 旋转向量顺序也发生了调整，同时第 4 旋转向量和 5 旋转向量表征的均一性空间分布区域也较采用非均一化资料计算的均一性空间分布区域略有调整。

图 6.32 为采用均一化资料计算的中国各区气温距平时间变化情况。可以看出，虽然采用

均一化资料计算的旋转向量顺序以及区域一致性的空间分布均发生了一定的调整，但采用均一化资料和非均一化资料计算的相应各区气温变化还是比较一致的，相应各区气温序列相关系数均达到 0.9 以上(表 6.2)。

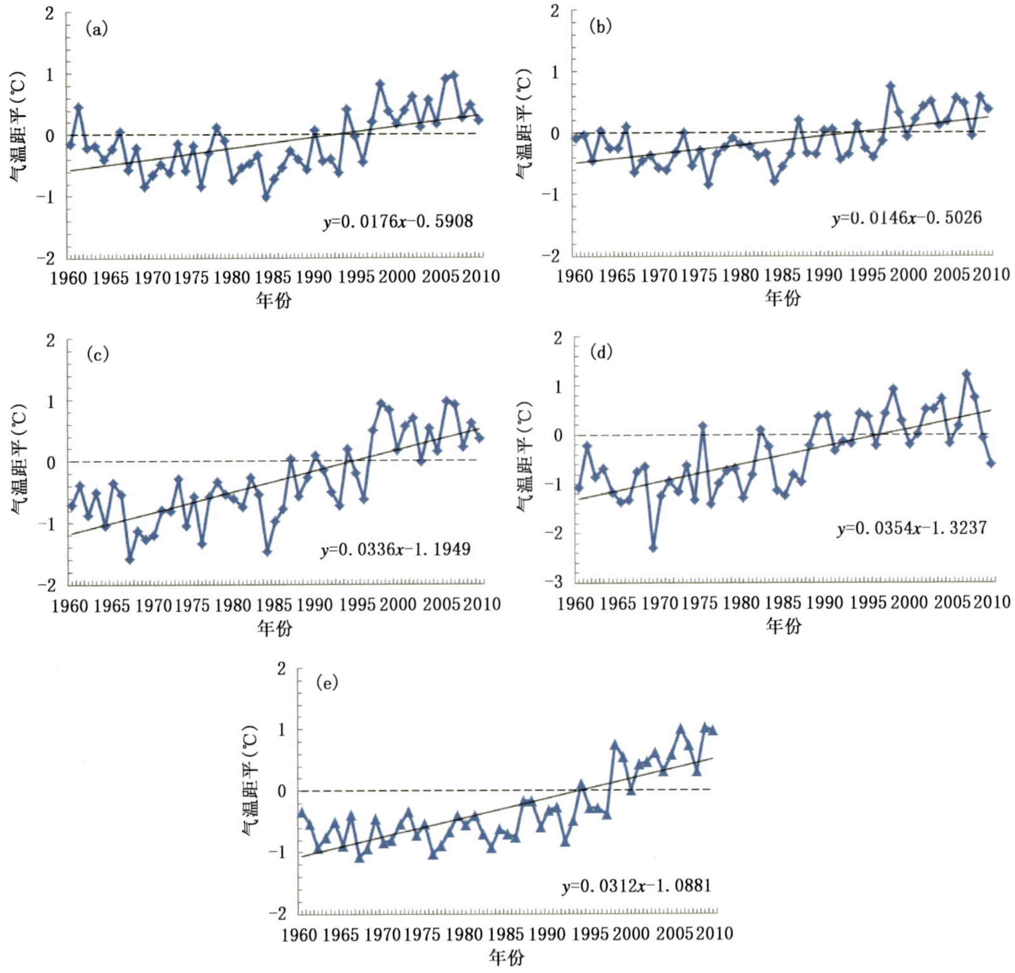

图 6.32　采用均一化资料计算 1960—2010 年中国各区年气温距平历年变化

(a)华北南部至长江中下游地区；(b)长江以南地区；(c)西北地区；(d)东北地区；(e)西南地区

表 6.2　采用均一化和非均一化资料计算中国各区年气温序列的相关值

地区	长江以南地区	华北至江淮	西北地区	西南地区	东北地区
相关系数	0.94	0.97	0.99	0.97	0.99

6.3　站址变动对气候序列区域一致性的影响研究

处于同一气候区的站点，其观测到的气候序列变动的方向、强度应该是一致的。当其中的一个站点观测环境发生较大的变化时，会造成观测记录的不连续。这种不连续或者说断点，必然会影响该站附近历史气候趋势和变率的评估，使其与周边同一气候区站点气候趋势和变率有较大的不一致。由于我国社会经济的快速发展，城市化进程的不断加快，很多观测场的观测环境恶化，不得不迁移站点。因此，有必要分析台站迁移对气候变化监测检测的影响。

为完成不同的研究目标，气象界对台站迁移造成的非均一性开展了分析研究。非均一性检验方法之一侧重于直接检验序列中的断点，但这种断点也有可能是局地气候的一个真实的突变。大多数情况下，非均一性造成的断点的数量级和真实气候突变的数量级相同甚至更小(熊安元等，2015)。因此，使用邻近台站资料代表局地气候的变化，建立参考序列，将目标序列中与参考序列有显著差异的断点定为有显著意义的非均一断点更为合理。

根据气候序列区域一致性时空分布特征、站点间水平距离和海拔高度差异，以及各站观测值的相似程度，选择与目标站处于同一气候区的参考站，建立该目标站的参考序列。通过对比分析和统计试验，研究站址变动对站点气候资料序列区域一致性的影响，建立不同气候要素序列区域一致性的定量评估指标和评价标准，为站址变动的影响评估分析提供支持。

6.3.1　参考序列的建立方法

一般而言，地形地貌相似、地理位置相近的站点属于同一个气候区。因此，本研究选择典型迁移台站附近，与典型迁移台站(目标站)海拔相似的站点作为备选参考站。计算各备选站与目标站各要素序列的相关系数，分析两者相似度，确定备选站与目标站是否处于同一气候区。将处于同一气候区的备选站按照相关系数做加权处理，计算出目标站的参考序列。

使用中国 2014 年高密度台站表中的站点经纬度信息资料，计算所有站点与目标站的大圆距离，选择与目标站海拔差小于 500 m，相关系数超过 99%置信度水平的距离最近的 10 个站作为参考站。

大圆距离计算公式如下：

$$D = 2 \cdot r \cdot \sqrt{\sin^2 \frac{\Delta\varphi}{2} + \cos\varphi_1 \cos\varphi_2 \sin^2 \frac{\Delta\lambda}{2}} \tag{6.1}$$

式中，φ_1 和 φ_2 表示待计算距离的两站的纬度，$\Delta\varphi$ 为两站纬度差，$\Delta\lambda$ 为两站经度差，r 为地球半径。

相关系数权重平均计算参考序列的方法如下：

$$\overline{y_i} = \frac{\sum_{i=1}^{n} p_{i,j} \times y_{i,j}}{\sum_{i=1}^{n} p_{i,j}} \tag{6.2}$$

式中，下标 i、j 分别代表第 i 个邻近站和第 j 年，n 为与目标站处于同一气候区的备选站个数，p 为各备选站与目标站观测序列的相关系数，y 为各备选站第 j 年的观测值，$\overline{y}$为参考序列。

6.3.2　迁站影响分析方法

当台站的观测环境发生较大变化时，观测序列会出现一个较大的跳跃，并以跳跃后的点为基础延续。表现在序列上，为 2 段以迁站年为分割点的序列。气候状况并不是稳定的，很多时候有自然的气候突变，且这种自然的突变强度大多与迁站造成的影响不相上下，甚至更大。为提取出自然的突变，将所有参考站各要素年观测值与目标站观测值的相关系数作为权重，加权平均值作为目标站的参考序列，反映目标站背景气候状况，以便与目标站对应要素的观测序列进行对比。一般对迁站影响的研究使用迁站前后某一段时间的均值、趋势等指标进行对比，分析是否发生了显著性改变。这种方法需要一定的序列长度，较难分析序列两端附近发生的迁站的影响。因此，这里根据观测资料的差值稳定性特点，建立目标站与参考序列的差值序列，尝试寻找序列中发生显著变化的时间，分析其与迁站时间的差异。

站址迁移对后续的观测均有影响，如果计算差分序列，即相邻 2 年的变化值，则站址迁移仅对迁站年的变化值有影响。因此，分别计算目标站与参考序列的第一差分序列。

首先计算目标站和参考序列的一阶差分序列，也即观测值与前一年观测值的差值序列，在正常年份该差值序列是一个随机波动序列。一般而言，该差值序列服从正态分布。逐年计算目标站和参考序列迁站年一阶差分序列的差值，在迁站年该值完全由迁站造成。具体如下：

$$T_j - T_{j-1} = \varepsilon + \Delta \tag{6.3}$$

$$\Delta T_j - \Delta T_{j-1} = \Delta \tag{6.4}$$

式中，T_j 为目标站第 j 年(迁站年)的观测值，其与前一年 T_{j-1} 的差异为迁站造成的影响 ε 和该站的年际波动 Δ 之和。假定参考序列在第 j 年(ΔT_j)和前一年(ΔT_{j-1})的年际波动 Δ 与目标站一致，则式(6.3)和式(6.4)相减所得即为迁站造成的差异 ε。

对目标站和参考序列随机波动序列的差值序列进行 Kolmogorov-Smirnov 分析，发现各站各要素的年际波动的差值序列均符合正态分布。

使用单样本 t 检验对迁站年的 ε 与其他非迁站年一阶差分差值之间是否存在显著性差异进行检验。单样本 t 检验用于检验单个变量的均值与给定的常数(指定的检验值)之间是否存在显著差异。如果差异显著，则认为迁站对该区域的一致性造成了显著的影响。目标站和参考序列一阶差分的差值序列为总体样本，迁站年的为待检验的值。单样本 t 检验对序列的长度没有太多要求，10 年、15 年均可以。具体算法如下：

$$t = \frac{\bar{x} - \mu_0}{S_{\bar{x}}} \tag{6.5}$$

式中，$S_{\bar{x}} = \frac{s}{n}$ 为样本标准差，n 为样本量，$n-1$ 为自由度。本研究暂定临界值 $t_{0.05}$ 和 $t_{0.01}$。若 $|t| < t_{0.05}$，则认为迁站年的差值与其他年份的平均值的差异不显著，即迁站造成的影响不显著；若 $t_{0.05} \leqslant |t| < t_{0.01}$，则认为迁站年的差值与其他年份的平均值之间的差异显著，以 95% 的概率认为迁站对区域一致性造成了影响；若 $t_{0.01} \leqslant |t|$，则认为迁站年与其他年份的平均值之间以超过 99% 的概率有显著性差异，即迁站对该地区一致性造成了显著性影响。

在对单个气象要素进行影响分析之外，定义了综合影响分析，取迁站对单个要素监测影响的并集。

考虑到资料的完整性，分析时段定为 1961—2013 年。因此，在 1961 年迁站的南川和德清两站不参与分析，此外，在迁站年缺测的拐子湖(1988 年)、辽阳(1982 年)和呈贡(1969 年)，以及 1990—1999 年缺测、2000 年迁站的岱山站均不参与分析。在分析时段内共发生 51 次可分析的迁站。

虽然单样本 t 检验对序列长度的要求较低，但仍有部分站点由于建站时间偏晚或者部分资料缺失等原因，记录的长度不足，且单样本 t 检验不能直观、定量地反映迁站对监测影响的程度。因此，引入质量控制方法中的奇异值检查方法，尝试分析迁站对区域一致性的影响程度。

考虑到不同气象要素的性质，分别计算目标站和参考站第一差分序列的差值和比值序列；计算差值和比值序列的平均值和标准差，分别设定 1 倍、2 倍、3 倍和 5 倍标准差作为阈值，尝试检查序列中的奇异值，并对比奇异值和迁站发生的时间。逐年计算参考序列和目标站第一差分序列的差值序列和比值序列：

$$Y_{ij} = T_{ij} - \Delta T_{ij} \tag{6.6}$$

$$Y_i = T_{ij} / \Delta T_{ij} \tag{6.7}$$

式中，T_{ij} 为 i 站第一差分序列在第 j 年的值，ΔT_{ij} 为 i 站参考序列的第一差分序列在 j 年的值。Y_{ij} 为 i 站在 j 年与参考站第一差分序列的差值。Y_i 为 i 站与参考站第一差分序列的差值/比值序列。

对非迁站年的 Y_i 序列进行 Kolmogorov-Smirnov 分析，各站各要素均符合正态分布。因此，Y_i 满足奇异值检查的标准，可以比较 $|Y_{ij} - \overline{\Delta Y_i}|$ 与 σ_i 的大小，分析该观测值与附近站点观测值差异，即 i 站在 j 年的观测值与区域内其他站有显著的不一致。其中，Y_{ij} 为 i 站 j 年的差值，$\overline{\Delta Y_i}$ 为序列 Y_i 的均值，σ_i 为序列 Y_i 的标准差，a 为参数，本研究分别对 1 倍、2 倍、3 倍和 5 倍标准差进行了分析。

6.3.3　迁站影响分析

逐次计算迁站造成的各要素观测值的差异占目标站气候值（1961—2013 年均值）的百分比，分析迁站对目标站观测值的影响强度（图 6.33）。结果表明，迁站对风速的影响最大，其次为气温、年降水量和相对湿度，对气压的影响最小，这与各气象要素空间一致性密切相关。

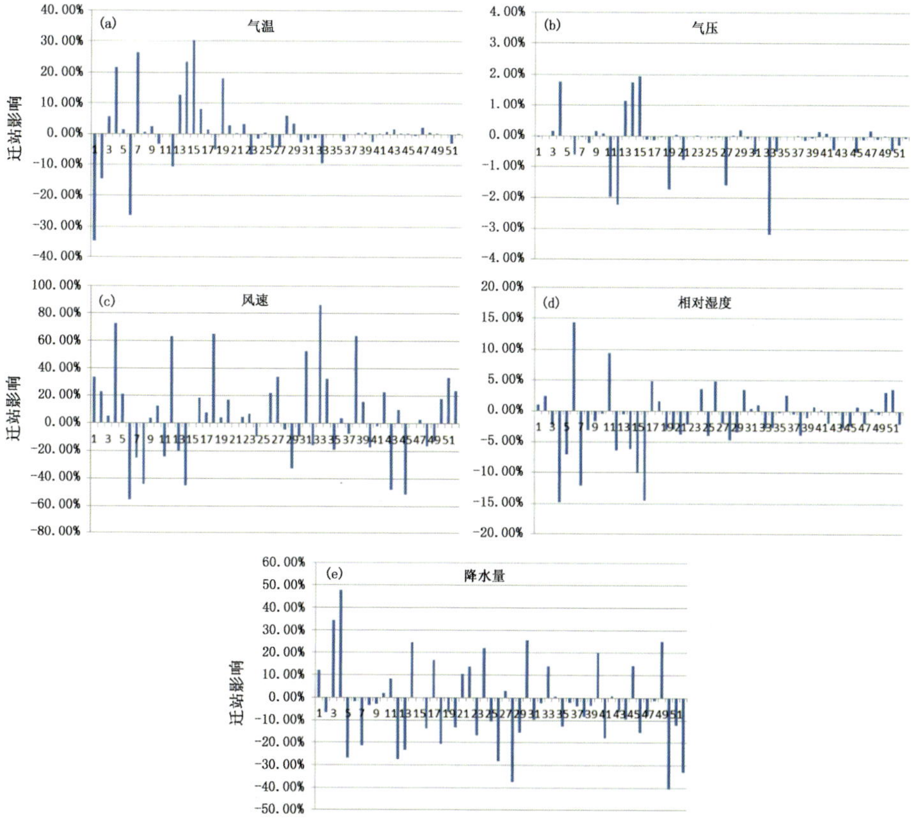

图 6.33　各次迁站对观测值的影响

计算迁站对目标站观测值影响小于5%的台站数量(表 6.3)。可以发现,迁站对气压观测值的相对影响极小,全部不到平均气压值的5%,其次是相对湿度,对风速观测值的影响最大,迁站仅对8站的相对影响不大于5%,有11站大于40%,甚至有8站大于50%。

表 6.3 迁站对观测值的影响

迁站影响	气温	气压	风速	相对湿度	降水量
≤5%	36	50	8	43	12
>5%	16	0	41	9	39
>10%	10	0	34	5	31
>20%	6	0	24	0	16
>30%	2	0	16	0	5
>40%	0	0	11	0	2
>50%	0	0	8	0	0

按序排列各要素各次迁站的影响(图 6.34)。分析其分布发现,气温的分布相对最为对称,其次为相对湿度、风速和降水量。偏度值依次为-0.002、-0.129、0.313和0.398。峰度值依次为3.70、2.56、0.07和0.20,气压为3.77。

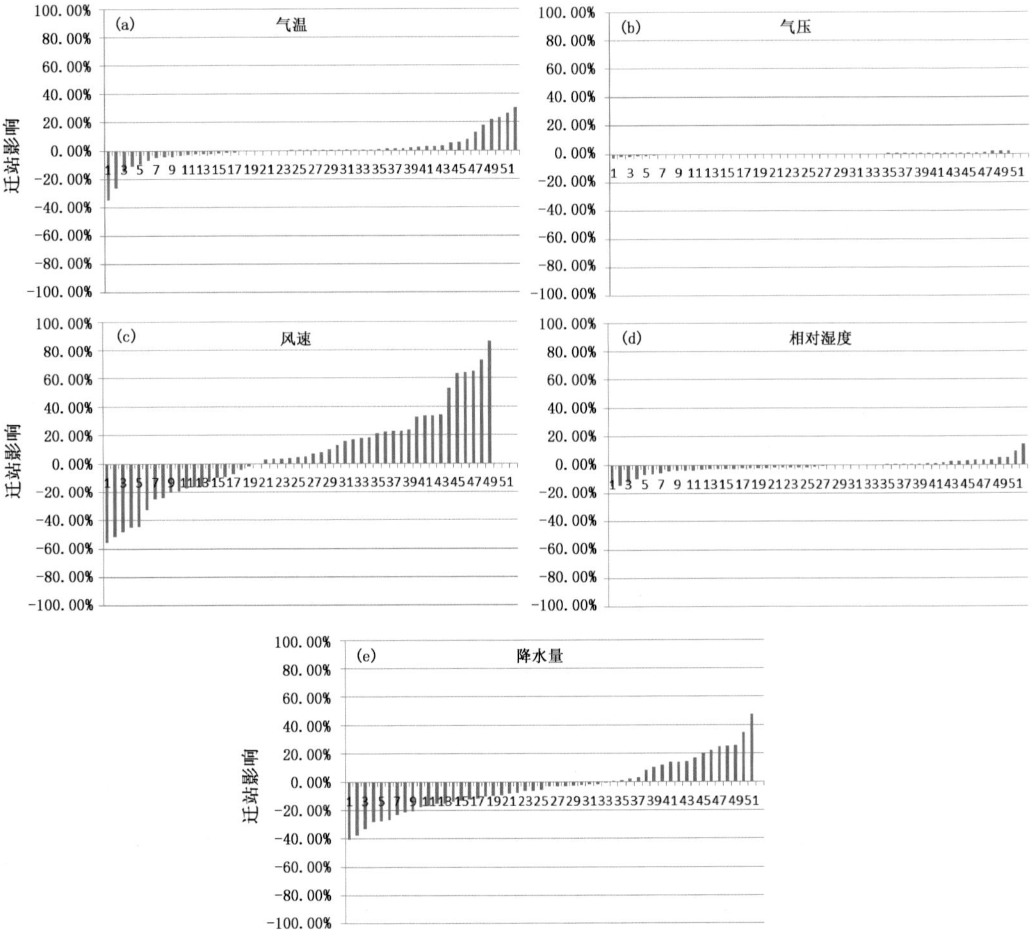

图 6.34 各要素各次迁站影响的分布

综上，如果不对资料进行处理，站址变动将导致我国区域平均风速偏大，降水量和相对湿度偏小。

6.3.4 显著性评估

使用单样本 t 检验分析迁站年 ε 与非迁站年一阶差分值之间是否存在显著差异。单样本 t 检验对序列的长度没有太多要求，10 年、15 年均可。表 6.4 和表 6.5 分别为各站点迁站的时间及各次迁站对气温和相对湿度监测影响的单样本 t 检验值。

表 6.4　各站迁站对气温监测影响的单样本 t 检验值

站号	迁站年	t 检验值	站号	迁站年	t 检验值
50645	2004	−4.54	55578	1965	0.19
50854	1972	−0.07	56144	1997	1.93
51053	1965	0.06	56196	1963	−0.04
51495	1999	8.41	56196	2003	−3.14
52661	1964	−0.14	56781	1981	−0.19
52866	1995	−17.08	56793	2003	−9.42
52869	1979	0.05	56882	1969	0.21
53446	1973	−0.05	57519	1961	−0.11
53490	1976	0.10	57657	1997	0.03
53492	1992	−1.88	57912	1994	0.34
53505	2002	0.01	58130	2010	−4.49
53553	2005	−6.18	58454	1961	0.13
53565	1968	0.21	58454	1979	0.21
53585	1977	0.18	58454	1996	−4.23
53890	1999	9.62	58454	2003	−0.14
53973	1996	0.64	58459	1996	0.26
54285	2005	1.64	58839	1968	−0.04
54353	1967	−0.04	58844	1983	0.03
54523	1965	−0.03	58907	1997	−0.49
54523	2005	−7.33	59298	1967	0.01
54612	1977	−0.01	59441	1974	0.08
54819	1983	−0.15	59493	2006	−0.68
54819	2007	−5.39	59658	2004	−5.37
54823	1999	−4.23	59673	1969	0.02

表 6.5　各站迁站对相对湿度监测影响的单样本 t 检验值

站号	迁站时间	t 检验值	站号	迁站时间	t 检验值
50645	2004	1.02	55578	1965	2.40
50854	1972	2.67	56144	1997	0.88
51053	1965	−1.60	56196	1963	3.70
51495	1999	−1.74	56196	2003	0.89
52661	1964	−2.68	56793	2003	−1.28
52866	1995	9.26	57519	1961	−3.21
52869	1979	−4.44	57657	1997	−2.05
53446	1973	−1.08	57912	1994	−0.50
53490	1976	−0.67	58130	2010	0.84
53553	2005	−2.34	58459	1996	−0.89
53565	1968	−0.49	58839	1968	−2.56

续表

站号	迁站时间	t 检验值	站号	迁站时间	t 检验值
53585	1977	−2.12	58844	1983	−3.29
53890	1999	−7.02	58907	1997	0.75
54285	2005	−4.00	59298	1967	1.23
54353	1967	−1.83	59441	1974	−1.01
54523	1965	0.81	59493	2006	2.02
54523	2005	−0.07	59658	2004	7.22
54823	1999	−0.17	59673	1969	−3.10

查表可得，当分析的时段为 20 年时，自由度为 19，$t_{0.05}=2.09$，$t_{0.01}=2.86$。

但是这种方法不能直观地反映迁站对当地气候监测的影响程度。因此，可以参考质量控制方法中的奇异值检查方法，分析迁站对区域一致性的影响程度。

为分析各次迁站对台站观测的影响，参考正态分布序列奇异值检验方法，分别计算对比迁站发生时目标站与参考序列一阶差分的差异(ε)和 2 个一阶差分序列差值序列(Y_{ij})的 1 倍、2 倍、3 倍标准差(阈值)的大小(表 6.6)、迁站造成的影响超过各阈值的次数占全部迁站次数的百分比(表 6.7)。

综合分析各个要素发现，全部 51 个迁站对监测造成的影响均超过了差值序列 1 倍标准差，造成区域一致性问题，包括 12 个在最近 10 年内迁站的站点，其中 58130 站的迁站发生在 2010 年 1 月。说明这一指标可以避免 RHtest 等常用非均一性方法对迁站时间在序列中位置的要求，有效地检出序列起止年附近的区域一致性问题。

表 6.6　不同气象要素超过各阈值的次数

有效检出次数	差值 1 倍标准差	比值 1 倍标准差	差值 2 倍标准差	比值 2 倍标准差	差值 3 倍标准差	比值 3 倍标准差	差值 5 倍标准差	比值 5 倍标准差
气温	31	21	24	7	17	3	5	1
气压	34	13	24	2	19	1	11	0
风速	35	4	28	1	17	1	6	0
湿度	29	17	13	3	3	1	1	0
降水	18	3	1	2	0	0	0	0
综合检验	51	35	41	13	30	6	18	1

表 6.7　不同气象要素超过各阈值的百分率

有效检出次数	差值 1 倍标准差	比值 1 倍标准差	差值 2 倍标准差	比值 2 倍标准差	差值 3 倍标准差	比值 3 倍标准差	差值 5 倍标准差	比值 5 倍标准差
气温	60.78%	41.18%	47.06%	13.73%	33.33%	5.88%	9.80%	1.96%
气压	66.67%	25.49%	47.06%	3.92%	37.25%	1.96%	21.57%	0.00%
风速	68.63%	7.84%	54.90%	1.96%	33.33%	1.96%	11.76%	0.00%
湿度	56.86%	33.33%	25.49%	5.88%	5.88%	1.96%	1.96%	0.00%
降水	35.29%	5.88%	1.96%	3.92%	0.00%	0.00%	0.00%	0.00%
综合检验	100.00%	68.63%	80.39%	25.49%	58.82%	11.76%	35.29%	1.96%

对比不同要素与各阈值的关系发现，相比于比值序列，气象要素对差值序列更加敏感。在气温、气压、风速、相对湿度和降水 5 个要素中，风速对迁站最为敏感，有 50%以上的迁站影响超过风速的差值序列的 2 倍标准差。这可能与我国迁站大多为受城市发展影响，由城市内部向城市边缘或乡村地区迁移，城市区域建筑密集对风速有较大影响有关。迁站对降水的影响相对偏弱，这可能和年降水的区域一致性较好有较大关系(图 6.35)。

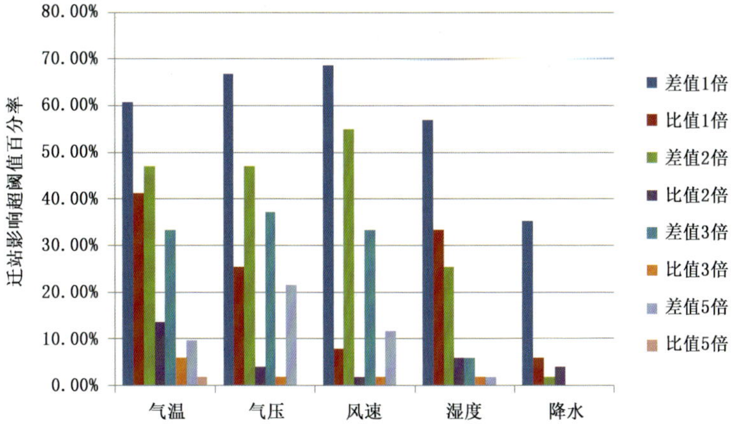

图 6.35　不同气象要素超过各阈值的百分率

各要素超过不同阈值的百分率的分析发现(图 6.36)，当阈值升高时，迁站对各要素影响超过差值和比值序列标准差的百分率均有明显的下降。气温差值序列的下降相对稳定，阈值由 1 倍标准差增加为 2 倍、3 倍和 5 倍时，百分率分别下降 14%、14%和 24%。降水量和相对湿度差值序列百分率的下降最为迅速，阈值由 1 倍标准差增加为 2 倍时，百分率分别下降 33%和 31%。说明我国气象观测台站的站址迁移造成的气温变化相对来说分布比较均匀，也即是相对区域平均气温，迁站前后的气温差异有大有小；站址迁移对降水量和相对湿度造成的影响则集中在数值相对较小的区域，即相对区域平均降水量和相对湿度，迁站前后的降水量和相对湿度的相对差异比气温的小，因此阈值由 1 倍标准差放宽至 2 倍标准差，对区域一致性的限定放松后，迁站影响超过降水量和相对湿度阈值的百分率有较大幅度的下降。

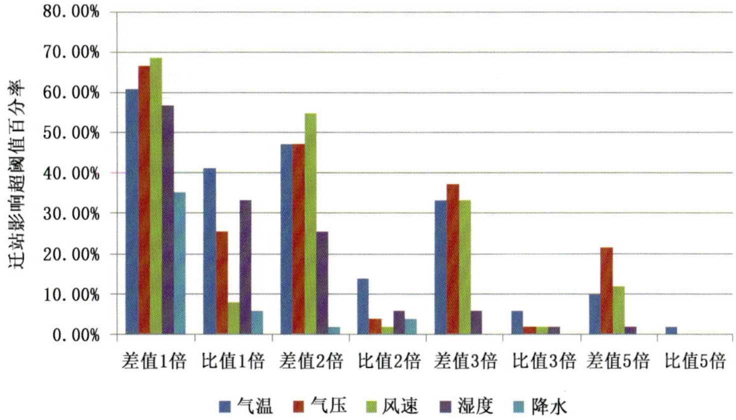

图 6.36　各气象要素超过不同阈值的百分率

使用大圆距离公式找出2014年中国高密度台站表中与目标站海拔高度差小于500 m的距离最近的10个站作为参考站，对参考站观测值逐年算术平均得到参考序列。分别计算各要素目标序列和参考序列第一差分序列的差值/比值序列，构建符合 t 分布的序列。以迁站年的第一差分差值作为待检验值，其他年份构成的第一差分差值集合作为样本集，做单样本 t 检验，分析迁站对监测造成影响的显著性水平。计算1961—2013年差值序列的均值和标准差，以标准差作为分析迁站造成非一致性的衡量标准，将1倍、2倍、3倍和5倍标准差作为迁站造成区域不一致的阈值，量化迁站对区域一致性造成的影响。使用这一方法对迁站的影响进行监测，对迁站时间在序列中的位置基本没有要求，可以有效地检出序列起止年附近的区域一致性问题。使用不同标准差作为阈值可以直观、定量地反映迁站对监测造成的影响程度。

参考文献

蔡学湛，温珍治，扬义文，2009．东亚夏季风异常大气环流遥相关及其对我国降水的影响[J]．气象科学，29(1)：46-51．

曹丽娟，鞠晓慧，刘小宁，2010．PMFT方法对我国年平均风速的均一性检验[J]．气象，36(10)：52-56．

窦以文，屈玉贵，陶士伟，等，2008．北京自动气象站实时数据质量控制应用[J]．气象，34(8)：77-81．

郝兴明，陈亚宁，李卫红，2006．塔里木河流域近50年来生态环境变化的驱动力分析[J]．地理学报，61(3)：262-272．

季青，余明，2010．基于协同克里金插值法的年均温空间插值的参数选择研究[J]．首都师范大学学报(自然科学版)，31(4)：81-87．

江志红，黄群，李庆祥，2008．近50年中国降水序列均一性检验与订正研究[J]．气候与环境研究，1(1)：67-74．

金巍，任国玉，曲岩，2011．1961—2008年东北三省地面气压变化特征[J]．高原气象，30(6)：1661-1667．

鞠晓慧，曹丽娟，朱建华，2010．地面自动站气压的台站极值检查方法研究[J]．气象与环境学报，26(3)：48-52．

李庆祥，2011．气候资料均一性研究导论[M]．北京：气象出版社．

李庆祥，李伟，2007．近半个世纪中国区域历史气温网格数据集的建立[J]．气象学报，65(2)：293-300．

李庆祥，刘小宁，张洪政，等，2003．定点观测气候序列的均一性研究[J]．气象科技，31(1)：3-10．

李庆祥，江志红，黄群，等，2008．长江三角洲地区降水资料的均一性检验与订正试验[J]．应用气象学报，19(2)：219-226．

李庆祥，董文杰，李伟，等，2010．近百年中国气温变化中的不确定性估计[J]．科学通报，55(6)：1544-1554．

李庆祥，彭嘉栋，沈艳，2012．1900—2009年中国均一化逐月降水数据集研制[J]．地理学报，67(3)：301-311．

李新，程国栋，卢玲，2000．空间内插方法比较[J]．地球科学进展，15(3)：260-265．

林娜，陈璟，庄涣斌，2013．揭阳新旧站气象观测资料对比分析[J]．广东气象，35(1)：71-76．

林忠辉，莫兴国，李宏轩，等，2002．中国陆地区域气象要素的空间插值[J]．地理学报，57(1)：47-56．

刘小宁，2000．我国40年年平均风速的均一性检验[J]．应用气象学报，11(2)：27-34．

刘小宁，孙安健，1995．年降水序列非均一性检验方法探讨[J]．气象，21(8)：2-6．

刘小宁，任芝花，2005．地面气象资料质量控制方法研究概述[J]．气象科技，33(3)：199-203．

刘玉洁，潘韬，2012．中国地表太阳辐射资源空间化模拟[J]．自然资源学报，27(8)：1392-1403．

刘志红，LI Lingtao，MCVICAR T R，et al，2008a．专用气候数据空间插值软件ANUSPLIN及其应用[J]．气象，34(2)：92-100．

刘志红，MCVICAR T R，LI Lingtao，et al，2008b．基于ANUSPLIN的时间序列气象要素空间插值[J]．西北农林科技大学学报(自然科学版)，36(10)：227-234．

毛德华，1998．塔里木河流域水资源、环境与管理[M]．北京：中国环境科学出版社．

么枕生，丁裕国，1990．气候统计[M]．北京：气象出版社．

任国玉，任玉玉，李庆祥，等，2014．全球陆地表面气温变化研究现状、问题和展望[J]．地球科学进展，29(8)：934-946．

任芝花，熊安元，2007a．地面自动站观测资料三级质量控制业务系统的研制[J]．气象，33(1)：19-24．

任芝花，熊安元，邹风玲，2007b．中国地面月气候资料质量控制方法的研究[J]．应用气象学报，18(4)：516-523．

任芝花，冯明农，张洪政，2008. 自动与人工观测降雨量的差异及相关性[J]. 应用气象学报，18(3)：359-363.
任芝花，许松，孙化南，等，2006. 全球地面天气报历史资料质量检查与分析[J]. 应用气象学报，17(4)：412-420.
任芝花，赵平，张强，等，2010. 适用于全国自动站小时降水资料的质量控制方法[J]. 气象，36(7)：123-132.
任芝花，余予，邹凤玲，等，2012. 部分地面要素历史基础气象资料质量检测应用[J]. 气象学报，23(6)：739-747.
申乐琳，何金海，周秀骥，等，2010. 近 50 年来中国夏季降水及水汽输送特征研究[J]. 气象学报，68(6)：918-931.
沈艳，熊安元，施晓晖，等，2008. 中国 55 年来地面水汽压网格数据集的建立及精度评价[J]. 气象学报，66(2)：283-287.
沈艳，冯明农，张洪政，等，2010. 中国逐日降水量格点化方法[J]. 应用气象学报，21(3)：279-286.
施晓辉，徐祥德，2008. 1951—2002 年全球陆地气温和降水的年代际趋势转折特征[J]. 自然科学进展，18(9)：1016-1026.
宋超辉，刘小宁，李集明，1995. 气温序列非均一性检验方法的研究[J]. 应用气象学报，6(3)：289-296.
孙颖，丁一汇，2002. 1997 年东亚夏季风异常活动在汛期降水中的作用[J]. 应用气象学报，13(3)：277-287.
陶诗言，杨鉴初，1959. 十年来我国气候学研究的成就[J]. 气象学报，30(3)：57-63.
陶士伟，仲跻芹，徐枝芳，等，2009. 地面自动站资料质量控制方案及应用十年来我国气候学研究的成就. 高原气象，28(5)：1202-1209.
王海军，杨志彪，杨代才，等，2007. 自动气象站实时资料自动质量控制方法及其应用[J]. 气象，33(10)：102-106.
王惠文，1999. 偏最小二乘回归方法及其应用[M]. 北京：国防工业出版社：274.
王秋香，李庆祥，周昊楠，2012. 中国降水序列均一性研究及对比分析[J]. 气象，38(11)：1390-1398.
王新华，罗四维，刘小宁，等，2006. 国家级地面自动站 A 文件质量控制方法及软件开发[J]. 气象，32(3)：56-63.
王遵娅，丁一汇，何金海，等，2004. 近 50 年来中国气候变化特征的再分析[J]. 气象学报，62(2)：228-236.
魏凤英，2007. 现代气候统计诊断与预测技术(第二版)[M]. 北京：气象出版社：37-39.
魏凤英，曹鸿兴，1994. 中国月降水和气温网格点资料的处理和分析[J]. 气象，20(10)：26-30.
吴佳，高学杰，2013. 一套格点化的中国区域逐日观测资料及与其他资料的对比[J]. 地球物理学报，56(4)：1102-1111.
吴增祥，2005. 气象台站历史沿革信息及其对观测资料序列均一性影响的初步分析[J]. 应用气象学报，16(4)：461-467.
熊安元，2003. 北欧气象观测资料的质量控制[J]. 气象科技，31(5)：314-320.
熊安元，等，2015. 中国地面和高空气候变化数据产品研发技术[M]. 北京：气象出版社.
熊安元，朱燕君，任芝花，等，2006. 观测仪器和百叶箱的变化对地面气温观测值的影响及其原因分析[J]. 气象，32(5)：35-40.
熊秋芬，黄玫，熊敏诠，等，2011. 基于国家气象观测站逐日降水格点数据的交叉检验误差分析[J]. 高原气象，30(6)：1615-1625.
严中伟，李珍，夏江江，2014. 气候序列的均一化——定量评估气候变化的基础[J]. 中国科学(地球科学)，44(10)：2101-2111.
阎洪，2004. 薄板光顺样条插值与中国气候空间模拟[J]. 地理科学，24(2)：163-169.
杨超，2015. 重庆烟区主要生态因子特征及其对烤烟产质量的影响[D]. 重庆：西南大学.
杨青，何清，2003. 塔里木河流域的气候变化、径流量及人类活动间的相互影响[J]. 应用气象学报，14(3)：309-321.

杨溯,李庆祥,2014.中国降水量序列均一性分析方法及数据集更新完善[J].气候变化研究进展,10(4):276-281.

余君,牟容,2008.自动站与人工站相对湿度观测结果的差异及原因分析[J].气象,34(12):96-102.

余予,李俊,任芝花,等,2012.标准序列法在日平均气温缺测数据插补中的应用[J].气象,38(9):1135-1139.

远芳,曹丽娟,唐国利,等,2015.中国825个基准、基本站地面气压系统误差的检验与订正[J].气候变化研究进展,11(5):331-336

曾红玲,张强,祝昌汉,2010.三峡库区气压资料的不均一性检验及订正[J].气象,36:57-61.

张强,阮新,熊安元,2009.近57年中国气温格点数据集的建立和质量评估[J].应用气象学报,20(4):385-393.

张庆云,陶诗言,1998.夏季东亚热带和副热带季风与中国东部汛期降水[J].应用气象学报,9(增刊):17-23.

赵煜飞,任芝花,张强,2011.适用于全国自动站正点相对湿度资料的质量控制方法[J].气象科学,31(6):687-693.

赵煜飞,朱江,2015.近50年中国降水格点日值数据集精度及评价[J].高原气象,34(1):50-58.

《中国气象百科全书》总编委会,2016.中国气象百科全书[M].北京:气象出版社.

中国气象局,2003.地面气象观测规范[M].北京:气象出版社.

中国气象局,2010.地面气象观测资料质量控制[S].北京:气象出版社.

周林,李湘,2002.关于美国自动地面观测系统(ASOS)的考察报告[R].气象科技合作动态(4):15-18.

朱亚妮,曹丽娟,唐国利,等,2015.中国地面相对湿度非均一性检验及订正[J].气候变化研究进展,11(6):379-386.

左大康,周允华,项月琴,1991.地球表层辐射研究[M].北京:科学出版社:9-16.

ALEXANDER L V,UOTILA P,NICHOLLS N,et al,2010. A new daily pressure dataset for Australia and its application to the assessment of changes in synoptic patterns during the last century[J]. J Climate,23(5):1111-1115.

ALEXANDERSSON H,1986. A homogeneity test applied to precipitation data[J]. J Climate,6:661-675.

ALSAMAMRA H,RUIZ-ARIAS J A,POZO-VAZQUEZ D,et al,2009. A comparative study of ordinary and residual kriging techniques for mapping global solar radiation over southern Spain[J]. Agricultural and Forest meteorology,149(8):1343-1357.

ANSELL T J,JONES P D,ALLAN R J,et al,2006. Daily mean sea level pressure reconstructions for the European-North Atlantic region for the period 1850-2003[J]. J Climate,19(12):2717-2742.

AUER I,1992. Experiences with the Completion and Homogenization of Long-term Precipitation Series in Austria,Centre Europe[R]. Research Initiative,Project Gr Meteorology,Wp1,Vienna.

AUER I,et al,2005. A new instrumental precipitation dataset in the greater alpine region for the period 1800-2002[J]. Int J Climatol,25:139-166.

AUER I,et al,2007. HISTALP -Historical instrumental climatological surface time series of the greater Alpine region 1760-2003[J]. Int J Climatol,27:17-46.

BORZENKOVA I,VINNIKOV K Y,SPIRINA L,et al,1976. ? Variation of Northern Hemisphere air temperature from 1881 to 1975[J]. Meteorol Gidrologiya,7:27-35.

BROHAN P,KENNEDY J J,HARRIS I,et al,2006. Uncertainty estimates in regional and global observed temperature changes:A new dataset from 1850[J]. J Geophys Res,111(D12):121-133.

BROWN P J,DEGAETANO A T,2013. Trends in U. S. surface humidity,1930-2010[J]. J Appl Meteor Climatol,52 (1):147-163.

BUISHAND T A,1982. Some methods for testing the homogeneity of rainfall records[J]. J Hidrology,58:11-27.

BURROUGH P A, MCDONNELL R A, 1998. Principles of Geographical Information Systems[M] . New York: Oxford University Press.

CAO L J, ZHU Y N, TANG G L, et al, 2016. Climatic warming in China according to a homogenized data set from 2419 stations[J]. Int J Climatol, 36(13): 4384-4392.

CHEN M Y, SHI W, XIE P P, et al, 2008. Assessing objective techniques for gauge-based analyses of global daily precipitation[J]. J Geophys Res, 113, D04110, doi: 10. 1029/2007JD009132.

COLLINS F C, BOLSTAD P V, 1996. A comparison of spatial interpolation techniques in temperature estimation. // Proceedings of the Third International Environmental Modeling, Santa Fe, New Mexico, 21-25 January. National Center for Geographic Information Analysis(NCGIA) Santa Barbara, California.

COSTA A C, SOARES A, 2009. Homogenization of climate data: Review and new perspectives using geostatistics[J]. Mathematical Geoscience, 41: 291-305.

CRADDOCK J M, 1979. Methods of comparing annual rainfall records for climatic purposes[J]. Weather, 34: 332-346.

DAI A, FUNG I Y, and DEL GENIO A D, 1997. Surface observed global land precipitation variations during 1900-1988[J]. J Climate, 10: 2943-2962.

DEGAETANO A T, EGGLESTON K L, and KNAPP W W, 1995. A method to estimate daily maximum and minimum temperature observations[J]. J Appl Meteor, 34: 371-380.

DELLA-MARTA P M, WANNER H, 2006. A method of homogenizing the extremes and mean of daily temperature measurements[J]. J Climate, 19: 4179-4197.

DONG Si, DING Yihui, 2013. Decadal change in the correlation pattern between the Tibetan Plateau winter snow and the East Asian summer precipitation during 1979-2011[J]. J Climate, 26: 7622-7634.

EASTERLING D R and PETERSON T C, 1995. A new method for detecting undocumented discontinuities in climatological time series[J]. Int J Climatology, 15: 369-377.

ELIASSEM A, 1954. Provisional report on calculation of spatial covariance and autocorrelation of the pressure field[J] . In -st. Weather and Climate Res, 5: 11.

ERTEKIN C, EVRENDILEK F, 2007. Spatio-temporal modeling of global solar radiation dynamics as a function of sunshine duration for Turkey[J]. Agricultural and Forest Meteorology, 145(1): 36-47.

FENG S, HU Q, QIAN W H, 2004. Quality control of daily meteorological data in China, 1951-2000: A new dataset[J]. Int J Climatol, 24(7): 853-870.

FERGUSON C and VILLARINI G, 2013. An evaluation of the statistical homogeneity of the Twentieth Century Reanalysis[J]. Climate Dynamics, 42: 2841-2866.

FILLIPOV V V, 1968. Global Data-Processing System: Quality Control Proceduves for Meteorological Data [R]. Secretariat of the World Meteorological Organization.

GAFFEN D J, ROSS R J, 1999. Climatology and trends of U. S. surface humidity and temperature[J]. J Climate, 12: 811-828.

GANDIN L S, 1963. Objective analysis of meteorological fields[M]. Leningrad: Hydrometeorological Publ.

GROISMAN P Y, et al, 1991. Overcoming biases of precipitation measurement: A history of the USSR experience[J]. Bull Amer Meteor Soc, 72: 1725-1733.

HANSEN J, JOHNSON D, LACIS A, et al, 1981. Climatic impact of increasing atmospheric carbon dioxide[J]. Science, 213: 957-966.

HANSEN J, RUEDY R, SATO M, et al, 2010. Global surface temperature change[J]. Rev Geophys, 48(4): 1-8.

HANSSEN-BAUER I, FORLAND E J, 1994. Homogenizing long Norwegian precipitation series[J]. J Climate,

7:1001-1013.

HARRIS I,JONES P D,OSBORN T J,et al,2014. Updated high-resolution grids of monthly climatic observations-the CRU TS3. 10 Dataset[J]. Int J Climatol,34(3):623-642.

HIJMANS R J,CAMERON S E,PARRA J L,et al,2005. Very high resolution interpolated climate surfaces for global land areas[J]. Int J Climatol,25:1965-1978.

HINKLEY D V,1969. On the ratio of two correlated normal random variables[J]. Biometrika,56:635-639 .

HOGG R V and CRAIG A T,1970. Introduction to Mathematical Statistics[M]. Upper Saddle River:Pearson Prentice Hall.

HUFFMAN G J,et al,2001. Global precipitation at one-degree daily resolution from multisatellite observations [J]. J Hydrometeor,2(1):36-50.

HUTCHINSON M F,1991. The application of thin plate splines to continent-wide data assimilation[J]. Melbourne Bureau of Meteorology Research Report,1:104-113.

HUTCHINSON M F,1995. Interpolating mean rainfall using thin plate smoothing splines[J]. Intl J Geographic Information System,9(4):385-403.

HUTCHINSON M F,1998a. Interpolation of rainfall datal with thin plate smoothing splines-Part I:Two dimensional smoothing of data with short range correlation[J]. J Geographic Information and Decision Analysis,2(2):139-151.

HUTCHINSON M F,1998b. Interpolation of rainfall data with thin plate smoothing splines-Part Ⅱ:Analysis of topographic dependence[J]. J Geographic Information and Decision Analysis,2(2):152-167.

HUTCHINSON M F,GESSLER P E,1994. Splines-more than just a smooth interpolator[J]. Geoderma,62 (1):45-67.

IPCC,2013. Climate change 2013:The physical science basis[M]. Cambridge:Cambridge University Press.

JONES P D,BRIFFA K R. 1992. Global surface air temperature variations during the twentieth century:Part 1,Spatial temporal and seasonal details[J]. Holocene,2(2):165-179.

JONES P D,HORTON E B,FOLLAND C K,et al,1999. The use of indices to identify changes in climatic extremes[J]. Climatic Change,42:131-149.

JONES P D,LISTER D H,OSBORN T J,et al,2012. Hemispheric and large-scale land-surface air temperature variations:an extensive revision and an update to 2010 [J]. J Geophys Res, 117 (D5), DOI: 10.1029/2011JD017139.

JONES P D,MOBERG A,2003. Hemispheric and large-scale surface air temperature variations:An extensive revision and an update to 2001[J]. J Climate,16:206-223.

JONES P D,RAPER S C,BRADLEY R S,et al,1986. Northern hemisphere surface air temperature variations [J]. J Clim Appl Mereorol,25:161-179.

KAISER D P,2000. Decreasing cloudiness over China:An updated analysis examining additional variables[J]. Geophys Res Lett,27:2193-2196.

KARNIELI A D,1990. Application of kriging technique to areal precipitation mapping in Arizona[J]. Geo Journal,22(4):391-398.

KHALIQ M N,OUARDA T B M J,2007. Short communication on the critical values of the standard normal homogeneity test(SNHT)[J]. Int J Climatol,27:681-687.

KITOH A,KUSUNOKI S,2008. East Asian summer monsoon simulation by a 20-km mesh AGCM[J]. Climate Dynamics,31(4):389-401.

KOHLER M A,1949. On the use of double-mass analysis for testing the consistency of meteorological records and for making required adjustments[J]. Bull Amer Met Soc,30:188-189.

LAM N S,1983. Spatial interpolation method:An review[J]. American Cartography,10:129-149.

LANZANTE J R. 1996. Resistant robust and nonparametric techniques for the analysis of climate data:Theory and examples,including applications to historical radiosonde station data[J]. Int J Climatol,16(11):1197-1226.

LEGATES D R,WILLMOTT C J,1990. Mean seasonal and spatial variability in global surface air temperature [J]. Theor Appl Climatol,41:11-21.

LI Z,CAO L J,ZHU Y N,et al,2016. Comparing two homogenized datasets of daily maximum/mean/minimum temperatures in China during 1960-2013[J]. J Meteor Res,30(1):53-56.

LI Z,YAN Z W,2009. Homogenized China daily mean/maximum/minimum temperature series 1960-2008[J]. Atmos Ocea Sci Lett,2(4):237-243.

LI Z,YAN Z W,2010. Application of multiple analysis of series for homogenization(MASH) to Beijing daily temperature series 1960-2006[J]. Adv Atmos Sci,27(4):777-787.

LI Z,YAN Z W,CAO L J,et al,2014. Adjusting inhomogeneous daily temperature variability using wavelet analysis. International J Climatol,34:1196-1207.

LI Z,YAN Z W,TU K,et al,2011. Changes of wind speed and extremes in Beijing during 1960-2008 based on homogenized observations[J]. Adv Atmos Sci,28(2):408-420.

LI Z,YAN Z W,TU K,et al,2015a. Changes and possible urbanization effect of precipitation and extremes in Beijing metropolitan region during 1960-2012 based on homogenized observations[J]. Adv Atmos Sci,32(9):1173-1185.

LI Z,YAN Z W,WU H Y. 2015b. Updated homogenized Chinese temperature series with physical consistency [J]. Atmos Ocean Sci Lett,8(1):17-22.

LI Z,YAN Z W,ZHU Y N. 2020. Homogenized daily relative humidity series in China during 1960-2017[J]. Adv Atmos Sci,37(4):318-327.

MENNE M J,WILLIAMS Jr. C N,2009. Homogenization of temperature series via pairwise comparisons[J]. J Climate,22(7):1700-1717.

MESTRE O,PRIEUR C,GRUBER C,et al,2011. A method for homogenization of daily temperature observations[J]. J Appl Meteorol Clim,50(11):2343-2358.

NALDER I A,WEI R W,1998. Spatial interpolation of climate normal:Test of a new method in the Canadian boreal forest[J]. Agric Forest Meteor,92:211-225.

NEW M,HULME M,JONES P,1999. Representing twentieth-century space-time climate variability. Part 1: Development of a 1961-90 mean monthly terrestrial climatology[J]. J Climate,12:829-856.

PARKER D E,LEGG T P,FOLLAND C K,1992. A new daily Central England temperature series 1772-1991 [J]. Int J Climatol,12:317-342.

PATZERT W,LADOCHY S,RAMIREZ P,2007. Impacts of a weather station's relocation on climatic records [C]. 16th Conference on Applied Climatology.

PETER M,CHRIS D,1998. Mapping precipitation in Switzerland wit hordinary and indicator Kriging[J]. J Geographic Information and Decision Analysis,2(2):65-76.

PETERSON T C,VOSE R S,1997. An overview of the global historical climatology network temperature database[J]. Bull Amer Meteor Soc,78(12):2837-2849

PETTIT A N,1979. A non-parametric approach to the change-point detection[J]. Appl Statistics,28:126-135.

PLUMMER N,LIN Z and TOROK S,1995. Trends in the diurnal temperature range over Australia since 1951 [J]. Atmos Res,37:79-86

PRICE D T,MCKENNEY D W,NALDER I A,et al,2000. A comparison of two statistical methods for spatial interpolation of Canadian monthly mean climate data[J]. Agric Forest Meteor,101:81-94.

PRICE D T,MCKENNEY D W,PAPADOPOL P,et al,2004. High resolution future scenario climate data for North America[C]. Proceedings of the 26th Conference on Agricultural and Forest Meteorology of American Meteorological Society,Boston Massachusetts,USA.

REEVES J,CHEN J,WANG X L,et al,2007. A review and comparison of changepoint detection techniques for climate data[J]. J Appl Meteor Climatol,46:900-915.

REHMAN S,GHORI S G,2000. Spatial estimation of global solar radiation using geostatistics[J]. Renewable Energy,21(3):583-605.

ROBINSON P J, 2000. Temporal trends in United States dewpoint temperatures[J]. Int J Climatol, 20: 985-1002.

ROHDE R, MULLER R, JACOBSEN R, 2013. Berkeley earth temperature averaging process[J]. Geoinfor Geostat:An Overview,doi:10. 4172/2327-4581. 1000103.

SCHWARZ G,1978. Estimating the dimension of a model[J]. Ann Stat,6:461-464.

SCIUTO G,BONACCORSO B,CANCELLIERE A,et al,2009. Quality control of daily rainfall data with neural networks[J]. J Hydrology,364(1/2):13-22.

SEN Z I, SAHIN A D,2001. Spatial interpolation and estimation of solar irradiation by cumulative semivariograms[J]. Solar Energy,71(1):11-21.

SINHA S K,NARKHEDKAR S G,MITRA A K,2006. Bares objective analysis scheme of daily rainfall over Maharashtra (India) on a mesoscale grid[J]. Atmosfera,19:109-126.

SOLOW A,1987. Testing for climatic change:An application ofthe two-phase regression model[J]. J Clim Appl Meteorol,26:1401-1405

STEURER P,1985. Creation of A Serially Complete Data Base of High Quality Daily Maximum and Minimum Temperature[R]. National Climate Center,NOAA,21 pp.

SZENTIMREY T,1999. Multiple Analysis of Series for Homogenization(MASH) [R]. Proceedings of the Second Seminar for Homogenization of Surface Climatological Data, Budapest, Hungary; WMO, WCDMP-No. 41,pp. 27-46.

TATALOVICH Z,WILSON J P,COCKBURN M,2006. A comparison of thiessen polygon,Kriging and Spline model if potential UV exposure[J]. Cartography and Geographic Info Sci,33:217-231.

TORETI A,KUGLITSCH F G,XOPLAKI E,et al,2010. A novel method for the homogenization of daily temperature series and its relevance for climate change analysis[J]. J Climate,23:5325-5331.

TOROK S and NICHOLLS N,1996. An historical annual temperature dataset for Australia[J]. Aust Meteorol Mag,45:251-260.

TREWIN B C, 2013. A daily homogenized temperature data set for Australia[J]. Int J Climatol, 33(6): 1510-1529.

TSIDU G M,2012. High-resolution monthly rainfall database for Ethiopia:Homogenization,reconstruction,and gridding[J]. J Climate,25(24):8422-8443.

TUKEY J W,1977. Exploratory Data Analysis[M]. Addison-Wesley,688 pp.

VAN WIJNGAARDEN W A,VINCENT L A,2005. Examination of discontinuities in hourly surface relative humidity in Canada during 1953-2003[J]. J Geophys Res,110,D22102,doi:10. 1029/2005JD005925.

VINCENT L A, VAN WIJINGAARDEN W A, HOPKINSON R, 2007. Surface temperature and humidity trends in Canada for 1953-2005[J]. J Climate,20:5100-5113.

VINCENT L A, WANG X L, MILEWSKA E J, et al, 2012. A second generation of homogenized Canadian monthly surface air temperature for climate trend analysis[J]. J Geophys Res, 117, D18110, doi: 10.

1029/2012JD017859.

VINCENT L A,ZHANG X,BONSAL B R,et al,2002. Homogenization of daily temperatures over Canada[J]. J Climate,15:1322-1334.

VOSE R S,SCHMOYER R L,STEURER P M,et al,1992. The global historical climatology network:Long-term monthly temperature,precipitation,sea-level pressure,and station pressure data[J]. Cdiac Communications,3912(17):3951-3953.

WAHBA G,1990. Spline Models for Observational Data[M]. CBMS-NSF. Regional Conference Series in Mathematics. 59 SIAM,Philadelphia.

WAN H,WANG X L,and SWAIL V R,2007. A quality assurance system for Canadian hourly pressure data [J]. J Appl Meteor Climatol,46(11):1804 1817.

WAN H,WANG X L,SWAIL V R,2010. Homogenization and trend analysis of Canadian near-surface wind speeds[J]. J Climate,23(5):1209-1225.

WANG J X L,GAFFEN D J,2000. Late-twentieth-century climatology and trends of surface humidity and temperature in China[J]. J Climate,14:2833-2845.

WANG X L,2008. Accounting for autocorrelation in detecting mean shifts in climate data series using the penalized maximal t or F test[J]. J Appl Meteor Climatol,47:2423-2444

WANG X L,CHEN H,WU Y,et al,2009. New techniques for detection and adjustment of shifts in daily precipitation data series[J]. J Appl Meteor Climatol,49:2416-2436.

WANG X L,FENG Y,2010. RHtestV3 User Manual[EB/OL]. http://cccma. seos. uvic. ca/ETCCDMI/software. shtml.

WANG X L,FENG Y,2013. RHtestV4 User Manual[EB/OL]. http://cccma. seos. uvic. ca/ETCCDMI/software. Shtml.

WANG X L,WEN Q H,WU Y Y,2007. Penalized maximal t test for detecting undocumented mean change in climate data series[J]. J Appl Meteor Climatol,46(6):916-931.

WIJNGAARD J B,KLEIN TANK A M G,KONNEN G P,2003. Homogeneity of 20th century European daily temperature and precipitation series[J]. Int J Climatol,23(6):679-692.

WILLETT K M,JONES N P,GILLETT N P,et al,2008. Recent changes in surface humidity:Development of the HadCRUH dataset[J]. J Climate,21:5364-5383

WILLMOTT C J,ROWE C M,and PHILPOTt W D,1985. Small-scale climate maps:A sensitivity analysis of some common assumptions associated with grid point interpolation and contouring[J]. Amer Cartogr,12:5-16.

WMO,2003. Guidelines on Climate Metadata and Homogenization[R]. WMO/TD No. 1186.

XIE P P,ARKIN P A,1997. Global precipitation:A 17-year monthly analysis based on gauge observations,satellite estimates and numerical model outputs[J]. Bull Amer Meteor Soc,78(11):2539-2558.

XIE P P,CHEN M Y,YANG S,et al,2007. A gauge-based analysis of daily precipitation over East Asia[J]. J Hydrometeor,8(3):607-626.

XU Y,GAO X J,SHEN Y,et al,2009. A daily temperature dataset over China and its application in validating a RCM simulation[J]. Advance in Atmospheric Science,26:763-772.

YAN H,HENRY A N,MIKE F H,et al,2005. Spatial interpolation of monthly mean climate data for China [J]. Int J Climatol,25:1369-1379.

YAN Z W,JONES P D,2008. Detecting inhomogeneity in daily climate series using wavelet analysis[J]. Adv Atmos Sci,25(2):157-163.

YAN Z W,JONES P D,DAVIES T D,et al,2002. Trends of extreme temperatures in Europe and China based on daily observations[J]. Climatic Change,53(1-3):355-392.

YAN Z W,JONES P D,MOBERG A,et al,2001. Recent trends in weather and seasonal cycles,an analysis of daily data from Europe and China[J]. J Geophys Res,106(D6):5123-5138.

YAN Z W,LI Z,LI Q X,et al,2010. Effects of site-change and urbanisation in the Beijing temperature series 1977-2006[J]. Int J Climatol,30(8):1226-1234.

YAN Z W,LI Z,XIA J J,2014. Homogenization of climate series:the basis for assessing climate changes[J]. Science in China,57:2891-2900.

YANG J,WANG B,WANG B,et al,2010. Biweekly and 21～30-day variations of the subtropical summer monsoon rainfall over the lower reach of the Yangtze River basin[J]. J Climate,23(5):1146-1159.

YATAGAI A,ARAKAWA O,KAMIGUCHI K,et al,2009. A 44-year daily gridded precipitation dataset for Asia based on a dense network of rain gauges[J]. Science Online Letters on the Atmosphere(SOLA),5: 137-140.

ZAHUMENSKY I,SHMI J,2012. Guidelines on Guality Control Pocedures for Data from Automatic Weather Stations [EB/OL]. http://www. wmo. int/pages/prog/www/IMOP/Publications/IOM-82-TECO-2005/Pagers/3(14)_slovakia_2_Zahumensky. pdf.

ZHAO P,ZOU Z J,LIU J P,2007. Variability of Tibetan spring snow and its associations with the hemispheric extratropical circulation and East Asian summer monsoon rainfall:An observational investigation[J]. J Climate,20:3942-3955.